高等学校材料类专业系列教材

金属热处理工艺学

○ 赵康　主编

中国教育出版传媒集团

高等教育出版社·北京

内容提要

本书是教育部高等学校材料类专业教学指导委员会规划教材（2023 年），也是首批国家级一流本科课程"金属热处理工艺学"的配套教材。本书是遵循"厚基础、宽口径、强能力、重应用"的原则，通过融入"新工科"教学理念，吸取近年来教学改革的成功经验编写而成的。

全书分 3 篇共 16 章，第一篇包括第 1~8 章，主要介绍钢和有色金属的热处理原理。第二篇包括第 9~15 章，主要介绍热处理工艺技术。第三篇为第 16 章，主要列举了 20 个热处理工艺案例，案例全部来自企业的实践，包括模具、轴类以及有色金属零件的热处理工艺。

本书在新形态教材网上配有大量数字资源，包括教学课件、难点讲解以及真实的企业案例介绍等。为方便学生学习，教材中的部分难点内容录制成小视频，使用者可登录配套网站进行学习，加深对教材内容的理解，更好地掌握相关知识。

本书可作为高等学校材料类本科、研究生的教材，也可供开放大学、网络教育学院等其他类型学校师生以及相关工程技术人员参考。

图书在版编目（CIP）数据

金属热处理工艺学 / 赵康主编. -- 北京：高等教育出版社，2025.3. -- ISBN 978-7-04-062542-4

Ⅰ. TG15

中国国家版本馆 CIP 数据核字第 2024A3T004 号

Jinshu Rechuli Gongyixue

| 策划编辑 | 马　奔 | 责任编辑 | 马　奔 | 封面设计 | 贺雅馨 | 版式设计 | 杜微言 |
| 责任绘图 | 黄云燕 | 责任校对 | 陈　杨 | 责任印制 | 存　怡 | | |

出版发行	高等教育出版社	网　　址	http://www.hep.edu.cn
社　　址	北京市西城区德外大街 4 号		http://www.hep.com.cn
邮政编码	100120	网上订购	http://www.hepmall.com.cn
印　　刷	肥城新华印刷有限公司		http://www.hepmall.com
开　　本	787mm × 1092mm　1/16		http://www.hepmall.cn
印　　张	19.75		
字　　数	460 千字	版　　次	2025 年 3 月第 1 版
购书热线	010-58581118	印　　次	2025 年 3 月第 1 次印刷
咨询电话	400-810-0598	定　　价	42.00 元

本书如有缺页、倒页、脱页等质量问题，请到所购图书销售部门联系调换

金属热处理工艺学

赵康　主编

1 计算机访问 https://abooks.hep.com.cn/1266621 或手机微信扫描下方二维码进入新形态教材网。

2 注册并登录后，计算机端进入"个人中心"，点击"绑定防伪码"，输入图书封底防伪码（20位密码，刮开涂层可见），完成课程绑定；或手机端点击"扫码"按钮，使用"扫码绑图书"功能，完成课程绑定。

3 在"个人中心"→"我的学习"或"我的图书"中选择本书，开始学习。

金属热处理工艺学

赵康　主编

出版单位 高等教育出版社

开始学习　　收藏

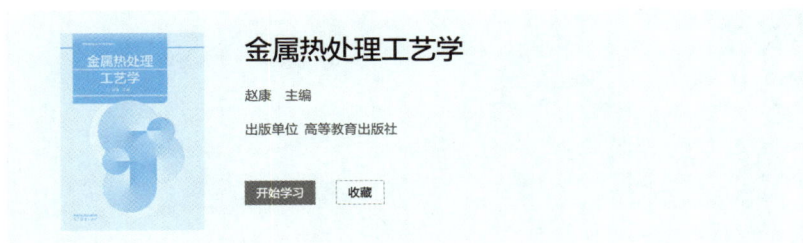

受硬件限制，部分内容可能无法在手机端显示，请按照提示通过计算机访问学习。

如有使用问题，请直接在页面点击答疑图标进行咨询。

https://abooks.hep.com.cn/1266621

前　言

　　本书是教育部高等学校材料类专业教学指导委员会规划教材(2023年)，也是首批国家级一流本科课程"金属热处理工艺学"的配套教材。本书是根据编者三十余年的教学和科研经验，针对"金属热处理工艺学"课程内容繁杂、实践性强的特点，从工程应用的角度出发，同时借鉴了国内、外相关教材的优点编写而成的。

　　本书针对材料类专业的应用型人才培养，突出工程应用、强化理论联系实际，着重介绍热处理的理论与热处理工艺技术分析，加强学生对热处理工艺技术的理解和应用。编者在编写过程中，引入了我国在热处理领域的一些最新工艺技术和先进零部件工艺案例，旨在激发学生的创新精神和实践能力，同时培养他们的爱国主义热情。案例仅供教学参考，不作为热处理工艺规范推荐。

　　本书由西安理工大学赵康教授主编。其中，第1~13章及第16章由赵康教授编写，第14~15章由汤玉斐教授编写；与本书配套的数字资源由刘照伟、徐雷和于晓婧等老师建设；本书中的数据由王凯博士搜集整理；本书中的部分金相组织照片由西安理工大学材料科学与工程实验中心葛利玲教授级高级工程师和卢正欣副教授提供；本书中的热处理工艺案例由西安标准热处理有限责任公司肖明执行董事提供。

　　西北工业大学刘正堂教授和西安标准热处理有限责任公司戴立新高级工程师仔细审阅了本书，并提出了宝贵意见和建议，在此表示衷心的感谢。

　　最后，殷切希望广大读者在使用本书的过程中将遇到的问题、困难以及对本书的修改建议告诉我们，以便本书再版时得以改进，臻于完善。编者邮箱：kzhao@ xaut.edu.cn。

编　者

2024 年 12 月

目　录

第一篇　热处理基本理论

第1章　金属固态相变概论 ················ 3
1.1　金属固态相变的主要类型 ··········· 4
1.2　金属固态相变的一般特征 ··········· 7
1.3　金属固态相变的形核 ·············· 9
1.4　金属固态相变的长大 ·············· 11
1.5　金属固态相变动力学 ·············· 15
思考题 ························· 16
第2章　钢中奥氏体的形成 ·············· 17
2.1　奥氏体的结构、组织与
　　　性能 ····················· 18
2.2　奥氏体的形成 ················· 20
2.3　奥氏体形成的动力学 ············· 24
2.4　非平衡组织加热时奥氏体的
　　　形成 ····················· 28
2.5　奥氏体晶粒长大及其控制 ·········· 29
2.6　过热、过烧及其校正 ············· 32
思考题 ························· 33
第3章　珠光体转变 ·················· 35
3.1　珠光体的组织形态 ·············· 36
3.2　珠光体形成机制 ················ 38
3.3　亚(过)共析钢的珠光体
　　　转变 ····················· 42
3.4　珠光体转变动力学 ·············· 44
3.5　珠光体组织的力学性能 ··········· 49
3.6　钢中碳化物的相间析出 ··········· 51
思考题 ························· 52
第4章　马氏体转变 ·················· 53
4.1　马氏体转变的主要特征 ··········· 54
4.2　马氏体转变的晶体学 ············· 56
4.3　马氏体的组织形态 ·············· 59
4.4　马氏体转变的热力学 ············· 62

4.5　马氏体转变的动力学 ············· 65
4.6　马氏体转变中的奥氏体稳定化 ······ 66
4.7　马氏体转变的机制 ·············· 67
4.8　热弹性马氏体及形状记忆效应 ······ 75
思考题 ························· 78
第5章　贝氏体转变 ·················· 79
5.1　贝氏体转变的基本特征 ··········· 80
5.2　贝氏体的组织形态和亚结构 ······· 81
5.3　贝氏体转变的动力学 ············· 83
5.4　贝氏体转变的热力学及转变
　　　机制 ····················· 87
5.5　贝氏体的力学性能 ·············· 89
思考题 ························· 91
第6章　过冷奥氏体转变动力学图 ······ 93
6.1　过冷奥氏体等温转变动力学图 ······ 94
6.2　过冷奥氏体连续转变动力学图 ······ 99
思考题 ························· 102
第7章　钢的回火转变 ················ 103
7.1　马氏体的分解 ················· 104
7.2　残余奥氏体的转变 ·············· 108
7.3　淬火钢回火时力学性能的变化 ··· 110
7.4　回火脆性 ···················· 114
思考题 ························· 118
第8章　合金的时效 ················· 119
8.1　脱溶沉淀过程的热力学 ··········· 120
8.2　脱溶沉淀过程 ················· 121
8.3　脱溶沉淀后的显微组织 ··········· 124
8.4　脱溶沉淀过程的动力学 ··········· 126
8.5　脱溶沉淀时性能的变化 ··········· 127
8.6　调幅分解 ···················· 130
思考题 ························· 132

第二篇　热处理工艺

第 9 章　金属的加热 ………………… 137
9.1　金属加热的物理过程 ………… 138
9.2　加热设备与加热特点 ………… 140
9.3　热处理工艺影响因素及钢的氧化
　　与腐蚀 ……………………… 142
　　思考题 ……………………… 147

第 10 章　退火与正火 ……………… 149
10.1　退火工艺的分类 …………… 150
10.2　第一类退火 ………………… 150
10.3　第二类退火 ………………… 152
10.4　正火 ………………………… 155
　　思考题 ………………………… 156

第 11 章　淬火与回火 ……………… 157
11.1　淬火的定义、目的及分类 … 158
11.2　淬火介质 …………………… 158
11.3　淬透性 ……………………… 162
11.4　淬火应力及其控制 ………… 166
11.5　淬火工艺 …………………… 172
11.6　钢的回火 …………………… 177
　　思考题 ………………………… 179

第 12 章　表面淬火 ………………… 181
12.1　感应加热淬火 ……………… 182
12.2　火焰加热表面淬火 ………… 192
12.3　激光热处理 ………………… 193

　　思考题 ………………………… 196

第 13 章　化学热处理 ……………… 197
13.1　钢的渗碳 …………………… 198
13.2　钢的渗氮 …………………… 207
13.3　钢的碳氮共渗与氮碳共渗 … 214
13.4　钢的渗硼 …………………… 215
13.5　钢的渗铝 …………………… 216
　　思考题 ………………………… 218

第 14 章　有色金属及其热处理 …… 219
14.1　铝及铝合金 ………………… 220
14.2　钛及钛合金 ………………… 226
14.3　镁及镁合金 ………………… 232
14.4　其他有色金属 ……………… 236
　　思考题 ………………………… 244

第 15 章　金属热处理新技术与
　　新工艺 ……………………… 245
15.1　数字化淬火冷却控制技术 … 246
15.2　热处理节能新工艺 ………… 250
15.3　模压式感应淬火 …………… 255
15.4　微波渗碳 …………………… 259
15.5　纳米化渗氮 ………………… 260
15.6　太阳能合金化 ……………… 262
　　思考题 ………………………… 263

第三篇　热处理工艺案例

第 16 章　热处理工艺案例 ………… 267
16.1　案例 1　大型铝合金挤压模具
　　基体强化和表面渗氮硬化复合
　　处理 ………………………… 268
16.2　案例 2　大型热锻模热处理 …… 270
16.3　案例 3　超大型中高合金钢热挤压
　　模具热处理 ………………… 273
16.4　案例 4　热锻模真空热处理 …… 275
16.5　案例 5　水压机活塞气体渗氮
　　处理 ………………………… 276
16.6　案例 6　破碎辊淬火处理 …… 277
16.7　案例 7　箱体热处理 ………… 278
16.8　案例 8　齿轮轴渗碳热处理 …… 279
16.9　案例 9　阀套表面离子渗氮热

　　处理 ………………………… 281
16.10　案例 10　塔吊销轴的"预氧化—
　　气体硫碳氮三元共渗"处理 …… 283
16.11　案例 11　缸盖热锻胎模氮碳共渗
　　与固体复合渗硼及淬火处理 … 284
16.12　案例 12　水轮机转子轴
　　热处理 ……………………… 285
16.13　案例 13　泵轴热处理 ……… 287
16.14　案例 14　高温汽轮机叶片热
　　处理 ………………………… 289
16.15　案例 15　芯模热处理 ……… 290
16.16　案例 16　拨弹轮轴热处理 …… 292
16.17　案例 17　铝合金壳体 T4/T6 热
　　处理 ………………………… 294

16.18 案例 18　3D 打印铝合金杯型筒
　　　 热处理 ················ 295
16.19 案例 19　螺旋桨锥套热处理 ··· 297

16.20 案例 20　铍青铜胀套真空
　　　 热处理 ················ 299
热处理工艺案例信息汇总表 ·············· 301

参考文献 ··· 303

第 一 篇

热处理基本理论

>>> 第1章

··· 金属固态相变
概论

金属在外界条件变化时会出现物态变化,如金属加热与冷却会出现固态到液态(S→L)与液态到固态(L→S)的变化,分别称为熔化与凝固。利用这种物态变化,发展出了金属铸造成形、气相沉积等技术。

固态下的金属(包括纯金属和合金)在温度和压力改变时,其内部组织、结构、微区成分与性能均可能发生变化,而宏观状态仍为固态且保持不变。这种固态金属内部组织、结构、微区成分的变化会影响金属材料的性能变化。研究和掌握固态金属中的相变及其组织、结构、成分与性能之间的变化规律(即金属固态相变理论),可采取相应措施控制相变过程,以获得预期的组织与结构,从而发挥金属材料的潜力。常用的方法便是加热与冷却,这些方法逐渐发展成为金属热处理技术。所以,金属固态相变理论是金属热处理的理论依据和实践基础。

本章主要介绍金属固态相变的主要类型、固态相变的特点以及固态相变的发生过程。

1.1　金属固态相变的主要类型

1.1.1　从相变产物上分类

1)平衡转变

固态金属在缓慢加热或冷却时,发生符合相图规律的平衡组织的相变称为平衡转变。金属在固态下出现的平衡转变主要有以下几种:

(1)同素异构转变

纯金属在温度和压力改变时,由一种晶体结构转变为另一种晶体结构的过程称为同素异构转变。铁、锡、钴、钛等都是会发生同素异构转变的纯金属。

(2)多形性转变

固溶体中发生的一种晶体结构转变为另一种晶体结构的过程称为多形性转变。钢在加热或冷却时发生的铁素体向奥氏体或奥氏体向铁素体的转变过程就是这类转变。

(3)平衡脱溶沉淀

在缓慢冷却的条件下,从过饱和固溶体 α' 中沉淀析出稳定的或亚稳定的沉淀相 β 后,余下为接近平衡浓度的饱和固溶体 α,如图 1-1 所示。

$$\alpha' \rightarrow \alpha + \beta$$

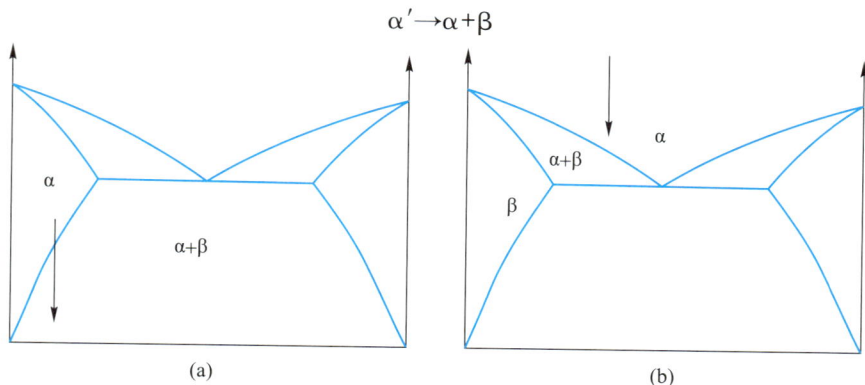

图 1-1　平衡脱溶沉淀相图

（4）共析转变

合金在冷却时,由一个固相分解为两个不同固相的过程称为共析转变,通常用反应式 $\gamma \rightarrow \alpha + \beta$ 表示。共析转变生成的两个相的结构和成分都与反应相不同。共析转变对应合金结晶时的共晶反应。

（5）包析转变

合金在冷却时,由两个固相合并为一个固相的过程称为包析转变,通常用反应式 $\alpha + \beta \rightarrow \gamma$ 表示。包析转变对应合金凝固时的包晶反应。

（6）调幅分解

合金在高温下为单相固溶体组织,当冷却到某一温度范围时分解为两个结构与原固溶体结构相同、但成分有明显差别的两个区域的过程称为调幅分解,通常用反应式 $\alpha \rightarrow \alpha_1 + \alpha_2$ 表示。这种转变的特点是:在转变初期,新形成的两个微区之间并无明显的界面和成分突变,但通过上坡扩散,使均匀的固溶体变成不均匀的固溶体。Al-Cu 合金中的 GP 区的形成就是调幅分解。

（7）有序化转变

固溶体中各组元原子的相对位置由无序到有序的转变过程称为有序化转变。Cu-Zn、Cu-Au 等许多合金系中都可能发生有序化转变。

2）非平衡转变

加热与冷却速度过快时,平衡转变受到抑制,固态金属发生不符合相图上规律的转变称为非平衡转变,获得的非平衡组织称为亚稳组织。固态金属发生的非平衡转变主要有以下几种:

（1）铁碳合金中的不平衡转变

图 1-2 为 Fe-C 相图的局部相图。当奥氏体自高温缓慢冷却到 GSE 线以下时,将从奥氏体析出铁素体或渗碳体。其成分变化为:奥氏体碳含量将逐步接近 S 点,当达到 S 点时,将通过共析转变来转变为铁素体与渗碳体的混合物。但如果奥氏体自高温以较快的速度冷却,共析转变来不及进行,奥氏体将在低温下发生一系列非平衡转变。

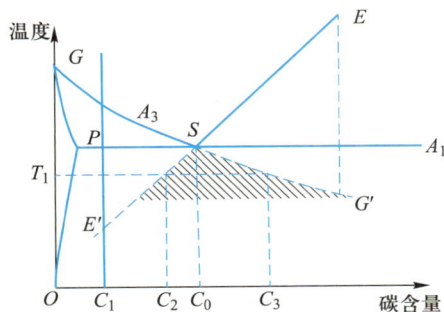

图 1-2　Fe-C 相图的局部相图

① 伪共析转变

当奥氏体以较快的速度冷却,冷却到 ES 与 GS 的延长线以下时,即图 1-2 中的阴影部分,将从奥氏体中同时析出铁素体与渗碳体。这一转变过程类似于共析转变,即非共析成分的奥氏体发生了共析转变,但转变产物中铁素体量与渗碳体量的比值不是定值,而是随奥氏体碳含量的变化而变化,故称为伪共析转变。

② 马氏体转变

当奥氏体以更快的速度冷却时,伪共析转变来不及进行而将奥氏体过冷到更低温度。由于在低温下铁原子与碳原子都不易扩散,故奥氏体只能通过非扩散转变,不引起成分改变,晶格由 γ 晶格改组为 α 晶格,这种转变称为马氏体转变,转变产物为马氏体。除 Fe-C 合金外,在许多其他合金中,如 Ti 合金、Ni 合金中也能发生马氏体转变。

③ 贝氏体转变

贝氏体转变是当奥氏体以适中的速度冷却时,在珠光体转变温度与马氏体转变温度之间发生的一种转变,是一种半扩散转变。所谓半扩散,是碳原子发生了一定距离的扩散,而铁原子没有发生扩散,铁原子类似于马氏体转变,发生短距离移动。

④ 块状转变

块状转变是界面过程控制的扩散型相变,但转变时成分不发生变化,在较高的冷却速度下形成,类似于贝氏体转变,是中温转变。其形成的热力学原理与马氏体相变类似,即要在相同成分的母相、新相吉布斯自由能相等的温度下才能发生。块状转变的形核位置是界面,界面是非共格的,是热激活的,无长程扩散。

(2) 非平衡脱溶沉淀

在高温下固溶体中某组元的溶解度高,在低温下该组元的溶解度低,固溶体由高温快速冷却时,该组元没有完全析出或少量析出,室温下得到过饱和固溶体,此过程称为非平衡脱溶沉淀。

归纳总结上述几种转变的相变特征,可得金属固态相变过程有三方面的变化:一是结构变化;二是成分变化;三是有序程度的变化。固态相变可以是一种变化,也可以是其中的两种或三种同时变化。例如:同素异构转变、多形性转变、马氏体转变、块状转变等只有结构上的变化;调幅分解只有成分上的变化;共析转变、脱溶沉淀、贝氏体转变、包析转变等,既有结构上的变化又有成分上的变化;有序化转变则属于只有有序程度变化的相变。

金属在不同的加热和冷却条件下可以发生不同的转变,获得不同的组织和结构,从而改变了金属的性能。研究金属热处理相变原理与工艺,可以发挥金属材料的潜力。

1.1.2 从相变过程上分类

金属固态相变类型很多,按其特征可以有以下几种分类方法:

1) 按热力学分类

按相变的新相和母相之间的热力学变化,可将金属固态相变分为一级相变及二级相变。

若相变时新相和母相的化学位势相等,化学位势的一级偏微商不相等,则为一级相变。一级偏微商可能是熵、体积,所以一级相变有热效应与体积效应。除部分有序化转变外,金属固态相变均为一级相变。

若相变时新相和母相的化学位势相等,且化学位势的一级偏微商也相等,只是二级偏微商不相等,称为二级相变。二级偏微商可能是材料的比热容、热膨胀系数和压缩系数,所以二级相变无明显热效应及体积效应,有比热容、热膨胀系数和压缩系数的突变。

2) 按原子迁移情况分类

按相变过程中原子迁移情况,可将金属固态相变分为扩散型相变及无扩散型相变两大类。

依靠原子或离子的扩散进行的相变称为扩散型相变。只有温度高,原子(或离子)迁移能力强,才能发生扩散型相变。扩散型相变会引起成分的改变,如钢加热时奥氏体的形成及冷却时珠光体的转变等。

当温度不够高,原子迁移能力差,原子(或离子)只能在新、母相的相界面附近作短距离移动,故相变结果不会导致成分的改变,如块状转变。相变过程中原子(或离子)不发生扩散,此相变称为无扩散相变。无扩散相变时,原子(或离子)仅作有规则的迁移以使晶格发生改组。迁移时,相邻原子相对移动距离不超过原子的间距,相邻原子的相对位置保持不变。马氏体转变即为无扩散相变,这类相变温度低,原子不发生扩散。

3) 按相变方式分类

按相变方式,可以将金属固态相变分为有核相变和无核相变两类。

有核相变通过形核与长大进行。新相的核可以在母相中均匀形成,也可以在某些有利位置形核;核形成后,不断长大,相变过程得以完成。新相与母相之间有界面隔开,大部分金属固态相变均属此类。

无核相变是无形核阶段的转变。无核相变以固溶体中的成分起伏作为开端,通过成分起伏形成了高浓度区与低浓度区,但两者之间没有明显的界线,成分由高浓度区连续过渡到低浓度区。上坡扩散使两区的浓度差愈来愈大,最后导致一个单相固溶体分解成两个成分不同而晶格结构相同的相,其界面为共格关系。例如,调幅分解即为无核相变。

1.2　金属固态相变的一般特征

绝大多数金属固态相变(简称固态相变)与液态结晶一样,相变的动力也是来源于新相与母相的吉布斯自由能差。但固态相变有许多不同于结晶过程的特征,这些特征是固态相变所独有的。

1) 惯习面

固态相变时,新、母两相都是固态,它们之间的界面与液-固界面有本质的不同,也与一般晶粒边界不尽相同。根据结构上的特点,固相间的界面分为共格界面、半共格界面、非共格界面三种。固态相变产物可以是颗粒状、针状、棒状或片状。通过透射电镜(TEM)分析表明,一般针状或棒状新相的主轴以及片状新相的主平面常平行于母相的某一晶面,这种新相与母相间往往存在一定取向关系,而新相往往又在母相一定晶面族上形成,这种晶面称为惯习面,用母相晶面指数表示。例如,共析碳钢中的透镜片状马氏体片的主平面与奥氏体的$\{225\}$或$\{259\}$晶面平行,这类母相晶面称为惯习面。然而一个晶面族包括若干在空间互成一定角度的晶面,故沿惯习面形成的针状及片状新相也互成一定角度或互相平行。

2) 晶体学位向关系

金属固态相变时,新相的某些低指数晶面与母相的某些低指数晶面平行,新相的某些低指数晶向与母相的某些低指数晶向平行,这表明新、母相间存在一定的晶体学位向关系。例如,碳钢中 α 相的$\{110\}$晶面与 γ 相的$\{111\}$晶面平行,α 相的$\langle111\rangle$晶向与 γ 相的$\langle110\rangle$晶向平行。这种晶体学位向关系可记为

$$\{110\}_\alpha /\!/ \{111\}_\gamma, \langle111\rangle_\alpha /\!/ \langle110\rangle_\gamma$$

应该指出,位向关系与惯习面是两个完全不同的概念。惯习面是指与新相主平面或主轴平行的母相晶面;位向关系是指新相、母相某些低指数晶面、晶向的对应的平行关系。

新相与母相呈共格或半共格联系时,它们之间必然存在一定的晶体学位向关系。如果新相和母相存在一定晶体学位向关系,却不一定存在共格或半共格关系,这可能是由于新相在长大过程中,其界面的共格或半共格关系遭到破坏所致。

3）弹性应变能

金属发生固态相变时，新相与母相的比容一般不会相同，故转变时必将发生体积变化。由于新相受到母相的约束而不能自由膨胀或收缩，因此新相与其周围的母相之间必将产生弹性应力和弹性应变，如图 1-3 所示。

由于新相和母相的比容不同，故新相形成时的体积变化将受到周围母相的约束而产生弹性应变能，称为比容差应变能 E_s。这种比容差应变能的大小与新相几何形状有关。图 1-4 表明新相与母相间为非共格界面的情况下比容差应变能（相对值）与新相几何形状之间的关系。由图可知，圆盘状新相所引起的比容差应变能最小，针状的次之，而球状的最大。

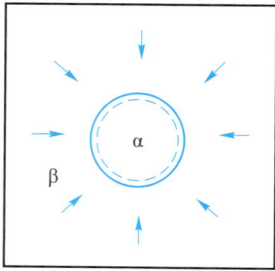

图 1-3 新相膨胀引起的应变

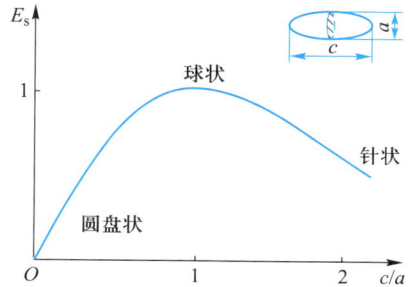

图 1-4 新相形状（c/a）与比容差应变能 E_s 的关系

此外，新相与母相建立共格或半共格联系时，界面上的原子由于要强制匹配，所以在界面附近区域内将产生应变能，也称为共格应变能。这种共格应变能以共格界面为最大，半共格界面次之，而非共格界面为零。

由共格应变能和比容差应变能所组成的应变能与界面能的总和构成了固态相变的阻力。可见，与液态金属结晶过程相比，固态相变的阻力更大。但是，在固态相变阻力中，应变能与界面能究竟以何者为主须视具体条件而定。当过冷度很大时，新相的临界晶核尺寸很小，这使得单位体积的新相表面积更大，从而导致界面能增大而居主要地位。这时两相间倾向于形成共格或半共格界面，以降低界面能。但要使界面能降低且降低值超过形成共格或半共格界面所引起的应变能，则必须降低应变能，使新相倾向于形成圆盘状（或薄片状）。相反，当过冷度很小时，则新相的临界晶核尺寸较大，使单位体积的新相表面积减小，于是导致界面能减小而居于次要地位。这样，两相间倾向于形成非共格界面，以降低应变能。此时该应变能仅含比容差应变能，若两相的比容差很小，该项应变能的影响不大，则新相倾向于形成球状以降低界面能；若两相比容差较大，则新相倾向于形成针状以兼顾降低界面能和比容差应变能。

4）晶内缺陷的影响

与液态金属不同，固态金属晶体存在空位、位错、晶界等各种缺陷。在缺陷周围，晶格有畸变，故储存有畸变能，极易在这些部位形成晶核，提高不均匀形核的形核率，加快转变速度，所以晶内缺陷的存在对固态相变起促进作用。

5）形成过渡相

过渡相也称中间亚稳相，是指成分、结构或者成分和结构两者都处于新相与母相之间的亚稳状态的相。在固态相变中，有时新相与母相在成分、结构上差别较大，故形成过渡相便成为减少相变阻力的重要途径之一。这是因为过渡相在成分、结构上更接近于母相，两相间易于形成共格或半共格界面,以减小界面能,从而降低形核功,使形核易进行。但是过渡相的吉布斯自由能高于平衡相的吉布斯自由能,故在一定条件下仍有继续转变为平衡相的可能。例如,钢中马氏体回火时,往往先形成与马氏体基体保持共格的ε-碳化物,即过渡相,再随回火温度的升高或回火时间的延长,ε-碳化物逐渐转变成与基体呈非共格关系的渗碳体。

1.3　金属固态相变的形核

1）均匀形核

固态相变的理想情况是均匀形核,但大多数情况是非均匀形核。讨论均匀形核,是因为均匀形核相对简单,其吉布斯自由能变化关系式可以作为讨论非均匀形核的基础。

固态相变均匀形核的驱动力是新、母相间吉布斯自由能的差值,而形核的阻力则有界面能 ΔG_s 和应变能 ΔG_E。晶核界面能与界面面积成正比,体积应变能与晶核体积成正比。固态相变均匀形核时吉布斯自由能的差值为

$$\Delta G = -\Delta g_V V + \sigma S + EV = -\Delta G_V + \Delta G_s + \Delta G_E \tag{1-1}$$

式中: ΔG——吉布斯自由能的差值;

Δg_V——单位体积的新、母相吉布斯自由能差;

V——新相晶核的体积;

S——新、母相的界面积;

σ——单位面积新、母相界面的界面能;

E——单位体积新相的应变能。

由式(1-1)可以导出固态相变时均匀形核的临界形核功 ΔG^* 为

$$\Delta G^* = \frac{16\pi\sigma^3}{3(-\Delta g_V + E)^2} \tag{1-2}$$

式(1-2)表明,当 σ 与 E 减小时,临界形核功变小,易于形成晶核。共格或半共格新相的 σ 较小,故应变能是形核的主要阻力,新相倾向于呈薄片状或针状。非共格的界面能是形核的主要阻力,导致界面面积减小。但是,当新相具有半共格界面而新、母相比容差很小时,应变能可能是次要作用,表面能成为主要作用,此时新相可能呈球状。反之,与新、母相比容差很大,即新、母相共格,应变能也可能起到主要作用,晶核将呈薄片状。

与液固转变相似,固态相变均匀形核时,形核率与临界形核功、过冷度(临界温度与转变温度的差值)之间的函数关系,可表达为下式:

$$\dot{N} = Nv\exp\left(-\frac{Q+\Delta G^*}{kT}\right) \tag{1-3}$$

式中: $\dot{N}$——为形核率;

N——单位体积母相中的原子数;

v——原子振动频率;

Q——原子扩散激活能;

k——玻尔兹曼(Boltzmann)常数;

T——相变温度。

固态原子的扩散激活能较大,且固态相变的临界形核功较高,故与液固转变比较,固体相变的均匀形核率要小得多。

2）非均匀形核

固体相变形核大部分情况是非均匀形核,其形核的位置多位于晶体缺陷处,这是因为母相中的晶体缺陷可以为形核提供动力,使在缺陷处形核更容易。因此,金属固态相变主要依赖非均匀形核,其系统吉布斯自由能的差值为

$$\Delta G = -\Delta g_V V + \sigma S + EV - \Delta G_d \tag{1-4}$$

与式(1-1)相比,式(1-4)多了一项$-\Delta G_d$,它表示非均匀形核时由于晶体缺陷消失而释放出的储存能。因此,$-\Delta g_V V$ 和$-\Delta G_d$ 可看作相变驱动力,这将导致临界形核功降低,从而促进形核。各种晶体缺陷对形核的具体作用如下:

（1）空位

时效强化采用高温固溶处理,同时产生了大量的空位,空位可提高扩散速度或者消除错配应变能,有利于形核。空位和空位群亦可聚集成位错而促进形核。空位释放自身能量提供形核驱动力而促进形核。

（2）位错

位错可以通过以下多种形式促进形核。

① 新相在位错线上形核,可借形核处位错线消失时所释放的能量作为相变驱动力,以降低形核功。

② 新相形核时位错并不消失,而是依附于新相界面,从而构成共格或半共格界面上的位错部分,以补偿错配,故可降低应变能和形核功。研究认为,在位错上形核以减小界面能的方法对ΔG的贡献并不大。实际上,位错上的形核,是核胚借助位错使其晶面和母相的晶格保持很好的匹配,以便能形成低能的共格界面或半共格界面,这种新相的形状多数为圆盘状或针状。

③ 溶质原子在位错线上偏聚,形成科氏气团,使溶质含量增高,以满足新相形成所需的成分条件,易于新相晶核的形成。

④ 位错线可作为扩散的短路通道,降低扩散激活能,从而加速形核过程。

⑤ 位错可分解成由两个分位错与其间的层错组成的扩散位错,使其层错部分作为新相的核胚而有利于形核。

在面心立方(fcc)晶体中,$a/2<100>$全位错能够分解产生一个堆垛层错带,例如:

$$a/2[110] \rightarrow a/6[1\bar{2}1] + a/6[211]$$

得出在$(1\bar{1}1)$面上存在两个肖克莱位错分隔的堆垛层错带,因为堆垛层错带实际上是密排六方(hcp)晶体的四个密排层,所以它能作为一个 hcp 脱溶物的潜在形核位置。在 Al-Ag 合金的六方晶格 γ' 过渡相的脱溶中可看到这种形核,形核只靠 Ag 原子间层错扩散就可以完成,于是在 γ' 脱溶物(层错)和基体之间就自动地存在着如下类型的位向关系:

$$(0001)_\gamma /\!/ (111)_\alpha$$
$$[11\bar{2}0]_\gamma /\!/ [1\bar{1}0]_\alpha$$

这个位向关系保证相界面的良好匹配以及界面能低。另外,合金钢在退火脱溶时也会出现这种情况,脱溶相沿位错成排分布。

（3）晶界

　　晶界具有高的界面能,在晶界形核时,释放出的界面能可作为相变驱动力,以降低形核功。因此,固态相变时晶界往往是形核的重要位置。

　　在多晶中,晶粒之间的界面有以下三种情况:两个相邻晶粒共同的边界叫做界面;三个晶粒的共同交界是一条线,叫做界棱;四个晶粒交于一点,构成一个界隅。界面、界棱、界隅都有储存的畸变能,可以作为形核的驱动力。从能量的角度来看,界隅提供的能量最大,界棱次之,界面最小。但从三种形核位置所占的体积分数来看,界面最多,而界隅最小。因此,实际形核的先后位置会不同,也造成生成的晶粒大小存在差异。

　　非共格形核时,为使界面面积减小,晶核的各界面均将呈球冠形。界面、界棱和界隅上的非共格晶核应分别呈双凸透镜片形、两端尖的曲面三棱柱体形和球面四面体形等,如图 1-5 所示。

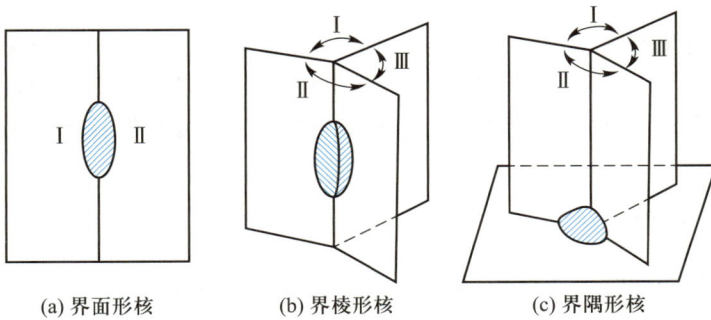

(a) 界面形核　　　(b) 界棱形核　　　(c) 界隅形核

图 1-5　晶界上的非共格晶核的形状

　　共格、半共格界面一般为平面,界面两侧的新相与母相存在一定的晶体学位向关系。大角晶界形核时,大角晶界两侧的晶粒通常无对称关系,故晶核一般不可能同时与两侧晶粒都保持共格关系,而是一侧为共格或半共格,另一侧为非共格。结果是使晶核形状发生改变,即一侧为球冠形,另一侧为平面,如图 1-6 所示。

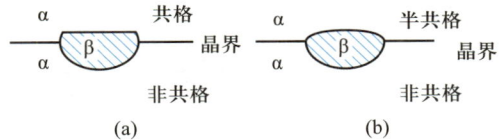

图 1-6　晶界形核的形状

1.4　金属固态相变的长大

　　不同类型的固态相变,其晶核长大的过程也有所不同。对于共析转变、脱溶沉淀、贝氏体转变等固态相变,其新、母相成分不同,原子必须在母相内扩散,使相界附近的成分达到特定值时,新相晶核才能长大,这类相变会伴随发生传质过程。另外一类是同素异构转变、块状转变、马氏体转变等固态相变,新母相成分相同的情况下,晶核长大时不需要有传质过程。这两类相变,都还同时有结构变化,相界面附近的原子就必须调整位置才能使晶核长大。界面附近原子调整位置使晶核得以长大的过程,叫做界面过程。长大过程受形核率的影响。一种是连续形核和晶核长大同时进行,即在晶核长大的过程中还有新的晶核形成;另外一种是形核后再长大,即在晶核长大的过程中不形成新的晶核。其长大过程的示意图如图 1-7 所示。

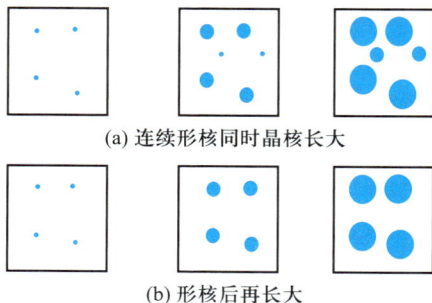

(a) 连续形核同时晶核长大

(b) 形核后再长大

图 1-7　不同形核长大过程的示意图

1.4.1　非协调型长大

对于有成分变化的固态相变,晶核长大时,界面过程中原子的运动是随机的,一般是短距离的自扩散,各原子的移动没有先后顺序,相对位移不等,相邻关系可能发生变化,形象地称为"民众式转变"。因此,原子运动的步调是不协调的,这样的长大过程叫做非协调型长大。

1.4.2　非扩散性长大

对于没有成分变化的固态相变,晶核长大时界面处母相中的原子通过有规律的运动来调整它们的相对位置,使结构发生改变,而原子之间的相邻关系没有变化,如以均匀切变的方式进行,如图 1-8a 所示。马氏体转变认为是发生切变,表面出现"浮凸",如图 1-8b 所示。这种转变形象地称为"列队式转变",相界附近原子运动是协同的,不涉及长距离的传质过程。

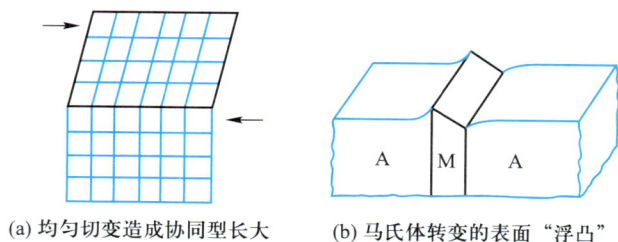

(a) 均匀切变造成协同型长大　　(b) 马氏体转变的表面"浮凸"

图 1-8　切变示意图

1.4.3　相界面台阶长大机制

半共格界面上存在着位错,如果这些位错能够随着界面的移动而移动,则界面迁移到新的位置时就无须增添新的位错。从能量上讲,这将有利于台阶的长大过程。对于柏氏矢量与界面平行的刃型位错,其滑移面就是界面。可以认为晶核长大时界面沿其法线方向迁移,界面上的这些刃型位错必须进行位错攀移。显然,这是比较困难的。

设想界面为图 1-9 所示的台阶状,台阶的 ab、

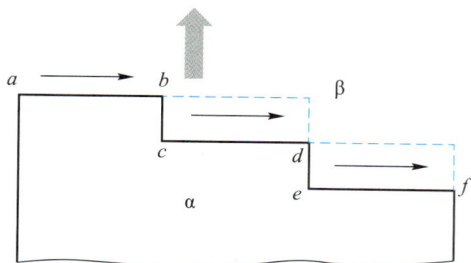

图 1-9　台阶状界面的长大示意图

cd、ef 面上都有刃型位错列。当 ab、cd 台阶的侧面 bc、de 向其法线方向移动时，ab、cd、ef 平面上的位错可以沿箭头所指的方向滑动。结果显示，整个界面向大箭头所指的方向移动一个台阶厚度，即图 1-9 中的虚线位置，最终随位错运动表现出界面移动，这样的晶核长大方式叫做"台阶机制"。

1.4.4　界面非台阶长大机制

在许多情况下，晶核与母相间会形成非共格界面，这种界面处原子排列"混乱"，形成了一层无规则排列的过渡薄层。在这种界面上，原子移动的步调不是协同的，即原子的移动无一定的先后顺序，相对位移不等，其相邻关系也可能变化。随着母相原子不断地以非协同方式向新相中转移，界面便沿着其法向方向推进，从而使新相逐渐长大，这就是非协同型长大。但是也有人认为，在非共格界面的微观区域中，也可能会出现台阶状结构，如图 1-10 所示。这种台阶平面是原子最密的晶面，台阶高度相当于一个原子层，原子从母相台阶端部向新相台阶上转移，便使新相台阶发生侧向移动，从而引起界面推进使新相长大。由于这种非共格界面的迁移是通过界面扩散进行的，因此这种相变为扩散型相变。

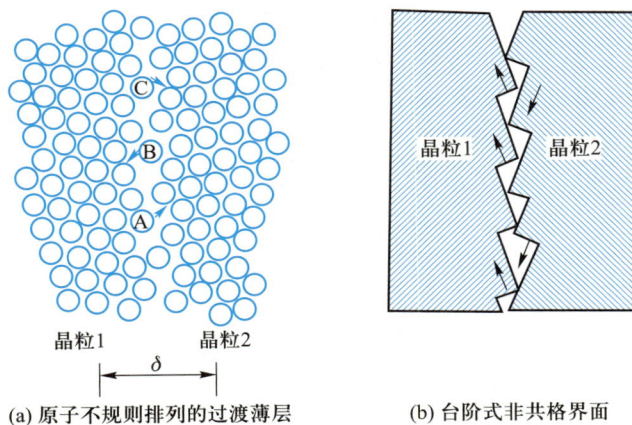

图 1-10　非共格界面长大示意图
(a) 原子不规则排列的过渡薄层　　(b) 台阶式非共格界面

1.2 节中介绍，固态相变有扩散型相变和无扩散型相变，但在实际相变中存在这两种类型同时出现的情况。例如，钢的贝氏体转变过程中，既具有扩散型相变特征，又具有无扩散型相变特征。

1.4.5　新相长大速度

对于无扩散型相变来说，如马氏体转变，由于界面迁移是通过晶格切变完成的，不需要借助原子扩散，故新相的长大速度很高。对于扩散型相变来说，由于界面迁移需要借助原子的短程或长程扩散，故新相的长大速度相对较低。下面将对扩散型相变中新相长大时无成分变化和有成分变化的两种情况作简要讨论。

1) 无成分变化的新相长大

若母相为 β，新相为 α，两者成分相同，当母相中的原子通过短程扩散越过相界面进入新相中时，相界面向母相迁移，使新相逐渐长大。其长大速度受界面扩散所控制。

图 1-11 为 α 相和 β 相界面两侧原子的吉布斯自由能。由图可见，β 相的一个原子越

过相界一面进入到 α 相中所需的激活能为 Δg,若原子的振动频率为 ν_0,则 β 相的原子能够越界到 α 相上的频率 $\nu_{\beta-\alpha}$ 为

$$\nu_{\beta-\alpha} = \nu_0 \exp(-\Delta g/kT) \tag{1-5}$$

同理,α 相的一个原子能够越界进入 β 相上去的频率 $\nu_{\alpha-\beta}$ 为

$$\nu_{\alpha-\beta} = \nu_0 \exp\left[(\Delta g + \Delta g_{\alpha\beta})/kT\right] \tag{1-6}$$

这样,原子从 β 相进入 α 相的净频率为 $\nu_{\alpha-\beta} = \nu_{\beta-\alpha} - \nu_{\alpha-\beta}$。若原子跳一次的距离为 λ,每当相界上有一层原子从 β 相进入 α 相后,α 相便增厚 λ,则 α 相的长大速度为

$$u = \nu\lambda = \nu_0\lambda \exp(\Delta g/kT) \exp\left[1 - \exp(-\Delta g_{\alpha\beta}/kT)\right] \tag{1-7}$$

若相变时过冷度很小,则 $\Delta g_{\alpha\beta} \to 0$。根据近似计算,$e^x \approx 1 + x$(当 $|x|$ 很小时),$\exp(-\Delta g_{\alpha\beta}/kT) \approx 1 - \Delta g_{\alpha\beta}/kT$,则

$$u = \nu_0\lambda/k(\Delta g_{\alpha\beta}/T) \exp(\Delta g/kT) \tag{1-8}$$

当过冷度很小时,由式(1-8)可知,新相长大速度与新相、母相间吉布斯自由能差成正比。但实际上相间吉布斯自由能差是过冷度或温度的函数,故新相的长大速度随着温度的降低而增大。

当过冷度很大时,$\Delta g_{\alpha\beta} > kT$,使 $\exp(\Delta g/kT) \to 0$,则式(1-7)可简化为

$$u = \nu_0\lambda - \exp(\Delta g/kT) \tag{1-9}$$

由式(1-9)可知,当过冷度很大时,新相长大速度将随着温度的降低而呈指数函数减小。

综上所述,在整个相变温度范围内,新相的长大速度随着温度降低呈现先增后减的规律,如图 1-12 所示。

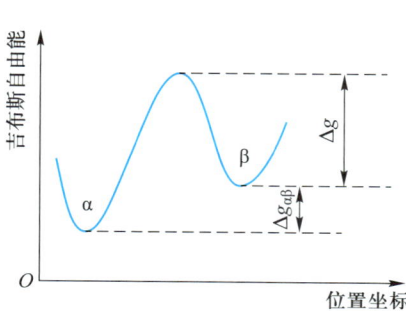

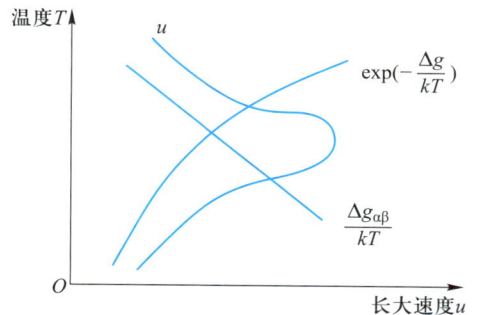

图 1-11 α 相和 β 相界面两侧原子的吉布斯自由能　图 1-12　新相的长大速度与温度的关系

2) 有成分变化的新相长大

当新相与母相的成分不同时,新相的长大必须通过溶质原子的长程扩散来实现,故其长大速度受扩散所控制。生成新相时的成分变化有两种情况:一种是新相 α 中溶质原子的浓度 C_α 低于母相 β 中的浓度 C;另一种情况相反,前者高于后者,如图 1-13 所示。设相界面上处于平衡的新相和母相的成分分别为 C_α 和 C_β,由于 C_α 小于或大于 C,故在界面附近的母相 β 中存在一定的浓度梯度。在这一浓度梯度的推动下,将引起溶质原子在母相内扩散,以降低浓度差,结果便破坏了相界上的平衡浓度,即 C_α 和 C_β。为了恢复相界上的平衡浓度,就必须通过相间扩散,使新相长大。新相长大过程需要溶质原子由相界扩散到母相远离相界的区域,如图 1-13a 所示,或者由母相远离相界的区域扩散到相界处,如图 1-13b 所

示。在这种情况下,相界的迁移速度即新相的长大速度将由溶质原子的扩散速度所控制。设在 t 时间内相界向相一侧推移 dx 距离,则新增的 α 相单位面积界面所需的溶质量为 $|C_\beta - C_\alpha| dx$。这部分溶质是依靠溶质原子在 β 相中的扩散提供的。设溶质原子在 α 相中的扩散系数为 D,而界面附近 β 相中的浓度梯度为 $(\partial C_\beta / \partial x)$。由菲克(Fick)第一定律可知,扩散通量为 $D(\partial C_\beta / \partial x)_{x_0} dt$,故有

$$|C_\beta - C_\alpha| dx = D(\partial C_\beta / \partial x)_{x_0} dt \tag{1-10}$$

则

$$u = dx/dt = (D/|C_\beta - C_\alpha|)(\partial C_\beta / \partial x)_{x_0} \tag{1-11}$$

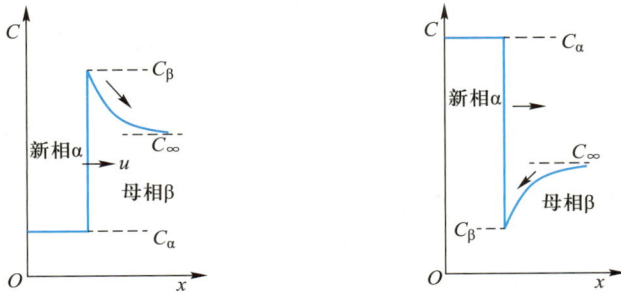

(a) 新相中溶质原子的浓度低于母相中的浓度　　(b) 新相中溶质原子的浓度高于母相中的浓度

图 1-13　新相生长过程中溶质原子的浓度分布

这表明新相的长大速度与扩散系数和界面附近母相中浓度梯度成正比,而与两相在界面上的平衡浓度之差成反比。

1.5　金属固态相变动力学

固态相变的形核率和晶核长大速度都是转变温度的函数,而固态相变的速度又是形核率和晶核长大速度的函数,因此固态相变的速度必然与温度(或过冷度)密切相关。

对于扩散型固态相变,若形核率和长大速度都随时间的变化而变化,在一定过冷度下的等温转变动力学可用下述阿夫拉米(Avrami)方程来描述:

$$F_v = 1 - \exp(1 - bt^n) \tag{1-12}$$

式中:F_v——转变量(体积分数);

　　　b——常数;

　　　t——时间。

若形核率随时间而减小,取 $3 \leq n \leq 4$;若形核率随时间而增大,取 $n > 4$。

实际上可通过测定不同温度下的转变量来反映转变的动力学,作出"温度-时间-转变量"(temperature-time transformation,TTT)曲线,也称为等温转变曲线(isothermal transformation,IT)。如图 1-14 所示为扩散型相变的典型等温转变曲线。该曲线

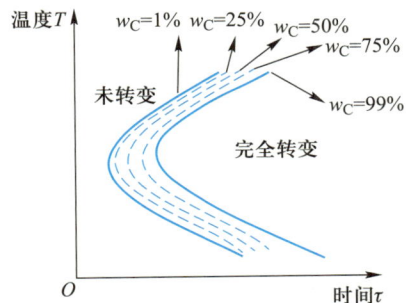

图 1-14　扩散型相变的典型等温转变曲线

表明,在转变开始前需一段孕育期,随转变温度从高到低变化时,孕育期先缩短,转变加速,随后孕育期又增长,转变过程减慢。当温度很低时,扩散型相变可能被抑制,而转化为无扩散型相变。

思考题

1-1 固态相变与液固相变有何异同点?

1-2 能否从合金平衡相图推断可能发生哪些不平衡转变?

1-3 惯习面与新、母相的界面是否是同一个面?它们对组织形态有影响吗?

1-4 如果两相之间为共格界面,两相之间是否存在晶体学位向关系?

1-5 新相形成时会出现薄片状或针状或球状?如新相呈球状,新、母相之间是否存在晶体学位向关系?

1-6 为什么多数固态相变都要通过形核长大?

1-7 举例说明无核转变是怎么发生的。

1-8 固态相变的等温转变曲线是否均为 C 形?

第2章

钢中奥氏体的形成

　　钢的热处理通常由加热、保温和冷却三个阶段组成。大多数情况下,加热的主要目的是获得奥氏体组织。钢在加热过程中,加热前的组织转变为奥氏体,这被称为钢的加热转变。由加热转变所得到的奥氏体的组织主要包括奥氏体晶粒的尺寸、形状、亚结构、成分及其均匀性等组织特征,这些组织特征直接影响在随后的冷却过程中所发生的转变及转变所得到的组织产物及其性能。因此,研究钢的加热转变过程,即奥氏体的形成过程,具有重要的理论意义和实际应用价值。

　　本章将重点讨论平衡态钢的加热转变,而对于非平衡态钢的加热转变只作简要介绍。奥氏体的形成包括形核、长大、渗碳体溶解以及奥氏体均匀化四个阶段,但实际的加热转变过程并不一定经历这四个过程。随着保温时间的延长,已形成的奥氏体晶粒在高温下还将继续长大,奥氏体晶粒的粗化将显著影响在随后的冷却过程中所发生的转变及转变所得的产物及其性能。因此本章还将介绍奥氏体晶粒形成后的长大过程。

2.1　奥氏体的结构、组织与性能

2.1.1　奥氏体的结构

　　在碳钢中,奥氏体是碳溶于 γ-Fe 所形成的固溶体。而在合金钢中,奥氏体是碳与合金元素溶于 γ-Fe 所形成的固溶体。X 射线结构分析表明,碳原子位于 γ-Fe 八面体中面心立方晶格的中心和棱边的中点,如图 2-1 所示。假如每一个八面体中心都可以容纳一个碳原子,则碳的最大溶解度应为 20%。但实际上碳在 γ-Fe 中的最大溶解度仅为 2.11%。这是因为 γ-Fe 八面体中心的空隙半径仅为 0.052 nm(0.52 Å),小于碳原子的半径 0.077 nm(0.77 Å),碳原子的溶入将使八面体发生膨胀进而使周围的八面体中心的空隙减小。因此,不是所有的八面体中心均能容纳入一个碳原子。

　　碳原子在奥氏体中的分布是不均匀的,存在着浓度起伏。用统计理论计算结果表明,在碳含量为 0.85% 的奥氏体中可能存在大量比平均浓度高 8 倍的微区,这就是所谓的固溶体中存在浓度起伏。

　　碳原子的溶入使 γ-Fe 的晶格发生畸变,晶格常数增大。溶入的碳越多,晶格常数越大,如图 2-2 所示。

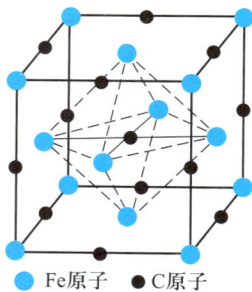

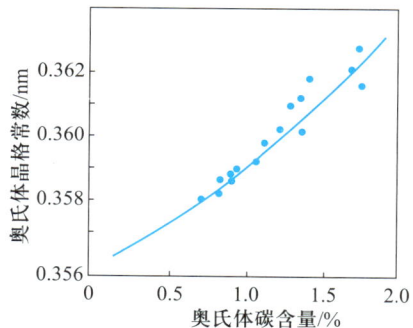

图 2-1　奥氏体晶体结构　　　　图 2-2　奥氏体晶格常数和奥氏体碳含量的关系

2.1.2　奥氏体的性能

Fe-C 合金中的奥氏体在室温下是不稳定相,但在 Fe-C 合金中加入足够数量能扩大 γ 相区的合金元素,可使奥氏体在室温下,甚至在低温下成为稳定相。因此,奥氏体可以成为钢在室温下的一种重要组织形态。组织形态为奥氏体的钢称为奥氏体钢。

面心立方晶格滑移系较多,具有面心立方晶格的奥氏体的硬度与屈服强度均不高,故奥氏体的塑性很好。即使碳溶入面心立方晶格也不能有效地提高奥氏体的硬度与强度。同时面心立方晶格是一种最密排的晶格结构,紧密度高,故奥氏体的比容是钢的各种组织中最小的,例如在碳含量为 0.8% 的碳钢中,奥氏体、铁素体、马氏体的比容分别为 1.239×10^{-4} m^3/kg、1.270×10^{-4} m^3/kg 和 1.291×10^{-4} m^3/kg。因此,在奥氏体形成和奥氏体转变为其他组织时都会出现体积变化,从而影响相变过程。

另外,奥氏体的线膨胀系数也比其他组织的大,如在碳含量为 0.8% 的碳钢中,奥氏体、铁素体、渗碳体和马氏体的线膨胀系数分别为 2.30×10^{-5} K^{-1}、1.45×10^{-5} K^{-1}、1.25×10^{-5} K^{-1} 和 1.15×10^{-5} K^{-1}。奥氏体具有顺磁性,而铁素体和马氏体具有铁磁性,奥氏体钢称为无磁性钢。奥氏体的导热性能差,线膨胀系数约为铁素体与渗碳体的平均线膨胀系数的两倍,故奥氏体钢也可被用来制作热膨胀灵敏的仪表元件。

2.1.3　奥氏体的组织

奥氏体的组织形态与原始组织、加热速度以及加热转变的程度等有关。其形态可以是等轴晶粒状,如图 2-3 所示,也可以是针状,大多数情况下为等轴晶粒状。非平衡态的低碳钢,以适当的速度加热到 (α+γ) 两相区时,可以得到图 2-4 所示的针状奥氏体。加热转变刚结束时所得到的奥氏体晶粒比较细小,晶粒边界呈不规则弧形。经过一段时间的高温保温后,奥氏体晶粒将长大,晶粒边界将变直,呈等轴多边形。有的奥氏体晶粒内还可能存在孪晶,如图 2-5 所示。

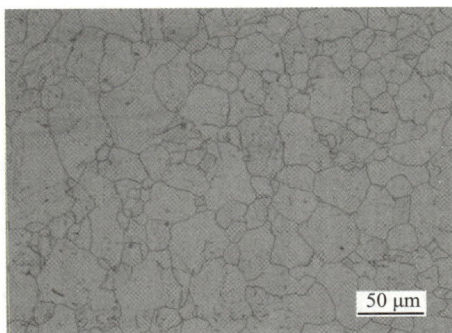

图 2-3　等轴晶粒状

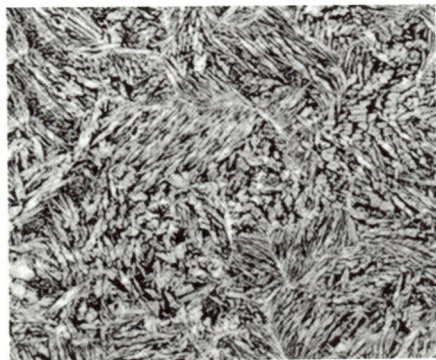

图 2-4　针状奥氏体

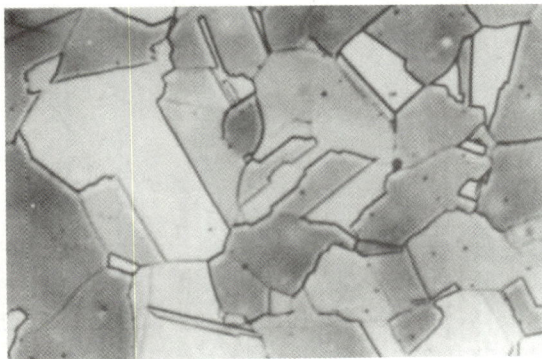

图 2-5　奥氏体组织(晶内有孪晶,晶界已平直化)100×

2.2 奥氏体的形成

本节将钢的平衡态组织转变为奥氏体作为重点进行详细介绍。平衡态组织即为珠光体以及先共析铁素体与渗碳体等组织。加热时,首先珠光体转变为奥氏体,然后才是为共析铁素体及渗碳体转变为奥氏体。下面以共析钢为例讨论珠光体转变为奥氏体的过程。

由珠光体向奥氏体转变的驱动力为吉布斯自由能差。转变是通过扩散进行的,转变的全过程可分为四个阶段:奥氏体晶核的形成;奥氏体晶核的长大;渗碳体的溶解;奥氏体成分的均匀化。下面将具体介绍。

2.2.1 奥氏体形成的热力学条件

从 Fe-C 相图(图 2-6)可知,珠光体被加热到 727 ℃ 以上时,将转变为奥氏体。这是因为珠光体与奥氏体的吉布斯自由能均随温度的升高而降低,但下降的速度不同,相交于某一点,该点温度即为 727 ℃。高于 727 ℃ 时,奥氏体的吉布斯自由能低于珠光体的吉布斯自由能,珠光体将转变为奥氏体。转变的驱动力即珠光体与奥氏体的吉布斯自由能差 $\Delta G_V = G_r - G_p < 0$,如图 2-7 所示,由此可见,由珠光体转变为奥氏体的条件是将珠光体加热到 727 ℃ 以上。

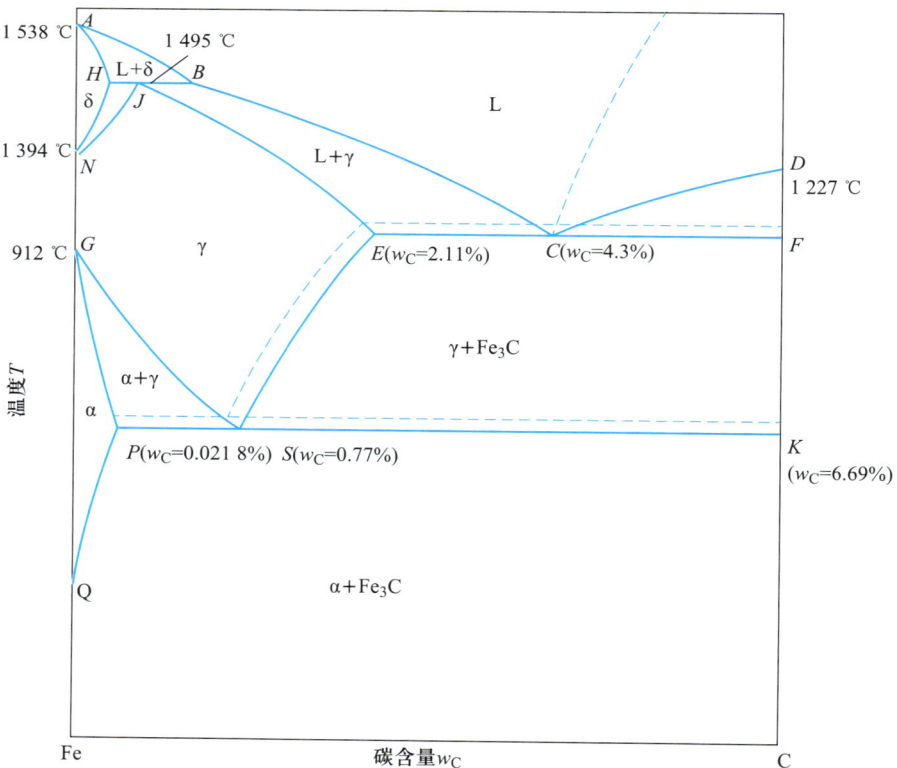

图 2-6 Fe-C 相图

转变温度 T 与临界点 A_1 温度之差称为过热度 ΔT（$\Delta T = T - A_1$），过热度越大，驱动力越大，转变速度也就越快。加热速度极慢时，有较充分的时间进行转变，只有过热度大于零，转变才可进行。但实际热处理中，在加热的情况下，加热速度均较快，因此加热到较高的温度，也就是要有较大的过热度，才能明显地观察到转变的开始。从表面上看，好像临界点 A_1 被提高了，习惯上将在一定的加热速度（0.125 ℃/min）下实际测得的临界点用 Ac_1 表示，显然该温度随加热速度变化而变化。因为在实际加热时，转变的开始点 Ac 是随加热速度的增加而升高的。同样，冷却时发生由奥氏体向珠光体的转变，且会因冷却速度的加快而发生滞后现象。同样将冷却速度为 0.125 ℃/min 实测所得的发生冷却转变的温度称为 Ar，Ar 也随冷却速度的增加而下降。临界点 A_1、A_3 及 A_{cm} 也可附加脚标 c 及 r 以表示实际的加热与冷却时的临界点，即 Ar_1、Ar_3、Ar_{cm}、Ac_1、Ac_3、Ac_{cm}。如图 2-8 所示。

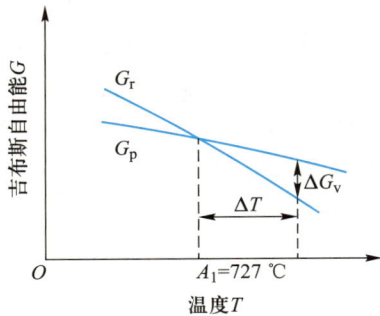

图 2-7　珠光体与奥氏体的吉布斯自由能
与温度之间的关系

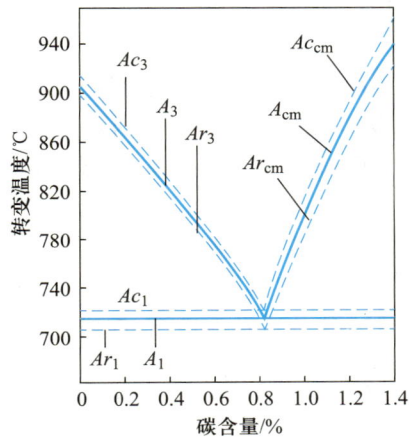

图 2-8　加热与冷却速度为 0.125 ℃/min 时
实际临界点

2.2.2　奥氏体晶核的形成

奥氏体形核在不同的原始组织，形核的位置是不一样的。对于片状珠光体，奥氏体优先形核的位置在珠光体团的界面或铁素体与渗碳体的界面上形核。对于球状珠光体，即球状的渗碳体和铁素体的混合物，奥氏体在与晶界相连的铁素体与渗碳体的界面上优先形核，其次是在不与晶界相连的铁素体与渗碳体的相界面上形核。

奥氏体的晶核在铁素体与渗碳体的交界面上形成，主要原因是：① 从成分上考虑，界面上容易得到形成奥氏体所需的碳浓度，这是由界面上的成分起伏较大所致。从 Fe-C 相图可以看出，铁素体的碳含量极低，仅为 0.02%，渗碳体的碳含量又很高，高达 6.67%，而奥氏体的碳含量则介于两者之间。当转变温度略高于 A_1 时，奥氏体的碳含量为 0.77%，随温度的提升，奥氏体可以稳定存在的碳含量范围逐渐变宽，即在 738 ℃时奥氏体碳含量为 0.68%~0.79%，在 780 ℃时奥氏体碳含量为 0.41%~0.89%，在 820 ℃时奥氏体碳含量为 0.23%~0.99%。因此，铁素体与奥氏体的浓度差减小，有利于奥氏体形核。② 从能量上考虑，在相界面上形核可以降低界面的能量，即新相形成使缺陷消失，而且也使界面的高应变能减小，因为界面原子排列的不规则也存在大量的缺陷，这时，形核引起的系统吉布斯自由

能的总变化为 $\Delta G = -\Delta g_V V + \sigma S + EV - \Delta G_d$，$\Delta G_d$ 使热力学条件 $\Delta G < 0$ 更容易满足。③ 从结构上考虑，界面上存在结构起伏，即 Fe 原子同时处于两相的共同晶格位置，界面结构是一个过渡区。奥氏体的晶核在铁素体与渗碳体的交界面上，碳原子扩散造成铁素体的碳浓度的起伏，使局部区域的铁素体碳含量达到形成奥氏体所需的碳含量，同时铁原子结构调整为面心立方结构，该局部区域尺寸达到临界晶核尺寸，就得到了一个有效晶核，即一个稳定的区域。该晶核一旦形成后，可以依靠渗碳体溶解所提供的碳原子使奥氏体晶核长大。

　　研究发现，奥氏体与母相之间也存在晶体学位向关系，在 Fe-1V-0.2C 中铁素体与母相奥氏体的一侧保持 K-S 关系，即 $\{111\}_\gamma /\!/ \{110\}_\alpha$、$<110>_\gamma /\!/ <111>_\alpha$，而与另一侧的铁素体没有位向关系，两者之间不共格。因为非共格晶面活动性大，晶核往往通过非共格界的推移使奥氏体晶粒长大。此晶粒相对于被吞噬的铁素体晶粒来说，取向必然是任意的。

2.2.3　奥氏体晶核的长大

　　奥氏体晶核的长大是通过碳原子在奥氏体中的扩散以及奥氏体两侧的界面向铁素体及渗碳体推移实现的。如图 2-9 所示，在温度为 t_1 时，铁素体与渗碳体交界面形成了奥氏体的晶核。奥氏体内碳的分布是不均匀的。在奥氏体中，与铁素体交界处碳含量为 $C_{\gamma-\alpha}$，而与渗碳体交界处碳含量为 $C_{\gamma-\mathrm{Fe_3C}}$，显然 $C_{\gamma-\mathrm{Fe_3C}} > C_{\gamma-\alpha}$，故在奥氏体内碳原子将向铁素体一侧扩散。扩散的结果破坏了界面碳的平衡。为恢复平衡，低碳的铁素体将转变为奥氏体而使碳含量降低到 $C_{\gamma-\alpha}$，高碳的 $\mathrm{Fe_3C}$ 也将溶入奥氏体而使碳含量增加到 $C_{\gamma-\mathrm{Fe_3C}}$。这实际上是奥氏体分别向铁素体与渗碳体推移，即奥氏体晶核不断长大。显然奥氏体晶核的长大过程受碳在奥氏体中的扩散所控制。

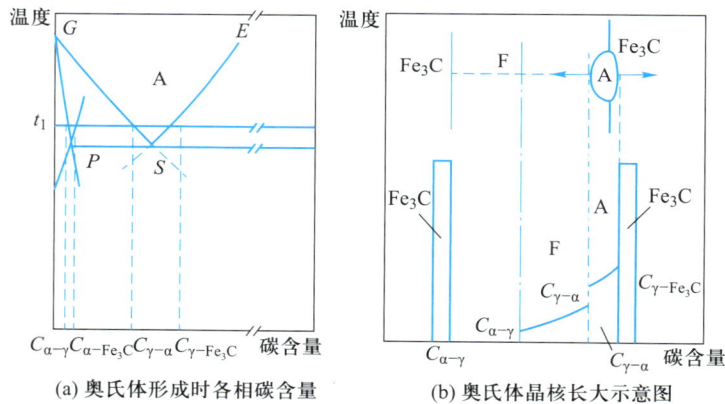

(a) 奥氏体形成时各相碳含量　　(b) 奥氏体晶核长大示意图

图 2-9　奥氏体晶核的长大

　　另外一种情况是碳在铁素体中的扩散所控制奥氏体晶核的长大过程。基体是铁素体晶粒，在基体上分布着颗粒状碳化物。该组织发生加热转变，奥氏体晶核在铁素体晶粒边界上的颗粒状碳化物的界面处形成，并先是沿铁素体晶粒界面长成条状，然后向晶内长成颗粒状。奥氏体在消耗完各种界面（包括碳化物界面）后，将被铁素体所包围。奥氏体的进一步长大就只能依靠分布在铁素体基底中的细颗粒状碳化物的不断溶解、碳在铁素体中不断向奥氏体扩散而进行。一般由平衡组织加热转变所得的奥氏体晶粒，均为等轴粒状。这种形状的晶粒是通过非共格晶界的推移而长成，新长成的奥氏体晶粒与铁素体之间无位向关系。

2.2.4 渗碳体的溶解

奥氏体不断长大,通常会出现珠光体中的铁素体全部消失,而渗碳体还未完全溶解的状态,这种状态下继续加热就是渗碳体溶解过程。出现这种情况的原因主要是所形成奥氏体的平均碳含量低于该合金的平均碳含量,奥氏体中缺少的碳就存在于 Fe_3C 中。从 Fe-C 相图上看,ES 线的倾斜度大于 GS 线的倾斜度,S 点不在 $C_{\gamma-\alpha}$ 与 $C_{\gamma-Fe_3C}$ 的中点,稍偏右。例如,在 740 ℃进行奥氏体化,新形成的奥氏体的碳含量范围为 0.68% ~ 0.78%,平均碳含量为 0.735%,实验发现,新形成的奥氏体碳含量甚至低于 0.735%这一平均碳含量。显然,由碳含量为 0.77%共析成分的珠光体转变为平均成分不到碳含量为 0.375%的奥氏体,必然会有 Fe_3C 留下来,从 Fe-C 相图可以看出,过热度越大,奥氏体刚形成的平均碳含量越低,因而,残留 Fe_3C 也就越多。

铁素体消失时奥氏体平均碳含量还与转变前的原始组织有关。原始组织为片状珠光体及球状珠光体,当铁素体完全消失时,两种原始组织形成的新奥氏体的平均碳含量不同,球状珠光体较片状珠光体形成的奥氏体平均碳含量低,这是两者在单位体积内的渗碳体与铁素体的界面大小不同所致。

由于铁素体消失时奥氏体的平均碳含量低于珠光体碳含量,故必然存在未溶的 Fe_3C。随时间延长,奥氏体内与渗碳体接触的一侧的碳浓度较高,必然继续向奥氏体内部扩散,同时未溶渗碳体还会不断溶入奥氏体中,直至渗碳体完全溶解为止。

2.2.5 奥氏体的均匀化

渗碳体溶解终了时奥氏体的成分仍是不均匀的。原靠近渗碳体部分的碳含量高,原靠近铁素体部分的碳含量低。若继续在奥氏体温度区保温,碳将在奥氏体中扩散而使奥氏体中的碳的分布均匀化。图 2-10 给出了粒状珠光体转变为奥氏体的示意图及成分变化,从图中可形象地理解奥氏体的形核、长大、渗碳体溶解和奥氏体均匀化。

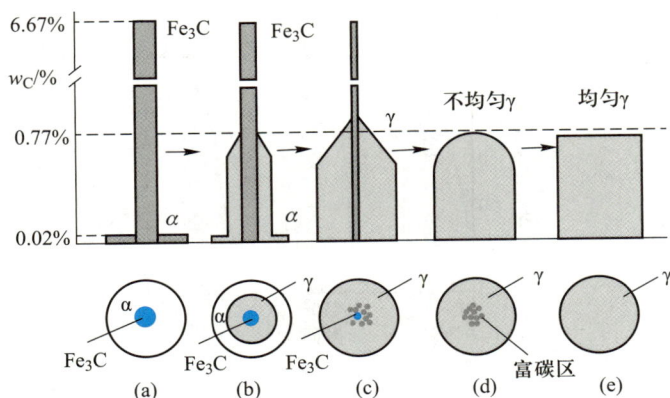

图 2-10 粒状珠光体转变为奥氏体的示意图及成分变化

2.3   奥氏体形成的动力学

新相形成的动力学是研究新相形成的速度问题,主要研究的是新相转变量、温度和时间的规律。奥氏体可以在恒定温度下形成,也可以在连续加热条件下形成。下面先讨论奥氏体等温形成动力学问题。

2.3.1   共析碳钢奥氏体等温形成动力学

研究奥氏体动力学的实验方法是:将一批共析成分的碳钢小试样分成 n 组,每组有 m 个小试样,将 n 组试样迅速加热到 A_1 温度以上预先设定的 n 个不同温度,并在各温度下保持不同时间(即 m 个时间)后,取出并迅速淬火、磨制、抛光、腐蚀后,在室温下用光学显微镜观察。因加热转变所得的奥氏体在淬火时将转变为马氏体,故可以测量出奥氏体转变为马氏体的形成量与时间的关系。

根据实验可以做出在一定温度下等温时奥氏体形成量与时间的关系曲线,称为奥氏体等温形成动力学曲线,如图 2–11 所示。由图可知,① 珠光体到奥氏体的转变需要经过一段孕育期后才能开始。孕育期是临界晶核的形成等待时间,即等待出现适当的能量起伏和浓度起伏,以满足形成一定尺寸的晶核即临界晶核的要求。② 在转变初期,转变速度随时间的延长而加快。当转变量达到 50% 时,转变速度达到最大,之后转变速度又随时间的延长而下降。这是由于在开始阶段已形成的晶核不断长大,同时不断形成新的晶核并长大,故单位时间内形成的奥氏体越来越多,当转变量达到 50% 以后,未转变的珠光体越来越少,假定形核率保持不变,新形成的晶核会越来越少,此时,不断长大的奥氏体会越来越多地彼此接触,使这部分奥氏体的长大速度降低至零,因此单位时间内形成的奥氏体量越来越少。③ 随着等温度的提高,曲线往左移,即孕育期缩短,转变速度加快。这是因为温度升高,过热度增加,使临界晶核半径减小,更容易形核。

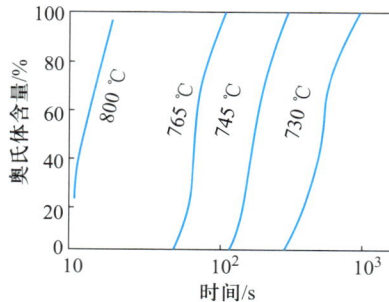

图 2–11   碳含量为 0.86% 的奥氏体等温形成动力学曲线

将不同温度下奥氏体等温形成的进程综合表示在一个图中,即可得奥氏体等温形成动力学图(见图 2–12)。该图又称为等温时间(time)–温度(temperature)–奥氏体化(austenitination)图,简称等温 TTA 图。图 2–12 中转变开始曲线由 4 条曲线组成,曲线 1 所示的是奥氏体的开始曲线,该曲线的位置与规定的开始转变量有关,一般以 0.5% 的奥氏体为转变的开始。曲线 2 为转变终了的曲线,所表示的是铁素体完全消失时所需的时间与温度的关系。铁素体完全消失后,渗碳体还需一段时间才能完全溶解。曲线 3 即为渗碳体完全溶解的曲线。渗碳体消失时,奥氏体中碳的分布仍是不均匀的,需要一段时间才能均匀化。曲线 4 即为奥氏体均匀化曲线。

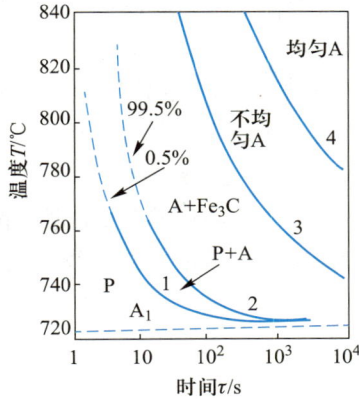

图 2-12　共析碳钢奥氏体等温形成动力学图

2.3.2　奥氏体的形核与长大

奥氏体是通过形核与长大形成的。形成速度随温度的升高而加快的原因是形核率 I 及奥氏体线长大速率 v 均随温度的升高而增加(表 2-1)。

1)奥氏体形核率 I

按均匀形核考虑,奥氏体形核率 I 与温度之间的关系为

$$I = C'\exp(-Q/kT) \cdot \exp(-\Delta G^*/kT) \tag{2-1}$$

表 2-1　奥氏体的形核率 I、奥氏体线长大速率 v 与温度的关系

温度/℃	730	740	750	760	780	800
形核率 $I/[1/(mm^3 \cdot s)]$	—	2 280	—	11 000	51 500	616 000
奥氏体线长大速率 $v/(mm/s)$	0.000 5	0.001	0.004	0.010	0.026	0.041

式中:C'——常数;

$\quad\quad Q$——扩散激活能;

$\quad\quad T$——温度;

$\quad\quad k$——玻尔兹曼常数;

ΔG^*——临界形核功,即吉布斯自由能差。

式(2-1)右侧由三项组成,这三项均随温度升高而增加。第一项 C' 与奥氏体形核所需碳含量有关。由 Fe-C 相图可知,温度的升高会使能稳定存在奥氏体的最低碳含量沿 GS 线降低,故形核所需碳浓度起伏越小,晶核越易形成,C' 越大。第二项 $\exp(-Q/kT)$ 反映的是原子扩散能力。随温度升高,若 Q 不变,则 $\exp(-Q/kT)$ 增加,亦即温度越高,原子活动能力越强,能克服位垒进行扩散的原子数越多。第三项 $\exp(-\Delta G^*/kT)$ 反映的是临界形核功 ΔG^* 对形核的作用,温度越高,过热度越大,ΔG 也越大,则临界形核功 ΔG^* 越小,故 $\exp(-\Delta G^*/kT)$ 将增加。由于这三项的共同作用使形核率 I 随奥氏体形成温度的升高而急

剧增加。

2) 奥氏体线长大速度 v

奥氏体线长大速度 v 与奥氏体长大机制有关。奥氏体的长大既受碳在奥氏体中的扩散所控制,也受碳在铁素体中的扩散所控制。当奥氏体位于铁素体与渗碳体之间时,奥氏体两侧界面将分别向铁素体与渗碳体推移。奥氏体线长大速度 v 包括向两侧推移的速度。研究表明,推移速度主要取决于碳原子在奥氏体中的传输速度。而碳原子的传输速度取决于碳在奥氏体中的扩散系数及浓度梯度。扩散系数随温度的升高而增大。浓度梯度与奥氏体的厚度以及取决于温度的浓度差($C_{\gamma-Fe_3C}-C_{\gamma-\alpha}$)有关。

若忽略不计铁素体与渗碳体中的碳的浓度梯度,根据扩散公式可以推导出奥氏体向铁素体推移的线长大速度 $v_{\gamma\rightarrow\alpha}$ 和奥氏体向渗碳体推移的线长大速度 $v_{\gamma\rightarrow Fe_3C}$。

$$v_{\gamma\rightarrow\alpha} = -K\frac{D_C^\gamma \cdot \dfrac{dC}{dx}}{C_{\gamma-\alpha}-C_{\alpha-\gamma}} \tag{2-2}$$

$$v_{\gamma\rightarrow Fe_3C} = -K\frac{D_C^\gamma \cdot \dfrac{dC}{dx}}{6.67-C_{\gamma-Fe_3C}} \tag{2-3}$$

式中:K——比例常数;

　　D_γ——碳在奥氏体中的扩散系数;

　$C_{\gamma-Fe_3C}$——奥氏体中,奥氏体与渗碳体界面处的碳浓度;

　　$C_{\gamma-\alpha}$——奥氏体中,奥氏体与铁素体界面处的碳浓度;

　　$C_{\alpha-\gamma}$——铁素体中,奥氏体与铁素体界面处的碳浓度;

　　$\dfrac{dC}{dx}$——碳在奥氏体中的碳浓度梯度。

由式(2-2)及式(2-3)可见,奥氏体界面向两侧推移速度正比于 D_γ 及 dC/dx,反比于界面两侧的碳浓度差。温度升高时:① 扩散系数 D_γ 呈指数增加;② $C_{\gamma-Fe_3C}$ 与 $C_{\gamma-\alpha}$ 的差值增加,进而 dC/dx 增加;③ 界面两侧碳浓度差 $C_{\gamma-\alpha}-C_{\alpha-\gamma}$ 及 $6.67\%-C_{\gamma-Fe_3C}$ 均减小,故 $v_{\gamma\rightarrow\alpha}$ 及 $v_{\gamma\rightarrow Fe_3C}$ 也随温度升高而增加。如表 2-1 所示,当温度由 730 ℃ 提高到 800 ℃ 时线长大速度增加了 82 倍。

因 I 及 v 均随温度升高而急剧增加,故奥氏体形成速度亦随温度的升高而加快。

当奥氏体与渗碳体被铁素体隔离时,奥氏体的长大将受碳在铁素体中的扩散所控制。同样可推得奥氏体向铁素体推移的线速度 $v_{\gamma\rightarrow\alpha}$ 为

$$v_{\gamma\rightarrow\alpha} = -K\frac{D_\alpha \cdot \dfrac{dC}{dx}}{C_{\gamma-\alpha}-C_{\alpha-\gamma}} \tag{2-4}$$

式中:D_α——碳在铁素体中的扩散系数;

　dC/dx——碳在铁素体中的浓度梯度。

对比式(2-2)和式(2-4)可见,D_α 大于 D_γ,但是,在奥氏体中的浓度梯度远大于铁素体的浓度梯度,故在铁素体中 $v_{\gamma\rightarrow\alpha}$ 相对更小。

2.3.3　影响珠光体转变为奥氏体的因素

温度是奥氏体形成的最主要因素,前面已经讨论,下面主要讨论影响珠光体转变为奥氏体的其他因素,包括转变前的原始组织以及钢中所含的合金元素等。

1) 原始组织的影响

珠光体有两种组织形态,即片状珠光体和粒状珠光体,其碳化物分别呈片状和粒状两种形状。其片的厚度、颗粒的大小都将影响奥氏体的形成过程及形成速度。

研究表明,当相同成分碳钢的碳化物呈片状时,奥氏体等温形成速度较碳化物为粒状快,如图 2-13 所示。这是因为同样体积的片状珠光体与粒状珠光体相比,其碳化物与铁素体的交界面积更大,故更易于溶解。另外,片状珠光体转变为奥氏体时受碳在奥氏体中扩散所控制,而粒状珠光体转变时则受碳在铁素体中的扩散所控制,故前者转变速度更快。

对于相同成分的碳钢,片状珠光体转变为奥氏体的速度还与片层厚薄有关,片层越薄,奥氏体线长大速度越大,等温形成速度也越快,如图 2-14 所示。这是因为片层越薄,奥氏体中碳浓度梯度越大,需要扩散的距离越短,故奥氏体线长大速度增加。同样,对于相同成分的碳钢,颗粒状珠光体转变速度还与颗粒大小有关,颗粒越小,奥氏体线长大速度越大,等温形成速度也越快。

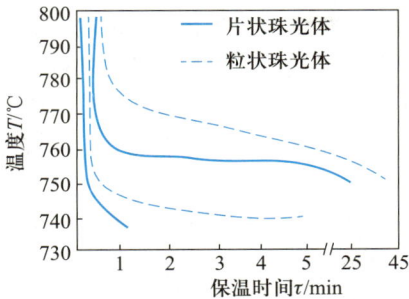

图 2-13　片状和粒状珠光体的奥氏体等温形成动力学图

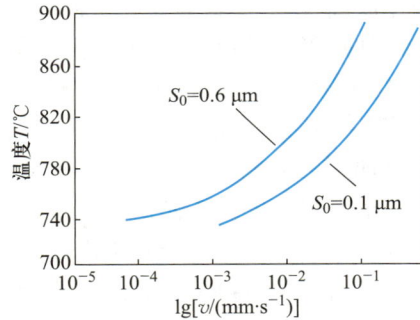

图 2-14　不同片间距(S_0)下 v 与 T 的关系图

2) 合金元素的影响

在共析钢中加入合金元素并不改变奥氏体形成机制,但合金元素的加入改变了相转变的临界温度,影响碳在奥氏体中的扩散速度,还会与碳形成各种碳化物,故影响奥氏体的形成速度。

对于特定的等温转变温度,临界点的改变意味着过热度的改变,如 Ni、Mn 等元素可以降低临界点,这就意味着增加了过热度使奥氏体形成速度加快。

固溶于奥氏体中的合金元素还可以改变碳在奥氏体中的扩散速度。如 Cr、Mo、W 等碳化物形成元素会降低碳在奥氏体中的扩散系数,故使转变速度变慢;Co、Ni 等元素可以提高碳在奥氏体中的扩散系数,故使转变速度加快;Si、Al 等元素对碳在奥氏体中的扩散影响不大,故对转变速度的影响不大。

碳化物形成元素含量不同时,所形成的碳化物也可能不同。例如,Cr 含量较低时,形成较稳定的($FeCr)_3C$;当 Cr 含量较高时,形成稳定的($CrFe)_7C_3$;而 Cr 含量更高时,形成较易溶解的$(CrFe)_{23}C_8$。不同碳化物溶解的难易程度是不同的,故将影响奥氏体等温形成速度。碳化物越稳定,越不易溶解,奥氏体形成速度越慢。

3) 碳含量的影响

对于亚共析钢,碳含量越高,奥氏体形成速度越快。当原始组织为退火组织时,碳含量越高,先共析铁素体的量越少,铁素体晶粒越细小,故使先共析相铁素体的转变阶段缩短,共析成分相的转变时间减少,从而加快奥氏体总形成速度。对于过共析钢,碳含量越高,一般奥氏体的形成速度越慢。这是因为渗碳体量增加使转变的继续更加困难。

2.3.4　连续加热奥氏体形成的动力学

在生产过程中,奥氏体的形成一般是在连续加热的过程中完成的,也就是说奥氏体是在加热到不同温度下逐渐形成的。

奥氏体形成时会吸收热量。转变开始后,若供给工件的热量$Q_{输出}$等于转变所消耗的热量$Q_{相变}$和环境消耗$Q_{散热}$,则零件所获取的热量全部用于奥氏体的形成,加热设备的温度不再上升,转变在恒定温度下进行,称为等温转变。但若$Q_{输出}>Q_{相变}+Q_{散热}$,则所供给的热量除用于转变外还有剩余,多余的热量将使加热设备的温度不断上升,零件的温度也将继续上升。奥氏体的转变发生在温度升高的过程中,先形成的奥氏体的形成温度低,后形成的奥氏体形成温度高,因此奥氏体是在不同的温度下形成的。

连续加热形成的奥氏体与等温形成的奥氏体的形成过程是一样的,也是通过形核、长大、碳化物的溶解以及奥氏体的均匀化完成的。加热速度越快,转变越被推向高温,转变时的形核率及线长大速度均增加,故可使转变终了时所得的奥氏体晶粒显著细化。采用高速度的高频加热可形成较细的奥氏体晶粒。但应指出,在快速加热到高温获得细晶粒后,细晶粒在高温下有很大的长大倾向。

转变温度的提高还将导致奥氏体成分的不均匀性的增加。例如,碳含量为0.40%的钢以230℃/s加热到960℃时该区所形成的奥氏体中存在碳含量为1.7%的高碳区,而原铁素体区的奥氏体的碳含量仍为铁素体的碳含量,即碳含量为0.02%的低碳区。这将导致碳含量为0.4%的中碳钢淬火后得到成分不均匀的马氏体,即大量的低碳马氏体及少量的高碳马氏体,还可能保留少量未溶的碳化物。高碳钢淬火后将主要得到不均匀的中碳马氏体及未溶的碳化物。成分不均匀会导致性能变差。为降低不均匀性,应使快速加热前的原始组织中的碳化物均匀分布。

另外,超快速加热可使转变被推迟,铁素体有可能通过无扩散切变或台阶机制转变为奥氏体。羽毛状奥氏体的出现表明奥氏体有可能是通过无扩散切变形成的。但有关超快速加热时奥氏体的形成问题还有待深入的研究。

2.4　非平衡组织加热时奥氏体的形成

非平衡组织主要是指淬火组织以及回火组织等,包括马氏体、贝氏体以及回火马氏体等。因为不同的热处理工艺可获得各种各样的非平衡组织,其加热转变较平衡组织的加热转变更复杂。非平衡组织的多样性包括:① 残余奥氏体的数量与分布;② α相的成分及组织和不同的亚结构;③ 碳化物的种类、形态、大小、数量及分布等。另外,化学成分还将影响淬火所得的组织形态,如低碳钢淬火得到板条状马氏体,高碳钢淬火得到片状马氏体。马氏体形态的不同影响再次加热时奥氏体的转变。

加热速度的不同将显著影响淬火态中碳钢的奥氏体转变,下面将分别讨论。

1) 慢速加热时的转变

中碳钢的淬火组织为板条状马氏体,在慢速加热时,板条状马氏体加热到临界点之前马氏体将充分分解。α 相中的碳已完全析出,同时 α 相可能也已发生再结晶而失去了板条特征,得到碳化物呈颗粒状均匀分布的调质组织。

对于合金钢来说,在慢速加热过程中,α 相中的碳已充分析出,但 α 相的再结晶并未发生,板条状马氏体的特征依然存在。当该组织加热到临界点以上时,将首先在板条的条界上有碳化物的地方形成奥氏体的晶核。晶核形成后,将沿条界长大成针状奥氏体 A_α,与尚未转变的 α 相组成层片状的、类似珠光体的组织。A_α 的大小与板条状马氏体的尺寸相当,与 α 相保持 K-S 关系,且在同一板条内所形成的 A_α 均具有相同的空间取向。随温度升高,加热时间延长,A_α 将不断长大。当同一板条束内的 A_α 彼此相遇时,由于空间取向相同,将合并成一个粗大的颗粒状奥氏体 A_g。由于淬火时一个奥氏体晶粒往往转变成 3~5 束马氏体,故板条束的尺寸与奥氏体晶粒的尺寸属同一数量级。因此,第二次加热时不能获得细晶粒奥氏体组织,而是与第一次加热时所得粗大的奥氏体晶粒相同。

得到粗大的奥氏体晶粒后,若进一步提高温度,奥氏体晶粒再结晶可以重新变细。这是因为,淬火态钢缓慢加热所得到的奥氏体中存在较多的缺陷,引起再结晶而使奥氏体晶粒细化。但是,再结晶的细化效果往往并不好,再结晶后所得的奥氏体晶粒仍较粗大。

2) 快速加热时的加热转变

快速加热使碳钢的淬火态组织中的奥氏体晶粒得到完全恢复。新形成的奥氏体晶粒的大小、形状及取向等均和原奥氏体相同,其淬火得到的马氏体也与之前的马氏体完全一样,这就是组织遗传现象。

出现组织遗传现象的原因,一种观点认为快速加热时所发生的是逆转变,即马氏体逆转变为奥氏体,使奥氏体组织得到完全恢复。另一种观点认为快速加热时,存在于板条状马氏体边缘的残余奥氏体可以成为新形成的奥氏体的晶核,所以新形成的奥氏体和残余奥氏体具有相同的空间取向。

2.5　奥氏体晶粒长大及其控制

奥氏体晶粒的大小是一个非常重要的参数,它将影响冷却后的组织与性能。奥氏体晶粒的大小取决于加热速度和保温时间。快速加热和短时间保温可以获得细小的奥氏体晶粒,细小的奥氏体有利于获得细小的冷却转变组织,一般均匀细小的冷却组织具有良好的力学性能。为获得细晶粒奥氏体,需要进一步了解奥氏体晶粒的长大规律。

2.5.1　奥氏体晶粒度概念

奥氏体晶粒的大小可以用奥氏体晶粒的直径 d、单位面积中的晶粒数 n 等参数来表示。

在工业生产上,采用"晶粒度"来表示晶粒大小,具体方法是在放大 100 倍时,测量每 645 mm² 的面积内晶粒数 N_{100},用式(2-5)中的 G 来表示晶粒大小的级别,称为晶粒度级别数。

$$N_{100} = 2^{G-1} \tag{2-5}$$

晶粒越细,N_{100} 越大,G 也越大。表 2-2 是晶粒度级别对照表。

表 2-2 晶粒度级别对照表

晶粒度级别 G	放大 100 倍时 645 mm² 面积内晶粒数 N_{100}	平均每个晶粒所占面积/mm²	晶粒平均直径 d/mm
1	1	0.064 5	0.254 0
2	2	0.032 3	0.179 6
3	4	0.016 1	0.127 0
4	8	0.008 1	0.089 8
5	16	0.004 0	0.063 5
6	32	0.002 0	0.044 9
7	64	0.001 0	0.031 8
8	128	0.000 5	0.022 5
9	256	0.000 3	0.015 9

一般将 G 小于 4 的晶粒称为粗晶粒,5~8 的晶粒称为细晶粒,8 以上的晶粒称为超细晶粒。在生产中,为了测量的方便,G 值一般可以通过与标准图片对比的方法取得。

常用的晶粒度的概念:加热转变终了,即奥氏体转变完成,这时所得奥氏体晶粒称为奥氏体起始晶粒,其大小称为起始晶粒度。奥氏体形成后在高温停留期间晶粒将继续长大。长大到冷却开始时的奥氏体晶粒称为实际晶粒,其大小称为实际晶粒度。前些年还将在 930 ℃保温 3~8 h 所得的实际晶粒称为本质晶粒,其大小称为本质晶粒度,但近年来这一概念已经很少提及。

2.5.2 奥氏体晶粒长大现象

奥氏体转变完成后,随温度升高奥氏体晶粒将不断长大。奥氏体晶粒直径与温度的关系如图 2-15 所示。图中曲线 1 为不含 Al 的 Mn 钢的晶粒长大曲线。随温度的升高,奥氏体晶粒将不断长大,称为正常长大。曲线 2 为含 Nb、V、Ti 等元素的钢的晶粒长大曲线。当温度超过某一定值后晶粒随温度的升高而急剧长大,称为异常长大。该温度被称为奥氏体晶粒粗化温度。从图 2-15 中曲线 2 可看出,该钢在温度 1 110 ℃处发生异常生长。

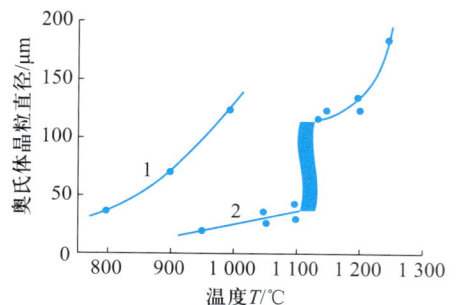

图 2-15 奥氏体晶粒直径与温度的关系

2.5.3　奥氏体晶粒长大机制

奥氏体晶粒是通过晶界的迁移而长大的。推动晶界迁移的驱动力主要是奥氏体晶界的界面能。奥氏体晶粒的长大将导致界面的减少,使能量降低。设一个球形晶界,界面能为 γ,球面曲率半径为 R,则指向曲率中心的驱动力 p 为

$$p = 2\gamma/R \qquad (2-6)$$

由式(2-6)可见,驱动力 p 与界面能 γ 成正比,与曲率半径 R 成反比。如界面为平直晶界,$R = \infty$,则 $p = 0$。

奥氏体晶界在驱动力 p 的作用下,晶界将以速度 v 匀速移动,v 与 p 成正比,即

$$v = mp = 2m\gamma/R \qquad (2-7)$$

式中:m——比例系数。

如晶粒的平均直径为 D,晶粒平均长大速度为 v,则有

$$v = \Delta D/\Delta t = 2m\gamma/R = k/D \qquad (2-8)$$

式中:k——常数。

对式(2-8)积分,得

$$D_t^2 - D_0^2 = Kt \qquad (2-9)$$

式中:D_0 为起始晶粒直径,如果很小,可以忽略,则

$$D_t^2 = Kt \quad \text{或} \quad D_t = kt^{1/2} \qquad (2-10)$$

式(2-10)即奥氏体晶粒长大公式。该式说明,随时间的延长,奥氏体晶粒不断长大,且与时间的平方根成正比。

第二相粒子对奥氏体晶界有钉扎作用。如图 2-15 所示,曲线 2 为含 Nb、V、Ti 钢的晶粒长大曲线。在该曲线中,当温度超过某一定值后晶粒随温度升高急剧长大。一般会出现异常长大现象的钢是用 Al 脱氧的钢及含 Nb、V、Ti 等元素的钢,在这些钢中,当奥氏体晶粒形成后,在晶界上存在一些 Al、Nb、V、Ti 等碳/氮化物粒子。这些未溶的碳/氮化物粒子对晶界起了钉扎作用(图 2-16),阻止晶界移动。只有当温度升高到晶粒粗化温度以上,碳/氮化物溶入奥氏体之后,奥氏体晶粒才能长大。

设在奥氏体晶界上有一半径为 r 的碳/氮化物粒子,如图 2-16b 所示,由于该粒子的存在使奥氏体晶界面积减小 πr^2,界面能减小 $\pi r^2 \gamma$。若有驱动力 p 作用于晶界,将晶界推向右方,则由图 2-16c 可见,奥氏体晶界面积将增加,这是由于碳/氮化物粒子与奥氏体的交界面不因奥氏体晶界的移动而有所改变,故使能量升高,这将阻止晶界右移,相当于有一阻力 F 作用于奥氏体晶界。可以得出一个粒子所提供的最大阻力 F_{max} 为

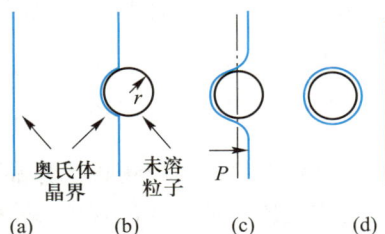

图 2-16　第二相粒子对奥氏体晶界的
钉扎模型

$$F_{max} = \pi r\gamma \qquad (2-11)$$

设单位体积中有 N 个半径为 r 的粒子,所占的体积分数为 f,则作用于单位面积的最大阻力 F_{max} 为

$$F_{max} = 3f\gamma/2r \qquad (2-12)$$

由式(2-11)及式(2-12)可见,作为单个粒子,半径越大,提供的阻力越大,但当体积分数 f

一定时,粒子越细阻力越大。因粒子越细,r 越小,粒子数就越多,所能提供的总的阻力反而越大。由此可见,为增加阻力,抑制奥氏体晶粒长大,一是增加碳/氮化物体积分数 f,二是细化碳/氮化物粒子。

当驱动力 p 作用于晶界且大于晶界所受阻力时,晶界才能发生迁移。若忽略其他阻力,仅考虑由碳/氮化物粒子所提供的阻力 F_{max},则使晶界发生迁移的条件是 $p>F_{max}$。

由于实际晶粒大小不均匀,大、小晶粒之间的界面不是平直晶界。为使三晶界交会处的面角为 120° 的平衡状态(图 2-17),晶界将向小晶粒迁移,大晶粒依靠吞食小晶粒而长大。其结果是大晶粒越来越大,小晶粒越来越少,最终全部成为大晶粒。

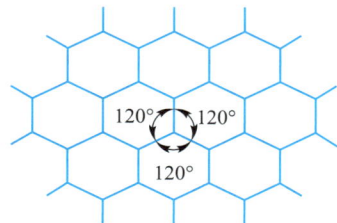

图 2-17 晶粒大小均匀一致时稳定的二维结构

2.5.4 影响奥氏体晶粒长大的因素

凡能提高铁原子扩散系数的因素均能加快奥氏体晶粒的长大,如提高加热温度、在奥氏体中溶入能降低 Fe 原子自扩散激活能的元素等。

奥氏体中存在未溶第二相颗粒时,第二相能阻止奥氏体晶粒长大。第二相颗粒所占体积分数 f 越大,半径 r 越小,阻止奥氏体晶粒长大效果越强。例如,采用 Al 脱氧可形成 AlN,加入 Nb、V、Ti 等元素形成难溶的碳/氮化物,过共析钢加热到两相区时,未溶的碳/氮化物可阻止奥氏体长大。

优化加热工艺,提高起始晶粒的均匀性,尽可能使奥氏体晶界平直化以降低界面的驱动力。

2.6 过热、过烧及其校正

奥氏体转变终了,如果继续提高温度或者延长保温时间,奥氏体晶粒将不断长大,形成粗大晶粒。粗大奥氏体晶粒的晶界有可能出现弱化。这些变化将影响冷却后所得到的组织及其性能。

2.6.1 过热及组织遗传

加热转变终了时所得奥氏体晶粒一般较细小。继续升高温度,则奥氏体晶粒将快速长大。这样造成晶粒粗大的现象,称为过热。过热将使缓冷所得的铁素体晶粒、珠光体组织粗大,也可使快冷所得的马氏体组织粗大。这将使钢的强度与韧性变差,因此必须再次进行热处理来消除由于加热不当而出现的过热。

消除过热的办法是重新加热到临界点以上,再次通过加热转变得到细小的奥氏体晶粒。如果加热不当,即使再次加热的温度不高,还可能得到与原过热组织相同的粗大奥氏体晶粒,这种现象也称为组织遗传。

2.6.2　过热组织的消除

出现过热组织的主要原因是加热温度过高,可采用较缓慢的冷却速度以获得平衡态组织,再重新加热至正常温度即可获得细晶粒奥氏体。如果过热后淬火得到粗大的不平衡组织,则采用快速或慢速加热到高出临界点 150~200 ℃,使粗晶粒再结晶细化。也可以采用先进行一次退火以获得平衡组织,然后再进行加热。

2.6.3　过烧

加热温度过高时,不仅奥氏体晶粒会迅速长大,还会在奥氏体晶界上出现氧化和部分熔化,这种现象称为过烧。

一旦过烧,再次加热淬火可消除粗大奥氏体晶粒,但在脆断时会得到过烧的粗大奥氏体晶粒相对应的晶粒断口。出现的原因是:第一次过热时在粗大的奥氏体晶界发生了某种使晶界氧化和部分熔化的变化,这种氧化和部分熔化在再次加热时不能得到消除,主要会沿晶界析出某种相或杂质元素的偏聚。

思考题

2-1　温度高于 727 ℃时,珠光体中铁素体的碳含量是多少?

2-2　计算奥氏体碳含量为 2.11%时,平均有几个 γ-Fe 晶胞才有一个碳原子。

2-3　试估算在碳含量为 0.8%的钢中,奥氏体转变为马氏体后体积的变化。

2-4　奥氏体晶核优先在什么地方形成?为什么?

2-5　亚共析钢加热转变时是否也存在碳化物溶解阶段?

2-6　为什么当铁素体完全转变为奥氏体后仍然有一部分碳化物没有溶解?

2-7　试用 Fe-C 相图说明碳在铁素体中的扩散所控制的奥氏体的长大过程。

2-8　何谓晶粒度?简述晶粒度的测量方法。试述先共析铁素体、珠光体、奥氏体等组织中的晶粒。

2-9　设某钢经超细化工艺处理得到晶粒度为 11 级的奥氏体晶粒,试求该奥氏体晶粒的平均直径。

2-10　试述测定 20 钢、45 钢、T10 钢的奥氏体晶粒度的方法。

2-11　根据奥氏体的形成规律讨论细化奥氏体晶粒的途径。

2-12　为什么对奥氏体晶粒长大及其控制的研究对于指导热处理生产具有重要的意义。

2-13　说明第二相颗粒的含量和大小对阻止奥氏体晶粒长大的作用。

>>> 第3章

··· 珠光体转变

金属热处理主要包括加热和冷却两个过程,第 2 章介绍了 Fe-C 合金加热转变,即奥氏体的形成,本章及随后的 3 章主要介绍 Fe-C 合金的冷却转变,即在温度或冷却速度等变化条件下的转变,包括珠光体转变、马氏体转变和贝氏体转变等。

在 Fe-C 相图中的 A_1 温度以下的高温区间,可以发生平衡转变形成珠光体,也可以发生非平衡转变形成珠光体。既可以在某个恒定温度下形成珠光体(称为等温转变或恒温转变),也可以在连续冷却的过程中形成珠光体。非平衡转变不能完全用 Fe-C 相图来判断和分析,需要建立过冷奥氏体的转变图,后面将进一步介绍。

钢的退火与正火所发生的转变都是珠光体转变。退火与正火可以作为最终热处理,即工件经退火或正火后直接使用,因此在退火与正火时,必须控制珠光体转变产物的形态,如珠光体片间距等,以保证退火与正火后所得组织具有所需的强度、塑性与韧性。退火与正火也可作为预先热处理,即为后续热处理的准备,这就要求退火及正火所得组织能满足后续热处理的需要。另外,为使奥氏体能过冷到低温,使之转变为马氏体,就必须保证奥氏体在冷却中不发生珠光体转变,有必要对珠光体的组织及性能以及珠光体转变机制、转变动力学等进行深入的研究。

3.1 珠光体的组织形态

3.1.1 珠光体形态

共析成分的奥氏体冷却到 A_1 以下,将分解为铁素体与渗碳体的混合物,称为珠光体,典型的珠光体呈层片状,称为片状珠光体,如图 3-1 所示。片状珠光体是由一片铁素体和一片渗碳体交替紧密堆叠而成的,片层方向大致相同的区域称为珠光体团,在一个奥氏体晶粒内,可以形成几个珠光体团,如图 3-2a 所示。珠光体团中相邻两片铁素体或相邻两片渗碳体之间的距离称为珠光体的片间距,如图 3-2b 所示。片间距的大小主要取决于珠光体的形成温度。随着冷却速度的增加,奥氏体转变为珠光体的温度逐渐降低,奥氏体过冷度不断增大,形核率不断提高;同时奥氏体转变温度越低,碳的扩散速度减慢,碳原子作长距离扩散越困难,故转变所得的珠光体片间距也不断减小。另外,从界面能的角度看,片间距越小,增

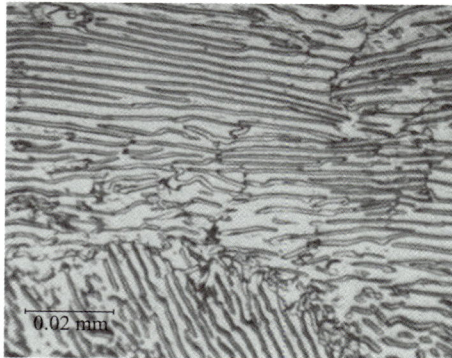

0.02 mm

图 3-1 片状珠光体

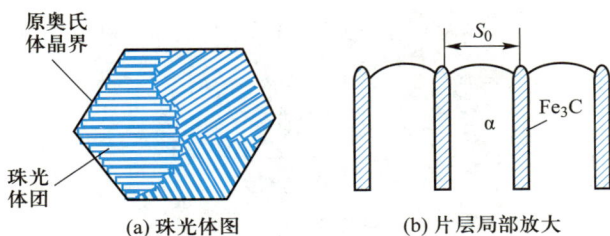

图 3-2　片状珠光体的结构

加的界面能越多。奥氏体转变温度越低,过冷度越大,所提供的吉布斯自由能越大,能够增加的界面能也越多,故片间距有可能越小。

研究表明,碳钢中珠光体的片间距 S_0 与过冷度 ΔT 的关系,可用下列经验公式表述:

$$S_0 = C / \Delta T \qquad (3-1)$$

式中:C——实验常数;

ΔT——过冷度,K。

图 3-3 是测得的几种碳钢和合金钢的珠光体片间距与形成温度的关系。从图中可看出基本符合式(3-1),且 S_0 与 ΔT^{-1} 在较小过冷度时,线性关系好。当过冷度较大时,数据较为分散。

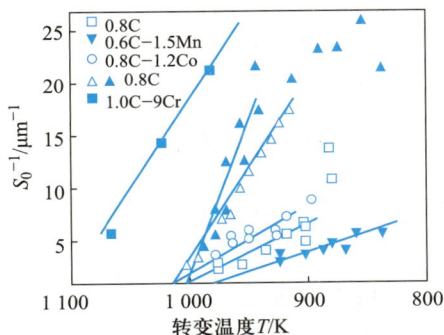

图 3-3　珠光体片间距与形成温度的关系

片状珠光体因片间距不同可以有不同的称呼,在光学显微镜下可以直接分辨的片层,如片层间距为 150~450 nm 是珠光体。在光学显微镜下放大 600 倍以上才能分辨的片层,如片间距为 80~150 nm 的细片状珠光体被称为索氏体。光学显微镜下无法分辨的片层,如片间距为 30~80 nm 的珠光体被称为屈氏体。更小的片间距一般采用电子显微镜测量。片间距测量时应当注意,样品表面与珠光体片层相交的角度不同,将导致测出的片间距不同,只有当样品表面与珠光体片层垂直时,测得的值才是片间距的准确值。

除了有片状珠光体,珠光体还有粒状珠光体。渗碳体以颗粒状存在于铁素体基体中称为粒状珠光体,如图 3-4 所示,粒状珠光体可以通过一些特定的热处理获得。渗碳体颗粒大小、形状和分布与热处理工艺有关,渗碳体的数量取决于钢中的碳含量。

除片状与粒状珠光体外,还有一些特殊形态的珠光体,如碳化物呈纤维状、颗粒阵列排列等形态的珠光体。

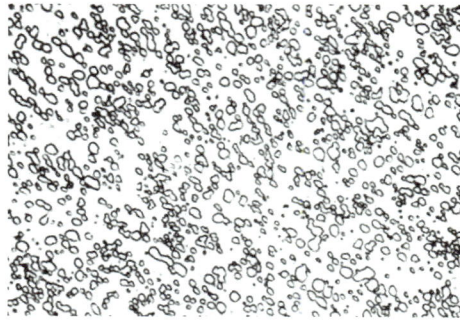

图 3-4 粒状珠光体(500×)

3.1.2 珠光体的晶体学

珠光体转变时的晶体学关系比较复杂。通常,片状珠光体均在奥氏体晶界上形核,然后向一侧的奥氏体晶粒内生长成珠光体团,如图 3-5 所示。珠光体团中的铁素体及渗碳体与奥氏体晶粒之间不存在位向关系,是非共格界面,而另一侧的奥氏体晶粒之间形成不易移动的共格界面,并保持一定的位向关系。在共析钢中主要是 Pitsch-Petch 关系:

$$(001)_{Fe_3C} /\!/ (5\,\bar{2}\,\bar{1})_\alpha$$

$$[010]_{Fe_3C} /\!/ [11\,\bar{3}]_\alpha \, 差\, 2\sim3°,$$

$$[100]_{Fe_3C} /\!/ [13\,\bar{1}]_\alpha \, 差\, 2\sim3°$$

在更高碳含量的钢中,主要是 Bagaryatsky 关系:

$$(100)_{Fe_3C} /\!/ (0\,\bar{1}1)_\alpha$$

$$[010]_{Fe_3C} /\!/ [1\,\bar{1}\,\bar{1}]_\alpha$$

$$[001]_{Fe_3C} /\!/ [211]_\alpha$$

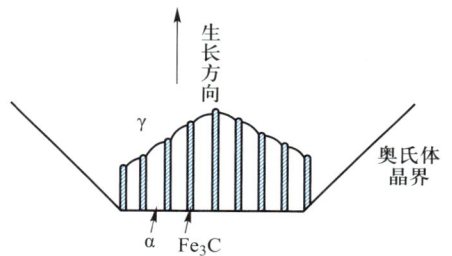

图 3-5 奥氏体晶界上的珠光体团
形成过程示意图

3.2 珠光体形成机制

3.2.1 珠光体形成的热力学

珠光体转变的驱动力是吉布斯自由能差。由奥氏体转变为珠光体时,涉及三个相,即奥氏体、渗碳体和铁素体。可以用三个相的吉布斯自由能与成分曲线来分析吉布斯自由能的变化和相变的条件。图 3-6 为铁碳合金中奥氏体、铁素体和渗碳体在 T_1、T_2 温度的吉布斯自由能-碳含量曲线。

在 T_1 温度时,三个相的吉布斯自由能-碳含量曲线有一条公切线,说明铁素体和渗碳体混合物即珠光体的吉布斯自由能与共析成分的奥氏体的吉布斯自由能相等,吉布斯自由能之差为零,没有相变驱动力。即在 T_1 温度时,共析成分的奥氏体不能转变为铁素体和渗碳体的混合物,即珠光体。此时奥氏体和铁素体、渗碳体处于三相平衡状态。

当温度下降到 T_2 时, 奥氏体、铁素体和渗碳体的吉布斯自由能随温度变化的速度不同, 使三个相吉布斯自由能曲线的相对位置发生了变化, 如图 3-6b 所示。由图可见, 在三个相的吉布斯自由能-碳含量曲线间, 可以作出三条公切线。这三条公切线分别代表三组混合相的吉布斯自由能, 即 d 点成分的奥氏体与渗碳体、c 点成分的奥氏体与 a 点成分的铁素体、a' 点成分的铁素体与渗碳体等三组混合相。如图 3-6b 所示, 奥氏体与铁素体的组成两相混合物的吉布斯自由能沿 ac 线段变化, 奥氏体与渗碳体两相混合物吉布斯自由能沿 de 线段变化, 而铁素体与渗碳体两相混合物, 即珠光体吉布斯自由能沿 $a'e$ 线段变化, 可以看出, $a'e$ 线段的吉布斯自由能最低, 所以在 T_2 温度下, 以珠光体 (即铁素体与渗碳体两相混合物) 最稳定。所以奥氏体要发生珠光体转变。转变中奥氏体的成分是不均匀的, 与铁素体近邻处为碳含量较高的 c 点成分, 与渗碳体紧邻处为含碳较低的 d 点成分。因此, 在奥氏体内部出现碳的浓度梯度, 碳从高碳区往低碳区扩散, 使奥氏体的上述转变过程得以继续进行, 直至消失, 最后转变为吉布斯自由能最低的共析成分的珠光体。

1—铁素体; 2—奥氏体; 3—渗碳体

图 3-6　铁碳合金中奥氏体、铁素体和渗碳体在 T_1、T_2 温度的吉布斯自由能-碳含量曲线

3.2.2　片状珠光体形成机制

1) 珠光体转变的领先相

珠光体的形成是通过形核和长大进行的。珠光体是由两个相组成的, 首先形成晶核的相, 称为领先相。领先相很难直接观察, 只能由某些试验结果间接推测。研究发现, 亚共析钢的珠光体中的铁素体和先共析铁素体的位向相同, 领先相是铁素体; 过共析钢的珠光体中的渗碳体和先共析渗碳体的位向相同且连成一体, 领先相是渗碳体; 共析钢的珠光体中的领先相可以是渗碳体, 也可以是铁素体, 一般认为领先相是渗碳体。所以认为珠光体的领先相与钢的化学成分密切相关。

2) 珠光体的形成机制

共析成分的奥氏体发生珠光体转变, 是由单相的奥氏体转变为铁素体和渗碳体两相混合的珠光体, 反应式如下:

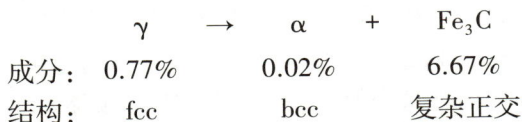

$$\gamma \quad \rightarrow \quad \alpha \quad + \quad Fe_3C$$

成分: 　0.77%　　　0.02%　　　6.67%

结构: 　fcc　　　　bcc　　　复杂正交

珠光体的形成包含两个不同的过程: 一个过程是通过碳的扩散使成分发生改变, 即由碳含量为 0.77% 的奥氏体转变为碳含量为 6.67% 的渗碳体和碳含量为 0.02% 的铁素体; 另一个过程是晶格发生改组, 即由面心立方 (fcc) 结构的奥氏体转变为体心立方 (bcc) 结构的铁素体和正交晶格的渗碳体。

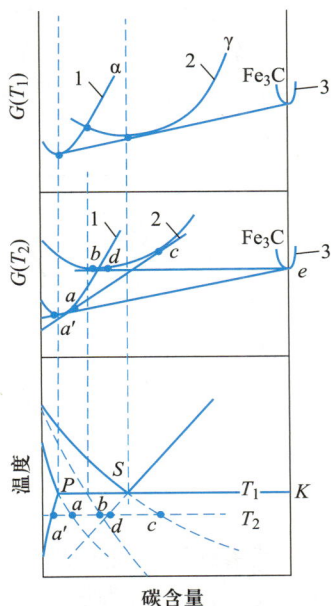

　　珠光体形成时,领先相渗碳体先形核,晶核一般在母相奥氏体的晶界上形成,这是因为晶界上缺陷较多,原子易于扩散,同时储存能较高,故易于满足形核的需要。渗碳体晶核最初形成时为一小薄片,如图 3-7a 所示,由于片状晶核的应变能小,且表面积大,故容易接收到碳原子。

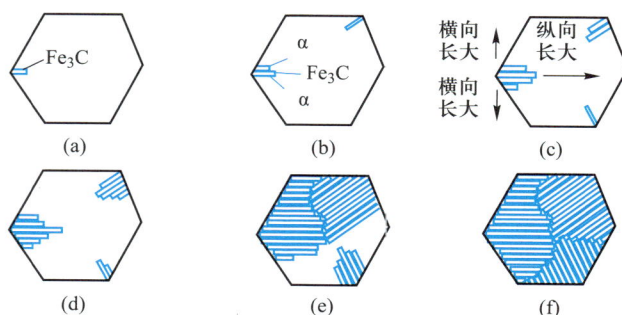

图 3-7　珠光体转变过程示意图

　　薄片状渗碳体晶核形成后,不但向前长大,而且同时向两侧方向长大,如图 3-7a 所示。渗碳体长大时,将从周围奥氏体中吸取碳原子而使周围出现贫碳奥氏体区。在贫碳奥氏体区中,更容易形成铁素体晶核,而铁素体晶核最易在渗碳体两侧的奥氏体晶界上形成,如图 3-7b 所示。在渗碳体两侧形成铁素体的晶核以后,已形成的渗碳体片就不可能再向两侧长大,而只能纵向长大。新形成的铁素体除了随渗碳体片向纵深长大外,也将向侧面长大。长大的结果是在铁素体外侧又将出现富碳奥氏体区,在富碳奥氏体区中又形成新的渗碳体晶核,如图 3-7c 所示。如此沿奥氏体晶界横向交替形成渗碳体晶核与铁素体晶核,并不断向奥氏体晶粒内纵向长大,这样就形成了一组大致平行排列的片层珠光体团,如图 3-7d 所示。在第一个珠光体团形成的同时,可能在奥氏体晶界的另一个位置上形成另一个取向的渗碳体晶核,并按前述的过程,沿奥氏体晶界横向交替形核纵向长大,形成另外一个珠光体团。另外,可能的形核位置还有已形成的珠光体团的界面,如图 3-7e 所示。当各个珠光体团不断形成并长大到相互完全接触时,如图 3-7f 所示,奥氏体全部分解,即珠光体转变完成,得到片状珠光体组织。

　　珠光体形成过程中碳的再分配,即扩散可用图 3-8 进行分析,图 3-8 标示了 T_1 温度下对应的四个碳含量:$C_{\gamma-\alpha}$ 为奥氏体与铁素体界面的奥氏体一侧的碳含量;$C_{\gamma-Fe_3C}$ 为奥氏体与渗碳体界面的奥氏体一侧的碳含量;$C_{\alpha-\gamma}$ 为奥氏体与铁素体界面的铁素体一侧的碳含量;$C_{\alpha-Fe_3C}$ 为奥氏体与渗碳体界面的铁素体一侧的碳含量。上述四个成分点分别在图 3-8b 所示的位置,在母相奥氏体中,$C_{\gamma-Fe_3C}<C_{\gamma-\alpha}$,因此在奥氏体中形成了碳的浓度梯度,从而引起了碳在奥氏体中的扩散。扩散的结果,使 $C_{\gamma-Fe_3C}$ 升高,$C_{\gamma-\alpha}$ 降低,显然破坏了相界面上的平衡,即偏离了图 3-8b 中的平衡浓度。为了恢复平衡,铁素体与奥氏体界面需向纵向生长,这样会析出碳含量低的铁素体而使界面处奥氏体的碳含量增加;同时,奥氏体与渗碳体界面也向纵向生长,析出碳含量高的渗碳体而使界面处的奥氏体的碳含量下降。总之,奥氏体晶粒内的碳浓度差引起扩散,破坏了界面处的平衡浓度,同时新相向奥氏体推进,重新恢复了界面的平衡浓度,这种扩散和界面推进的交替实现了珠光体的转变。

　　由图 3-8 还可以看出,在珠光体形成时,除了发生在奥氏体中碳的扩散,由于 $C_{\alpha-\gamma}>$

$C_{\alpha\text{-}Fe_3C}$，在新形成的铁素体中也有碳的扩散。在铁素体中碳的扩散同样也会促使珠光体长大。

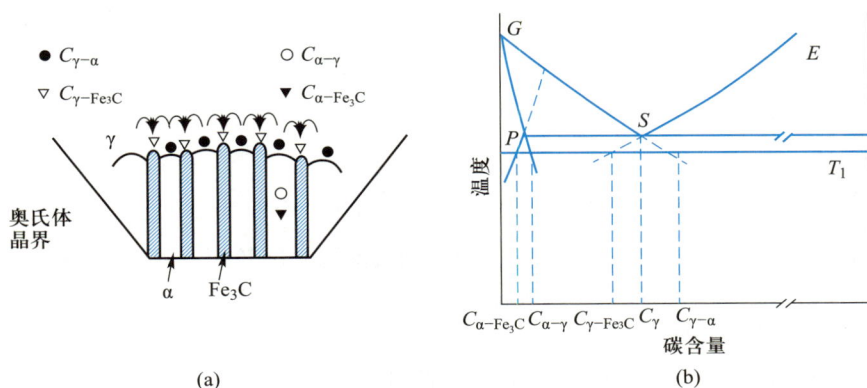

图 3-8　片状珠光体形成时碳的扩散示意图

3.2.3　粒状珠光体形成机制

多数情况下奥氏体转变形成片状珠光体。但在特定的工艺下，渗碳体是以颗粒状存在于铁素体基体中，即形成粒状珠光体。

一般情况下，由于渗碳体和铁素体的晶核总沿奥氏体晶界横向交替形成，纵向长大，故共析成分的过冷奥氏体在 A_1 温度以下，总是转变为片状珠光体。但在特定的奥氏体化工艺和冷却方式下，有可能形成粒状珠光体。特定的工艺和方法是：奥氏体化温度较低，保温时间较短，加热转变不充分，此时在奥氏体中有许多未溶的残留碳化物或许多高浓度碳的微小的富集区。另外，冷却转变的等温温度较高，等温时间较长，或者冷却速度极慢。在这种条件下，就有可能使渗碳体成为颗粒状，即获得粒状珠光体。除了上述热处理工艺外，可以使渗碳体成为颗粒状的工艺还有许多，如球化退火工艺。

球化退火前的原始组织为片状珠光体，则在特殊的加热过程中，可使片状渗碳体自发地发生断开和球化。这是因为从能量角度考虑，片状渗碳体的表面积大于相同体积的粒状渗碳体的表面积，为降低表面能，渗碳体的球化是一个自发的过程。根据胶态平衡理论，第二相质点的溶解度与质点的曲率半径有关，曲率半径越小，其溶解度越高，所以片状渗碳体尖角处的溶解度高于平面处的溶解度，这就使周围的铁素体与渗碳体尖角界面处的碳浓度大于与平直界面处的碳浓度，如图 3-9a 所示。在铁素体内形成碳的浓度梯度引起了碳的扩散，碳的扩散的结果破坏了界面上碳的平衡浓度，如图 3-9b 所示。为了恢复平衡，渗碳体尖角处将不断地溶解，渗碳体平面将向外长大，如此持续进行，片状渗碳体会断开，如图 3-9c 所示。由于碳的浓度梯度还存在，碳的扩散继续，最后形成了近似球形的粒状渗碳体，如图 3-9d 所示。

片状渗碳体的断开是因为片状渗碳体内部存在大量的缺陷。渗碳体片内存在亚晶界，片状渗碳体在亚晶界处出现沟槽，沟槽两侧曲率半径较小，因此溶解度较高，将发生碳的扩散，破坏了界面平衡浓度。为恢复平衡，渗碳体将溶解，沟槽将进一步加深。持续进行，断开、球化而逐渐成为球状渗碳体。

片状珠光体在加热转变为奥氏体过程中，当加热温度略高于 A_1 温度时，片状渗碳体也

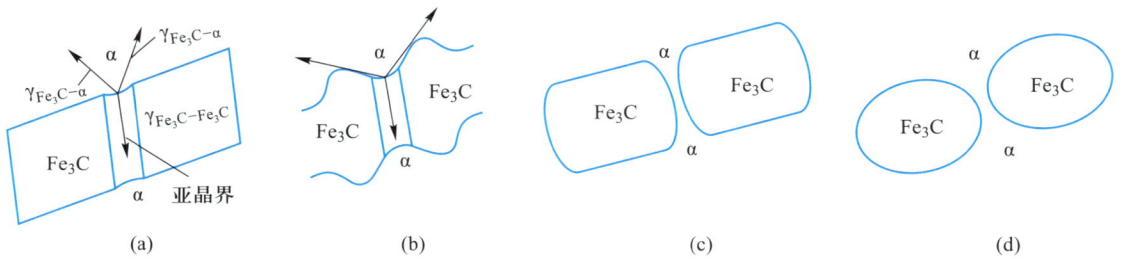

图 3-9 片状渗碳体熔断机制示意图

会按上述机制熔断、球化。如果奥氏体化温度较低,保温时间较短,奥氏体化未充分进行,残余渗碳体会变成颗粒状。这种有残留渗碳体的奥氏体冷却到 A_1 温度以下,残余渗碳体成为晶核,从而获得粒状珠光体。

粒状渗碳体也可以通过调质,即淬火加高温回火获得,这将在后面介绍。

3.3 亚(过)共析钢的珠光体转变

亚(过)共析钢的珠光体转变基本上与共析钢相似,不同的是发生伪共析转变以及先共析铁素体和先共析渗碳体的析出。

1) 伪共析转变

图 3-10 所示为碳钢先共析相及伪共析组织形成范围。将 GS 延长到 G',将 ES 延长到 E',$G'SE'$ 即为图中阴影区为伪共析转变区。若亚共析钢自奥氏体区缓冷,则将沿 GS 线析出先共析铁素体,随着铁素体的析出,奥氏体的碳含量逐渐向共析成分靠近,最后具有共析成分的奥氏体将在 A_1 温度以下转变为珠光体。若亚共析钢(成分Ⅰ)自奥氏体区以较快速度冷却,在先共析铁素体来不及析出的情况下,奥氏体被过冷到 ES 的延长线 SE' 以下,因为 ESE' 和 GSG' 分别为渗碳体和铁素体在奥氏体中的溶解度曲线,故低于 ESE' 和 GSG' 将自奥氏体中析出渗碳体和铁素体。所以如将亚共析钢的奥氏体过冷到 $E'SG'$ 区域,保持一定时间,则将自奥氏体中同时析出铁素体和渗碳体。结果出现了非共析成分的奥氏体不先析出先共析相而直接分解为铁素体和渗碳体混合物的现象,其组织特征与珠光体转变相似,但其中铁素体和渗碳体的量与共析成分珠光体不同,碳含量越高,渗碳体量越多。所以这一转变被称为伪共析转变,转变产物称为伪共析组织。过共析钢的先共析相为渗碳体,当过共析钢(如成分Ⅱ)的奥氏体过冷

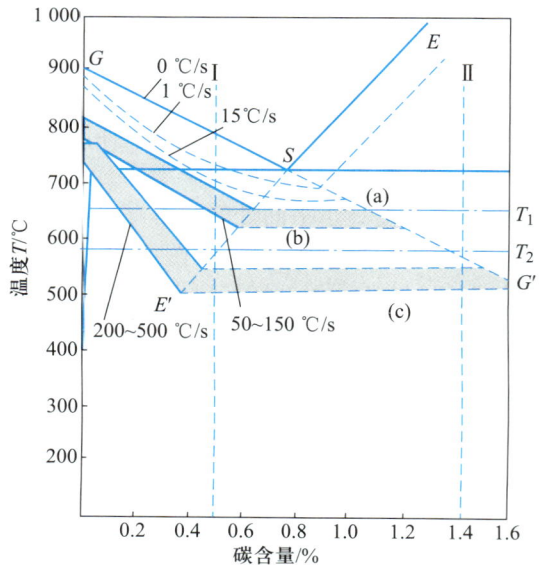

图 3-10 碳钢先共析相及伪共析组织形成范围

R_m——抗拉强度,MPa;

$\quad f_a$——铁素体体积百分数;

$\quad d$——铁素体晶粒的平均直径,mm;

S_0——珠光体平均片间距,mm。

式(3-3)与式(3-4)不仅适用于亚共析钢,也适用于共析钢。由两式可以看出,珠光体量多,则强度贡献大,先共析铁素体量多,则铁素体的强度贡献大。

冷脆转变温度与各组织因素及成分之间的经验关系式如下:

$$50\%\text{FATT}(℃)=f_a\left[-46-11.5d^{-\frac{1}{2}}\right]+(1-f_a)\left[-335+5.6S_0^{-\frac{1}{2}}\right]-13.3D^{-\frac{1}{2}}+3.48\times10^6t]+$$
$$48.7(\text{Si})+762\sqrt{(\text{N}_f)} \tag{3-5}$$

式中:D——珠光体团尺寸,mm;

$\quad t$——渗碳体片厚度,μm;

$\quad N_f$——固溶状态的氮;

$\quad f_a$——铁素体体积百分数;

$\quad d$——铁素体晶粒的平均直径,mm;

S_0——珠光体片平均间距,mm。

式(3-5)表明,冷脆转变温度随着珠光体量的增加而升高。另外,随着碳含量的增加,冷脆转变温度下降,韧性状态下的冲击力也下降。

3.6　钢中碳化物的相间析出

3.6.1　相间析出产物的形态和性能

含有 Nb、V、Ti 等合金元素的低碳合金钢,其奥氏体在冷却过程中,这些合金元素的碳化物在 γ/α 相界面上呈粒状地成排析出,这个过程称为相间析出。析出的碳化物颗粒很细,直径小于10 nm,在光学显微镜下无法分辨,只有在电子显微镜下才能观察到。

相间析出组织具有较高的强度和韧性,其力学性能受析出的碳化物颗粒的大小和列间距等因素影响,而碳化物颗粒尺寸和列间距主要取决于析出时的温度和奥氏体的化学成分。

相间析出组织主要有三种强化机制,即细晶强化、固溶强化和沉淀强化。由于析出相和母相之间存在共格,因此沉淀强化对强度的贡献很大。相间析出已被广泛应用于生产。

3.6.2　相间析出机制

相间析出的组织形态为碳化物颗粒呈点列状排列。碳化物列是与原 γ/α 界面平行,对碳化物的晶体学研究表明,析出的碳化物与铁素体基体之间有一定的位向关系,例如钒钢中的 V_4C_3、VC 与 α 关系为

$$(100)_{V_4C_3}/\!/(100)_\alpha$$
$$[010]_{V_4C_3}/\!/[011]_\alpha$$
$$或\quad\{100\}_{VC}/\!/\{100\}_\alpha$$

$$<110>_{vC} /\!/ <100>_{\alpha}$$

可以看出,相间析出在 γ/α 界面上形核并与 α 保持共格关系,核形成后沿 γ/α 界面的推移而长大。

　　亚共析钢的奥氏体冷至珠光体转变的中温区的某一温度下保持恒温,首先在奥氏体晶界上形成铁素体,出现了 γ/α 界面。由于铁素体的碳浓度较低,导致 γ/α 界面处奥氏体一侧碳的浓度增高,碳的扩散破坏了平衡,为了恢复到平衡浓度,则在 γ/α 界面析出颗粒状的碳化物。之所以没有形成片状的碳化物,是因为钢中的碳含量较低,同时形成温度低,碳扩散能力有限。在 γ/α 界面析出碳化物后,γ/Fe_3C 界面处的奥氏体一侧碳含量显著降低,出现了贫碳区,铁素体在贫碳区容易长大,铁素体将越过碳化物进一步长大,使 γ/α 界面向奥氏体方向推移。推移的结果又使 γ/α 界面的奥氏体一侧碳浓度增高,再次在新的 γ/α 界面上形成颗粒状碳化物。最终在 α 相中形成一系列平行排列的细小碳化物。

思考题

3-1　试述珠光体片间距 S_0 与过冷度 ΔT 之间的关系。

3-2　试述片状珠光体的形成过程。

3-3　如何获得粒状珠光体,实际生产中什么情况下需要获得粒状珠光体组织?

3-4　试述亚共析钢先共析相的形成规律。

3-5　什么是相间析出?该组织是怎样形成的。

3-6　试述珠光体组织的力学性能特点。

>>> 第4章

••• 马氏体转变

早在战国时期，人们就已经知道可以用淬火的方式来提高钢的硬度，即将钢加热到高温后淬入水或油中进行急冷。经过淬火的钢制成的宝剑可以"削铁如泥"。但当时，人们对于淬火为何能提高钢的硬度的本质还不清楚。直到19世纪末期，研究人员才探究清楚其中的原理，即钢在加热与冷却过程中，内部结构和相组成发生了变化，引起了钢的性能的改变。为了纪念著名的德国冶金学家 Adolf Martens，法国著名冶金学家 Osmond 建议将钢经淬火所得高硬度相称为马氏体，因此将获得马氏体相的转变过程称为马氏体转变。

不同成分的钢经过淬火后获得的马氏体，其组织形态、亚结构和机械性能差别很大，因此，需对其进行深入研究，利用合适的成分配比和合理的热处理工艺充分发挥钢材的潜力。在19世纪末到20世纪初主要研究对象为钢中的马氏体转变过程及转变所获得的马氏体组织，用 X 射线分析测得钢的马氏体呈过饱和固溶体结构。20世纪40年代，在 Fe-Ni 合金、Fe-Mn 合金以及许多有色金属和合金中也发现了马氏体转变。近年来，不仅在冷却过程中观察到了发生的马氏体转变，还在加热过程中观察到了也可能发生马氏体转变。同时，提出了更为宽泛的马氏体的概念。本章主要介绍钢中的马氏体的结构以及马氏体转变特征，为钢的热处理工艺提供理论指导。

4.1　马氏体转变的主要特征

钢的马氏体转变是在低温下发生的一种转变，铁原子已不能扩散，碳原子也难以扩散，故马氏体转变明显区别于加热时的奥氏体转变以及珠光体转变。下面将讨论其转变的主要特征。

4.1.1　马氏体转变的非恒温性

将奥氏体快速过冷到某一温度以下才能发生马氏体转变。这一温度称为马氏体转变开始温度，用 M_s 表示。当奥氏体冷却到 M_s 点以下时，马氏体转变立即开始并以极快的速度进行，但转变也很快停止，不能完全转变，如图4-1所示。如果需要使马氏体转变继续进行，就需要继续降低温度，马氏体转变是在不断降温的情况下进行的。因此，马氏体转变量是温度的函数，与等温时间基本无关，如图4-2所示。当温度降到某一温度以下时，虽然马氏体转变量还未达到100%，但转变已基本完成。该温度称为马氏体转变终了点，用 M_f 表示，如图4-2所示。马氏体的这一特征称为非恒温性。如某钢的 M_s 高于室温而 M_f 低于室

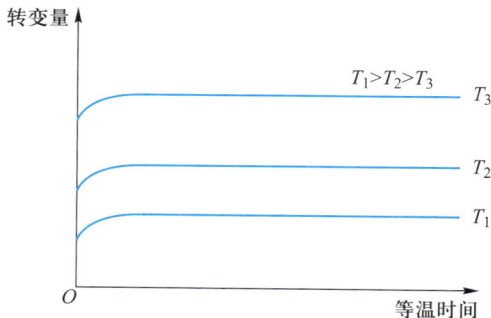

图4-1　马氏体等温转变曲线　　　图4-2　马氏体转变量与温度的关系

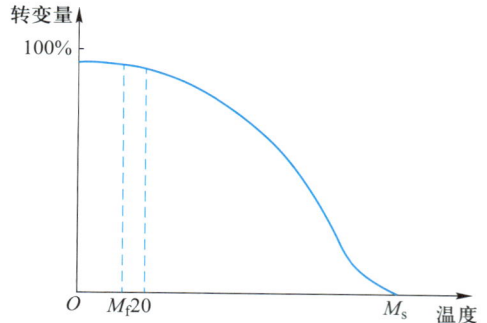

温,则冷却至室温时还将保留一定数量的奥氏体,称为残余奥氏体。继续冷却至室温以下,未转变的奥氏体将继续转变为马氏体,直至 M_f 点以下马氏体转变终了。冷却到室温以下的处理又称为冷处理。

4.1.2　马氏体转变的表面浮凸现象

马氏体转变时其表面上形成有规则的表面浮凸,经过预先磨光的平整表面,在马氏体转变后出现了表面凸起和凹陷,如图 4-3 所示。研究人员认为马氏体转变是通过奥氏体的均匀切变进行的。母相奥氏体部分区域转变为马氏体,发生宏观切变而使晶格发生改组,且引起新相与母相界面的未转变的母相奥氏体也随之发生了弹塑性切应变,如图 4-4 所示,阴影区域是马氏体,发生均匀切变引起其结构变化,与其临近的母相奥氏体被迫协调变形,在表面形成了凸起和凹陷。

图 4-3　马氏体的表面浮凸

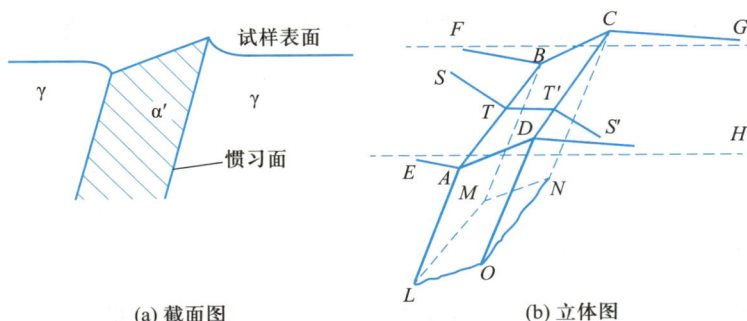

(a) 截面图　　　　　(b) 立体图

图 4-4　马氏体转变引起的表面浮凸的示意图

为了分析浮凸现象,转变前在试样磨光表面刻一直线划痕 SS',如图 4-4b 所示,转变后在表面产生浮凸时该直线没有弯曲,而是形成了折线 $S'T'TS$,直线划痕在界面是连接的,说明马氏体转变是通过切变进行转变,并没有发生转动。

因此新相与母相界面上的原子排列既满足马氏体的结构,也满足奥氏体的结构,这种界面称为共格界面。界面两侧的奥氏体与马氏体必定要产生弹性切变。这种依靠弹性切变维持的共格称为第二类共格。通常共格界面的界面能较非共格界面小,但界面原子要靠应变来维持第二类共格在界面,两侧都有弹性应变,故共格界面的应变能高。

4.1.3 马氏体转变的无扩散性

马氏体转变时只有晶格的改组而无成分的改变。钢中的奥氏体转变为马氏体时,晶格由 fcc 通过切变改组成 bcc,而马氏体的成分与奥氏体的成分完全一样,且碳原子在马氏体与奥氏体中相对于铁原子的位置保持不变。这个过程表明了马氏体转变的无扩散性。

马氏体无扩散并不意味转变时原子不移动,马氏体转变时出现浮凸说明铁原子有短程移动。母相以均匀切变方式转变为新相,相界面向母相推移时,原子以协作方式通过界面由母相转变成新相,类似于排成方阵的队列以协作方式将方阵变换成菱形。因此这样的转变过程被形象地称为列队式转变。此时每一个原子均相对于相邻原子以相同的矢量移动,且移动距离不超过一个原子间距,移动后仍保持原有的近邻关系不变。

4.1.4 马氏体转变的位向关系及惯习面

通过均匀切变所得的马氏体与原奥氏体之间存在严格的晶体学位向关系。马氏体转变的不变平面被认为是马氏体的惯习面。惯习面也是新、母相的相界面,为不畸变面。

钢中马氏体的惯习面随碳含量不同而异,碳含量小于 0.6% 时,惯习面为 $\{111\}_\gamma$;碳含量为 0.6%~1.4% 时,惯习面为 $\{225\}_\gamma$;碳含量为 1.4%~2.0% 时,惯习面为 $\{259\}_\gamma$。马氏体惯习面不同,其组织形态也不相同。

4.1.5 马氏体转变的可逆性

冷却时,过冷奥氏体可以转变为马氏体。加热时,马氏体也可以转变为奥氏体,说明马氏体转变具有可逆性。一般称加热时的马氏体转变为逆转变。冷却时存在 M_s 及 M_f 温度,加热逆转变时也有转变开始温度 A_s 及转变终了温度 A_f,通常 A_s 比 M_s 高。

4.2 马氏体转变的晶体学

4.2.1 马氏体的晶体结构

钢的马氏体转变是在低温下发生的,铁原子和碳原子都不发生扩散,转变时只有晶格的改组而无成分的改变,马氏体成分与原奥氏体的成分完全一样。

钢的马氏体的晶体结构是由奥氏体面心立方晶格演变而来的,如图 4-5 所示。在奥氏体状态下,碳原子位于铁原子所组成的正八面体间隙中,如图 4-5a 所示。在马氏体状态下,碳原子仍然位于六个铁原子所组成的八面体间隙中,如图 4-5b 所示。计算得出体心立方 α-Fe 晶格的八面体间隙,且在短轴方向上的空隙仅为 3.8×10^{-2} nm,而碳原子的有效直径为 15.4×10^{-2} nm。因此,碳在 α-Fe 中的溶解度极小,仅为 0.02%。马氏体转变

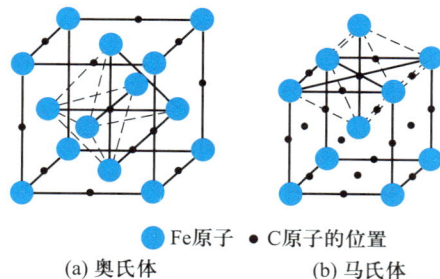

● Fe原子 ● C原子的位置

(a) 奥氏体   (b) 马氏体

图 4-5　奥氏体与马氏体的晶格结构及溶于其中的碳原子的位置

时,成分不发生改变,碳原子仍固溶在 α-Fe 的晶格中而形成过饱和的间隙固溶体。

马氏体转变保留在 α-Fe 晶格八面体间隙的碳原子将使扁八面体发生畸变,进而使短轴伸长,长轴缩短。八面体间隙按短轴的取向应该有三种情况,即短轴平行于 x 轴、y 轴或 z 轴。当碳原子位于平行 z 轴的扁八面体上,将使晶格常数 c 伸长,晶格常数 a 和 b 缩短。如果碳原子均匀分布在平行于 x、y、z 轴的三个位置上,则碳原子引起体心立方晶格的晶格常数均匀增加。研究发现当碳原子主要位于 z 轴上,则晶格常数 c 将增大,晶格常数 a 与 b 将减小,使 α-Fe 的体心立方晶格变为体心正方。马氏体中碳含量越高,晶格常数 c 越大,晶格常数 a 与 b 越小,正方度 c/a 也就越大。钢中马氏体的晶格常数与其碳含量的关系可用下式表示:

$$c = a_0 + \alpha\rho \quad (4\text{-}1a)$$
$$a = a_0 - \beta\rho \quad (4\text{-}1b)$$
$$c/a = 1 + \gamma\rho \quad (4\text{-}1c)$$

式中,a_0 为纯 α-Fe 的晶格常数,$a_0 = 0.286\ 1$ nm,α、β、γ 为实验常数,ρ 为马氏体的碳含量。图 4-6 是奥氏体与马氏体的晶格常数与碳含量的关系。

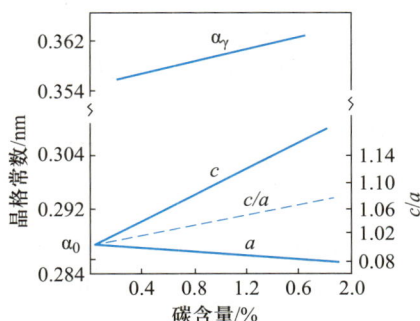

图 4-6　奥氏体与马氏体的晶格常数与碳含量的关系

4.2.2　马氏体的异常正方度

有些钢新形成的马氏体的正方度出现偏离了式(4-1)的数值的现象,称为异常正方度。当出现马氏体正方度高于式(4-1)给出的数值时,说明马氏体中更多的碳原子在平行于 z 轴的扁八面体上。当马氏体的正方度又远低于式(4-1)所给出的值时,说明马氏体中相对少的碳原子存在于平行 z 轴的扁八面体上。

进一步研究发现,低温形成的马氏体在室温下停留一段时间,异常的正方度将发生改变,逐渐趋于式(4-1)所给出的正方度。这表明,马氏体中碳原子的分布位置发生了改变。对于异常低正方度的马氏体,碳原子将移向 z 轴方向的扁八面体中,使正方度升高,即发生有序化转变。

综上所述,马氏体是碳在 α-Fe 中所形成的过饱和间隙固溶体。由于马氏体的切变机制,使碳原子均处在同一方向的扁八面体上,即 z 轴方向,而使 α-Fe 的晶格由体心立方改变为体心正方,并符合式(4-1)所给出的正方度。

4.2.3　惯习面与晶体学位向关系

马氏体组织有多种形态,如板条状马氏体和片状马氏体。研究分析发现板条状马氏体和片状马氏体总是平行于母相奥氏体的某一特定晶面,该晶面称为惯习面,如图 4-7 所示。该惯习面是马氏体转变的不变平面。对于片状马氏体,惯习面随奥氏体的碳含量及马氏体的形成温度而异。当碳含量小于 0.6% 时,惯习面为 $\{111\}_\gamma$;当碳含量为 0.6%~1.4% 时,惯习面为 $\{225\}_\gamma$;当碳含量为 1.4%~2.0% 时,惯习面为 $\{259\}_\gamma$。对于碳含量一定的奥氏体来说,随着马氏体的形成,温度逐渐下降,惯习面也将向高指数转化。碳含量较高的奥氏体自高温冷却时,先形成的马氏体的惯习面为 $\{225\}_\gamma$,后形成的马氏体的惯习面为 $\{259\}_\gamma$。

在马氏体与奥氏体之间还存在着一定的位向关系。这是由马氏体转变的切变机制所决定的。在钢中发现位向关系有 K-S 关系、西山(Nishiyama)关系以及 G-T 关系。

K-S 关系:Kurdjumov 与 Sachs 用 X 射线分析发现碳含量为 1.4% 的碳钢中马氏体与奥氏体之间存在下列位向关系,称为 K-S 关系:

$$\{110\}_{\alpha'} /\!/ \{111\}_{\gamma}; <111>_{\alpha'} /\!/ <110>_{\gamma}$$

在面心立方晶格中共有四个不同的 $\{111\}$ 面,即 (111)、$(11\bar{1})$、$(1\bar{1}1)$ 及 $(\bar{1}11)$。在每一个 $\{111\}$ 面上,各有三个不同的 <110> 方向。如 (111) 面上的三个不同的 <110> 方向为: $[110]$、$[011]$ 及 $[101]$。在每个 <110> 方向上,马氏体可以有两个不同的取向,故每个 $\{111\}_{\gamma}$ 面上有六个不同的马氏体取向,如图 4-8 所示,因此共有 24 个可能的马氏体取向。

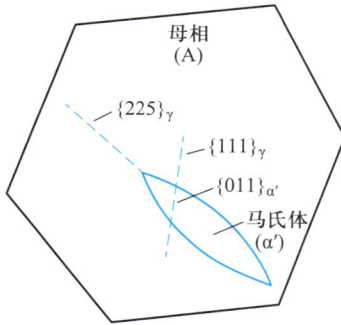

图 4-7 马氏体惯习面示意图

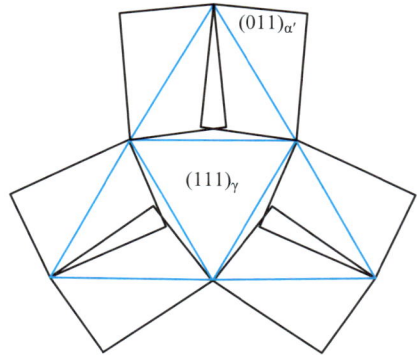

图 4-8 钢中马氏体在 $(111)_{\gamma}$ 面上形成时可能有六种不同的 K-S 取向

西山关系:西山在测定含 30%Ni 的 Fe-Ni 合金中的马氏体转变中发现,在室温以上形成的马氏体与奥氏体之间存在 K-S 关系,而在 -70 ℃ 以下形成的马氏体与奥氏体之间存在下列位向关系,称为西山关系。

$$\{110\}_{\alpha'} /\!/ \{111\}_{\gamma}; <110>_{\alpha'} /\!/ <211>_{\gamma}$$

在奥氏体的每个 $\{111\}_{\gamma}$ 面上,各有三个不同的 <211> 方向。如 (111) 面上的三个不同的 <211> 方向,即 $[2\bar{1}\bar{1}]$、$[\bar{1}2\bar{1}]$ 及 $[\bar{1}\bar{1}2]$。在每个 <112> 方向上,马氏体只可能有一个取向,故每个 $\{111\}_{\gamma}$ 面上只能有三个不同的马氏体取向,四个 $\{111\}_{\gamma}$ 面共有 12 个可能的马氏体取向,如图 4-9 所示。

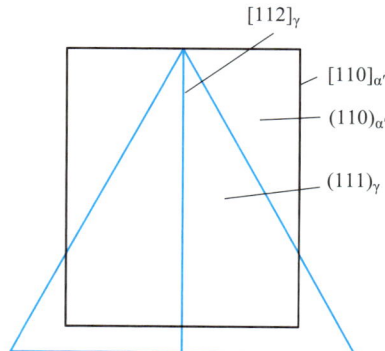

图 4-9 钢中马氏体在 $(111)_{\gamma}$ 面上形成时可能有三种不同的西山取向

G-T 关系:Greniger 与 Troiano 精确测量了 Fe-0.8C-23Ni 合金的奥氏体与马氏体的位向,结果发现位向接近 K-S 关系,但略有偏差,称为 G-T 关系。

$$\{011\}_{\alpha'} /\!/ \{111\}_{\gamma} 差 1°;<110>_{\alpha'} /\!/ <011>_{\gamma} 差 2°$$

4.3　马氏体的组织形态

4.3.1　板条状马氏体

板条状马氏体是在低碳钢、中碳钢、不锈钢及 Fe-Ni 合金中形成的一种典型马氏体组织。低碳合金钢淬火后得到的板条状马氏体如图 4-10 所示。其特征是由许多板条束或块集合而成,故称为板条状马氏体。板条成群地相互平行地连接在一起,板条的立体形状是窄而细长的板状,每一个板条均为一个单晶,板条间有一层很薄残余奥氏体。一个原奥氏体晶粒内由 3~5 个板条束组成,由于板条束的方向不同,所以在金相试样表面看到有板条束或板条块,板条宽度也不同。只有垂直板条方向的截取面,才能获得相对准确的板条宽度,多数板条宽度为 0.1~0.2 μm。

图 4-10　低碳合金钢淬火所得的板条状马氏体

板条状马氏体的亚结构为位错,其位错密度为 $(0.3~0.9)×10^{12}cm^{-2}$,这种马氏体又称为位错马氏体。晶体学分析发现板条状马氏体的惯习面为 $\{111\}_{\gamma}$,位向关系为 K-S 关系。马氏体板条群是由惯习面相同,形态上呈现平行的板条束组成。面心立方晶格有四个不同的 $\{111\}_{\gamma}$ 面,故一个奥氏体晶粒内有可能形成四种不同方向的马氏体束。在符合 K-S 关系的情况下,一个惯习面上可以有六个不同的取向。取向相同的相邻板条之间的界面为小角晶界,束界与块界则为大角晶界。

4.3.2　片状马氏体

片状马氏体是在中碳钢、高碳钢及高镍的 Fe-Ni 合金中形成的一种典型马氏体组织。对于碳钢,碳含量小于 1.0% 时是板条状马氏状和片状马氏体共存的,而大于 1.0% 时将形成片状马氏体。高碳钢中典型的马氏体组织为片状马氏体,如图 4-11 所示。其特征是相邻的马氏体片互不平行,呈一定交角排列,马氏体片的立体外形呈双凸透镜状。试样表面看到的截面呈针状或竹叶状,故称为片状马氏体。其形成过程是:当奥氏体被过冷到 M_s 点以下时,最先形成的第一片马氏体将贯穿整个奥氏体晶粒而将晶粒分为两半,从而使以后形成的马氏体片的尺寸受到限制,故越晚形成的马氏体片越小,如图 4-11 所示。奥氏体晶粒中形成的片状马氏体的大小是极不均匀的,马氏体片的尺寸范围取决于奥氏体晶粒的大小。

片状马氏体的惯习面及位向关系与形成温度有关。形成温度高时,惯习面为 $\{225\}_\gamma$,与奥氏体的位向关系为 K-S 关系;形成温度低时,惯习面为 $\{259\}_\gamma$,与奥氏体的位向关系为西山关系,该马氏体片的中间有一明显的筋,称为中脊,如图 4-12 所示。中脊厚度一般为 $0.5\sim1$ μm。中脊是马氏体的不变面,也是惯习面。

图 4-11　片状马氏体 800×

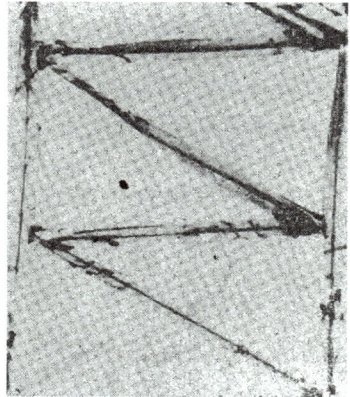

图 4-12　有中脊的 $\{259\}_\gamma$ 片状马氏体

片状马氏体内的亚结构主要为孪晶,一般是 $\{112\}_{\alpha'}$ 孪晶,但是在碳含量为 1.2% 的钢中发现同时存在 $\{110\}_{\alpha'}$ 和 $\{112\}_{\alpha'}$ 孪晶。孪晶分布在中脊附近,而在片的边缘存在高密度位错,孪晶区所占比例与马氏体形成温度有关,形成温度越低,孪晶区所占比例就越大。

4.3.3　其他马氏体形态

1）蝶状马氏体

这种特殊的马氏体最初是在 Fe-30Ni 合金冷至 -10 ℃ 时发现的,随后在 Fe-31Ni 和 Fe-29Ni-0.26C 合金中也有发现。这种马氏体立体外形为 V 形柱状,横截面呈蝶状,两翼之间或一定夹角,如图 4-13 所示。

图 4-13　蝶状马氏体

两翼的惯习面为 $\{112\}_{\alpha'}$，两翼相交的结合面为 $\{100\}_{\gamma}$。与奥氏体之间的位向关系为 K-S 关系，在翼中可能有中脊。蝶状马氏体晶内亚结构为位错，无孪晶。

2）薄板状马氏体

这种马氏体是在 M_s 温度低于 0 ℃ 的 Fe-Ni-C 合金中发现的，其立体形状为薄板状。金相下为很细的带状，如图 4-14 所示，薄板状马氏体可以曲折、分枝和交叉。薄板状马氏体的惯习面为 $\{259\}_{\gamma}$，与奥氏体之间的位向关系为 K-S 关系，内部亚结构为 $\{112\}_{\alpha'}$ 孪晶，平直且无中脊。

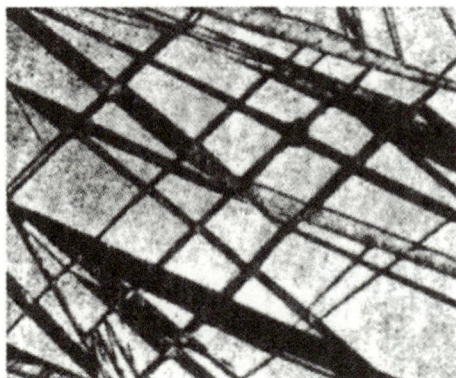

图 4-14　薄板状马氏体

3）ε 马氏体

上述的马氏体晶格均为体心立方晶格或体心正方晶格。在层错能较低的 Fe-Mn-C 或 Fe-Cr-Ni 合金中有可能形成具有密排六方晶格的马氏体，称为 ε 马氏体。

这种马氏体片极薄，惯习面为 $\{111\}_{\alpha'}$，与奥氏体之间的位向关系为：$\{111\}_{\gamma} /\!/ \{0001\}_{\varepsilon}$；$\{1\bar{1}0\}_{\gamma} /\!/ \{11\bar{2}0\}_{\varepsilon'}$。ε 马氏体内的亚结构为大量的层错。

4.3.4　影响马氏体形态及其内部亚结构的因素

钢中奥氏体可以转变成各种形态的马氏体。影响马氏体形态及其亚结构的因素很多，主要影响因素有以下几个方面：

1）化学成分的影响

碳含量是影响马氏体形态及其亚结构的主要因素。对于碳钢，碳含量低于 0.3% 时形成的马氏体为板条组织，碳含量高于 1.0% 呈现为片状马氏体，碳含量为 0.3%～1.0% 时为板条状马氏体与片状马氏体的混合组织。

对于合金元素，凡能缩小 γ 相区的合金元素均促使得到板条状马氏体。凡能扩大 γ 相区的元素，将促使马氏体形态从板条状马氏体转化为片状马氏体。能显著降低奥氏体层错能的合金元素将促使转化为薄片状 ε 马氏体。

2）马氏体形成温度

随着马氏体转变温度降低，马氏体的形态依次为板条状→蝶状→片状→薄板状。随马氏体转变温度降低，亚结构由位错转化为孪晶。由于马氏体转变是在 M_s 至 M_f 的温度范围内进行的，因此，对于一定成分的奥氏体来说，也有可能转变成几种不同形态的马氏体，如图 4-15 所示：如碳含量小于 0.3% 的碳钢，M_s 温度较高，可能只形成板条状马氏体。如碳含量大于 1.0% 的碳钢，M_s 温度较低时可能形成片状马氏体。M_s 温度居中则获得混合马氏体组织。

3）奥氏体的层错能

奥氏体的层错能低时，易于形成薄板状 ε 马氏体。层错能越低，越难于形成相变孪晶，故越趋向于形成位错板条状马氏体。如层错能极低的 18-8 型不锈钢，在液氮温度下也只形成位错板条状马氏体。

4）奥氏体与马氏体的强度

研究发现马氏体的形态还与 M_s 温度下奥氏体的屈服强度有关，屈服强度小于 196 MPa 时，形成惯习面为 $\{111\}_\gamma$ 的板条状马氏体或惯习面为 $\{225\}_\gamma$ 的片状马氏体；屈服强度大于 196 MPa 时，则形成惯习面为 $\{259\}_\gamma$ 的片状马氏体。

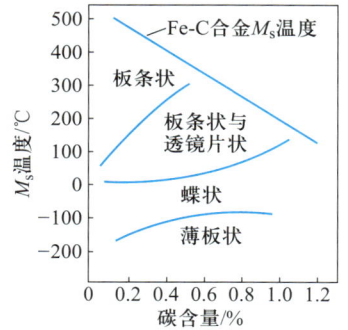

图 4-15 Fe-Ni-C 合金的马氏体形态与碳含量的关系

4.4 马氏体转变的热力学

4.4.1 马氏体转变热力学条件

从合金热力学可知，成分相同的奥氏体与马氏体的吉布斯自由能 G 均随着温度升高而下降，且其速度不相同，故有一个交点温度 T_0，如图 4-16 所示。低于 T_0 马氏体的吉布斯自由能低于奥氏体的吉布斯自由能，马氏体为稳定相，故奥氏体要转变为马氏体。高于 T_0 奥氏体的吉布斯自由能低于马氏体的吉布斯自由能，故马氏体要转变为奥氏体。

由液态金属的凝固及钢的加热奥氏体转变等的热力学分析可知，当超过临界点 T_0 时转变就能够进行，且随着等温停留时间的延长转变可以进行到终了。

但是马氏体转变与加热转变不同，当母相被过冷到略低于 T_0 时，马氏体转变并不能发生，必须过冷到低于 T_0 的某一温度 M_s 以下才能发生马氏体转变。M_s 与 T_0 之差值称为过冷度 $\Delta T(\Delta T = T_0 - M_s)$，其大小因不同合金成分而异。Fe 合金的过冷度可高达二百多摄氏度，而有的合金（如 Au-Cd，Ag-Cd 合金等）有十几摄氏度到几十摄氏度。Fe-C 合金的 M_s 和 T_0 随着碳含量的增加而下降。

大多数马氏体转变的另一个特点是没有等温转变。当过冷到 M_s 点以下的温度时转变不可能进行到终了。为使转变继续进行，必须不断降低温度。当母相过冷到 M_f 以下时，即使降低温度，未转变的奥氏体也不再进行转变。M_f 也随母相成分而异。Fe-C 合金的 M_f 随奥氏体的碳含量的增加而下降。

马氏体加热会发生逆转变，逆转变也必须在一定的过热度下才能发生，亦即必须加热到高于 T_0 的某一温度 A_s 以上才能发生。逆转变只有在不断升温的过程中才能不断进行，也有一个转变终了温度 A_f。且 A_s 与 A_f 也均会随合金成分的改变而改变，如图 4-17 所示。

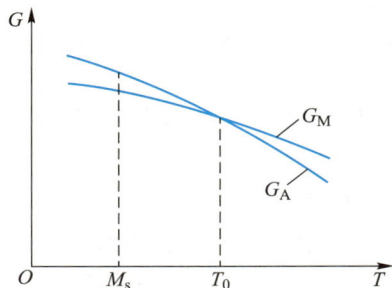

图 4-16　奥氏体和马氏体的吉布斯
自由焓与温度的关系

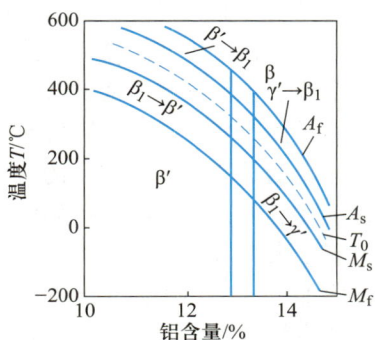

图 4-17　冷却与加热时 Cu-Al 合金
可逆马氏体转变图

　　奥氏体在 T_0 与 M_s 之间不会转变为马氏体,如果对奥氏体进行塑性变形,则奥氏体在发生塑性变形的同时将转变为马氏体,称为形变诱发马氏体。马氏体转变量与形变温度有关,温度越高,形变诱发的马氏体量越少。高于某一温度时,形变不再能诱发马氏体,该温度被称为形变诱发马氏体点,用 M_d 表示。塑性变形同样也能使逆转变在 T_0 与 A_s 之间发生。形变诱发逆转变的下限温度用 A_d 表示。M_d 与 A_d 也随合金成分而不同。

　　形变能够诱发马氏体转变的原因可用图 4-18 解释。图为马氏体与奥氏体吉布斯自由能差 ΔG_V 与温度之间的关系。设 $\Delta G^{\gamma \rightarrow \alpha'}$ 为马氏体转变所必需的驱动力。在 M_s 点由吉布斯自由能差所提供的驱动力已达到马氏体转变所需的驱动力,马氏体转变可以进行。高于 M_s 点时,吉布斯自由能差提供的驱动力小于 $\Delta G^{\gamma \rightarrow \alpha'}$,故转变不能进行。塑性变形可以认为是机械驱动力,将机械驱动力均匀的叠加于化学驱动力之上可得到 ab 线。从图中可以看到 P 点以左,叠加后的驱动力大于 $\Delta G^{\gamma \rightarrow \alpha'}$,可以发生马氏体转变,故 P 点所对应的温度为 M_d,即塑性变形诱发马氏体转变的温度。M_d

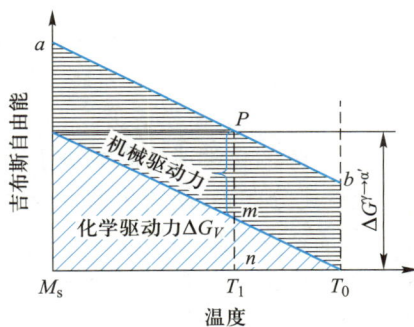

图 4-18　形变诱发马氏体转变
热力学原理示意图

的大小取决于机械驱动力大小,即外加塑性变形的程度。同样逆转变中存在 A_d 点。实验证明,Co-Ni 合金的 M_d 与 A_d 重合均等于 T_0。但大部分合金的 M_d 低于 T_0,A_d 高于 T_0,通常近似认为 $T_0 = 1/2(M_d + A_d)$。

4.4.2　马氏体转变的驱动力

　　马氏体转变需要较大的过冷度,且在 Fe-C 合金马氏体转变的过冷度高达 200 ℃ 以上,这是马氏体相变的热力学特点。

　　马氏体转变的驱动力来自马氏体与奥氏体的吉布斯自由能差 ΔG_V,以及奥氏体晶体缺陷所提供的能量 ΔG_d。过冷度越大,ΔG_V 也越大。但与其他转变不同的是,马氏体转变必须有足够大的驱动力 $\Delta G^{\gamma \rightarrow \alpha'}$,即 M_s 点处的 $\Delta G_V + \Delta G_d$,驱动力要克服相变的阻力。

　　相变阻力主要是形成马氏体时出现的界面能 ΔG_s 及弹性应变能 ΔG_E。马氏体与奥氏体的界面为共格界面,其界面能不高,所以界面能所引起的相变阻力也不大。但是,马氏体转变时所出现的弹性应变能 ΔG_E 比较大,这是由于马氏体的比容大于奥氏体的比容所引起的弹性应变能还包括维持界面的共格所消耗的弹性能。故马氏体转变的弹性应变能较珠光体转变等的弹性应变能高,导致马氏体相变的阻力较大。

马氏体转变是通过切变进行的,在转变时需要克服切变抗力使奥氏体的晶格以切变形式发生改组,继而需要消耗能量做功。另外,在 Fe-C 合金中奥氏体转变为马氏体时,在马氏体中出现了大量位错或孪晶等亚结构,位错与孪晶的形成必将导致能量的升高。这两部分能量的增加也成了马氏体转变的阻力。此外,马氏体转变时,在马氏体组织之间的残余奥氏体也会产生塑性变形,这也需要消耗能量而成为转变的阻力。马氏体是铁磁相,如有磁场存在,也将使能量升高,这几种能量可以合并在一起用 ΔG_p 表示。因此,马氏体转变时能量的变化为

$$\Delta G^{\gamma \to \alpha'} = -(\Delta G_V + \Delta G_d) + \Delta G_s + \Delta G_E + \Delta G_p \tag{4-2}$$

式(4-2)右侧的前两项为马氏体转变的驱动力,后三项为马氏体转变的阻力。

由此可知,马氏体转变时需要克服的阻力较大,致使转变必须在较大的过冷度下才能进行,即必须过冷到 M_s 点以下,转变才能发生。

4.4.3 影响钢的 M_s 点的因素

M_s 点是钢的一个重要的指标,其高低影响马氏体转变的组织状态和性能。因此,有必要研究影响钢的 M_s 点的因素。

1) 奥氏体的化学成分

奥氏体的化学成分既取决于钢的成分,也取决于加热工艺。当钢加热到奥氏体单相区时,经过充分保温,使碳化物完全溶解,这种情况下奥氏体的化学成分与钢的成分一致。

随着碳含量的增加,M_s 及 M_f 均不断下降,但两者下降趋势略有不同。当碳含量<0.6%时,M_s 较 M_f 下降得快;当碳含量>0.6%时,M_f 已低于室温,故冷却到室温时,将保留较多的残余奥氏体。与碳元素一样,氮也能明显降低奥氏体的 M_s 点。

钢中常见的合金元素,除 Al 与 Co 可提高奥氏体的 M_s 点外,其余合金元素均可降低 M_s 点。如图 4-19 所示为合金元素对奥氏体的 M_s 点的影响。化学成分对 M_s 点影响的原因在于:一是改变了 T_0 温度;二是改变了奥氏体的强度从而影响了马氏体转变的阻力。

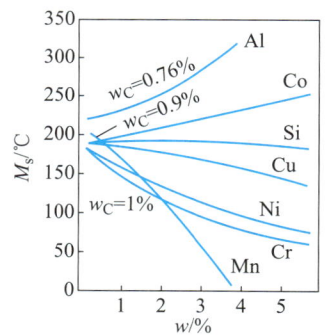

图 4-19 合金元素对奥氏体的 M_s 点的影响

2) 加热条件的影响

在奥氏体已经均匀化后,提高加热温度或延长保温时间,可使 M_s 点温度升高。其原因是奥氏体晶粒的长大、奥氏体成分的均匀化以及奥氏体晶内缺陷的减少,都会引起母相强度降低,使马氏体转变切变容易发生,故 M_s 点升高。

3) 应力与塑性变形的影响

单向拉应力或压应力能促进马氏体的形成,使 M_s 点升高,所得马氏体称为应力诱发马氏体。因为马氏体形成时体积要膨胀,故阻止体积膨胀的三向压应力将抑制马氏体的形成,

使 M_s 点下降。

对塑性变形对 M_s 点的影响研究发现,在 M_s 点以上一定的温度范围内进行塑性变形,会使奥氏体发生马氏体转变,即塑性形变促使 M_s 点提高。这种马氏体称为应力诱发马氏体。但是,产生应力诱发马氏体的温度有一个最高限,称为 M_d 点。适当的塑性变形可以提供马氏体形核的能量,使奥氏体在 M_d 点发生马氏体转变。

4.5　马氏体转变的动力学

马氏体转变也是通过形核与长大进行的,故与其他转变一样,转变速度同样也应取决于形核率及长大速度,但钢的马氏体转变动力学比较复杂,可按形核率的不同分为以下几种不同的类型。

4.5.1　变温瞬时形核、瞬时长大

当奥氏体过冷到 M_s 点以下时,只有不断降温,马氏体核才能不断形成并快速长大。即马氏体单晶长大到一定尺寸后就不再长大,马氏体转变的继续进行不是依靠已有的马氏体单晶的进一步长大,而是依靠降温瞬时形核,晶核瞬时长大成新的马氏体。马氏体转变速度仅取决于由冷却速度所决定的形核率,而与长大速度无关。

这类马氏体转变又称为变温马氏体转变。变温马氏体的转变量仅取决于冷却到的温度,而与在该温度下的停留时间无关。马氏体转变量是转变温度的函数,与等温时间无关。

4.5.2　等温形核、瞬时长大

马氏体的晶核是等温形成的,随着过冷度的增加,形核率先增加后减小,符合一般热激活形核规律。晶核的形成有孕育期,一旦晶核形成后,长大速度极快,且长大到一定尺寸后不再长大,故这类转变的转变量取决于形核率,与长大速度无关。

因马氏体核是等温形成,故马氏体转变量也随着等温时间的延长而增加。马氏体等温转变动力学图与珠光体转变的动力学图类似,如图 4-20 所示,转变量与等温温度有关,随等温温度的降低先增加后减小。

等温马氏体转变最早在 Mn–Cu 钢中被发现,以后在 Fe–Ni–Mn 以及 Fe–Ni–Cr 等合金中也观察到了这类转变。

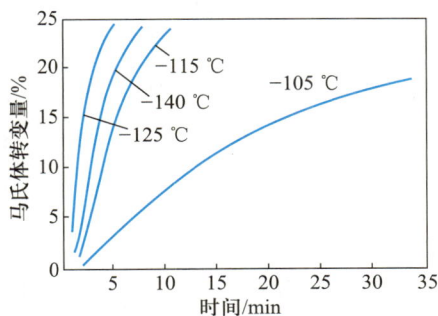

图 4-20　Fe–23 Ni4Mn 合金马氏体等温转变动力学曲线

4.5.3　自触发形核、瞬时长大

M_s 点低于 0 ℃的 Fe–Ni 合金、Fe–Ni–C 合金等,当奥氏体过冷到 M_s 点以下时,将形成惯习面为 $\{259\}_\gamma$ 的片状马氏体。当第一片马氏体形成时,有可能激发出大量马氏体,故称为爆发式转变。用 M_b 表示发生爆发式转变时的温度。研究认为,第一片 $\{259\}_\gamma$ 马氏体形

成时,可以在其周围造成很高的应力,从而促发新的$\{259\}_\gamma$马氏体的形成,导致片的排列呈Z字形。爆发式转变量取决于合金化学成分,最高可达70%。

Fe-25Ni-3Cr合金是典型的等温马氏体转变,将奥氏体冷到-150℃时将发生爆发式转变,如图4-21所示。爆发转变时马氏体晶核高速形成第一片马氏体,随后促发形成第二片,第二片又促发形成第三片,并不断地进行,故称为自促发形核与长大。

上述三种转变特点主要差别在于形核,即瞬时形核和等温形核的不同,而晶核形成后的长大速度均极大。

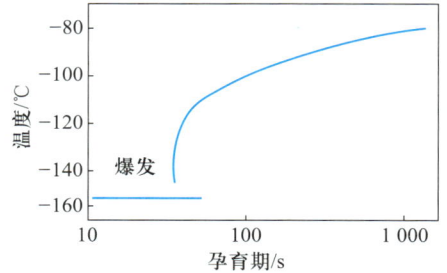

图4-21 Fe-25Ni3Cr合金的
孕育期与温度的关系

4.5.4 表面马氏体

有些合金试样表面的M_s点稍高于试样内部的M_s点温度,所以在冷却到这两个温度之间时,在试样表面形成马氏体。若将表面马氏体磨去,则试样内部仍是奥氏体,故称为表面马氏体。表面马氏体的形成也是一种等温马氏体转变。

表面马氏体形成的原因是:表面形成马氏体时没有三向压应力的阻碍,而在内部形成马氏体时,马氏体的比容大于周围的奥氏体而造成三向压应力,使马氏体难以形成,故表面马氏体的M_s点要比内部的高。

4.6 马氏体转变中的奥氏体稳定化

奥氏体稳定化是奥氏体在外界因素的作用下,由于内部结构发生了某种变化,导致奥氏体向马氏体的转变出现迟滞的现象。

奥氏体稳定化将使冷却至室温时的残余奥氏体量增多,从而导致出现硬度降低、强度下降的现象,同时导致零件在使用过程中出现几何尺寸不稳定的情况。另外,残余奥氏体量的增多也可能提高材料的韧性等,如适量的残余奥氏体可提高接触疲劳寿命。因此研究奥氏体稳定化规律,有助于了解马氏体转变机制,控制残余奥氏体的含量,对生产工艺的制订具有重要的指导意义。

4.6.1 热稳定化

淬火冷却过程中,奥氏体冷却到室温前的高温范围内停留或缓慢冷却,会引起奥氏体稳定性的提高,冷至室温时的残余奥氏体量增多。这种现象称为奥氏体的热稳定化。

如图4-22所示为Fe-1.1C-1.5Cr轴承钢出现奥氏体的稳定化情况。加热奥氏体化后进行冷却,当冷却到$T_h=43$℃以下,保温30 min后,再继续冷却,转变并不立即恢复,而要冷却到33℃时转变才继续进行,这表明转变滞后10℃($\theta=10$℃)才开始转变;在33℃停留和正常没有停

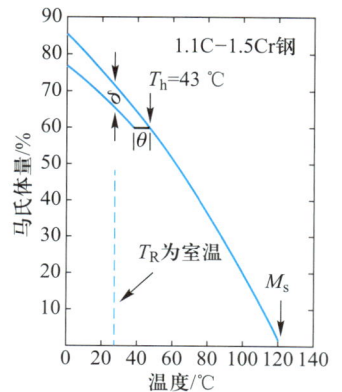

图4-22 Fe-1.1C-1.5Cr轴承钢
出现奥氏体的稳定化情况

的相比,残余奥氏体量有所增加,在室温测量奥氏体量,发现奥氏体的稳定量(即残余奥氏体的增加量)δ 约为 8.7%。

缓慢冷却也能引起奥氏体的热稳定化,因为缓慢冷却相当于在各个温度下都短时间停留,采用油淬至室温所获得的残余奥氏体量较采用水淬的高。

出现热稳定化有一温度上限,通常以 M_c 表示,只有在 M_c 点以下等温停留或缓慢冷却才会引起热稳定化。

合金元素对热稳定化有影响。碳化物形成元素 Cr、Mo、V 等能促进热稳定化,而非碳化物形成元素 Ni、Si 等对热稳定化的影响不大。

碳与氮的存在是热稳定化的必要条件,如钢中碳与氮含量较低时,就不出现热稳定化现象。

引起热稳定化的原因一般认为是碳、氮原子在等温停留过程中进入位错形成科氏气团(Cottrell 气团),使奥氏体强度提高,阻碍马氏体转变引起奥氏体热稳定化。根据这个模型可以得出,随着温度的升高,由于碳原子热运动的增强,这种科氏气团的数量将会增多,因而热稳定化倾向也越大;反之,如停留温度越低(包括在 M_s 点以下),热稳定化倾向就越小。但若停留温度过高(高于 M_c 点),由于碳原子扩散能力显著增大,足以使之脱离位错而逸去,使科氏气团破坏,造成稳定化倾向降低甚至消失。这一理论可以很好地解释各种材料的热稳定化现象。

4.6.2　机械稳定化

在 M_d 点以上对奥氏体进行塑性变形,当形变量足够大时,可以引起奥氏体稳定性的提高,使随后冷却时的马氏体转变难以进行。M_d 点降低,残余奥氏体量增多,这称为机械稳定化。低于 M_d 点的塑性变形,可以诱发马氏体转变。另外,马氏体转变也可以引起奥氏体机械稳定化。

由图 4-23 所知,少量塑性变形不仅不会产生机械稳定化,反而对马氏体转变有诱发作用,影响程度与合金成分以及形变温度有关。对于 Fe-15Cr-13Ni 来说,在 25 ℃形变时有诱发作用,但在 300 ℃形变时无诱发作用。诱发可能与塑性变形所造成的内应力有关。因塑性变形必然导致出现内应力,内应力可能诱发马氏体转变。

大塑性变形引起机械稳定化,形变温度越高,稳定化程度越大。机械稳定化的原因是塑性变形引入奥氏体晶体的大量缺陷使母相奥氏体的强度增加,阻碍了马氏体的形核,引起奥氏体稳定化。

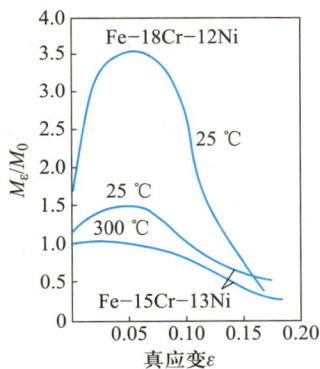

图 4-23　塑性变形对 Fe-Cr-Ni 合金马氏体转变量的影响

4.7　马氏体转变的机制

马氏体转变主要有以下特征:马氏体转变的驱动力是母相奥氏体与新相马氏体的吉布斯自由能差;马氏体转变发生在低温,碳原子不能扩散;马氏体转变是一个均匀切变过程,母相晶格结构通过均匀切变改组为马氏体晶格结构,在表面形成浮凸;马氏体转变也是通过形核与长大进行的。但是,在马氏体的核与核长大方面还有一些问题不太清楚。

4.7.1　马氏体转变的形核理论

经典均匀形核理论是经过热激活均匀形成计算透镜片状临界晶核尺寸及所需的形核功,结果认为经典的均匀形核理论不适用于马氏体转变,因此提出了非均匀形核理论。采用Fe-Ni 合金制成的直径为 $1\sim100~\mu m$ 的粒子进行实验,结果发现 $100~\mu m$ 的大颗粒 M_s 点高,并全部转变为马氏体。而 $1~\mu m$ 的小颗粒不转变为马氏体,这说明 M_s 点很低。采用 Cu-2.5Fe 合金实验也获得了同样的结果,即大尺寸的颗粒可以在室温下转变为马氏体,而小颗粒却不发生马氏体转变。这些现象说明马氏体应该是非均匀形核,因为体积大缺陷多,非均匀形核的位置更多,容易形成。然而,按非均匀形核理论计算出的非均匀形核功与实际相差太大,表明非均匀形核理论也不适用。

研究人员又提出了预先存在核胚理论,该理论设想母相中预先存在晶胚,形核过程通过预先存在晶核而长大。大量的实验都没有发现支持该理论成立的有利证据。

马氏体核胚模型可以阐明奥氏体与马氏体之间的位向关系。例如,弗兰克(Frank)最先对低碳钢中的 $\{225\}_\gamma$ 惯习面提出了一个位错圈结构模型。如图 4-24 所示,该模型的界面,即惯习面仍为 $\{225\}_\gamma$ (即 $\{734\}_{\alpha'}$),界面两侧保持K-S 关系。该模型设想马氏体核胚为薄圆片,在 $\{225\}_\gamma$ 界面上每隔六个 $\{111\}_\gamma$ 或 $\{110\}_{\alpha'}$ 面有一个平行于 $[1\bar{1}0]_\gamma$ 方向的螺型位错。在一侧界面为左螺旋位错,另一侧界面则为右螺旋位错,在顶端则为正负刃型位错,与螺型位错组成位错圈。位错圈的扩展使核胚在 $[110]_\gamma$ 及 $[225]_\gamma$ 方向长大。在 $[554]_\gamma$ 方向上长大则需形成新的位错圈。当马氏

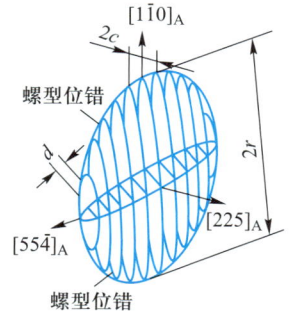

图 4-24　马氏体核胚的 K-D 模型

体与母相吉布斯自由能差足以补偿位错圈扩张及形成新位错圈所增加的界面能、弹性能以及使晶格切变所需的能量时,位错圈就会急剧扩张成马氏体。

层错形核理论提出具有密排六方晶格的 ε 马氏体可由堆垛层错扩展而形成。奥氏体由fcc 的(111)密排面堆垛而成,其堆垛次序为 ABCABC⋯。如在堆垛次序中出现层错,即堆垛次序变为 ABCABABC⋯或 ABCACBCABC⋯,则层错所在部位的堆垛次序为 ABAB 或 CAC,即密排六方晶格,故可作为 ε′马氏体核胚。层错区不是贯穿整个晶体,而是终止在晶体内部的。层错区的边缘为肖克莱(Shockley)位错。肖克莱位错向外滑动将使层错区扩大,亦即使堆垛次序为 ABAB 的即密排六方晶格的马氏体片变大。为使马氏体变厚,则需要增加新的肖克莱位错。每两个密排面(即 AB)对应一个肖克莱位错。

在 Ni-Cr 不锈钢或高锰钢中,体心立方马氏体 α′也可依靠层错形核。转变时面心立方的奥氏体 γ 先经过密排六方的中间相 ε 之后,再转变为体心立方马氏体 α′。用电子显微镜可以观察到 Ni-Cr 不锈钢或高锰钢中的 α′马氏体总是在 ε 相的旁边出现,特别是在两片 ε 相的交界处出现。故可以设想层错作为二维马氏体核胚。层错所在部位具有密排六方晶格,如 ABAB,故可以作为 ε 相的核胚。这种层错核胚经过 B 层原子的平移及 A 层原子的切变位移和晶格的微调整即可由 ε 转变为 α′。

4.7.2　马氏体转变模型

马氏体转变的无扩散性及马氏体转变时所出现的浮凸现象等都说明马氏体转变是一个切变过程。母相晶格通过均匀切变转变为马氏体晶格。基于这些特征提出了几种切变模型。

1) 贝恩(Bain)模型

Bain 于 1924 年提出了一种转变模型,该模型认为由面心立方的奥氏体转变马氏体时,只要将面心立方晶格的 z 轴压缩而将垂直于 z' 轴的 x' 轴及 y' 轴拉长,使 z 轴上的晶格常数 c 接近于 x' 及 y' 轴上的 a 与 b,即可得到马氏体晶格,如图 4-25 所示。如碳含量为 1% 的碳钢转变时,只需沿 z 轴压缩 20%,沿 x' 及 y' 轴伸长 12%,即可得到正方度为 1.05 的马氏体晶格。这一模型现称为贝恩模型。

贝恩模型只能说明晶格的改组,不能说明转变时出现的表面浮凸和惯习面,也不能说明在马氏体中所出现的亚结构。

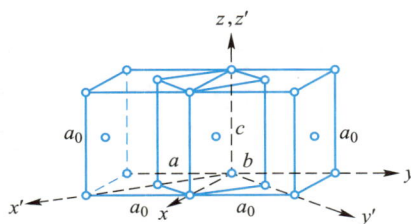
图 4-25　Bain 模型

2) K-S 切变模型

研究碳含量为 1.4% 的高碳钢时,发现奥氏体与马氏体之间的位向关系为 K-S 关系,进一步提出了一个切变模型,称为 K-S 切变模型。K-S 切变过程如图 4-26 所示,切变分为以下几个步骤:① 在 $(111)_\gamma$ 面上沿 $[\bar{2}11]_\gamma$ 方向产生 15°15′ 的第一次切变,如图 4-26b 所示,相邻两层原子的相对位移为 0.057 nm;② 在 $(131)_\gamma$ 面上沿 $[\bar{1}01]_\gamma$ 方向产生 10°32′ 的第二次切变,如图 4-26c 所示,使顶角从 60° 增至 69°;③ 调整晶格常数,得到轴比为 1.06 的马氏体,如图 4-26d 所示。在不含碳的情况下,第一次切变为 19°28′,第二次切变使顶角变至 70°32′,之后调整晶格常数,得到满足 K-S 位向关系的立方马氏体,如图 4-26e 所示。

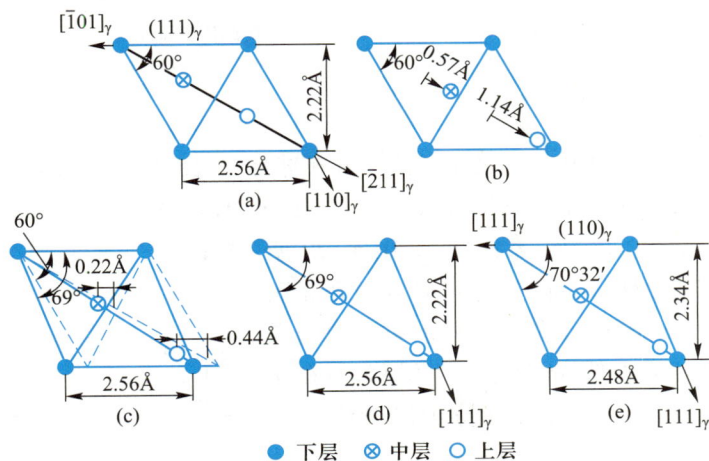
图 4-26　K-S 切变过程

K-S 切变模型能够说明晶格的改组以及所观察到的 K-S 位向关系,但与所测得的表面浮凸不符,也不能解释观察到的惯习面,故也是不完善的。

3）G-T 切变模型

Greninger 与 Troiano 于 1949 年提出了两次切变模型，称为 G-T 切变模型。切变分成两次进行，第一次切变是沿惯习面的均匀切变，如图 4-27b 所示，为宏观变形的切变，切变时改变了晶格结构，晶体外形也发生了变化，在表面切变可形成浮凸。第二次切变是不均匀切变，又称为不可见切变，如图 4-27c 及图 4-27d 所示，切变时只是晶格发生改组而晶体外形不发生改变。为产生这种不均匀切变，必须在切变的同时产生滑移或孪生。第二次切变使晶格转变为马氏体晶格，并在马氏体内形成位错或孪晶等亚结构。第二次切变不会对第一次切变时所形成的浮凸产生影响。

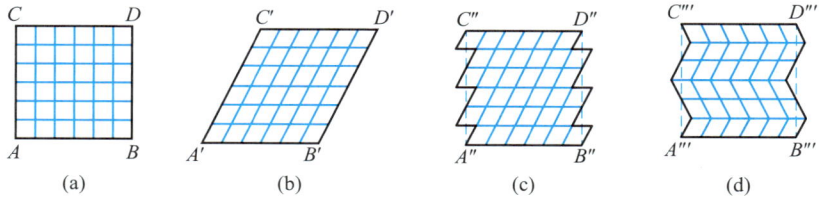

图 4-27 均匀切变和不均匀切变示意图

图 4-28 是二次切变模型。图中假定惯习面为 $(225)_\gamma$。第一次切变沿 $(225)_\gamma$ 面发生，在试样表面形成浮凸。第二次切变可为滑移方式，即沿 $(112)_\alpha$ 面 $[111]_\alpha$ 方向产生滑移，如图 4-28a 所示；也可沿孪晶面 $(112)_{\alpha'}$，孪生方向 $[111]_{\alpha'}$ 发生孪生，如图 4-28b 所示。

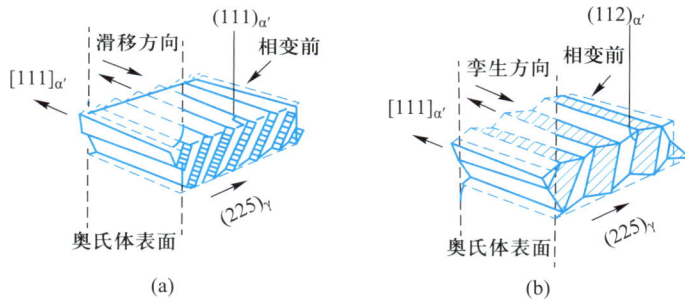

图 4-28 二次切变模型

在较高温度下，马氏体转变时易于以滑移方式进行，并在马氏体晶体内留下位错。在较低温度下，马氏体转变时易于以孪生方式进行，并在马氏体晶体内形成孪晶。滑移和孪生时的临界切应力与温度之间的关系曲线，如图 4-29 所示，随着温度的降低，滑移的临界切应力急剧升高而孪生的临界切应力则增加不多。在两条曲线的交点以右，滑移的临界切应力低，故易于发生滑移，而在交点以左，孪生的临界切应力低，故易于以孪生方式进行。

G-T 切变模型能很好地解释马氏体转变的晶格的改组、宏观变形、位向关系、表面浮凸以及晶内亚结构等。但仍不能解释惯习面是不变平面。为解决这个问题，又提出了所谓"表象理论"。根据这一理论可

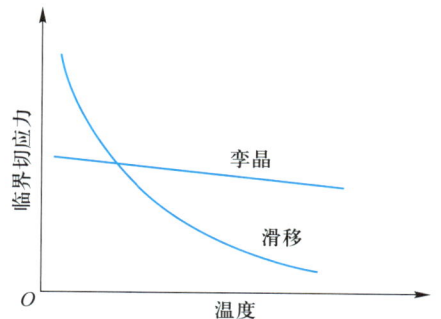

图 4-29 滑移和孪生的临界切应力
与温度之间的关系

以用矩阵计算出马氏体转变时的可能界面,该界面既不转动也没有应变,即惯习面。

4.7.3　马氏体的长大

根据各种形核模型,可进一步讨论马氏体的长大过程,马氏体核通过切变形成,逐渐长成马氏体片或马氏体条。为在马氏体与奥氏体的交界面上维持共格联系,界面两侧的奥氏体与马氏体必将产生切变。如图 4-30a 所示,由于靠近界面的奥氏体已经有了切应变,故马氏体的长大只需要靠近界面的奥氏体中的原子作少量的协同性位移即可转移到马氏体晶格。这就使得马氏体转变可以有极高的长大速度。如图 4-30 所示,随着马氏体的长大,靠近界面的奥氏体的切应变也越来越大,当应力值超过奥氏体的屈服强度时,将发生塑性变形而使界面的共格关系遭到破坏,如图 4-30b 所示。共格破坏后奥氏体原子不可能再通过协同式短距离位移转移到马氏体,而必须通过原子较长距离的扩散才能使长大继续进行。在低温下,这样的转移几乎不能进行,故马氏体停止长大。另外,从能量方面看,共格破坏增加了弹性能,消耗了相变的驱动力,使马氏体停止长大。

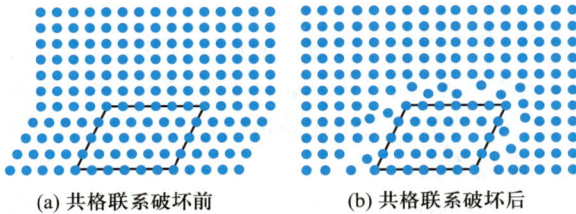

(a) 共格联系破坏前　　　　　(b) 共格联系破坏后

图 4-30　奥氏体、马氏体晶格联系示意图

4.7.4　马氏体的性能

淬火得到马氏体是钢材强化的重要手段。淬火马氏体还要重新加热到不同温度进行回火,但回火后所得的性能在很大程度上仍决定于淬火马氏体的性能,因此有必要对马氏体的性能进行分析。

（1）马氏体的硬度

钢中马氏体最主要的特点是具有高硬度和高强度,硬度和强度会随着碳含量的增加而增大,而与马氏体的合金元素含量关系不大。

马氏体的硬度取决于马氏体的碳含量,不同碳含量的马氏体硬度如图 4-31 所示,图中曲线 1 为完全淬火所得硬度曲线。碳含量低时,淬火后硬度随着碳含量增加而增加,但碳含量高时,淬火后残余奥氏体量增多,使硬度随着碳含量增加反而有所下降。图中曲线 2 对于过共析钢采用的是高于 Ac_1 的不完全淬火,淬火所得马氏体碳含量适中,变化不大,与钢的名义碳含量不同,故硬度变化不大。为获得真正的马氏体硬度与马氏体碳含量之间的关系,可采取完全淬火并进行冷处

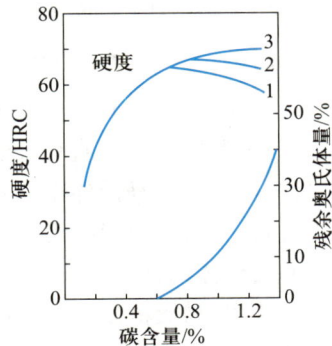

1—温度高于 Ac_1 及 Ac_{cm} 淬火后的硬度;
2—亚共析钢高于 Ac_3 温度;过共析钢高于 Ac_1
温度淬火后的硬度;3—马氏体硬度

图 4-31　不同碳含量的马氏体硬度

理,使奥氏体充分转变为马氏体,图中曲线 3 即所得的马氏体的硬度与碳含量的关系。由曲线可见,马氏体硬度随着马氏体碳含量增加而显著增加,但当碳含量超过 0.6% 时,硬度增长趋势明显下降。

（2）马氏体高硬度、高强度的本质

马氏体具有高硬度、高强度的原因是多方面的,主要包括相变强化、固溶强化、时效强化以及晶界强化等。

① 相变强化。马氏体转变时的不均匀切变以及界面附近的塑性变形会在马氏体片和残余奥氏体内造成大量缺陷,包括位错或孪晶等。晶内缺陷的增加会使马氏体强化。其作用机制类似于形变强化,通常称为相变强化。

② 固溶强化。钢中马氏体是碳及合金元素溶于 α 相所形成的固溶体。实验证明,当碳含量小于 0.4% 时,马氏体屈服极限会随着碳含量的增加而急剧升高,碳在马氏体中有非常大的强化作用。

固溶于马氏体的碳原子强化效果显著,其原因是:高温下,碳固溶于奥氏体中,且碳存在于正八面体间隙处,碳原子使奥氏体晶格发生膨胀但不发生畸变,沿三个对角线方向的膨胀伸长是相等的。在低温下碳处于铁素体的扁八面体间隙中,一条对角线的长度小于另外两个对角线,碳原子使晶格发生膨胀,同时还使晶格发生畸变,导致短轴伸长,两个长轴缩短,扁八面体向正八面体转化。畸变的结果使在晶格内造成一个强烈的应力场阻止位错运动,从而使马氏体的硬度与强度显著提高。

③ 时效强化。时效强化对马氏体强度的贡献也比较大。由于碳原子极易扩散,在室温下就可以通过扩散产生偏聚从而引起时效强化,故马氏体的强度包含了碳的时效强化效应。

④ 晶界强化。图 4-32 为碳含量对马氏体显微硬度的影响。当碳含量低于 0.3% 时,马氏体中的亚结构为位错,此时硬度与碳含量之间呈直线关系。当碳含量高于 0.3% 以后,出现亚结构为孪晶的马氏体,此时马氏体硬度的增长偏离线性规律,即如图中虚线所示。可见,孪晶对强度有附加贡献,碳含量相同时,孪晶马氏体的硬度与强度略高于位错马氏体。

奥氏体晶粒大小与板条状马氏体束大小对强度也有影响,奥氏体晶粒及马氏体板条束越细小,强度越高,经验公式为

$$\sigma_{0.2} = 608 + 69 d_A^{-\frac{1}{2}} \tag{4-3}$$

$$\sigma_{0.2} = 449 + 69 d_M^{-\frac{1}{2}} \tag{4-4}$$

式中:d_A——奥氏体晶粒直径,mm;
d_M——板条状马氏体束直径,mm。
计算所得 $\sigma_{0.2}$ 的单位为 MPa。

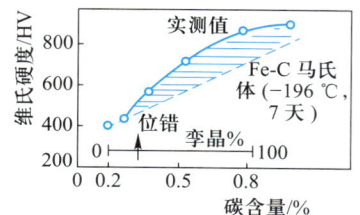

图 4-32 碳含量对马氏体显微硬度的影响

（3）马氏体的韧性

一般认为,马氏体硬而脆,韧性很低。实际上这种观点不准确。高碳马氏体强度高、韧性低,低碳马氏体强度适中、韧性较高,马氏体组织的性能差别较大。

碳含量对 NiCrMo 钢冲击韧性的影响如图 4-33 所示,当碳含量小于 0.4% 时,马氏体具有较高的韧性,碳含量越低,韧性越高。当碳含量大于 0.4% 时,马氏体韧性很低,变得硬而脆,即使经过低温回火,马氏体韧性仍不高。

除碳含量外,马氏体的亚结构对韧性也有显著影响。一般位错马氏体的断裂韧性显著

高于孪晶马氏体,这是因为孪晶马氏体滑移系少,位错不易运动,容易造成应力集中,而使断裂韧性下降。在生产中总是希望获得位错马氏体。

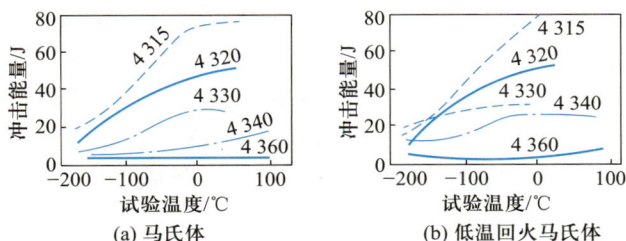

注:4 315—$w_C = 0.15\%$;4 320—$w_C = 0.20\%$;4 330—$w_C = 0.30\%$;4 340—$w_C = 0.30\%$;4 360—$w_C = 0.60\%$

图 4-33　碳含量对 NiCrMo 钢冲击韧性的影响

（4）马氏体相变塑性

在特定条件下,塑性(如延伸率)变得更大或流变抗力变得更低称为超塑性。塑性变形引起马氏体相变并使其变形能力提高的现象称为马氏体相变塑性或马氏体相变增韧。马氏体相变塑性在生产中广泛应用,如加压淬火、加压冷处理以及高速钢拉刀淬火时的热校等,即在马氏体转变的同时施加外力于工件,使工件满足尺寸要求。

研究发现,淬火马氏体含适量的残余奥氏体可以显著提高钢的断裂韧性。一般认为,裂纹出现后,裂纹尖端的应力可以诱发裂纹附近的残余奥氏体发生马氏体转变。新形成的马氏体能松弛塑性变形,降低裂纹尖端的应力集中,抑制裂纹的扩展,从而显著提高断裂韧性。

马氏体转变所诱发的塑性在生产上很有意义,目前已在此基础上发展了一种高断裂韧性材料——相变诱发塑性钢（TRIP 钢）。

（5）马氏体的物理性能

钢中马氏体具有铁磁性和高的矫顽力,磁饱和强度随着马氏体中的碳及合金元素含量的增加而下降。马氏体的电阻较奥氏体和珠光体的高。

在钢的各种组织中,马氏体与奥氏体比容差最大,这一比容差将导致淬火零件的变形、扭曲和开裂。但也可利用这一效应,在淬火钢表面形成残余压应力,以提高零件的疲劳强度。

（6）高碳马氏体的显微裂纹

高碳钢在淬火形成片状马氏体时,经常在马氏体片边缘以及马氏体片与片的交接处出现显微裂纹,如图4-34所示。这种显微裂纹是片状马氏体形成时相互碰撞所造成的。因为马氏体形成速度极快,相互碰撞时形成相当大的应力场,而这种高碳马氏体又很脆,故极易发生开裂。这些显微裂纹在应力的作用下有可能成为现成的裂纹源而使疲劳寿命显著下降,也可能出现宏观裂纹甚至开裂。下面将介绍显微裂纹的出现规律及其防止办法。

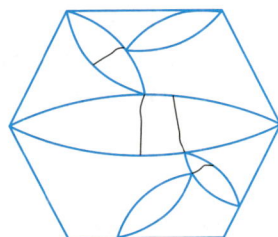

图 4-34　马氏体上出现裂纹示意图

一般以单位体积马氏体内出现的显微裂纹的面积 S_v 作为形成显微裂纹的敏感程度。影响马氏体形成显微裂纹的敏感程度的因素如下。

① 碳含量的影响

马氏体中的碳含量是影响 S_v 的主要因素。图 4-35 是马氏体中的碳含量对 S_v 的影响。如图 4-35 所示,当碳含量小于 1.4% 时,随着碳含量增加,S_v 急剧增加。但当碳含量大于 1.4% 时,S_v 随着碳含量的增加反而下降。当下降到一定程度后基本上保持不变。这是因为碳含量小于 1.4% 时,形成的是横贯整个奥氏体晶粒的长而窄的 {225} 马氏体,而碳含量大于 1.4% 后形成的是短而宽的 {259} 马氏体,故使 S_v 下降。通常马氏体中的碳含量均小于 1.4%,即 S_v 处于随着碳含量增加而上升的阶段,故为了降低 S_v,应尽可能降低马氏体的碳含量。

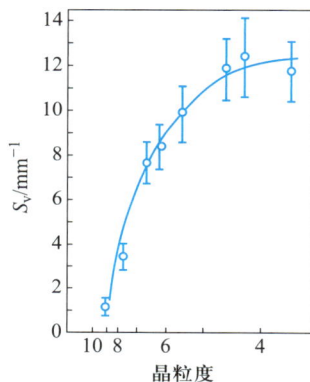

② 奥氏体晶粒大小的影响

奥氏体晶粒越大,则淬火后所得的马氏体也越粗大。因为第一片 {225} 马氏体总是贯穿整个奥氏体晶粒,已形成的长又窄的马氏体片在其后形成的马氏体片的冲击下极易开裂。奥氏体晶粒度对 S_v 的影响如图 4-36 所示,随着奥氏体晶粒直径的增大,S_v 急剧增加。

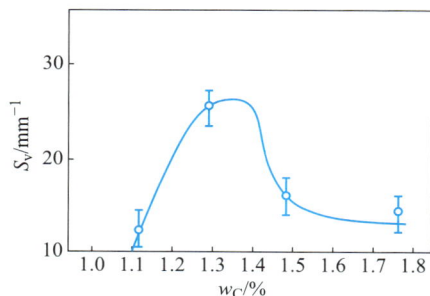

图 4-35　马氏体中的碳含量对 S_v 的影响　　　图 4-36　奥氏体晶粒度对 S_v 的影响

奥氏体化的温度越高,奥氏体晶粒越粗大,溶入奥氏体中的碳也越多,因此淬火形成马氏体出现显微裂纹的概率也越大。为了防止在淬火时产生显微裂纹,高碳钢奥氏体化温度控制在两相区,使其不完全奥氏体化。

③ 淬火冷却温度的影响

淬火冷却温度越低,淬火组织中残余奥氏体量越少,马氏体量越多,形成裂纹的可能性也越大,如图 4-37 所示。

④ 马氏体转变量的影响

马氏体体积分数 f 对 S_v 的影响如图 4-38 所示。S_v 随着 f 的增加而增加,当 $f > 0.27$ 后,S_v 不再随 f 增大。这是因为以后形成的马氏体片均很细小,致使碰撞形成微裂纹概率降得很低。

通过出现显微裂纹的因素分析,为了防止出现显微裂纹,主要途径是降低高碳钢奥氏体化温度,即采用不完全淬火。

如果淬火过程中,已经产生了显微裂纹,则可采取及时回火,可以使部分显微裂纹弥合而消失。经 200 ℃ 回火可使大部分显微裂纹弥合,但进一步提高回火温度并不能使残余的显微裂纹弥合。

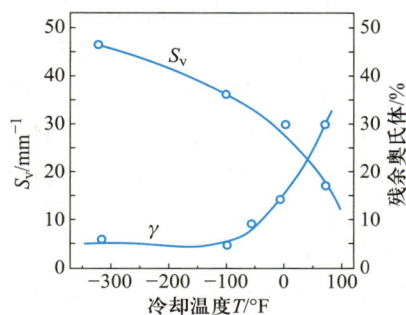

碳含量为 1.39%，1 200 ℃，1 h

图 4-37　淬火冷却温度对 S_v 的影响

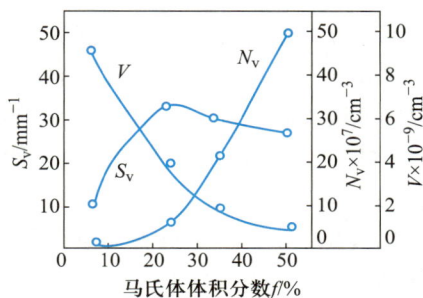

V—每片马氏体的平均体积；
N_v—单位体积中马氏体片的数目

图 4-38　马氏体体积分数 f 对 S_v 的影响

4.8　热弹性马氏体及形状记忆效应

4.8.1　形状记忆效应

材料学中的形状记忆效应是指将某些金属材料预先进行变形后，加热至某一特定温度以上，金属能自动回复原来形状的一种效应。具有形状记忆效应的合金称为形状记忆合金。形状记忆效应包括单程记忆效应及双程记忆效应。

单程记忆效应是将金属棒在低温态 T_1 温度下弯曲，然后加热到高温态 T_2 以上，金属棒将自动回复成直棒。但在以后的再次冷却和再加热过程中，金属棒的形状不再发生改变，如图 4-39a 所示。

双程记忆效应是将金属棒在 T_1 温度下弯曲，然后加热到 T_2 以上，金属棒将自动回复成直棒，再次冷却到 T_1，金属棒又能自动弯曲。重复加热与冷却能重新弯曲与伸直，如图 4-39b 所示。但实际上，双程形状记忆效应往往是不完全的，且在继续循环时记忆效应将逐渐消失。形状记忆效应能够回复的变形量为 6%～8%，最高可达百分之十几，但当变形量过大时不能完全回复。

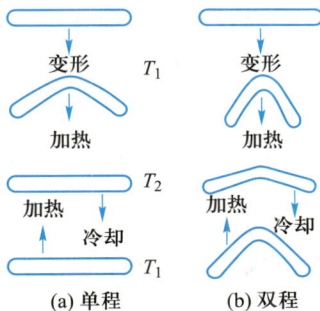

图 4-39　形状记忆效应示意图

4.8.2　热弹性马氏体

金属出现形状记忆效应是发生了热弹性马氏体转变。在 Cu-Zn、Cu-14.7Al-1.5Ni 等合金中发现了一种特殊的马氏体，这种马氏体片可以随温度的降低而长大，随温度的升高而缩小。这种特殊的马氏体称为热弹性马氏体。

热弹性马氏体转变是瞬时形核，然后迅速长大到一定尺寸。与变温马氏体不同之处在于温度进一步降低时热弹性马氏体继续长大。这表明长大中止时界面的共格关系未遭到破坏。长大之所以暂时中止,是因为进一步长大时母相与马氏体的吉布斯自由能差所提供的能量已不足以补偿界面能与弹性能的增加,即降温提供的驱动力与新形成相的阻力两者相等达到热弹性平衡。若进一步降低温度,由于吉布斯自由能差增加,使驱动力大于阻力,故共格边界继续推移长大,直至达到新的热弹性平衡。当温度回升时,随母相与马氏体吉布斯自由能差的减小,为使系统吉布斯自由能降低,界面能与弹性能将提供驱动力使马氏体片缩小,逆转变为母相。若在冷却转变时无不可逆的能量消耗,即塑性变形所消耗的能量,则转变无热滞。若存在少量不可逆能量消耗,则转变将有热滞现象。

热弹性马氏体出现的必要条件是新、旧界面存在非常好的共格关系。热弹性马氏体应具有以下基本条件:母相和马氏体的比容差要小,故弹性应力也要小;母相的弹性极限要高,因为弹性极限高,靠切应变维持的第二类共格关系就不易被破坏;母相应呈有序化状态,因为有序化程度越高,原子排列规律性越强,容易维持共格联系。实验证明:大多热弹性马氏体的母相均呈有序态,有序化程度越高,M_s 与 A_s 越接近,热滞越小。

4.8.3 伪弹性

温度升降可以引起热弹性马氏体片的消长,外加应力也可引起马氏体片的消长。即随着应力的增加,马氏体片长大;随着应力的减小,马氏体片缩小。由于外加应力促发的马氏体片长大,这种长大具有特定的空间取向,故可使宏观的形状改变,如图 4-40 所示。Ag-Cd合金在恒定温度下的拉伸应力-应变曲线,最初出现是弹性变形 Oa,随后,发生马氏体转变引起附加应变 ab。若降低应力,由于逆转变迟滞,首先发生弹性回复 bc,之后发生了马氏体逆转变,引起的附加回复 dO。应力降低的同时应变减小,称为弹性应变,应变 ab 段与一般的弹性应变不同,是由应力诱发的马氏体定向转变引起的变形,故被称为伪弹性。如果滞后比较大,当外加应力完全去除后,逆转变可能还未发生,这就需要通过升温发生逆转变而使应变消失。

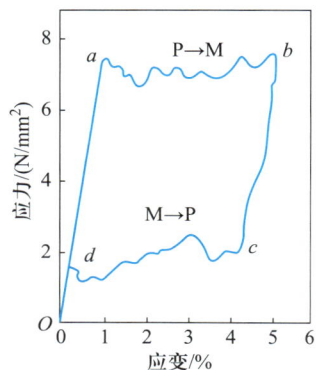

图 4-40　Ag-Cd 合金拉伸时
的应力-应变曲线

4.8.4 形状记忆效应本质

马氏体转变是一个均匀切变过程,转变的结果能引起宏观变形,在试样表面形成浮凸。但热处理零件在经淬火形成马氏体时并未产生形状改变,这是因为马氏体转变时,为减少应变能存在一个自协作效应。从马氏体转变晶体学可知,马氏体相对于母相可以有许多种不同的空间取向。不同取向马氏体的切变方向也不同,故所造成的宏观变形可以相互抵消。当一个奥氏体单晶转变为许多片不同取向的马氏体时,变形相互抵消,使奥氏体晶粒的形状并未因马氏体转变而发生改变,称为自协作效应。

若转变只有单个相界面,即一个母相单晶通过单个相界面的移动,随着温度的降低形成马氏体单晶,宏观上将导致形状的改变。如果转变是可逆的,则随着温度的升高,马氏体单晶转变为母相单晶,回复到原来的形状,如图 4-41 所示。这就是在 Au-Cd 合金中所观察到的双程记忆效应。

如果母相冷却发生马氏体转变,具有不同取向的马氏体将发生自协作效应,则转变不会改变宏观形状。

若马氏体的亚结构为孪晶而不是位错,相邻且不同取向的马氏体之间呈孪晶关系,则在外力的作用下,可以通过孪晶界面的移动而使某一取向的马氏体长大,其他不利取向的马氏体不断缩小逐渐形成一个择优取向的伪单晶马氏体。与此同时,零件形状发生改变,如伸长或弯曲,零件形状的改变将被保留下来。若将变形后的零件加热到 A_s 以上,伪单晶马氏体将逆转变为母相。逆转变界面移动,将回复母相原来形状,呈现单程记忆效应。

马氏体转变是在外力作用下,转变为择优取向的马氏体,零件形状也发生改变。去除外力,由于滞后,逆转变不能发生,必须加热才能使之发生逆转变而使择优取向的马氏体转变为母相,并使形状得到回复。

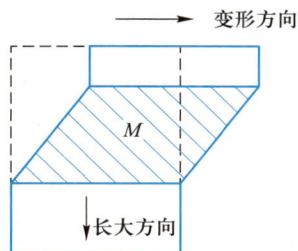

图 4-41　单相界面移动所造成的有宏观变形的马氏体转变（虚线为母相原来形状）

4.8.5　形状记忆合金应用实例

常见的形状记忆合金有 Cu-Zn、Cu-Zn-Ga、Cu-Zn-Sn、Cu-Zn-Si、Cu-Al-Ni、Cu-Au-Zn、Cu-Sn、Au-Cd、Ni-Ti、Ni-Al 以及 Fe-Pt 合金等。由于形状记忆合金只需改变温度就可改变形状,故在生产上得到了广泛的应用。

用 Ni-Ti 合金制作太空天线是一个典型例子。Ni-Ti 合金丝母相为 β 相,很硬,在母相状态下将其制成天线,然后冷至低温,使转变为马氏体。Ni-Ti 马氏体很软,极易折叠成团状,放入卫星中便于发射。卫星进入轨道后,团状天线被弹出,在太阳光照射下,使其温度升到 A_s 以上,团状天线自动张开回复原始形状,如图 4-42 所示。

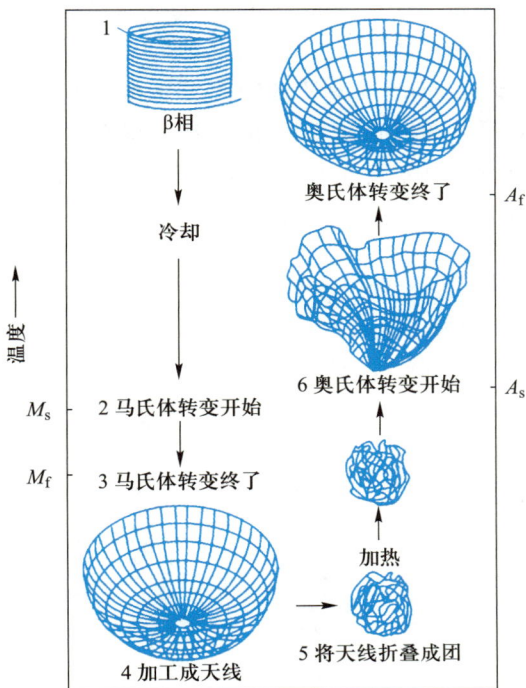

图 4-42　用 Ni-Ti 合金制作的太空天线

另外的例子是用 Ni-Ti 合金制作紧固件,用于飞机液压管的连接接头,接头在液氮温度马氏体状态下用外力使之膨胀约 4%,然后套在要连接的管子的外面,当温度回升到室温时,马氏体转变为母相发生收缩,形成紧固密封,采用这种方法代替焊接,可以防止焊接缺陷,在飞机上已得到广泛使用。类似的原理也应用在生物材料领域。

思考题

4-1　试述马氏体转变的基本特征。

4-2　试述马氏体切变形成的机制,说明奥氏体中的碳原子转变为马氏体后的位置及空间的变化。

4-3　马氏体转变的惯习面为不变平面的含义是什么? 如何证明马氏体转变的惯习面为不变平面?

4-4　试述马氏体具有高强度和高硬度的本质。

4-5　试述 M_s 点的物理意义,以及影响 M_s 点的因素。

4-6　试从热力学的角度解释应力诱发马氏体转变。

4-7　设计一个实验证明碳的固溶强化。

4-8　如何通过热处理工艺使高碳钢的韧性提高?

4-9　试分析碳含量相同的碳钢与合金钢热处理所得马氏体的强度差异。

4-10　如何用金相方法测定钢的 M_s 点?

4-11　按 Bain 模型所得马氏体与奥氏体之间存在什么样的位向关系?

4-12　设马氏体与奥氏体之间保持 K-S 关系,马氏体惯习面为 $\{111\}_\gamma$,试问马氏体板条可能有几种不同的空间取向?

4-13　$\{225\}_\gamma$ 马氏体片之间的夹角及 $\{259\}_\gamma$ 马氏体片之间的夹角各应是多少?

4-14　蝶状马氏体两翼的惯习面均为 $\{225\}_\gamma$,试计算两翼之间的夹角为多少?

4-15　什么是热弹性马氏体? 发生热弹性马氏体转变的必要条件是什么?

4-16　试述金属出现形状记忆效应的机制。

>>> 第5章

··· 贝氏体转变

贝氏体是在珠光体转变与马氏体转变温度范围之间发生的一种转变,转变在冷却转变的中间温度范围内发生,故称为中温转变。在该温度范围内,铁原子难以扩散,而碳原子还能进行扩散,贝氏体转变既不同于珠光体转变,也不同于马氏体转变。为纪念美国著名冶金学家 Bain,此转变被命名为贝氏体转变,转变所得产物称为贝氏体。

贝氏体转变既具有珠光体转变的某些特征,又具有马氏体转变的某些特征,是一个相当复杂的转变。由于转变的复杂性和转变产物的多样性,致使贝氏体转变研究出现了不同的学派。另外,一些下贝氏体具有非常良好的综合力学性能,为获得这类下贝氏体组织,需要优化等温淬火工艺。因此,对贝氏体转变进行研究,具有重要的理论和实际意义。

5.1　贝氏体转变的基本特征

1）贝氏体转变温度范围

对应于珠光体转变的 A_1 点及马氏体转变的 M_s 点,贝氏体转变也有一个上限温度 B_s 点。奥氏体必须过冷到 B_s 点以下才能发生贝氏体转变。合金钢的 B_s 点比较容易测定,碳钢的 B_s 点由于珠光体转变与贝氏体转变区的重叠,故较难测定。

2）贝氏体转变产物

与珠光体转变一样,贝氏体转变产物也是由 α 相与碳化物所组成的两相混合物,但与珠光体不同,贝氏体不是层片状组织,且组织形态与转变温度密切有关,α 相的形态、大小以及碳化物的类型及分布等,均随转变温度而异,其中,α 相类似于马氏体而不同于珠光体。贝氏体为铁素体与碳化物的非层状混合组织。

3）贝氏体转变动力学

贝氏体转变也是通过形核与长大进行的,与珠光体一样,贝氏体也可等温形成。贝氏体等温转变动力学曲线呈 S 形,贝氏体等温转变动力学图也呈 C 曲线特征。

4）贝氏体转变的不完全性

贝氏体转变具有不完全性,转变不能进行到终了。这一点与珠光体转变不同,而与马氏体转变一样。转变温度越靠近 B_s 点,能够形成的贝氏体量就越少。但接近 M_s 点等温时也呈现转变不完全性。

5）贝氏体转变的扩散性

贝氏体是由 α 相及碳化物所组成的,故贝氏体转变时必然有碳原子的扩散。实验结果表明,贝氏体转变时,奥氏体的碳含量确实发生了变化,但合金元素的分布并没有发生改变。贝氏体转变时只有碳原子的扩散而无合金元素原子(包括铁原子)的扩散。因此,贝氏体转变的扩散性仅是碳原子的扩散,又称为半扩散。

6）贝氏体转变的晶体学特征

贝氏体形成时会出现浮凸。但贝氏体浮凸与马氏体转变的不同,马氏体的浮凸呈"N"形,而贝氏体铁素体的浮凸则呈"V"形或"Λ"形。贝氏体的晶体学特征中的位向关系与惯习面等也不同于珠光体,而较接近于马氏体。

总之,贝氏体转变在某些方面与珠光体转变类似,而在某些方面则又与马氏体转变类似。

5.2　贝氏体的组织形态和亚结构

贝氏体的组织形态比较复杂。贝氏体按组织形态分为上贝氏体、下贝氏体、无碳化物贝氏体以及粒状贝氏体等。另外由于目前对贝氏体的组织形态的划分标准不统一,所以还有一些其他贝氏体形态,这里仅对最主要的贝氏体组织形态进行介绍。

5.2.1　上贝氏体

在贝氏体转变区的高温度区域,即转变区的上部形成的贝氏体称为上贝氏体。它是由成束的、大体上平行的板条状铁素体和条间为连成串的颗粒或短棒状的渗碳体(或残余奥氏体)组成的非片层的组织。对于中、高碳钢上贝氏体通常在 350~550 ℃形成。典型的上贝氏体在光学显微镜下观察时呈羽毛状,故称为羽毛状贝氏体,如图 5-1 所示。与板条马氏体类似,上贝氏体中大体平行排列的铁素体板条所构成的"束"的尺寸对其强度和韧性有一定的影响,故把束的平均尺寸视为上贝氏体的"有效晶粒尺寸"。在电子显微镜下观察,上贝氏体铁素体条内的亚结构是位错。随着奥氏体中碳含量的增加,贝氏体铁素体条变薄,渗碳体量增多,由粒状、链珠状变为短杆状,甚至不局限于分布在板条状铁素体之间,而分布在板条状铁素体内部。随着转变温度的下降,贝氏体铁素体变细小,且渗碳体变得更加细密。

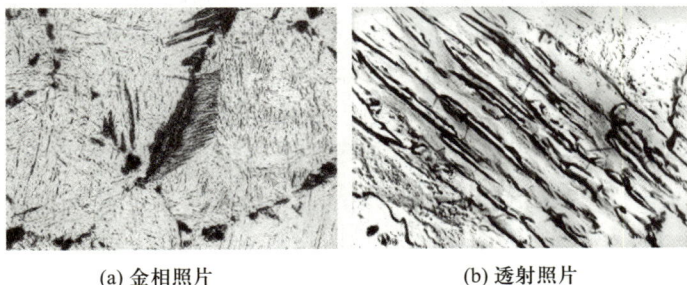

(a) 金相照片　　　　　　　(b) 透射照片

图 5-1　羽毛状上贝氏体

上贝氏体形成时,表面会形成浮凸,与马氏体引起的浮凸不同,呈"Λ"或"V"形。上贝氏体铁素体的惯习面为 $\{111\}_\gamma$,与奥氏体之间的位向关系接近于 K-S 关系。

上贝氏体中的碳化物分布在铁素体条之间,均为渗碳体型碳化物。碳化物的形态取决于奥氏体的碳含量。碳含量低时,碳化物沿条间呈不连续的粒状或链珠状分布;碳含量高时呈杆状,甚至呈连续状分布。碳化物惯习面为 $(\overline{2}27)_\gamma$,与奥氏体之间存在 Pitsch 关系:$(001)_\theta /\!/ (\overline{2}25)_\gamma,[010]_\theta /\!/ [110]_\gamma,[100]_\theta /\!/ [554]_\gamma$。

由于渗碳体与奥氏体之间存在位向关系,故一般认为上贝氏体中的碳化物是从奥氏体中析出的。在上贝氏体中,除贝氏体铁素体及渗碳体外,还可能存在未转变的残余奥氏体,尤其是当钢中含有 Si、Al 等元素时,由于 Si、Al 能抑制渗碳体的析出,故使残余奥氏体量增多。

5.2.2　下贝氏体

下贝氏体是在贝氏体相变区较低温度范围内形成的,对于中、高碳钢,下贝氏体通常在

350 ℃ 至 M_s 之间形成。碳含量很低时,其形成温度可能高于 350 ℃。下贝氏体也是由铁素体和碳化物构成的复相组织,但铁素体的形态及碳化物分布均不同于上贝氏体。典型的下贝氏体组织在光镜下呈黑色针状或片状,而且各个片之间都有一定的夹角,如图 5-2a 所示。下贝氏体既可以在奥氏体晶界上形核,也可以在奥氏体晶粒内部形核。如图 5-2b 所示,在电镜下观察可以看出,在下贝氏体铁素体片中分布着排列成行的细片状碳化物,并以 55°~60° 的角度与铁素体针长轴相交,下贝氏体的碳化物仅分布在铁素体片的内部。

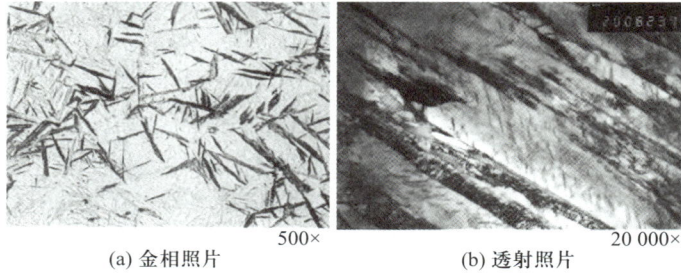

| (a) 金相照片　　　　500× | (b) 透射照片　　　　20 000× |

图 5-2　下贝氏体

下贝氏体铁素体的碳含量远高于平衡碳含量,其过饱和度随形成温度的下降而升高。下贝氏体铁素体的立体形态与片状马氏体相似,也是呈双凸透镜状;亚结构为高密度位错,但位错密度往往高于上贝氏体铁素体,没有孪晶亚结构存在。下贝氏体铁素体片或条是沿着一个平直的边形核并以 55°~60° 的倾斜角向另一边发展,最后终止在一定位置形成一个锯齿状边缘。下贝氏体铁素体形成时也会在光滑试样表面产生浮凸,与奥氏体之间的位向关系为 K-S 关系。下贝氏体中铁素体的惯习面比较复杂,有 $\{111\}_\gamma$,也有 $\{254\}_\gamma$ 或 $\{569\}_\gamma$。

下贝氏体中的碳化物也是渗碳体型。但当温度较低时,初期形成 ε-碳化物,随时间的延长,ε-碳化物逐渐转变为 θ-碳化物。由于 Si 阻止 θ-碳化物析出,使 Si 钢中形成下贝氏体时主要析出 ε-碳化物。无论是 θ-碳化物还是 ε-碳化物,均与下贝氏体铁素体之间存在一定的位向关系,因此一般认为碳化物是从过饱和铁素体中析出的。

5.2.3　无碳化物贝氏体

无碳化物贝氏体是在贝氏体转变温度范围的最高温度区形成的,如图 5-3 所示。无碳化物贝氏体由板条状铁素体及未转变的奥氏体所组成,在板条状铁素体之间为富碳的奥氏体,铁素体与奥氏体内均无碳化物析出,故称为无碳化物贝氏体。这是特殊的贝氏体,在继续冷至室温的过程中,奥氏体有可能转变为马氏体,也有可能转变为珠光体及其他类型的贝氏体,还有可能被保留至室温,故在室温下所观察到的无碳化物贝氏体组织是多种组织共存的组织。

无碳化物贝氏体中的铁素体在奥氏体晶界上形核,然后成束地向晶粒内生长。铁素体条比较宽,条与条之间的距离也较大,该宽度随形成温度

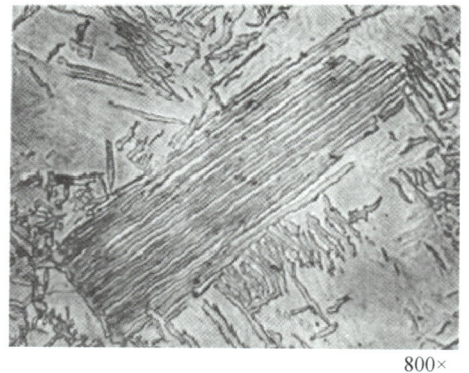

800×

图 5-3　无碳化物贝氏体

的下降而变窄。无碳化物贝氏体也在表面出现浮凸。其铁素体与奥氏体之间的晶体学关系与上贝氏体相同,惯习面为 $\{111\}_\gamma$,与奥氏体之间的位向关系接近于 K-S 关系。

魏氏铁素体在形成时也能引起浮凸,惯习面也是 $\{111\}_\gamma$,与奥氏体之间的位向关系接近于 K-S 关系。形态也与无碳化物贝氏体铁素体极为相似,因此多数人认为魏氏组织铁素体即无碳化物贝氏体。

5.2.4　粒状贝氏体

粒状贝氏体一般是在低碳或中碳合金钢中,在上贝氏体形成温度范围的高温区域等温形成的。粒状贝氏体是在大块的铁素体或针片状铁素体上分布着不连续的岛状组织即颗粒状,如图 5-4 所示。形成大块的铁素体的贝氏体一般不出现浮凸,形成针片状铁素体的贝氏体出现表面浮凸。铁素体的碳含量很低,而小岛中的碳含量很高。

富碳奥氏体小岛在随后的冷却过程中有可能分解为四种情况:

① 可能分解为铁素体与碳化物,即珠光体;

② 可能转变为马氏体;

③ 可能以奥氏体状态保留到室温,即残余奥氏体;

④ 最可能的情况是部分奥氏体转变为马氏体,部分奥氏体保留到室温,得到两相混合物,称为 M-A 组织。

在粒状贝氏体中,大块状铁素体上分布着粒状组织,可能不引起浮凸。有学者认为该组织不能称之为粒状贝氏体。但是,实际该组织与粒状贝氏体经常同时出现。另外,粒状贝氏体与无碳化物贝氏体很相近,只是铁素体量较多,奥氏体呈小岛状分布在铁素体基体中。

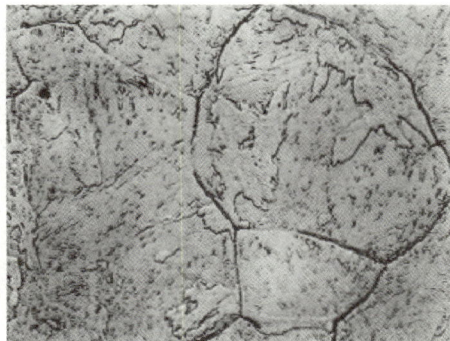

500×

图 5-4　粒状贝氏体

5.2.5　其他类型贝氏体

反常贝氏体出现在过共析钢中,先共析渗碳体以针状析出,使奥氏体碳含量降低,在 B_s 点以下形成上贝氏体。这种贝氏体是以渗碳体为领先相形核,和一般贝氏体以铁素体领先形核相反,故称为反常贝氏体。

柱状贝氏体出现在高碳钢及高碳合金钢中,在常温时存在柱状铁素体显微组织,与下贝氏体类似,铁素体中的碳化物都是有规律排列的。

另外,有学者认为,无碳化物贝氏体、粒状贝氏体、反常贝氏体及上贝氏体应归并为上贝氏体。柱状贝氏体与下贝氏体都归并为下贝氏体。

5.3　贝氏体转变的动力学

研究贝氏体转变动力学,有助于理解贝氏体转变机制、获得贝氏体组织、制订贝氏体转变的热处理工艺。

5.3.1 贝氏体等温转变动力学

贝氏体转变与珠光体转变一样,可以等温形成。贝氏体等温转变动力学曲线呈S形,但与珠光体转变不同,贝氏体等温转变不能进行到终了。等温温度越高,等温转变量越少,如图5-5所示。

利用等温转变动力学曲线作出贝氏体等温转变动力学图。与珠光体转变一样,贝氏体等温转变动力学图也呈C曲线特征,如图5-6所示。在某一温度以上不发生贝氏体转变,该温度被称为B_s点。在B_s点以下,随着转变温度的降低,等温转变速度先增大后减小,与珠光体转变一样,在等温转变动力学图中也有一鼻子尖温度。对于碳钢,由于珠光体转变与贝氏体转变的C曲线重叠在一起,故合并成一个C曲线。

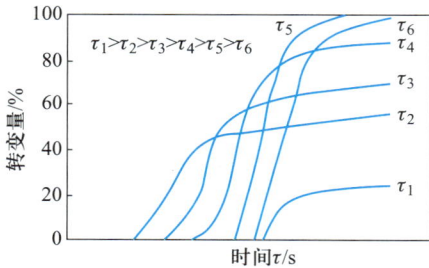

图5-5 不同温度下贝氏体等温转变动力学曲线

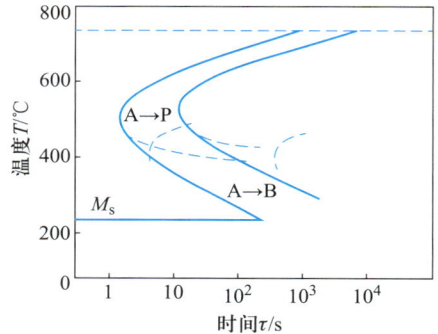

图5-6 合金钢等温转变动力学图（珠光体转变与贝氏体转变已分离）

对合金钢研究发现,贝氏体转变的C曲线可以由两个独立的C曲线合并而成,即由上贝氏体转变C曲线及下贝氏体转变C曲线合并而成。40CrMnSiMoVA钢贝氏体等温转变动力学图如图5-7所示。因此,上贝氏体与下贝氏体可能是通过不同机制形成的。

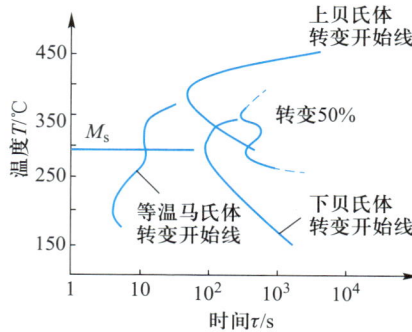

图5-7 40CrMnSiMoVA钢贝氏体等温转变动力学图

5.3.2 贝氏体转变时碳的扩散

贝氏体转变发生在中温范围,碳原子有一定的扩散能力,与马氏体转变不同,贝氏体转变时碳原子会发生扩散。由Fe-C相图可知,在奥氏体中形成低碳铁素体,碳必将向奥氏体富集。当奥氏体的碳含量超过 Fe_3C 在奥氏体中的溶解度时,碳将以渗碳体形式析出,而使奥氏体的碳含量下降。在贝氏体转变中,奥氏体的碳含量会发生变化,且这种变化与奥氏体成分和转变温度有关。贝氏体中的铁素体形成初期是过饱和的,而贝氏体转变温度范围又较马氏体转变高,故贝氏体中的铁素体在形成后必将发生分解,以碳化物形式自铁素体析出,使铁素体的碳含量降低。总之,贝氏体转变伴随有碳原子的扩散。

　　不同碳含量的钢的贝氏体等温转变动力学曲线以及残余奥氏体的晶格常数变化如图 5-8 所示。对于亚共析钢,如图 5-8a 所示,曲线 1 为贝氏体的转变量,可以看出转变有孕育期。在等温转变孕育期间,对应的曲线 2,奥氏体晶格常数已经有了明显的提高,这意味着在奥氏体中出现了局部的低碳区,为形成低碳的铁素体作准备。随着贝氏体中的铁素体的形成,奥氏体的碳含量不断升高。对于过共析钢,如图 5-8b 所示,在孕育期,奥氏体的碳含量略有增加,然后随着贝氏体转变奥氏体碳含量显著下降,这是因为在奥氏体中析出了碳化物。

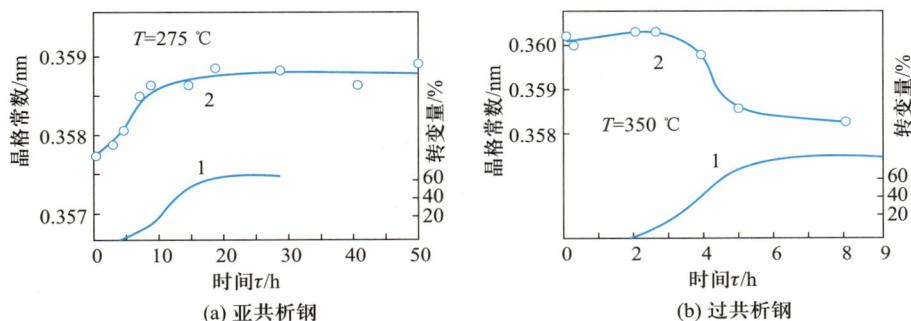

图 5-8　不同碳含量的钢的贝氏体等温转变动力学曲线以及残余奥氏体的晶格常数变化

5.3.3　影响贝氏体转变动力学的因素

1）碳含量的影响

　　随着奥氏体中碳含量的增加,贝氏体转变速度下降。这是因为碳含量越高,形成贝氏体时需要扩散的碳原子量越多。

2）合金元素的影响

　　除 Al 与 Co 外,其他合金元素都降低贝氏体转变速度,同时也使贝氏体转变的温度范围下降,从而使珠光体与贝氏体转变的 C 曲线分开。由于同一种合金元素对珠光体转变及贝氏体转变动力学的影响程度不相同,例如,Mo、B 等能显著减缓先共析铁素体的析出及珠光体转变速度,而对贝氏体转变动力学的影响较小。故合金元素的加入不仅可以使两个 C 曲线上下分离,而且还可以使之左右分开。合金元素对贝氏体等温转变动力学图的影响如图 5-9 所示。

3）奥氏体晶粒大小和奥氏体化温度的影响

　　随着奥氏体晶粒的增大,贝氏体转变孕育期增长,转变速度减小,其原因是贝氏体形核的主要位置是奥氏体晶界。

　　随着奥氏体化温度的升高,贝氏体转变速度先减小后增加,如图 5-10 所示。奥氏体化时间对贝氏体转变速度也有类似影响。

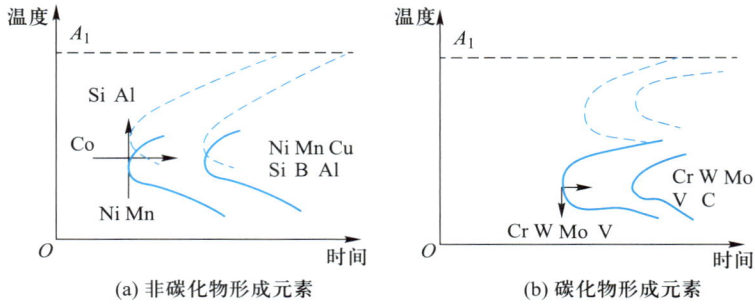

(a) 非碳化物形成元素   (b) 碳化物形成元素

图 5-9 合金元素对贝氏体等温转变动力学图的影响

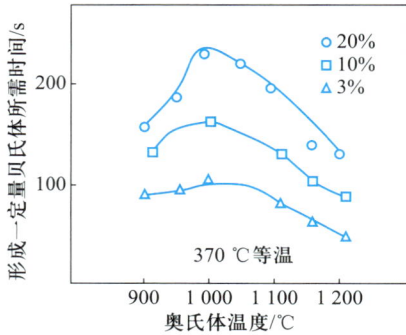

图 5-10 奥氏体化温度对贝氏体转变速度的影响

4）应力与应变的影响

应力能加快贝氏体转变，随着应力的增加，贝氏体转变速度不断提高。塑性变形对贝氏体转变动力学的影响比较复杂。一般认为，在较高温度的形变可以使贝氏体转变速度减慢，而在较低温度的形变却使转变速度加快。

5）冷却过程中停留的影响

冷却时在不同温度下停留对贝氏体转变动力学的影响，可以有三种不同的情况，如图 5-11 所示。

① 在珠光体-贝氏体转变区之间的稳定区停留，如图 5-11 中曲线 1 所示，会加速随后的贝氏体转变速度。这是由于在等温停留过程中自奥氏体析出了碳化物，降低了奥氏体的稳定性。

② 过冷奥氏体在贝氏体形成温度范围的高温区域停留，形成部分上贝氏体后再冷至低温区域，如图 5-11 中曲线 2 所示，先形成的少量贝氏体将会降低下贝氏体的转变速度。最终下贝氏体转变量减少。

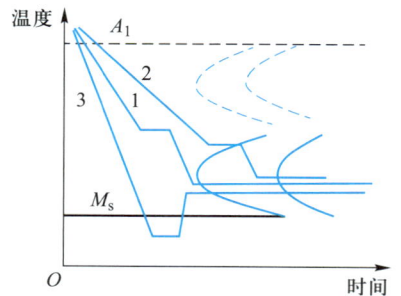

图 5-11 冷却时不同温度停留的三种不同情况

③ 先冷却至低温形成少量马氏体或下贝氏体，然后再升高至较高温度，如图 5-11 中曲线 3 所示。先形成的马氏体及少量下贝氏体可以使随后的上贝氏体转变速度加快。

5.4　贝氏体转变的热力学及转变机制

5.4.1　贝氏体转变热力学

一般认为,贝氏体中的铁素体是按切变共格方式形成的。贝氏体转变的热力学条件与马氏体转变相似。因此,相变的驱动力 ΔG 符合以下关系式:

$$\Delta G = -V\Delta G_V + \Delta G_s + \Delta G_E + \Delta G_p \tag{5-1}$$

式中, $-V\Delta G_V$ 为新、母相的自由能差,即相变的动力,相变要克服的阻力包括:表面能 ΔG_s、弹性应变能 ΔG_E 以及塑性应变能 ΔG_p 等能量消耗的总和。但与马氏体转变不同的是,贝氏体转变时,奥氏体中碳发生了再分配,使贝氏体中的铁素体的碳含量降低,这就使铁素体的自由能降低,从而使在相同温度下的新、母相间自由能差增大,即相变动力增大。同时,贝氏体与奥氏体间比容差小,使比容增大和维持切变共格所引起的弹性应变能减小,也使奥氏体的协作形变能减小,即相变阻力较小。所以,不需要像马氏体转变时那样大的过冷度就有可能满足相变的热力学条件。因此,贝氏体形成的上限温度 B_s 必然显著高于马氏体开始形成温度 M_s。

B_s 点是表示奥氏体和贝氏体间自由能差达到相变所需的最小化学驱动力值的温度,也就是说 B_s 点反映了贝氏体转变得以进行所需要的最小过冷度,高于 B_s 点则贝氏体不能进行。B_s 点和钢的成分有密切关系,可以用下面经验公式表示:

$$B_s(℃) = 830 - 270(C) - 90(Mn) - 37(Ni) - 70(Cr) - 83(Mo) \tag{5-2}$$

注:括号中的元素,采用该元素的含量代入计算公式。

5.4.2　贝氏体转变的切变机制

贝氏体转变包括贝氏体中的铁素体的形成以及碳化物的析出。柯俊最先发现贝氏体转变与马氏体转变一样,在形成铁素体时也能在抛光表面引起浮凸。学者认为贝氏体铁素体与马氏体一样,也是通过切变机制形成的。由于贝氏体转变时碳原子发生了扩散,这就导致贝氏体转变与马氏体转变的不同点以及贝氏体组织的多样性。

如图 5-12 所示,碳含量为 C_0 的奥氏体被过冷到高于 M_s 点的某一温度 T_0 时,奥氏体被过冷到 GS 线以下,同时也被过冷到 ES 延长线以下。为降低系统自由能,奥氏体中的碳将发生再分配,形成富碳区及贫碳区。当贫碳区的碳含量降至 C_1 以下时,使得该区的温度已经低于其 M_s 点,因此可以转变为马氏体,即贝氏体中的铁素体。此时所得的贝氏体中的铁素体的碳含量虽低于奥氏体的碳含量,但仍高于铁素体的饱和碳含量。其过饱和程度取决于温度 T_0,T_0 越高,过饱和度越小。此时的温度比较高,碳原子的扩散能力还很强,故在过饱和 α 固溶体形成以后可以在铁素体外缘析出碳化物,或是

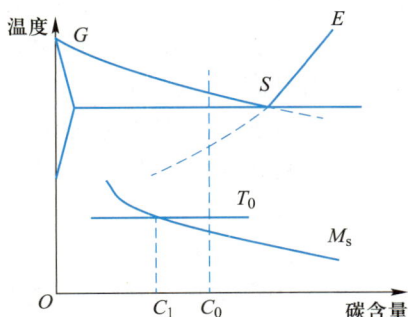

图 5-12　贝氏体按切变机制形成时与 M_s 点的关系

在 α 相内部析出碳化物,使 α 相中的碳含量迅速下降。

温度的不同以及奥氏体碳含量的不同将使贝氏体转变过程按照不同的转变方式进行,从而得到不同形态的贝氏体组织。

1) 高温范围的转变

由于温度高,起初形成的铁素体的过饱和度很小,且碳在铁素体与奥氏体中的扩散能力均很强。在铁素体形成后,铁素体中过饱和的碳可以通过界面快速扩散进入奥氏体,从而使铁素体的碳含量降低到平衡浓度。通过界面扩散进入奥氏体的碳将向奥氏体内部扩散。如果奥氏体的碳含量不高,不会因贝氏体铁素体的形成而使奥氏体的碳含量超过 ES 线的延长线,故不可能自奥氏体析出碳化物,从而得到铁素体及富碳的奥氏体,即无碳化物贝氏体,也包括魏氏铁素体在内。这一转变过程的示意图如图 5-13 所示。富碳的奥氏体有可能在继续等温、保温及进一步的冷却过程中转变为珠光体或马氏体,也有可能被保留至室温成为残余奥氏体。

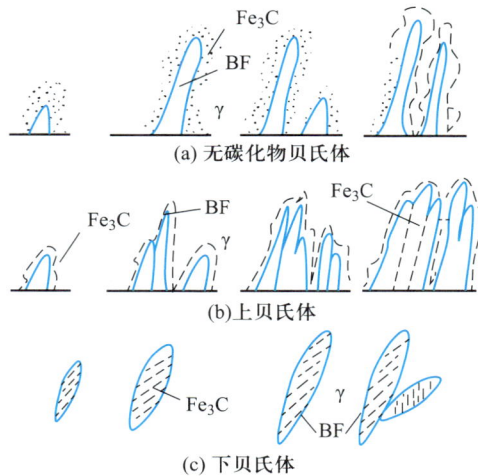

图 5-13 不同温度的贝氏体形成示意图

2) 中温范围的转变

在 350~550 ℃ 的中间温度范围内转变时,转变初期与高温范围的转变基本一样。但碳在奥氏体中的扩散已变得困难,碳仅能通过界面由铁素体扩散到奥氏体中,而碳原子较难向奥氏体内部扩散,即停留在两相的界面处。因此界面处的奥氏体的碳含量将随铁素体的长大而显著升高,当超过 ES 延长线时,将自奥氏体中析出碳化物,从而形成羽毛状上贝氏体。如图 5-13a 所示。该转变机制可以很好地解释上贝氏体的组织形貌,同时也解释了上贝氏体中的碳化物与奥氏体之间的位向关系,以及上贝氏体转变速度受碳在奥氏体中的扩散所控制。

3) 低温范围的转变

在 350 ℃ 以下的转变与上述转变有较大的差异。由于温度相对更低,起初形成的贝氏体铁素体的碳含量高,故贝氏体中的铁素体的形态已由板条状转变为透镜片状。碳原子在铁素体中很难以作长距离的扩散,使铁素体中碳的过饱和度很大。过饱和的铁素体中的碳只能以碳化物形式在贝氏体铁素体内部析出。这一过程在本质上类似于马体的自回火。随着贝氏体铁素体中碳化物的析出,同时已形成的铁素体片进一步长大,得到下贝氏体组织。如图 5-13c 所示。该转变机制可以较好解释转变所得下贝氏体组织的形貌,以及碳化物与铁素体之间的位向关系。

4) 粒状贝氏体的形成

低合金钢中出现的粒状贝氏体是由无碳化物贝氏体演变而来的。当无碳化物贝氏体针长大到彼此汇合时,剩下的小岛状奥氏体沿铁素体条间呈条状断续分布。因钢的碳含量低,小岛状奥氏体的碳含量不会超过 ES 的延长线,故不会析出碳化物,这就形成了粒状贝氏体。若进一步降低温度,岛状奥氏体将有可能分解为珠光体或马氏体,也有可能以残余奥氏体的形式保留到室温。

以上转变都是按切变机制进行的,由于贝氏体中的 α 相切变形成的温度不同,引起 α 相中碳的脱溶以及碳化物析出的方式也不同,因此出现了各种贝氏体组织形态。

5.4.3　贝氏体转变的台阶机制

贝氏体是非层状共析反应产物,亦即贝氏体转变是一种特殊的共析反应。B_s 点应该是 A_1 点,低碳钢的先共析铁素体的 B_s 点应该是 A_3 点。

研究认为,贝氏体转变与珠光体转变和马氏体转变不同,是通过台阶机制长大的,台阶机制示意图如图 5-14 所示。台阶的平面为 α-γ 的半共格界面,界面两侧的 α 与 γ 有一定的位向关系,在半共格界面上存在着伯格斯矢量与界面平行的刃型位错。魏氏铁素体与奥氏体交界面的台阶模型如图 5-15 所示,界面由刃型位错及台阶组成。这样的界面必须通过位错的攀移才能向前平移。在温度不够高的情况下,位错的攀移难以实现,故这样的半共格界面就很难移动。如果界面上存在台阶,则台阶的端面为非共格界面。这样的界面活动能力很高,易于向侧面移动,从而使水平面向上推移。台阶移动的速度受碳原子的扩散所控制。在原有的台阶消失后,必须待新的台阶形成后,长大才能继续进行。

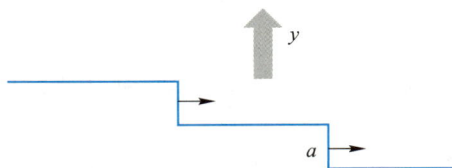

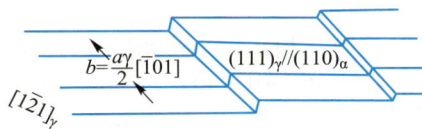

图 5-14　台阶机制示意图　　图 5-15　魏氏铁素体与奥氏体交界面的台阶模型

台阶机制进行的贝氏体转变与珠光体转变是不同的。在奥氏体大角晶界形成的 α 晶核与一侧的奥氏体的界面为半共格界面,两者之间有一定的位向关系;而与另一侧的奥氏体的界面则为非共格界面,两者之间无位向关系。半共格界面通过台阶机制推移得到铁素体,非共格界面通过扩散机制推移得到珠光体。台阶机制的主要不足是不能解释贝氏体转变的浮凸。

5.5　贝氏体的力学性能

性能主要取决于其组织形态和成分,组织、成分和性能又受多种因素影响,贝氏体组织和性能之间很难建立起定量的关系,下面仅定性地说明两者之间的关系。

下贝氏体的强度较高,韧性也较好,而上贝氏体的强度低,韧性很差。贝氏体形成温度与力学性能之间的变化趋势如图 5-16 所示,从图中可以看出:随着贝氏体形成温度的降低,强度和硬度逐步提高,塑性和韧性也同样随着形成温度的降低而提高,但在 400 ℃以下,温度的降低对性能的影响不大。

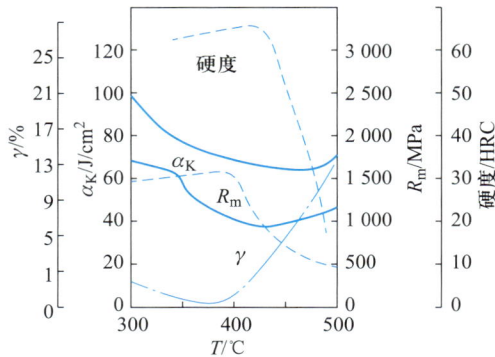

图 5-16　贝氏体形成温度与力学性能之间的变化趋势

5.5.1　贝氏体的强度

1）贝氏体中的铁素体条或片的大小

将贝氏体条或片的大小看作是贝氏体的晶粒,则可用 Hall-Petch 关系式估算贝氏体的强度,即贝氏体中的铁素体的晶粒直径越小,则其强度越高。这是因为晶粒越细,晶界越多。

贝氏体条或片的大小主要取决于贝氏体形成温度。贝氏体形成温度越低,则贝氏体中的铁素体条的直径越小。也可以说,贝氏体的强度取决于形成的温度,形成温度越低,贝氏体的强度越高。

2）弥散碳化物颗粒

合金中的第二相颗粒与位错的交互作用可以使合金强度提高。钢中弥散的碳化物颗粒对强度也有很大的作用。根据弥散强化的机理可知,碳化物的颗粒直径越小,数量越多,对强度的贡献越大。下贝氏体中碳化物颗粒较小,颗粒量也较多,所以碳化物对下贝氏体的贡献就大;而上贝氏体中碳化物颗粒较粗,且分布在铁素体条间,分布极不均匀,所以上贝氏体的强度要比下贝氏体低得多。

3）其他因素的强化作用

对于贝氏体的强化,铁素体晶粒的细晶强化和碳化物的弥散强化是主要因素。其他如碳和合金元素的固溶强化和亚结构的强化,也有一定的作用。随着贝氏体形成温度的降低,贝氏体中铁素体的碳的过饱和度及位错密度均增加,对强度的贡献也随之增加。但碳的固溶强化对贝氏体强度的贡献是有限的。另外,贝氏体转变的不完全性导致贝氏体铁素体条间出现残余奥氏体和马氏体,进而影响贝氏体的强度。

5.5.2　贝氏体的韧性

30CrMnSi 钢贝氏体组织的冲击韧性与形成温度的关系如图 5-17 所示。从图中可以看出,对于低碳合金钢(曲线 1),在 250~350 ℃ 温度范围内,其冲击韧性较高,温度超过 350 ℃ 时,冲击韧性较低。这说明下贝氏体的韧性优于上贝氏体。对于中碳合金钢(曲线 3),在 300 ℃ 和 350 ℃ 获得的贝氏体冲击韧性高,而低温获得的冲击韧性低,这说明下贝氏体也不一定都韧性高。贝氏体的韧性由铁素体条的大小和碳化物的形态和分布来决定。

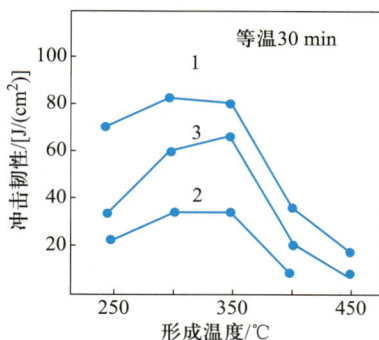

1—$w_C = 0.27\%$;$w_{Si} = 1.02\%$;$w_{Mn} = 1.00\%$;$w_{Cr} = 0.98\%$ Cr;

2—$w_C = 0.40\%$;$w_{Si} = 1.10\%$;$w_{Mn} = 1.21\%$;$w_{Cr} = 1.62\%$ Cr;

3—$w_C = 0.42\%$;$w_{Si} = 1.14\%$;$w_{Mn} = 1.04\%$;$w_{Cr} = 0.96\%$ Cr

图 5-17　30CrMnSi 钢贝氏体组织的冲击韧性与形成温度的关系

　　钢中具有马氏体或贝氏体组织时,其韧性主要取决于"有效晶粒直径"。有效晶粒直径一般用"解理小平面"或"裂纹断裂单元"来表示,它们与组织的条片束大小相对应。由于上贝氏体中铁素体条彼此平行排列成束,条与条之间位向差很小,好像是一个晶粒,而下贝氏体中铁素体片彼此之间位向差很大。即上贝氏体的有效晶粒直径远远大于下贝氏体的有效晶粒直径,加之上贝氏体的碳化物呈连续状分布于铁素体条间,这就是上贝氏体的韧性大大低于下贝氏体的主要原因。

　　某些钢淬火时往往获得马氏体和贝氏体混合组织。对这种混合组织的韧性研究的结果表明:马氏体和贝氏体混合组织的韧性优于单一马氏体和单一贝氏体组织的韧性。这是由于先形成的贝氏体分割了原奥氏体晶粒,使得随后形成的马氏体条束变小。

思考题

5-1　试述贝氏体转变与珠光体转变有哪些共同点和不同点。

5-2　试述马氏体转变与贝氏体转变有哪些共同点和不同点。

5-3　简述贝氏体组织的分类、形貌特征及形成条件。

5-4　简述贝氏体的力学性能与等温温度的关系,以及影响贝氏体力学性能的因素。

>>> 第6章

过冷奥氏体转变
动力学图

钢加热至临界点 A_1 或 A_3 以上并保温一定时间,将形成高温稳定组织——奥氏体。冷却至临界点以下的奥氏体一般称为过冷奥氏体。过冷奥氏体在不同的冷却条件下,最终可能转变为珠光体、贝氏体、马氏体或它们的混合组织,因此钢材的性能会有所改变。

钢的过冷奥氏体等温转变动力学图就是研究钢的过冷奥氏体转变产物与温度、时间的关系及其变化规律。本章将分别研究过冷奥氏体等温转变动力学图和连续冷却转变动力学图,并探讨它们在实际应用中的价值,以及这两种动力学图之间的内在联系。过冷奥氏体等温转变动力学图及连续冷却转变动力学图是制订热处理工艺、合理选择钢材及预测零件热处理后性能的重要的理论依据。

6.1 过冷奥氏体等温转变动力学图

研究过冷奥氏体在非平衡冷却条件下的转变规律,实质上就是研究温度、时间这两个因素对转变产物的影响。冷却转变分等温冷却和连续冷却两种方式,本节首先介绍等温冷却过冷奥氏体转变的规律。

6.1.1 过冷奥氏体等温转变动力学图的基本形式

如图 6-1 所示为共析碳钢的过冷奥氏体等温转变动力学图。过冷奥氏体冷却至 M_s 点以下时将发生马氏体转变。故 M_s 点以下的区域是马氏体转变区,图中注有 A→M。两条横线中间有三条 C 形曲线,左侧一条称为转变开始线,右侧一条称为转变终了线,中间的虚线是转变量为 50% 的线。

纵坐标和转变开始线之间的区域称为孕育区,此区域中的组织为奥氏体 A。过冷奥氏体在该区域内不发生转变,即处于亚稳状态。在某一温度下,这个区域的横坐标长度称为该温度下的孕育期时间。转变开始线的突出部分,也就是孕育期最短的部位一般称为鼻尖,鼻尖的坐标是一个重要的参数。转变开始线和终了线之间是转变区,在该区域过冷奥氏体向珠光体或贝氏体转变,图中注有 A→P 或 A→B。该区域的组织是奥氏体和转变产物的混合物。50% 线说明过冷奥氏体和转变产物各占50%。有一些图还可能标注有转变 20%、80% 等不同的转变线。转变终了线右侧区域则是转变产物

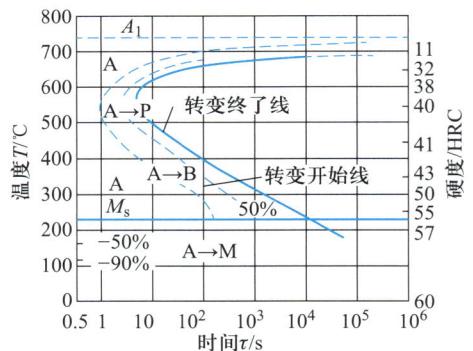

图 6-1 共析碳钢的过冷奥氏体
等温转变动力学图

区。在珠光体转变范围内,不存在过冷奥氏体。在贝氏体转变范围内,尚保留有未转变的过冷奥氏体。

过冷奥氏体转变产物因等温温度的不同而不同,一般分为三个温度区域:临界点以下的高温区(转变产物为珠光体);M_s 以下的低温区(转变产物主要是马氏体);高温区和低温度区中间的中温区,也称为过渡区(转变产物主要为贝氏体)。中温区的上部则以上贝氏体转变为主,下部则以下贝氏体转变为主。图 6-1 是共析碳钢的过冷奥氏体等温转变动力学

图,其中珠光体和贝氏体转变是相互重叠的,因此转变产物也就不可能是单一的。共析碳钢的过冷奥氏体等温转变动力学图是由一些 C 形曲线为主所构成的,故俗称为 C 曲线。目前多按其英文缩写称为 TTT 图(参见 3.4.3 节)。GCr15 钢的 TTT 图如图 6-2 所示,其转变终了线在 500 ℃左右向右侧凹陷,出现两个鼻尖。40CrNiMo 钢的 TTT 图如图 6-3 所示,转变开始线的形状出现两个鼻尖,而转变终了线为分开独立的两条 C 形曲线。6Cr2Ni3 钢的 TTT 图如图 6-4 所示,它具有两组独立的 C 形曲线,分别是高温转变线和中温转变线。

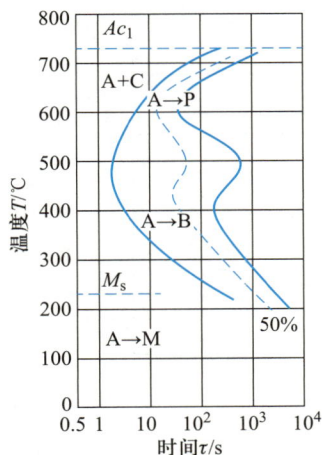

图 6-2　GCr15 钢($w_C = 0.1\%$、$w_{Cr} = 1.71\%$)的 TTT 图

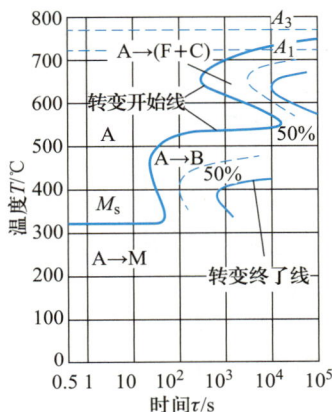

图 6-3　40CrNiMo 钢($w_C = 0.38\%$、$w_{Cr} = 0.95\%$、$w_{Ni} = 1.58\%$、$w_{Mo} = 0.26\%$)的 TTT 图

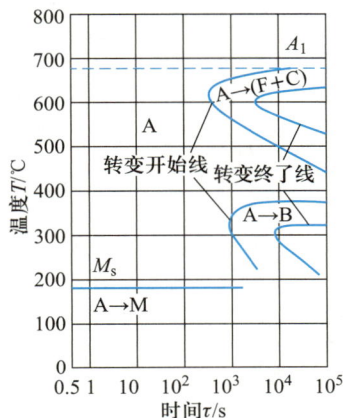

图 6-4　6Cr2Ni3 钢($w_C = 0.6\%$、$w_{Cr} = 2.14\%$、$w_{Ni} = 3.22\%$)的 TTT 图

亚共析钢和过共析钢在发生珠光体转变前有先共析相析出,即先析出铁素体或碳化物。这类钢的 TTT 图在珠光体转变开始线左侧有一条先共析相析出线。40Mn2 钢的 TTT 图如图 6-5a 所示,40Mn2 先共析相为铁素体,因此 A 先析出铁素体,图中注有 A→F。T13 钢的 TTT 图如图 6-5b 所示,先共析相为渗碳体,图中注有 A→C。

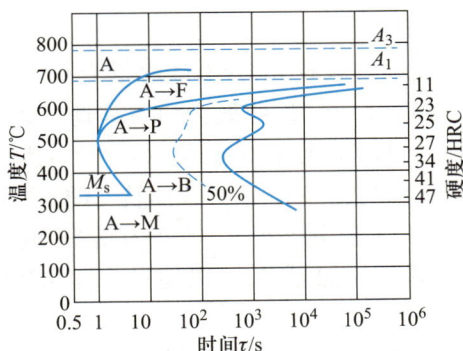

(a) 40Mn2钢(w_C=0.48%、w_{Mn}=1.88%)

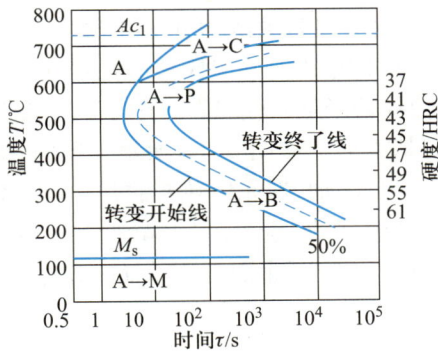

(b) T13钢(w_C=1.29%)

图 6-5　具有先共析线的 TTT 图

基于前面所介绍的珠光体转变、贝氏体转变及马氏体转变的机理,大体上可以将 TTT 图分为四种类型的转变。如图 6-6 所示为四种类型的 TTT 图示意图。一般珠光体转变和

贝氏体转变都有各自的一组 C 形曲线。

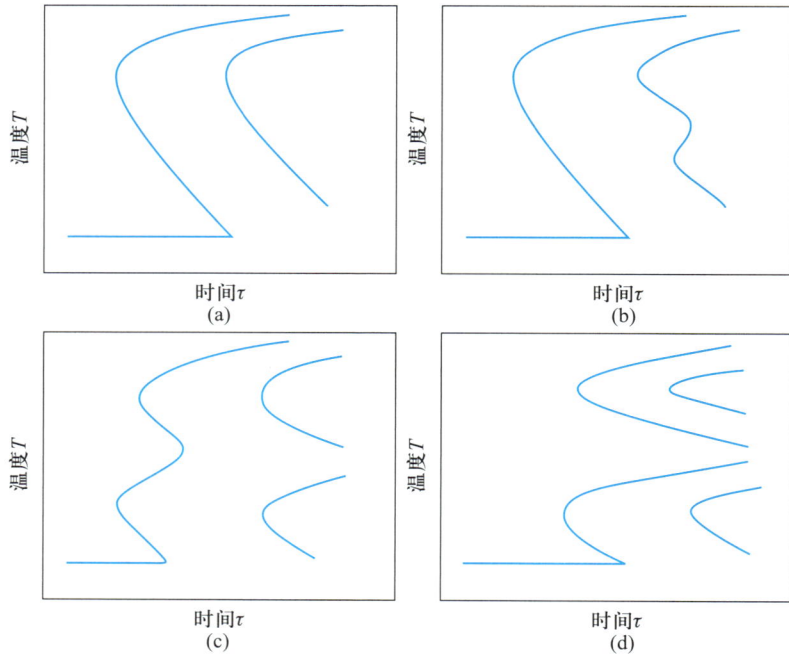

图 6-6 四种类型的 TTT 图示意图

6.1.2 影响过冷奥氏体等温转变动力学图形状的因素

通常,各种钢的 TTT 图不尽相同。其不同之处主要为临界点位置不同、珠光体及贝氏体转变的 C 形曲线位置不同以及马氏体点位置不同。例如,珠光体转变温度范围整体升高和贝氏体转变温度范围整体降低将导致 TTT 图的形状由图 6-6a 的形状转化为图 6-6d。本节将在前面各章的基础上综合讨论影响珠光体及贝氏体转变线位置的一些主要因素。

1) 合金元素的影响

合金元素对 TTT 图形状的影响很大。一般情况下,除钴和铝以外的合金元素均会使 C 形曲线右移,即增加过冷奥氏体的稳定性。其中碳的影响较为特殊,碳含量为 0.8%~1.0% 时,C 形曲线处于最右侧,碳含量高于或低于 0.8%~1.0% 时,曲线会向左移动。碳素钢的 TTT 图的基本形式如图 6-6a 所示,其共析碳钢的过冷奥氏体相对其他碳钢来说是最稳定的。若铬含量增加,珠光体转变的开始线和终了线向高温移动,而贝氏体转变的开始线和终了线则向低温移动,且使贝氏体转变推迟,进而使 TTT 图由图 6-6a 转变为图 6-6b。钨、铝的作用与此类似。镍和锰是扩大 Fe-C 相图中奥氏体区的元素,可以使过冷奥氏体的转变开始线向低温移动。

各种合金元素对奥氏体 TTT 图中 C 形曲线位置的影响示意图如图 6-7 所示。一般说来,合金元素的作用大小与合金元素含量,及其在奥氏体中的溶解状态等因素有关。另外,多种元素的综合作用比单一元素的作用要更加复杂。

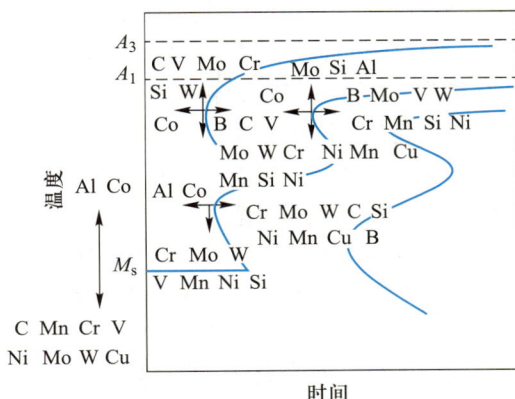

图 6-7　各种合金元素对奥氏体 TTT 图中 C 形曲线位置的影响示意图

2）奥氏体晶粒度的影响

　　细小的奥氏体晶粒中的晶界相对较多,这有利于珠光体的形核,从而促进珠光体转变,使珠光体转变线左移。贝氏体转变的形核位置通常在晶粒内,故晶粒度对贝氏体转变的影响要小得多。晶粒度对 8 640 钢 TTT 图的影响规律如图 6-8 所示。

　　一般说来,过冷奥氏体形变会增加奥氏体中的亚结构。因此,过冷奥氏体形变通常使 C 形曲线左移,但形变的影响还与转变的类型及形变量有关。

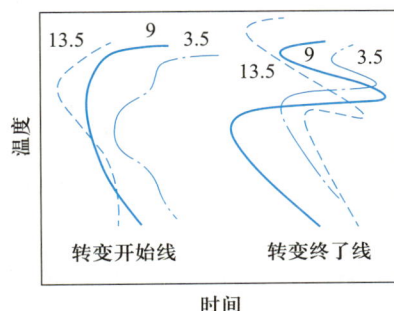

图 6-8　晶粒度对 8 640 钢
（C0.38%～0.43%、Mn0.75%～1.0%、
Si0.2%～0.3%、Ni0.4%～0.7%、
Cr0.4%～0.6%、Mo0.15%～
0.25%）TTT 图的影响规律

　　此外,奥氏体均匀化程度对 TTT 图的 C 形曲线位置也有影响。奥氏体成分越均匀,新相形核及长大过程中所需的扩散时间就越长,C 形曲线会右移。

　　不同成分的钢材中所含元素的种类及数量不同,TTT 图的 C 形曲线形状及位置也不同。另外,热处理工艺条件及合金元素的分布状态不同,则奥氏体晶粒尺寸及均匀化程度也不同,所以 TTT 图也有差异。

6.1.3　TTT 图的测定方法

　　测定 TTT 图的方法常见的有金相硬度法、膨胀法、磁性法及电阻法等。后三种方法依据的是不同相的结构差异以及由此产生的物理性能差异,通过测定这些物理性能变化来推测转变开始时间和终了时间。下面主要介绍测定 TTT 图的部分方法。

　　金相硬度法是直接观察不同等温温度和时间下转变产物的组织形态,并测量过冷奥氏体在等温转变过程中由于组织改变而引起的硬度变化。根据组织和硬度的变化,可以确定过冷奥氏体等温转变开始和终了的时间,从而绘制出等温转变曲线。

　　金相硬度法使用的圆形薄试样一般直径为 10～15 mm,厚度为 15～20 mm。具体实验方法是:首先选取一组试样,数量可根据测试精度要求而定,一般为 5～10 个。将这组试样加热至奥氏体化,然后迅速将试样置于一个预定温度的箱式炉中,停留不同时间 τ_i（$i=1$、2、3…）之后,逐个取出试样并淬入盐水中,如图 6-9a 所示。尚未转变的过冷奥氏体在淬入盐水后将逐渐转变为马氏体,因此,马氏体量即为未转变的过冷奥氏体量。显然,若停留时间不同,则转变产物量就不同。最后将试样磨制、抛光、腐蚀,在金相显微镜下观察各试样的转变产物量。一般以转变产物量为 2% 的时间定为转变开始时间,以转变产物量为 98% 的时间定为转变终了时间。为了提高精度,需要逐个试样测定硬度。于是,从一组试样就可以测出一个等温温度的转变开始和终了时间,根据需要也可以测出转变量为 20%、50%、70% 等的时间。多组试样在不同恒温温度进行试验,就可以测出 TTT 图的 C 形曲线。当 $\tau_i < \tau_s$ 时,经淬火后组织为马氏体,硬度值不变,数值记录如图 6-9b 所示。该阶段为转变前的孕育期。当 $\tau_s < \tau_i < \tau_f$ 时,经淬火后组织为马氏体和珠光体的混合组织,硬度值开始下降。$\tau_i = \tau_s$ 点为奥氏体开始等温转变时间,$\tau_i = \tau_f$ 点为转变终了的时间;当 $\tau_i > \tau_f$ 时,未转变的奥氏体将转变完全,经淬火后组织转变为珠光体组织,且硬度值趋于固定值。

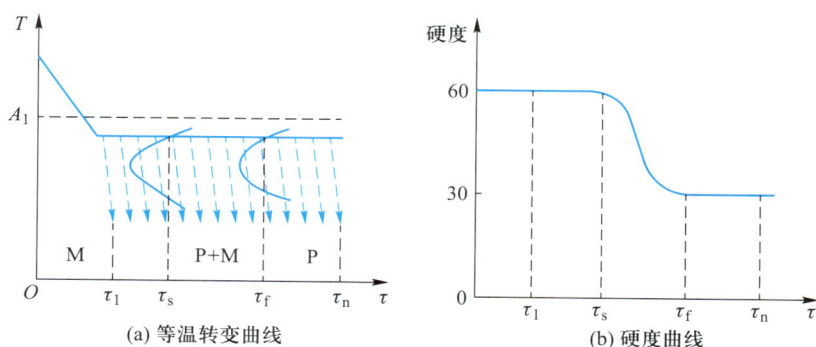

图 6-9　金相硬度法测定

金相硬度法简单易行、直观、精确,是常用方法之一,但缺点是试样消耗量大,测定时间长。

膨胀法一般使用圆柱形小试样(直径为 3~5 mm,高度为 10~50 mm),其原理是利用过冷奥氏体转变产物的比容不同来测定转变开始点和终了点的温度和时间。

磁性法是利用奥氏体具有顺磁性而转变产物具有铁磁性来测定转变状态的。膨胀法及磁性法用到的试样量少,测定时间短,易于实现自动化。为提高测试精度,一般应根据条件采用两种方法进行测试。另外,完整的 TTT 图除了包括钢的成分、奥氏体化条件、晶粒度等基本数据外,还应有临界点 A_1(或 Ar_1),A_3(或 Ar_3)或 A_{cm}(或 Ar_{cm})以及马氏体转变点 M_s,M_f 等测试结果。A_1,A_3,A_{cm},M_s 及 M_f 点也可用金相法或其他物理方法测出。

6.1.4　过冷奥氏体等温转变动力学图的应用

TTT 图反映了钢在等温冷却条件下的过冷奥氏体转变规律,是制订钢材热处理工艺规范的基本依据之一。在 TTT 图的各种应用中,最有效的是制订等温热处理工艺,如等温淬火、等温退火等。等温淬火是将工件奥氏体化之后,淬入保持一定温度的冷却浴槽中,使其获得下贝氏体组织的工艺方法,其工艺曲线如图 6-10 所示。从图中可知,为了确定等温淬火的工艺参数(即淬火温度、保温时间等),必须参考相应的 TTT 图。此

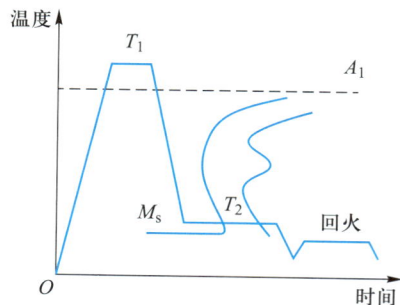

图 6-10　等温淬火工艺曲线示意图

外,制订等温退火及形变热处理工艺也都需要参考 TTT 图。

6.2　过冷奥氏体连续转变动力学图

在实际热处理中,冷却多为连续冷却,连续转变规律和 TTT 图相差很大,因此研究过冷奥氏体连续转变动力学(continuous cooling transformation,CCT)图,具有重要的实际应用价值。

6.2.1　常见的过冷奥氏体连续转变动力学图的基本形式

图 6-11 是 35CrMo 钢的 CCT 图。过冷奥氏体在连续冷却条件下的转变产物和等温转变相似,包括珠光体、贝氏体、马氏体以及先共析铁素体或先共析碳化物等。

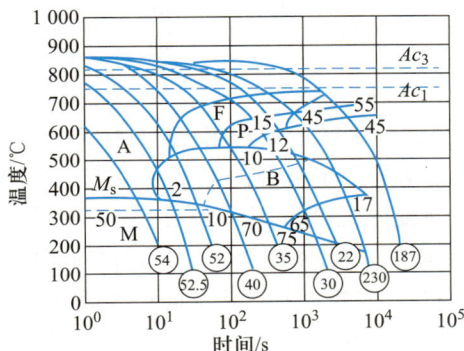

图 6-11　35CrMo 钢的 CCT 图

注:$w_C = 0.36\%$、$w_{Si} = 0.28\%$、$w_{Mn} = 0.77\%$、$w_P = 0.019\%$、$w_S = 0.01\%$、$w_{Ni} = 0.16\%$、$w_{Cr} = 0.96\%$、$w_{Mo} = 0.28\%$,奥氏体化温度 850 ℃,保温时间 30 min,晶粒度 9 级

如图 6-11 所示,CCT 图与 TTT 图有一些不同之处,具体如下:

① 图中有一组冷却曲线,该曲线终端注有小圆圈,圈内数字为恒定冷却速度得到的性能值,一般为硬度值,多用维氏硬度(HV)表示。由于冷却速度难以保持恒定,一般以奥氏体化温度(或 800 ℃)至 500 ℃的平均冷却速度作为冷却速度来绘制 CCT 图。当时间坐标采用自然数列坐标时,这组曲线应是直线。

② 冷却曲线和转变终了线交点处所注的数字为这种转变产物所占的百分量。如图 6-11 所示,其中硬度值为 30 HRC 的冷却曲线上分别注有 15、12 和 65 三个数字,它们分别表示铁素体占 15%、珠光体占 12%、贝氏体占 65%,其余为马氏体和少量的残余奥氏体。

③ 马氏体转变开始点 M_s 的水平线右侧为斜线。这是珠光体、贝氏体转变提高了奥氏体中的碳含量,从而导致了 M_s 点的下降。

6.2.2　过冷奥氏体连续转变动力学图的另一种形式

图 6-12 是 1.5Ni-Cr-Mo 钢另一种形式的 CCT 图。其横坐标是圆棒试样的直径,而且有三种刻度轴,分别为空气、油和水。图中给出的组织是三种冷却条件下圆棒心部的组织。每种转变均有五条曲线,分别是转变开始、转变 10%、50%、90%以及转变终了线。为了使用

方便,标注了在一定温度下(图中为 700 ℃)各种直径圆棒在不同介质中冷却时心部的冷却速度。其中,油冷是使用标准淬火油。

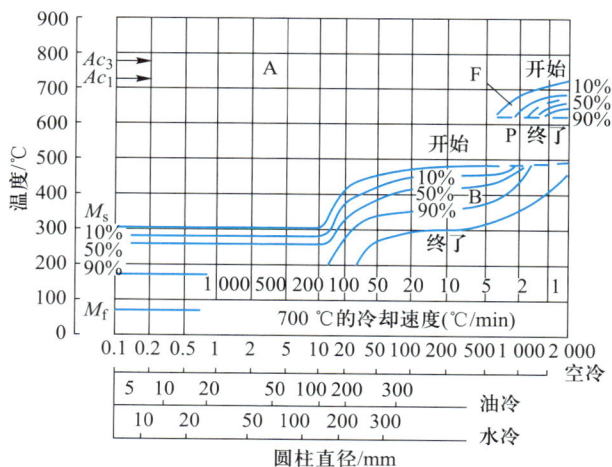

图 6-12　1.5Ni-Cr-Mo 钢的另一种形式的 CCT 图

在生产实际中,这种形式的 CCT 图十分有用,主要表现在以下几方面。

① 确定转变范围,图中给出了一定直径的圆棒在一定的冷却介质中冷却时,在圆棒的心部所发生的转变类型以及转变的温度范围。如图 6-12 所示,在 620 ℃ 以上为铁素体转变+珠光体转变,在 490 ℃ 至 M_s 为贝氏体转变,M_s 以下为马氏体转变。随着直径的增加,转变产物依次为马氏体、贝氏体和铁素体+珠光体。如果已知冷却介质和试样直径,从图中可判断其心部组织。例如,直径小于 10 mm、100 mm、120 mm 的试样分别于空气、油及水中冷却,它们均可以获得马氏体组织。直径大于上述尺寸时,心部将得到贝氏体+马氏体或贝氏体,或者铁素体+珠光体+贝氏体,或者铁素体+珠光体。对于试样其他部位的组织以及非圆棒形试样,可以换算为等效直径,然后从图 6-12 得到转变后的组织。换算方法可以查阅有关文献。

② 确定临界直径,从图中可以得出在空气、水及油中的淬火临界直径,分别为 10 mm、100 mm 及 120 mm。此临界直径指获得全部马氏体的临界直径。

根据试样直径和冷却速度的对应关系(图6-13),由临界直径可以确定该钢的临界冷却速度。图 6-13 给出了不同直径圆棒试样在水、油、空气中的冷却曲线。图中虚线表示试件表面的冷却速度,实线表示心部的冷却速度,线上标明的数字是试件的直径。图 6-13 的纵坐标共有五组,用罗马数字标注序号。对于不同的奥氏体化温度应该用不同的纵坐标。五组所对应的温度分别是 Ⅰ——800 ℃ , Ⅱ——860 ℃ , Ⅲ——900 ℃ , Ⅳ——1 000 ℃ , Ⅴ——1 050 ℃ 。使用时应根据奥氏体化温度的不同,选用相应的纵坐标。例如,奥氏体化温度为 860 ℃ ,应选 Ⅱ号纵坐标。

③ 推测心部硬度,各种钢的端淬试验曲线目前基本以手册的形式给出。圆棒试样尺寸和端淬距离的关系如图 6-14 所示。由图 6-14 以及图 6-13 曲线即可推知圆棒心部硬度。例如,φ50 的试样在油冷时的组织由图 6-12 可知,它的中心部和端淬试验的 18 mm 相对应,从该钢的端淬曲线可查出硬度值。

综上所述,这种形式的 CCT 图在确定零件冷却后的转变产物及性能方面优于一般的

CCT 图。在确定钢材临界冷却速度,从而选定钢材、确定淬火介质等方面具有一定的实际应用价值。

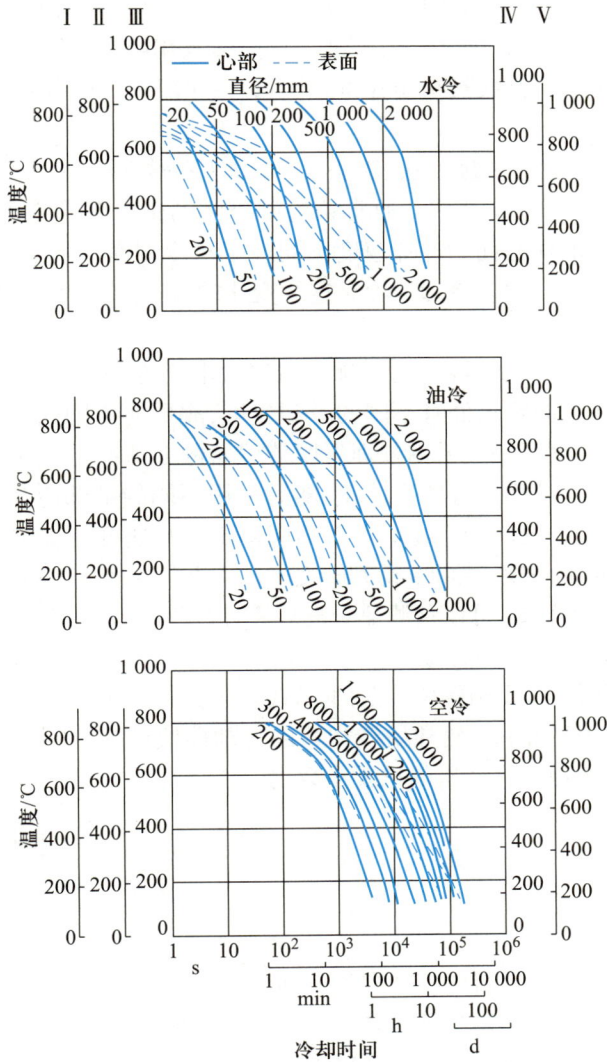

图 6-13　不同直径圆棒试样在水、油、空气中的冷却曲线

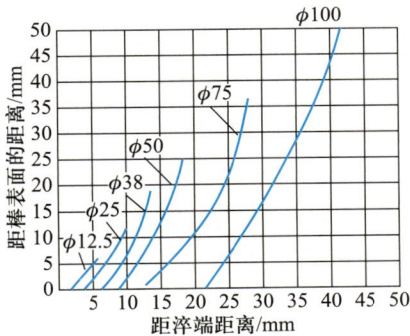

图 6-14　圆棒试样尺寸和端淬距离的关系(试样油冷)

6.2.3　过冷奥氏体连续转变图的测定与应用

与测定 TTT 图比较，测定 CCT 图较为困难，其主要原因是控制恒定的冷却速度十分困难，而恒定的冷却速度是 CCT 图测定的关键。目前多采用喷水、吹风以及在静止空气中冷却等方法，使冷却速度尽可能接近恒定速度，并且以一定温度区间的平均冷却速度来代表冷却速度。

测定 CCT 图的方法有金相硬度法、膨胀法、端淬法和磁性法等。

端淬法是应用较多的方法之一。通常认为端淬法的试样各横截面的冷却速度基本恒定，而距端面不同距离的横截面的冷却速度不同。距水冷端面越近，冷却速度越大；距水冷端面越远，冷却速度越小。同时冷却速度是连续变化的，这样在一个端淬试样上有着各种不同恒速冷却的部位。

将待测钢件加工成端淬试样：首先，在距离端面不同的位置标定冷却速度。因在同一种冷却介质中，距离端面不同距离处有不同的冷却速度，故更换不同的冷却介质，则可以得到由高至低的各种冷却速度。一般采用预埋温度传感器的办法测定其不同位置的冷却速度。然后，对待测钢件的端淬试样进行奥氏体化，随后采用不同的端部冷却。显然，这样就可以得到不同恒定冷却速度下的转变产物。选取不同恒定冷却速度的部位（即距端面不同距离的部位）观察组织并测定硬度，就可以得到转变开始点及终了点。

应用过冷奥氏体 CCT 图，可以预测热处理后零件的组织及性能。如果已知零件的冷却速度，就可以利用 CCT 图判定其组织状态和硬度。此外，CCT 图还可以用来确定临界冷却速度。通常，将能够获得全部马氏体（包括少量残余奥氏体）的最低冷却速度称为临界冷却速度。也就是说，与 CCT 图中转变开始线相切的冷却曲线的速度，就是临界冷却速度。临界冷却速度是选材和选择淬火介质的重要参数之一。

思考题

6-1　简述测定钢的 TTT 图的各种方法及其优、缺点。

6-2　为什么在不同资料中查到的同一种钢的 TTT 图会各不相同？

6-3　测定钢的 CCT 图比测定钢的 TTT 图多了哪些困难？

6-4　根据合金元素对钢的 TTT 图的影响说明合金元素对热处理工艺的影响。

>>> 第7章

··· 钢的回火转变

钢在淬火后得到的是亚稳定的马氏体及少量的残余奥氏体。为了使其组织和性能满足使用要求,需要将淬火零件重新加热到低于临界点的某一温度,并保温一定时间后再冷却至室温,这一热处理工艺被称为回火。回火可以使亚稳定的马氏体及残余奥氏体向稳定的组织转变,这一过程中所发生的转变为回火转变。此外,回火可有效消除淬火所产生的应力。

在回火过程中,主要发生的转变是马氏体的分解及碳化物的析出与聚集长大。当回火温度升高时,不同碳含量的马氏体依次发生碳的偏聚、碳化物的析出以及碳化物的聚集长大等。

上述回火过程中,马氏体分解和奥氏体转变可能是同时发生的。另外,钢的回火转变还与钢的成分及淬火工艺密切相关。合金钢中,由于溶于奥氏体的合金元素显著提高了残余奥氏体的稳定性,故残余奥氏体的转变会向更高的温度推移。尽管回火转变是非常复杂的过程,但是回火转变中马氏体与残余奥氏体总体趋势是向更稳定的平衡组织转变。

7.1 马氏体的分解

钢中马氏体是碳溶于 α-Fe 所形成的过饱和固溶体,且马氏体中还存在大量位错、孪晶等晶体缺陷,故马氏体极不稳定。当重新加热时,碳会发生偏聚、碳化物析出。初期析出的是亚稳定碳化物,随后转变为稳定的碳化物,最后发生碳化物的聚集长大。在析出碳化物的同时,α-Fe 基体还将发生回复与再结晶,以消除晶内缺陷。这一系列变化将显著影响钢的性能。下面主要介绍其分解过程。

7.1.1 马氏体中碳原子的偏聚(<100 ℃)

淬火形成的马氏体,其碳原子分布在体心立方的扁八面体中心处。由于扁八面体空隙狭窄,碳原子的存在导致晶格产生严重畸变,使马氏体处于不稳定状态。由于碳原子较小,在室温条件下就可扩散到晶内位错、孪晶等界面缺陷处,形成碳的偏聚,从而降低体系的能量。碳含量低于 0.2% 的低碳马氏体在 100 ℃ 以下进行回火时,主要发生的转变是碳的偏聚。

7.1.2 马氏体的分解(100~300 ℃)

随着回火温度的升高和时间的延长,过饱和的碳原子将开始有序化,并最终转变为碳化物。随着碳化物的析出,马氏体的正方度逐渐趋近 1,碳含量也不断减少。马氏体的分解可分为以下三个阶段。

1) 碳化物析出

高碳马氏体在 20~150 ℃ 内回火时,由于马氏体中的高碳区存在浓度起伏、结构起伏和能量起伏,从而促使碳化物晶核的产生。碳化物是通过碳的扩散而逐渐长大的,但是碳原子扩散的距离有限,故碳化物长到一定尺寸就会停止。马氏体继续分解是通过其他区域产生新的碳化物来完成的。对该回火组织进行正方度测定后,发现存在两种正方度:一种是保持原始碳含量的未分解的 α 相,其正方度较高;另一种是已部分分解出碳化物的 α 相,其正方度较低。因此,高碳马氏体的分解是以双相分解方式进行的。

高碳马氏体分解的第一阶段中，形成的碳化物为 ε-碳化物，一般用 ε-Fe$_x$C 表示，这种碳化物属于六方晶系。在回火马氏体中，ε-Fe$_x$C 与基体 α 相之间保持共格关系，具体关系为

$$(0001)_\varepsilon \mathbin{/\!/} (011)_{\alpha'};$$
$$[10\bar{1}1]_\varepsilon \mathbin{/\!/} [101]_{\alpha'};$$

回火马氏体在金相显微镜下呈黑色的片状组织，是由 α 相和 ε-Fe$_x$C 组成的，在透射电镜下观察，ε-Fe$_x$C 为颗粒状。

2) α 相的碳含量接近平衡组织

当回火温度高于 150 ℃时，高碳马氏体的分解进入第二阶段。回火马氏体的 α 相，其正方度趋于 1，而且随着回火温度的增加，正方度逐渐减小。达到 300 ℃时，其正方度接近 1，这意味着 α 相的碳含量接近平衡状态，马氏体分解终了。

不同碳含量的马氏体回火时 α 相碳含量的变化如图 7-1 所示。当回火温度较低时，马氏体的碳含量对 α 相中的碳含量有影响，而当回火温度较高时，马氏体的碳含量对 α 相中的碳含量的影响可以忽略。α 相中的碳含量在回火开始时降低较快，随后趋于稳定。

对于低碳马氏体分解，在 100~200 ℃回火时，一般不析出 ε-Fe$_x$C，即不出现马氏体分解，碳原子仍然偏聚在位错附近。出现这种现象的原因是碳原子偏聚的能量状态低于析出碳化物的状态。当回火温度高于 200 ℃时，将在碳偏聚区直接析出。另外，低碳钢由于 M_s 点较高，在淬火冷却过程中会发生部分马氏体的自回火现象。

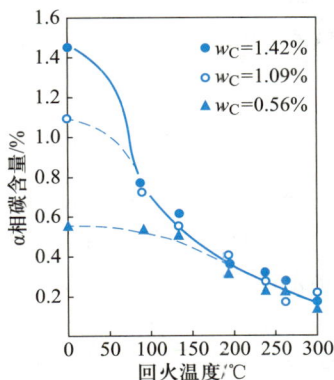

图 7-1　不同碳含量的马氏体回火时 α 相碳含量的变化

3) 碳化物聚集长大、形成稳定的碳化物

淬火钢在 100~300 ℃的范围内主要发生马氏体分解，但如果在这个温度范围内长期回火，已形成的回火马氏体会进一步发生转变，即 α 相析出碳化物的同时，已形成的碳化物会聚集长大以及 ε-Fe$_x$C 变成更稳定的碳化物，如 η-Fe$_x$C 等。

7.1.3　合金元素对碳化物析出的影响

1) 对 ε(η)-θ 转变的影响

在碳钢中加入少量合金元素对回火时发生的碳化物的析出及转变性质没有影响，但可改变碳化物转变的温度范围。

加入 Si 时，由于溶于亚稳碳化物的 Si 能提高碳化物的稳定性，故能扩大亚稳碳化物的存在范围，推迟 ε(η)-θ 转变，还可提高 θ-碳化物的粗化温度。

碳化物形成元素 Cr、Mo 和 W 等溶入 α 相后，由于它们提高了碳在 α 中的扩散激活能，故能将 θ-碳化物的粗化温度从 350~400 ℃提高到 400~700 ℃。

2) 合金碳化物的形成

Hf、Zr、Ti、Ta、Nb、V、W、Mo、Cr 等元素所形成的碳化物均较 θ-碳化物稳定，但为了形成合金碳化物，必须通过合金元素原子的扩散，而形成 θ-碳化物则主要依赖碳原子的扩散。由表 7-1 可见，碳在 α-Fe 中的扩散激活能远小于合金元素，而扩散系数远大于合金元素。

因此,合金元素原子在低温下不能扩散,只有碳原子能够扩散形成 ε(η)及 θ-碳化物。随着温度的升高,合金元素原子活动能力增强,合金元素将溶入 θ-碳化物形成合金渗碳体((FeM)$_3$C)①。高于 500 ℃时,合金元素具有足够的活动能力,故有可能形成合金碳化物。一种合金元素有可能形成几种不同的碳化物,因此存在合金碳化物转变。

合金碳化物可以从 θ-碳化物原位转变,也可以通过独立形核长大。合金碳化物的形核部位可以是 θ-碳化物与 α 相交界面,也可以是晶内位错及其他各种缺陷。其中,以在 θ-碳化物与 α 相交界面形核最为常见。由于晶内位错形核所获得的碳化物颗粒极为细小,故进一步回火时极易溶解。

表 7-1 各种元素在 α-Fe 中的扩散常数

扩散元素	C	N	Fe	Co	Cr	Ni	P	W
扩散激活能 $Q/(kJ \cdot mol^{-1})$	80	76	240	226	343	258	230	293
扩散系数 $D_{910℃}/(cm^2 \cdot s^{-1})$	$1.8×10^{-6}$	$1.3×10^{-6}$	—	$2.1×10^{-11}$	—	$3.7×10^{-11}$	$2.0×10^{-10}$	—

7.1.4 α 相状态的变化

淬火时,除了由于马氏体转变所引起的位错与孪晶等晶内缺陷的增加外,还存在由表面和中心的温差所造成的内应力及组织应力而引起的塑性变形。淬火后存在的内应力可按其平衡范围的大小分为三类。第一类内应力是指在零件整体范围内达到力学平衡而保留的内应力。第二类内应力指在晶粒或亚晶粒范围内达到力学平衡而保留的内应力。第三类内应力指在一个原子范围内达到力学平衡而保留的内应力。

回火过程中,随着回火温度的升高,原子的活动能力增加,晶内缺陷减少,各种内应力逐渐降低。虽然回火析出碳化物有可能产生新的晶内缺陷,但总体而言,随着回火温度的升高,残余内应力降低及晶内缺陷减少。

1)第一类内应力的消失

实际上,第一类内应力的存在会导致零件变形。若零件在服役过程中所受外力与第一类内应力方向一致,相互叠加,则会加速零件的破坏。而当外力与内应力方向相反时,第一类内应力的存在则对零件有利。通常来说,淬火后都必须进行回火处理,以降低第一类内应力。

图 7-2 表明,当回火温度一定时,随着回火时间的延长,第一类内应力不断下降。开始时下降极快,超过 2 h 后下降变慢。回火温度越高,内应力下降得越快,下降程度也越大。经 550 ℃回火,第一类内应力可基本消除。淬火后在室温长时间停留也能使第一类内应力有所减少,但下降速度极慢,如图 7-3 所示。

---

① (FeM)$_3$C 中 M 通常统指金属元素。

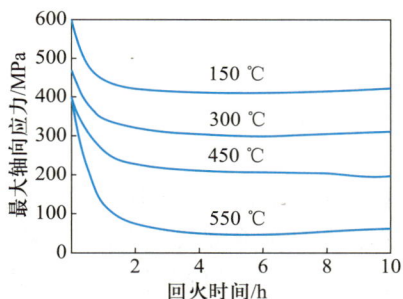

图 7-2　回火时间对残余内应力的影响

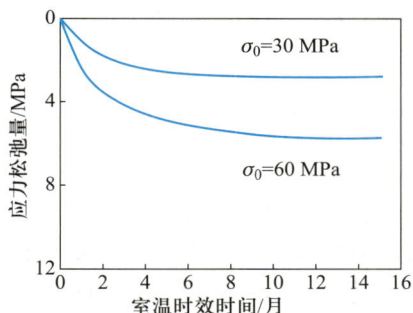

图 7-3　室温时效时间对残余内应力的影响

2）第二类内应力的消失

第二类内应力的大小可以用晶格常数的变化 $\Delta a/a$ 表示。在高碳马氏体中，$\Delta a/a$ 高达 8×10^{-3}，折合成的应力约为 150 MPa，相当于马氏体的屈服强度。随着回火温度的升高及时间的延长，淬火所造成的第二类内应力将不断降低，如图 7-4 曲线 2 所示。与此同时，碳化物的共格析出又会引起第二类内应力的增加。另外，回火过程中析出的碳化物的体积效应也会使 $\Delta a/a$ 有所增加。但总体上，随着温度的升高，第二类内应力将不断下降。图 7-4 中曲线 3 展示了亚稳碳化物的析出所引起的 $\Delta a/a$ 的变化。曲线 4 显示了 θ-碳化物的析出所引起的 $\Delta a/a$ 的变化。综合后的变化为曲线 1。由图可见，当回火温度高于 500 ℃时，第二类内应力基本消失。

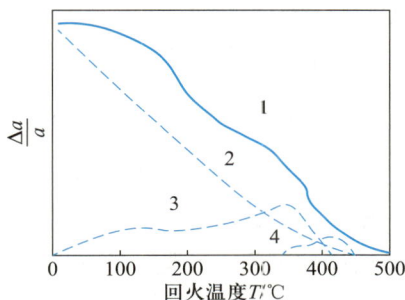

图 7-4　高碳钢回火时 $\Delta a/a$ 的变化

3）第三类内应力的消失

由于碳原子的溶入而引起的第三类内应力，会随着马氏体的分解和碳原子的析出而不断下降。对于碳钢而言，马氏体在 300 ℃左右就已经分解完毕，第三类内应力也就随之消失。

4）回复与再结晶

中低碳钢淬火后所得到的板条状马氏体中，存在大量位错，密度高达 $0.3\times10^{-12}\sim0.9\times10^{-12}\ cm^{-2}$，故在回火过程中将发生回复与再结晶。在回复初期，板条界上的位错将通过滑移与攀移而减少，使位错密度下降，部分板条界消失使相邻板条合并成宽的板条。位错将重新排列形成位错缠结，逐渐转化为包块。在 400 ℃以上回火时发生回复，板条特征依然存在，但板条宽度会由于相邻板条的合并而显著增加。

当回火温度高于 600 ℃时，将发生再结晶。一些位错密度低的包块将长大成等轴 α 晶粒。颗粒状碳化物均匀分布在 α 晶粒内。经过再结晶后，板条特征完全消失。生产上称这种组织为回火索氏体。加入合金元素可以提高再结晶温度。

高碳钢淬火后所得到的马氏体中的亚结构主要是孪晶。当回火温度高于 250 ℃时，孪晶开始消失。淬火态的 GCr15 经 350 ℃回火后，大部分孪晶已消失。当回火温度高于 400 ℃，孪晶全部消失出现包块，但片状马氏体特征依然存在。在 600~700 ℃的回火温度下，将发生再结晶而使片状特征消失，得到回火索氏体组织。由于碳化物能钉扎晶界，阻止再结晶的进行,故高碳马氏体 α 相再结晶温度较高。

7.2 残余奥氏体的转变

钢淬火到室温时总会保留一部分奥氏体,称为残余奥氏体。残余奥氏体的存在会使性能变差,如弹性极限的下降和零件尺寸的不稳定等,但适量的残余奥氏体可以提高接触疲劳寿命。因此,有必要研究残余奥氏体在回火过程中所发生的转变,以控制残余奥氏体量。

本质上,残余奥氏体与原过冷奥氏体没有显著区别。原过冷奥氏体可能发生的转变,对于残余奥氏体也都能发生,如既可以转变为马氏体,也可以转变为珠光体或贝氏体。但残余奥氏体与原过冷奥氏体还有不同之处,已经发生的转变可能会引起残余奥氏体化学成分和物理状态的变化,如板条状马氏体周围的残余奥氏体的碳含量比平均碳含量高;马氏体转变的体积效应可以使未转变的奥氏体出现大量的位错等缺陷。这些变化会给残余奥氏体的转变带来影响。另外,回火马氏体转变也将影响残余奥氏体的转变。这些影响将导致残余奥氏体的转变更加复杂。

7.2.1 残余奥氏体向珠光体及贝氏体的转变

将淬火钢加热到 M_s 点以上临界点 A_1 以下的各个温度等温,可以观察到残余奥氏体的等温转变。在高温区转变为珠光体,在中温区转变为贝氏体,但等温转变动力学图与原过冷奥氏体的不完全相同。图 7-5 为 Fe-0.7C-1Cr-3Ni 钢中残余奥氏体等温转变动力学图。图中虚线为原过冷奥氏体,实线为残余奥氏体。由图可见,马氏体的存在能促进珠光体转变,但影响不大。对于贝氏体转变,马氏体的存在则可以使之显著加快。组织观察发现,贝氏体均在马氏体与奥氏体的交界面上形核,故马氏体的存在增加了贝氏体形核部位,从而加快了转变过程。但当马氏体量较多时,反而会使贝氏体转变变慢,这可能与残余奥氏体的状态有关。

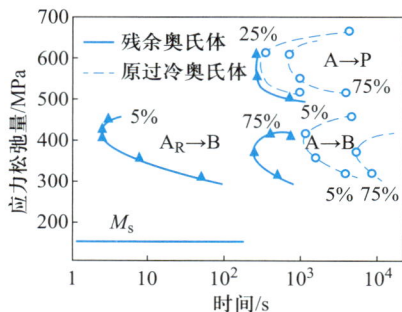

图 7-5 Fe-0.7C-1Cr-3Ni 钢中残余奥氏体等温转变动力学图

碳钢中的残余奥氏体在回火加热过程中极易分解,故难以观察到等温转变。在加热到 200~300 ℃时将发生分解,即所谓碳钢回火时的第二个转变。加入合金元素将使第二个转变的温度范围上移。当合金元素含量足够多时,残余奥氏体在加热过程中不发生分解,而在加热到更高温度等温时发生转变。

7.2.2 残余奥氏位向马氏体的转变

1) 等温转变成马氏体

将淬火钢加热到低于 M_s 点的某一温度并保温时,残余奥氏体则有可能发生等温转变形成马氏体。GCr15 钢经 1 100 ℃淬火,残余奥氏体量为 17%,M_s 点为 159 ℃。将试件淬火至室温后,再重新加热到低于 159 ℃的不同温度等温,测得的各温度下等温转变曲线如

图 7-6 所示。可以看出，在 M_s 点以下，等温转变量很少，但是这对零件的尺寸稳定性有大的提升。

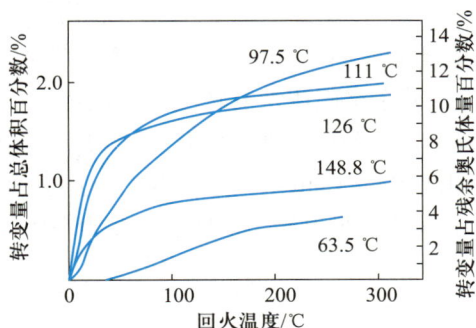

图 7-6　GCr15 钢残余奥氏体等温转变动力学曲线

2）回火时的催化及稳定化

淬火时冷却中断或冷速较慢均将引起奥氏体的热稳定化现象，奥氏体的热稳定化现象可以通过回火加以消除。将淬火零件加热到某一温度进行回火，若在回火的加热过程中残余奥氏体未发生分解，则在回火的冷却过程中残余奥氏体将转变为马氏体，即回火使残余奥氏体重新转变为马氏体。这一现象被称为催化。催化在高速钢的热处理实践中被广泛应用。W18Cr4V 高速钢经 1 280 ℃ 淬火到室温后，残余奥氏体的含量高达 23%。淬火后将其加热到 560 ℃ 回火时，由于 560 ℃ 正好处于高速钢的珠光体与贝氏体转变之间的奥氏体稳定区，如图 7-7 所示，故在回火过程中残余奥氏体不发生转变，但在回火后的冷却过程中部分残余奥氏体将转变为马氏体。第二次在 560 ℃ 回火又可使部分残余奥氏体在冷却时转变为马氏体。经过 3~4 次 560 ℃，1 h 回火，可使大部分残余奥氏体转变为马氏体。

对于催化的本质有几种解释。一种观点认为，虽然回火时残余奥氏体没有发生分解，但实际上已从奥氏体中析出了碳化物，使奥氏体的碳含量及合金元素含量下降，进而使残余奥氏体的马氏体转变温度 M_s 点从室温提高到室温以上，因此在回火后冷却到室温的过程中就有可能发生马氏体转变。如果回火温度足够高（如 600 ℃ 以上），且回火时间足够长，则在回火过程中会析出一些碳化物。但是这还不能解释为何在较低温度短时间内回火无碳化物析出的情况下，也有催化现象。

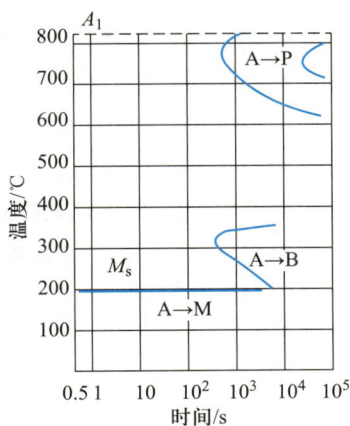

图 7-7　W18Cr4V 高速钢 TTT 曲线

柯俊认为，淬火态 W18Cr4V 高速钢经 560 ℃，1 h 回火后冷至 500 ℃ 保温 5 min，残余奥氏体又将变得稳定，再继续冷到室温时不再转变为马氏体。只有将其再次加热到 560 ℃，1 h 回火才能使残余奥氏体重新转变为马氏体。这样的热稳定化与催化可以多次反复。基于这一事实，柯俊认为催化现象是热稳定化的逆过程，是碳、氮等原子与位错的交互作用引起的，即在奥氏体内部存在位错等晶内缺陷并溶有碳、氮等原子，为了降低畸变能，碳、氮原子将进入位错膨胀区形成所谓的 Cottrell 气团，并对位错起钉扎作用，使位错难以运动。而马氏体是通过位错的运动形成的，故位错运动受阻也就必然使马氏体转变不易进行。淬火时冷却中断以及缓慢冷却均使碳、氮原子有可能进入位错而使奥氏体变得稳定,亦即引起所谓热稳定化。碳、氮等间隙原子进入位错形成 Cottrell 气团有一温度上限 M_c。在 M_c 点以上停留不会引起热稳定化。不仅如此,发生热稳定化的残余奥氏体加热到 M_c 点以上进行回火,碳、氮等原子将从位错逸出而使 Cottrell 气团瓦解,从而消除了热稳定化,使残余奥氏体恢复转变为马氏体的能力,则引起了催化。由此可见,在 M_c 点以下中断冷却或缓冷将引起热稳定化。在 M_c 点以上回火则将引起催化。

此外,除上述碳化物析出理论及 Cottrell 气团理论外,还有一种观点认为回火消除了马氏体转变所引起的相变硬化,而使残余奥氏体恢复了转变为马氏体的能力。

7.3　淬火钢回火时力学性能的变化

材料的性能取决于其组织与结构。钢的淬火组织主要为马氏体以及少量残余奥氏体,故其淬火态及淬回火后的性能主要取决于马氏体和马氏体分解产物的性能以及残余奥氏体的转变产物对性能的影响。

马氏体硬度、强度高,但塑性、韧性差。马氏体的高强度来自相变强化、固溶强化及时效强化。回火时,随着回火温度的升高,α-Fe 基体的回复与再结晶的进行,各种强化效应逐渐消失,硬度与强度不断下降,塑性与韧性有所提高。

当回火温度低于 150~200 ℃时,低碳马氏体仅发生了碳的偏聚而无碳化物析出,高碳马氏体虽析出了亚稳碳化物,但 α-Fe 基体的碳含量仍为 0.2%~0.3%。故低温回火后,碳原子的固溶强化仍是主要强化因素。碳原子在位错的偏聚以及亚稳碳化物在位错的析出都将对位错起钉扎作用,故低温回火后硬度与强度极限基本保持不变,而弹性强度及屈服强度则有明显升高。当亚稳碳化物的析出量较多时,时效硬化效应增强,硬度与强度有所提高。合金元素的存在对低温回火后的性能基本上没有影响。

回火温度超过 200 ℃后,随着回火温度的升高,ε-碳化物不断析出,α-Fe 基体中的碳含量不断下降。对于碳钢,当回火温度达到 300~350 ℃时,碳已全部析出,碳原子的固溶强化效应也就消失。θ-碳化物的析出将产生时效强化,成为主要强化因素,但其强化效果不如固溶强化,故此时强度将有所下降。少量合金元素的存在将推迟 θ-碳化物的析出,使强度下降的速度变慢。

随着回火温度的进一步提高,已析出的碳化物发生聚集长大,使得时效强化效果减弱。同时,相变强化效应会随着回复与再结晶而消除,使强度与硬度不断下降,而塑性及韧性则不断升高。但冲击韧性的变化规律比较复杂,在两个温度范围内有可能出现异常下降,称为回火脆性。

若钢中含有 Cr、Mo、W、V、Ti、Nb 等碳化物形成元素,则在 500 ℃以上回火时将形成弥散分布的合金碳化物而使强度与硬度再次提高,这称为二次硬化。

残余奥氏体在回火时所发生的转变对性能的影响取决于转变的性质及转变所得的产物。淬火钢在回火时的性能变化是相当复杂的。这种复杂性给利用回火调整力学性能带来了可能。

7.3.1　低碳钢回火后的力学性能

图 7-8 是碳含量为 0.15% 的低碳马氏体回火时力学性能的变化。由图可见,在 200 ℃以下回火时,硬度与强度下降不多,塑性与韧性也基本上没有变化。这是因为低碳马氏体低温回火时只有碳原子的偏聚而无碳化物的析出,但由于偏聚于位错的碳原子能钉扎住位错,故使 $\sigma_{0.2}$ 有所升高。当回火温度超过 200 ℃后,将有针状 θ-碳化物在位错缠结处析出。这种弥散细小的碳化物能更有效地钉扎位错,故能进一步提高 $\sigma_{0.2}$,其在 300 ℃附近达到最高值。同时,由于在马氏体板条界析出了薄片状 θ-碳化物,使冲击韧性下降到最低值,延伸率 δ_5 也没有增加。回火温度超过 300 ℃后,θ-碳化物充分析出且析出的碳化物会随着回火温度的升高而聚集长大,同时 α-Fe 基体回复与再结晶引起的软化,使硬度、R_m 及 a_K 等均随着回火温度的升高而显著降低,而塑性与韧性则不断升高。

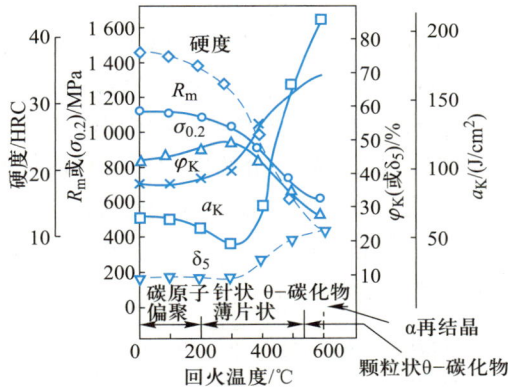

图 7-8　碳含量为 0.15% 的低碳马氏体回火时力学性能的变化

低碳合金钢的力学性能在回火时的变化规律与低碳马氏体基本一致,如图 7-9 所示。在回火时,低碳马氏体的 K_{IC} 值很高,随着回火温度的升高,断裂韧性 K_{IC} 及冲击韧性 a_K 不仅不升高反而急剧下降。在 250～300 ℃以上回火后,不仅位错密度降低,还有 θ-碳化物析出,故使塑性及韧性均下降。

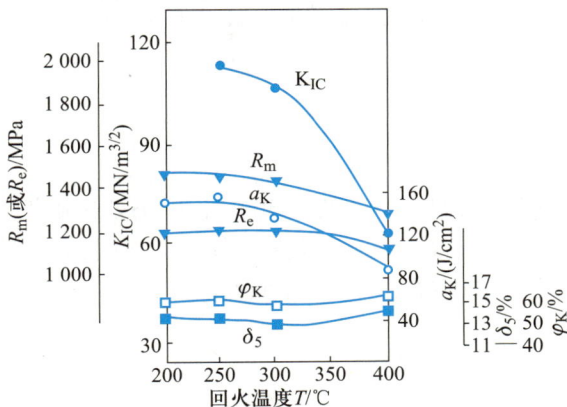

图 7-9　20SiMn2MoV 钢回火时力学性能的变化

总之,低碳马氏体低温回火可获得很好的综合性能。但是,由于低碳钢 M_s 点较高,故在进行低温回火时,实际已经发生了自回火。为了降低淬火应力,在淬火获得低碳马氏体后,常再进行一次低温回火。

7.3.2 高碳钢回火后的力学性能

高碳钢的碳含量高,亚结构主要是孪晶,高碳钢同时存在较多的残余奥氏体。高碳钢中的碳原子在室温发生偏聚,但固溶于 α 相的碳含量仍然很高。在 150 ℃ 以下回火时,可以通过双相分解析出弥散分布的亚稳碳化物。在 200 ℃ 以上回火时,则以单相分解沿马氏体内的孪晶界面析出薄片状 x-碳化物及 θ-碳化物。另外,由于残余奥氏体量较多,残余奥氏体的转变对性能的影响也较大。随着回火温度的升高,θ-碳化物将发生聚集长大,α-Fe 基体将发生回复与再结晶。

图 7-10 是高碳钢($w_C = 0.82\%$,$w_{Mn} = 0.84\%$)的力学性能与回火温度的关系,由图可知,淬火后在 300 ℃ 以下回火时仍硬而脆,拉伸为脆性断裂。在 200 ℃ 以下回火时,随着回火温度的升高,硬度也升高,马氏体中的碳含量越高,硬度升高越明显。这是因为在 200 ℃ 以下回火时有碳化物弥散析出,引起时效硬化且亚稳碳化物析出后固溶于 α 相中的碳仍保持在 0.25%~0.3%。回火温度超过 200 ℃ 后,由于碳的进一步析出而使硬度下降,但由于有较多的残余奥氏体发生了转变,故硬度下降缓慢。在含残余奥氏体多的钢中,甚至有可能使硬度随着回火温度升高而升高。从弹性强度 R_P 的变化中可以看出,弹性强度也与低碳马氏体一样,在 300~350 ℃ 附近出现极大值。

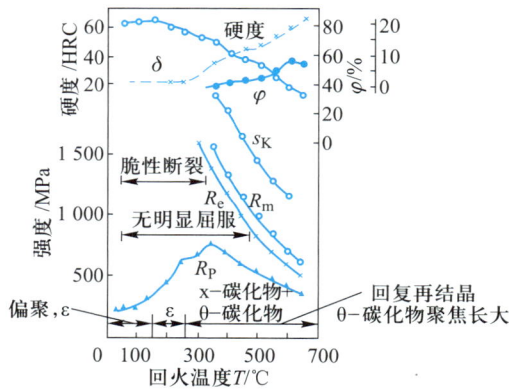

图 7-10 高碳钢($w_C = 0.82\%$,$w_{Mn} = 0.84\%$)的力学性能与
回火温度的关系

高碳钢采用完全淬火时,若回火温度低于 300 ℃,则仍处于脆性状态。若高于 300 ℃,则所得综合性能也不高,低于低碳钢低温回火的性能。故高碳钢一般均采用不完全淬火,使溶入奥氏体中的碳控制在 0.5% 左右,淬火后在低温回火状态下获得高的力学性能。

7.3.3 中碳钢回火后的力学性能

中碳钢淬火后得到的组织是板条状马氏体与片状马氏体的混合组织,故中碳钢淬火后回火时的性能变化规律也介于低碳钢与高碳钢之间。

图 7-11 是中碳钢（$w_C = 0.41\%$，$w_{Mn} = 0.72\%$）的力学性能与回火温度的关系。由图可见，由于中碳钢的碳含量较高，在 200 ℃ 以下回火时，虽也有碳化物析出，但析出量少，析出时的硬化效果不大，故不能使硬度升高，仅能维持硬度不降。回火温度超过 200~250 ℃ 后，随着回火温度的升高，硬度不断下降。由于残余奥氏体量少，残余奥氏体的转变也未显示出对硬度的影响。与低碳钢及高碳钢一样，当回火温度低于 250 ℃ 时，随着回火温度的升高，R_m 及 R_e 均不断上升，在 250~300 ℃ 达最高点。在此期间，塑性指标并不高。当回火温度超过 300 ℃ 时，与低碳钢一样，随着回火温度的升高，强度下降，塑性上升。

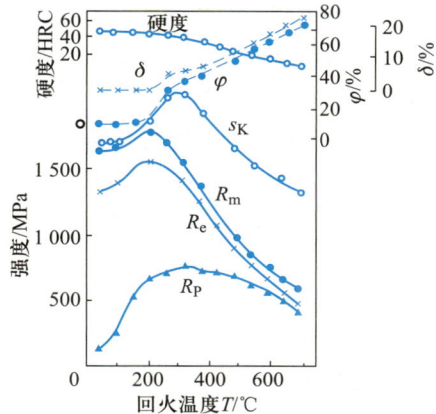

图 7-11　中碳钢（$w_C = 0.41\%$，$w_{Mn} = 0.72\%$）的力学性能与回火温度的关系

中碳钢中温回火后可以获得良好的综合力学性能，故中碳钢一般多在中温回火状态下使用。

需要强调指出的是，各种碳含量的钢在 250~300 ℃ 以及 450~650 ℃ 回火时常出现冲击韧性的异常下降，这种由回火所引起的韧性下降的现象称为回火脆性。

7.3.4　二次硬化现象

含有大量碳化物形成元素的马氏体在 500 ℃ 以上回火时，将会析出细小的弥散分布的合金碳化物。出现随着回火温度的升高，硬度不仅不降低反而重新升高的现象，称为二次硬化。

图 7-12 是 W18Cr4V 高速钢的硬度与回火温度的关系。当回火温度高于 150 ℃ 时，由于 θ-碳化物的析出、聚集与长大，硬度将不断下降。当回火温度超过 300~400 ℃ 时，硬度重新升高，在 550 ℃ 左右达到最大。这是因为随着回火温度的升高，将会析出较 θ-碳化物更稳定的弥散的合金碳化物。同时，θ-碳化物将重新溶解到 α 相中。随着回火温度的进一步升高，合金碳化物也将发生聚集长大而使硬度重新下降，在图 7-12 中的硬度曲线上留下一个二次硬化峰，超过峰值后的下降称为过时效。

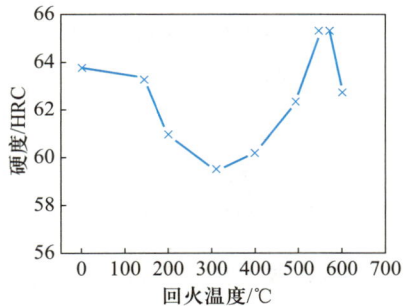

图 7-12　W18Cr4V 高速钢的硬度与回火温度的关系

二次硬化效应的大小取决于引起二次硬化的合金碳化物的种类、数量、大小和形态。研究发现，不是所有合金碳化物都能有效地引起二次硬化。只有 M_2C 及 MC 型碳化物才有明显的二次硬化效应。铬不能形成 M_2C 及 MC 型碳化物，故碳化铬弥散析出时产生硬化效应较弱，当铬含量足够大时，才能显示出明显的二次硬化效应。Mo、W、V、Ti、Nb 等元素均能形成这两类碳化物，故有明显的二次硬化效应。凡能促进这两种类型的碳化物弥散析出的因素均能促进二次硬化效应。例如，Co、Ni 虽不能形成碳化物，但在含 Mo、W 等合金元素的钢中加入 Co 和 Ni 能促进 M_2C 的析出，故能提高二次硬化效应；又如高速钢淬火后采用 320~380 ℃ 低温预回火可以促进 560 ℃ 回火时 M_2C 碳

化物的析出,故可使 560 ℃回火后钢的硬度提高。M_2C 及 MC 碳化物均在位错区呈细针状高度弥散析出,且与 α 相保持共格关系。例如,在 W6Mo5Cr4V2 高速钢中,引起二次硬化的 VC 细丝直径仅为 2 nm,长度为 10~20 nm,碳化物间距仅为 1~2 nm。若回火温度高,回火时间长,引起二次硬化的合金碳化物已经长大,则硬度将下降。因此,凡能提高合金碳化物析出时的弥散度的因素也均能提高二次硬化效应,如对高速钢采用中温淬火等。此外,凡是能抑制碳化物长大的因素均能提高二次硬化效应的稳定性,如加入 Nb、Ta 等。

能够引起二次硬化的合金碳化物的量取决于马氏体的成分。图 7-13 是马氏体中的 Mo 含量对二次硬化效应的影响。由图可见,碳含量不变时,随着 Mo 含量的增加,二次硬化效应不断增加。这是因为 Mo 含量的增加使回火时析出的 Mo_2C 增多。等温淬火所得贝氏体在回火时也有二次硬化现象。图 7-14 为 Mo 含量对低碳钼钢贝氏体回火时的二次硬化效应的影响。

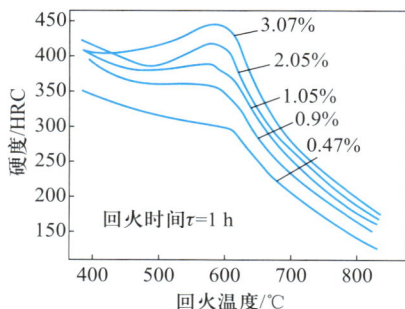

图 7-13 马氏体中的 Mo 含量对二次
硬化效应的影响

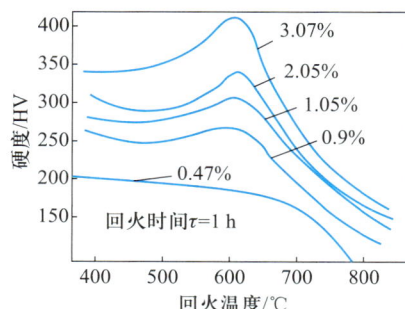

图 7-14 Mo 含量对低碳钼钢贝氏体回火时的
二次硬化效应的影响

高温回火后,由催化形成的残余奥氏体在回火后的冷却过程中所发生的马氏体转变也能对高温回火的硬度有所贡献,但二次硬化的主要原因还是合金碳化物的弥散析出。

7.4 回火脆性

钢在淬火后需要进行回火的主要目的是降低脆性和提高韧性。随着回火温度的升高,钢的强度与硬度降低,但是,韧性并不是单调上升的,而是在 200~350 ℃以及 450~650 ℃出现两个低谷。在这两个温度范围内回火,硬度仍有所下降,但冲击韧性并未升高,反而显著下降,如图 7-15 所示。由回火所引起的脆性称为回火脆性。在 200~350 ℃出现的脆性称为第一类回火脆性,在 450~650 ℃出现的脆性称为第二类回火脆性。

由于回火脆性的存在,可供选择的回火温度范围受到了限制,因此在进行回火时,为了防止脆性升高,必须避开这两个温度区间,这就给调整材料的力学性能带来了困难。

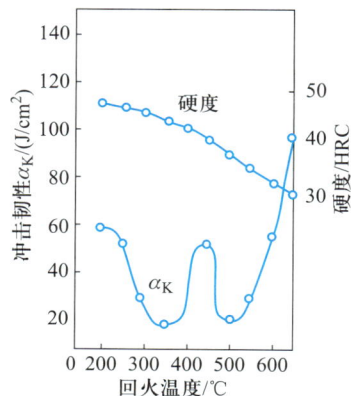

图 7-15 37CrNi3 回火时硬度与
冲击韧性的变化

7.4.1　第一类回火脆性

1）第一类回火脆性的主要特征及影响因素

在 200~350 ℃回火时出现的第一类回火脆性又称为低温回火脆性。出现第一类回火脆性后再加热到更高温度进行回火可以消除这种脆性,使冲击韧性重新升高。另外,若在 200~350 ℃温度范围内再次进行回火时,将不再会出现这种脆性。因此,第一类回火脆性是不可逆的,又可称之为不可逆回火脆性。

几乎所有的钢均存在第一类回火脆性。如碳含量不同的 CrMn 钢回火后的冲击韧性均会在 350 ℃出现一个低谷,如图 7-16 所示。第一类回火脆性不仅降低室温冲击韧性,而且还使冷脆转变温度升高,断裂韧性 K_{IC} 下降。出现第一类回火脆性大多为沿晶断裂。

影响第一类回火脆性的因素主要是化学成分。可以将钢中元素按其作用分为三类:

① 有害杂质元素。这一类元素包括 S、P、As、Sn、Sb、Cu、N、H、O 等。钢中存在这些元素时将导致出现第一类回火脆性。不含这些杂质元素的高纯钢则可以减轻或不出现第一类回火脆性。

② 促进第一类回火脆性的元素。这一类的合金元素有 Mn、Si、Cr、Ni、V 等。这一类合金元素的存在能促进第一类回火脆性的发生。有的元素单独存在时影响不大,如 Ni。但当 Ni 与 Si 同时存在时,则促进第一类回火脆性的发生。还有一些合金元素还能将第一类回火脆性推向更高的温度,如 Cr 与 Si。

③ 减弱第一类回火脆性的元素。这一类的合金元素有 Mo、W、Ti、Al 等。钢中含有这一类合金元素时第一类回火脆性将被减弱。

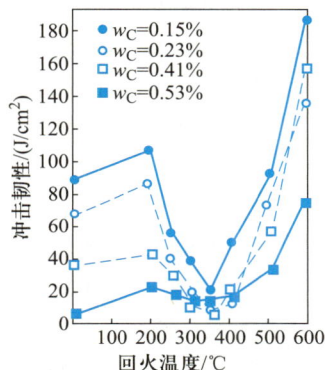

图 7-16　碳含量对 CrMn 钢
（$w_{Cr} = 1.4\%$,$w_{Mn} = 1.1\%$,
$w_{Si} = 0.2\%$,$w_{Ni} = 0.2\%$）
第一类回火脆性的影响

除化学成分外,影响第一类回火脆性的因素还有奥氏体晶粒的大小以及残余奥氏体量。奥氏体晶粒越细,第一类回火脆性越弱。残余奥氏体量越多,则第一类回火脆性越强。

2）第一类回火脆性形成机理

引起第一类回火脆性的原因是多种因素的综合作用,对于不同的钢料,有可能有不同的原因。第一类回火脆性出现的温度范围,是碳钢回火残余奥氏体转变的温度范围,所以认为第一类回火脆性是残余奥氏体的转变引起的,转变的结果将使塑性相奥氏体消失。这一观点能够很好地解释 Cr、Si 等元素将第一类回火脆性推向高温,以及残余奥氏体量增多能够促进第一类回火脆性等现象。但对于另一些钢,出现第一类回火脆性与残余奥氏体转变的温度并不完全对应,故残余奥氏体转变理论不能解释这类钢的第一类回火脆性。

出现第一类回火脆性的解释是碳化物薄壳理论。实验发现,出现第一类回火脆性时,沿晶界处有碳化物薄壳形成。因此认为第一类回火脆性是由碳化物薄壳引起的,沿晶界形成脆性相能引起脆性沿晶断裂。

高碳马氏体在 200 ℃以下回火时,亚稳碳化物在片状马氏体内部弥散析出,而当回火温度高于 200 ℃时将在孪晶界面析出薄片状 x-碳化物及 θ-碳化物。同时,已析出的亚稳定

θ-碳化物将溶解。孪晶界面上的薄片状 x-碳化物及 θ-碳化物将连成碳化物片,导致受力沿孪晶界面断裂使钢的脆性增加。

出现第一类回火脆性的另外一个解释是晶界偏聚理论。回火使奥氏体中杂质元素 P、Sn、Sb、As 等偏聚于晶界,引起晶界弱化而导致沿晶脆断。杂质元素在奥氏体晶界的偏聚也有实验证实。第二类元素能够促进杂质元素在奥氏体晶界的偏聚,故能促进第一类回火脆性的发生。第三类元素能阻止杂质元素在奥氏体晶界的偏聚,故能抑制第一类回火脆性的发生。

3）防止第一类回火脆性的方法

根据第一类回火脆性的形成机理,可以采取以下措施来减轻第一类回火脆性:

① 降低钢中杂质元素含量;

② 加入 Nb、V、Ti 等元素以细化奥氏体晶粒;

③ 加入 Mo、W 等合金元素以增加残余奥氏体量;

④ 加入 Cr、Si 等元素以提高发生第一类回火脆性的温度范围;

⑤ 采用等温淬火代替淬火加高温回火。

7.4.2　第二类回火脆性

在 450~650 ℃回火时出现的第二类回火脆性称为高温回火脆性。

1）第二类回火脆性的主要特征

第二类回火脆性是在 450~650 ℃缓慢冷却引起的脆性,而快冷不会引起脆性。在450~650 ℃等温时也会引起脆性。缓冷脆化与较短时间的等温脆化是同一种脆化。

第二类回火脆性的另一特征是引起脆性后再重新加热到 650 ℃以上,然后快冷至室温,则可消除脆性。在脆性消除后,如在 450~650 ℃缓冷还可再次发生脆性。这表明第二类回火脆性是可逆的,故又称为可逆回火脆性。

第二类回火脆性可以使室温冲击韧性 a_K 显著下降,脆性转变温度(fracture appearance transition temperature,FATT)显著升高。出现第二类回火脆性时,断口呈沿晶断裂。

第二类回火脆性的脆化程度可以用冲击韧性 a_K 值的下降及脆性转变温度的升高来表示。回火脆性敏感系数 α 用下式表示:

$$\alpha = \frac{a_K}{a_{K_{脆}}} \tag{7-1}$$

式中:a_K——非脆性状态的冲击韧性值;

$a_{K_{脆}}$——脆性状态的冲击韧性值。

α 越趋近于 1,表示脆化程度越低,即对第二类回火脆性越不敏感。

2）影响第二类回火脆性的因素

（1）化学成分的影响

钢的化学成分是影响第二类回火脆性的最重要的因素。按作用的不同元素分为三类:

① 杂质元素。这一类元素有 P、Sn、Sb、As、B、S 等。第二类回火脆性是由这些杂质元素引起的。但当钢中不含 Ni、Cr、Mn、Si 等合金元素时,这些杂质元素的存在不会引起第二类回火脆性。

② 促进第二类回火脆性的合金元素。这一类元素有 Ni、Cr、Mn、Si、C 等。这类元素单

独存在时不会引起第二类回火脆性,必须与杂质元素同时存在才会引起第二类回火脆性。当杂质元素含量一定时,这类元素含量越多,脆化越严重。单一元素 Mn 脆化能力最高,Cr 次之,Ni 再次之。当 Ni 含量小于 1.7% 时不引起脆化。当两种以上的这类元素同时存在时,脆化作用更大。

③ 抑制第二类回火脆性的元素。这一类元素有 Mo、W、V、Ti。钢中加入该类元素可以抑制和减轻第二类回火脆性。该类元素的加入量有一最佳值,超过最佳值后,抑制效果变差。稀土元素 La、Nb、Pr 等也能抑制第二类回火脆性。

（2）热处理工艺参数的影响

在 450~650 ℃ 温度范围内回火引起的第二类回火脆性,与回火温度及时间有关。当温度一定时,随着等温时间的延长,回火脆性升高。在 550 ℃ 以下,脆化温度越低,出现脆性速度越慢,但出现脆性程度越大。在 550 ℃ 以上时,随着等温温度的升高,出现脆化速度变慢,能达到的脆性程度降低。

缓冷脆性不仅与回火温度及时间有关,还与回火的冷却速度有关,缓冷使脆性增加。冷却速度的影响规律反映了脆化过程是一个扩散过程。

3）组织因素的影响

与第一类回火脆性不同,各种原始组织均有第二类回火脆性,但以马氏体的回火脆性最严重,贝氏体次之,珠光体最轻。这表明第二类回火脆性主要是马氏体的分解及残余奥氏体的转变引起的。

第二类回火脆性还与奥氏体晶粒尺寸有关,奥氏体晶粒越细,则第二类回火脆性越轻。

7.4.3　第二类回火脆性形成机理

第二类回火脆性情况复杂,用一种理论来解释全部现象很困难。第二类回火脆性的主要特征是:① 脆性出现在晶界附近;② 脆性与温度、时间有关;③ 脆性与钢料化学成分密切有关;④ 脆化过程具有可逆性;⑤ 原始组织为贝氏体与珠光体。

从上述主要特征推断,第二类回火脆性是受扩散控制的过程,与马氏体及残余奥氏体无直接关系的可逆过程。这种可逆过程可能出现两种情况,即溶质原子在晶界的偏聚与消失和脆性相沿晶界的析出与溶解。

1）晶界析出理论

回火缓冷过程中,脆性相沿晶界析出而引起脆化。温度升高时,脆性相重新溶解而使脆性消失。这一理论可以解释回火脆性的可逆性,也可以解释脆化与原始组织无关的现象,但不能解释等温脆化以及化学成分的影响。

2）晶界偏聚理论

实验证明,沿原奥氏体晶界偏聚了某些合金元素及杂质元素。一般认为,回火时由于内吸附使杂质原子偏聚于晶界而引起脆性。另外也有观点认为,促进第二类回火脆性的合金元素在奥氏体化时由于内吸附而偏聚于奥氏体晶界,在脆化温度回火时,由于合金元素与杂质原子的亲和力大,故将杂质原子吸引至晶界而引起脆化,但不能解释 Mo 的影响。三元固溶体的平衡偏聚[铁和合金元素、杂质元素（P、Sn、Sb、As 等）形成三元固溶体时的平衡偏聚]理论。通常认为,合金元素是在回火时向晶界偏聚,在偏聚的同时将杂质原子带至晶界而引起脆化。由于合金元素与杂质元素之间的亲和力不同,有可能出现三种情况:第一种是亲和力不大,杂质原子不能被带至晶界,故不会引起脆性;第二种是亲和力适中,杂质原子被带至晶界引起脆化;第三种是亲和力很大,在晶内就可形成稳定的化合物而析出,故能起净化作用而抑制回火脆性的发生,Mo 就属于这种情况。

另一个重要的偏聚理论是非平衡偏聚理论。在脆化温度回火时沿晶界析出了 Fe_3C。由于杂质元素在 Fe_3C 中的溶解度很小,故被排挤出 Fe_3C 而偏聚于 Fe_3C 周围,从而引起脆化。脆化后在较高温度再回火时,由于杂质元素向 α 相内部扩散以及部分碳化物的溶解而使脆性消失。再次缓冷时,在 α 相的其他界面新析出的碳化物又将排挤出杂质元素而引起脆化。

7.4.4 防止第二类回火脆性的方法

防止第二类回火脆性的方法如下所示:
① 降低钢中杂质元素的含量;
② 加入 Nb、V、Ti 等细化奥氏体晶粒的元素,以增加晶界面积,降低单位面积杂质元素偏聚量;
③ 加入适量的 Mo、W 等抑制第二类回火脆性的合金元素;
④ 避免在 450~650 ℃ 范围内回火,在 650 ℃ 以上回火后应采取快冷。
除上述措施外,还可通过采用等温淬火等工艺来减轻或抑制第二类回火脆性。

思考题

7-1 如何区别高碳钢的回火马氏体组织与下贝氏体组织?
7-2 等温淬火获得下贝氏体后是否需要回火?下贝氏体组织在回火时将发生哪些转变?
7-3 0Cr12Ni4 钢经 920 ℃ 淬火所得残余奥氏体在回火过程中将发生哪些转变?
7-4 高速钢刀具淬火后,若只进行 300 ℃ 回火就交付使用将会出现什么问题?
7-5 Cr12MoV 钢模具热处理工艺丰富多样,在工厂里常用三种方法,即高淬高回:1 115 ℃ 淬火+510 ℃ 回火;中淬中回:1 030 ℃ 淬火+400 ℃ 回火;低淬低回:970 ℃ 淬火+170 ℃ 回火。试讨论其原因和适用范围。
7-6 高速钢刀具或模具为什么淬火后需要进行三次回火?可以用较长时间的加热代替吗?
7-7 试结合回火转变对第一类回火脆性进行讨论。
7-8 什么是二次硬化?什么是二次淬火?

>>> 第8章

... 合金的时效

1906 年,研究人员研究一种 Al-Cu-Mn-Mg 合金时偶然发现该合金淬火后放置在室温时的硬度将随着时间的推移而不断升高。基于此,研究人员提出了时效硬化理论,即时效是在固溶度曲线以下由过饱和固溶体析出了微细的第二相,使硬度得到提高。时效硬化是一个普遍现象,只要 A 与 B 二组元能形成如图 8-1 所示的状态图,就可能出现时效硬化现象。从图可知,组元 B 和 A 可形成 α 固溶体,且 B 在 α 相中的溶解度会随着温度的降低而下降。如有合金 X_1 的含量大于 X_0,将此合金加热到低于固相线的温度并保温足够的时间,待 B 充分溶入后取出立即淬火,则 B 来不及沿 DE 线析出而仍保留在 α 固溶体中从而形成过饱和固溶体,这一处理被称为固溶处理。经固溶处理后的合金在室温放置或加热到不超过溶解度曲线的某一温度保温,B 将以某种析出相(k)的形式从过饱和的固溶体中弥散析出,这一过程可以用下式表示

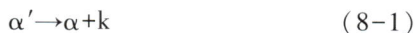

$$\alpha' \rightarrow \alpha + k \tag{8-1}$$

式中:α′为过饱和的固溶体,α 为固溶体,k 为析出相。

时效的实质是过饱和固溶体的脱溶沉淀,时效硬化即脱溶沉淀相的弥散析出引起的沉淀硬化(precipitation hardening)。

图 8-1 A 与 B 二组元出现时效硬化现象的状态图

在室温放置产生的时效称为自然时效,加热到室温以上的某一温度进行的时效称为人工时效。

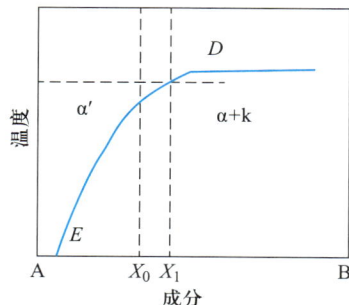

8.1 脱溶沉淀过程的热力学

过饱和固溶体的脱溶分解是通过形核、长大进行的,驱动力是吉布斯自由能差。设 A、B 两组元可以形成 α 固溶体及 β 固溶体(或化合物 A_mB_n)。由化学可知,温度一定时,α 及 β 固溶体(或 A_mB_n)的吉布斯自由能与成分之间的关系曲线如图 8-2 所示。图中虚线为这两条吉布斯自由能曲线的公切线。现有成分为 C_0 的合金,如该合金以 α 固溶体存在,则其吉布斯自由能为 G^α;若分解为成分为 C_α 的 α 相及成分为 C_β 的 β 相,则根据切线法得其吉布斯自由能 $G^{\alpha+\beta}$ 为

$$G^{\alpha+\beta} = \frac{n_\alpha}{n_\alpha+n_\beta}G_{C_\alpha}^\alpha + \frac{n_\beta}{n_\alpha+n_\beta}G_{C_\beta}^\beta \tag{8-2}$$

式中:n_α——α 相物质的量;

   n_β——β 相物质的量。

因 $G^{\alpha+\beta} < G^\alpha$,故为了降低吉布斯自由能,成分为 C_0 的 α 相将分解为成分为 C_α 的 α 相及成分为 C_β 的 β 相,即从成分为 C_0 的 α 固溶体中析出 β 固溶体,并使 α 的成分由 C_0 降至 C_α,C_α 即该温度下 B 在 A 中的固溶度。

不同温度的固溶度都不相同,将各温度下的固溶度连成线,即为 B 在 A 中的固溶度曲线(图 8-3)。由图可见,固溶度随着温度的降低而下降。在固溶度曲线 DE 以右过饱和固溶体将发生脱溶分解。

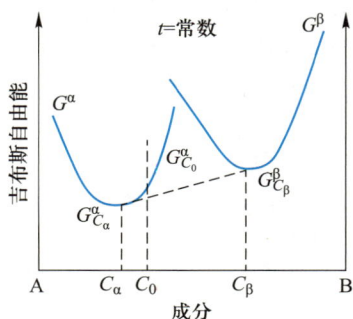

图 8-2　一定温度的吉布斯自由能与合金成分之间的关系

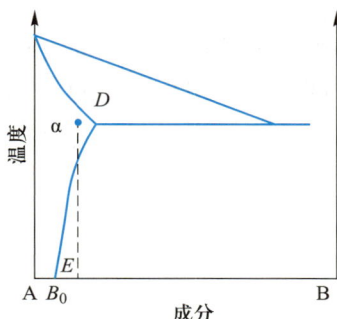

图 8-3　可能发生时效硬化的合金的状态图

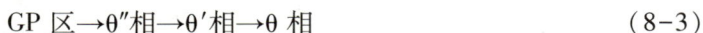

铜含量为 4% 的 Al-Cu 合金在固溶处理后,时效过程中最先形成的 Cu 原子的富集区,也称为 GP 区,然后是 θ'' 相,之后是 θ' 相,最后是 θ 相,即 $CuAl_2$。这一过程可以用下式表示:

$$GP \ 区 \rightarrow \theta'' \ 相 \rightarrow \theta' \ 相 \rightarrow \theta \ 相 \tag{8-3}$$

脱溶沉淀需要经过中间阶段,这是因为固溶处理所得到的过饱和固溶体与析出最稳定的 θ 相之间的吉布斯自由能差最大,即驱动力最大,但由于析出 θ 相需要克服的位垒较大,形核时的临界形核功大,故转变速度慢。先析出中间亚稳相吉布斯自由能差小,即驱动力小,但由于亚稳中间相与原 α 相从成分及晶格结构来看都比较接近,所以析出时需要克服的位垒小,转变易于进行。图 8-4 为 Al-Cu 合金在某一温度下的各相吉布斯自由能与成分之间的关系示意图。在四种不同的析出相中,以稳定的 θ 相的吉布斯自由能最低。

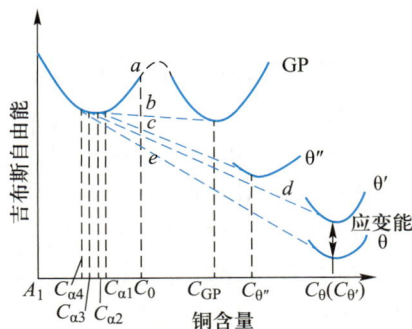

图 8-4　Al-Cu 合金在某一温度下的各相吉布斯自由能与成分之间的关系示意图

8.2　脱溶沉淀过程

现以 Al-Cu 合金为例,介绍过饱和固溶体脱溶沉淀的过程。

8.2.1　GP 区的形成

GP 区是 Cu 原子的聚集区,GP 区称为溶质原子的富集区,可用 X 射线结构分析方法研究。铜含量为 4.5% 的 Al-Cu 合金经固溶处理后在 190 ℃ 以下时效时,通过 Cu 原子的扩散而形成薄片状 Cu 原子富集区,即为 GP 区。用电子显微镜研究得出,Cu 在 {100} 面富集,形成直径约为 0.8 nm,厚度为 0.3~0.6 nm 的薄片。图 8-5 是 Al-Cu 合金 GP 区示意图。

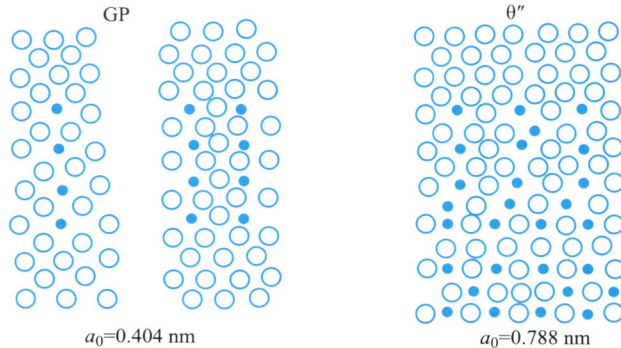

图 8-5　Al-Cu 合金 GP 区示意图

由于 Cu 原子比 Al 原子小,故富 Cu 薄层两侧的 Al 原子将塌向富 Cu 薄层而形成弹性畸变,从而导致硬度升高。

除 Al-Cu 合金外,Al-Zn 合金、Al-Ag 合金、Cu-Co 合金、Cu-Be 合金、Al-Mg-Si 合金、Ni-Al 合金、Ni-Ti 合金、Fe-Mo 合金、Fe-Au 合金等在脱溶开始时也都形成 GP 区。GP 区除片状外还有呈球状的,如 Al-Zn 合金、Al-Ag 合金;也有呈针状的,如 Al-Mg-Si 合金。GP 区的形状取决于原子半径差,原子半径差较大时,畸变能大,易形成片状或针状结构。

8.2.2　θ″合金的形成

随着时效温度的升高,已形成的 GP 区时效转变形成较为稳定的 θ″ 相。θ″ 相仍为薄片状,厚度为 0.8~2 nm,直径为 15~40 nm,惯习面为 $(100)_\alpha$,$a = b = 0.404$ nm,与 Al 相同。$c = 0.788$ nm,接近 Al 的晶格常数 c 的两倍。θ″ 相的 (001) 面可以与 Al 保持完全共格,但在 z 方向则要依靠正应变才能与 Al 保持共格联系,故在 θ″ 相薄片周围将产生一弹性畸变区(图 8-6)。因此,θ″ 相的形成也将使硬度升高。θ″ 相的单位晶胞由五层 (001) 面组成。顶层与底层全部为 Al 原子,第三层全部为 Cu 原子(图 8-5),第二层与第四层由 Al 与 Cu 原子混合组成,成分接近于 $CuAl_2$。

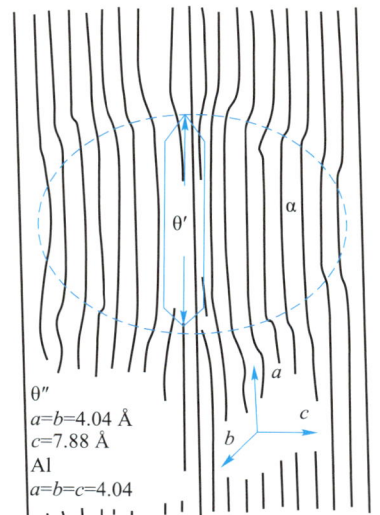

θ″
$a = b = 4.04$ Å
$c = 7.88$ Å
Al
$a = b = c = 4.04$

图 8-6　θ″ 相周围的畸变区

8.2.3　θ′相的形成

时效温度进一步提高形成 θ′ 相,θ′ 相也是通过形核与长大形成的。与 θ″ 相不同,θ″ 相为均匀形核,而 θ′ 相为不均匀形核,通常是在螺旋位错及胞壁处形成的。θ′ 相也呈薄片状,惯习面也是 $(001)_\alpha$。与 α 的位向关系为 $\{100\}_{\theta''} // \{100\}_\alpha$,$[100]_{\theta''} // [010]_\alpha$,在 (001) 面上与 α 相保持共格。θ′ 相也具有正方晶格,其晶格结构如图 8-7 所示,其中 $a=b=0.404$ nm, $c=0.58$ nm 成分与 $CuAl_2$ 相当。

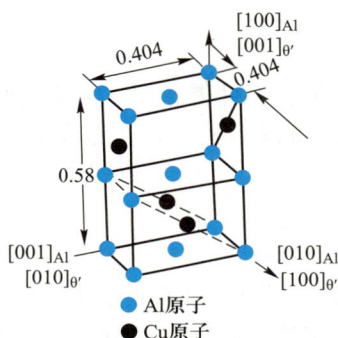

图 8-7　θ′相的晶格结构

8.2.4　θ 相的形成

一般认为,θ 相是由 θ′相长大而成的。随着时效温度的提高与时间的延长,θ′相不断长大,当长大到一定尺寸时,共格破坏,θ′相与 α 相完全脱离而成为稳定的 θ 相。θ 相仍是正方晶格,但晶格常数与 θ′相相差甚大。θ 相的晶格常数为: $a=b=0.607$ nm, $c=0.487$ nm。θ 相的成分为 $CuAl_2$,由 θ′相长成 θ 相,硬度将下降。

其他时效硬化型合金也可能与 Al-Cu 合金一样出现亚稳中间相,但不一定都有四个阶段。表 8-1 是几种时效硬化型合金的析出系列。

表 8-1　几种时效硬化型合金的析出系列

基本合金	合金	析出系列	平衡析出相
Al	Al-Ag	GP 区(球)→r′相(片)	→r 相(Ag_2Al)
	Al-Cu	GP 区→θ″相→θ′相	→θ 相($CuAl_2$)
	Al-Zn-Mg	GP 区→M′相	→M 相($MgZn_2$)
	Al-Mg-Si	GP 区→β′相	→β 相(Mg_2Si)
	Al-Mg-Cu	GP 区→S′相	→s 相(Al_2CuMg)
Cu	Cu-Be	GP 区→r′相	→r 相(CuBe)
	Cu-Co	GP 区	→β 相
Fe	Fe-C	ε-碳化物[①]	→θ 相(Fe_3C)
	Fe-N	α″相	→Fe_4C
Ni	Ni-Cr-Ti-Al	r′相	→r 相(Ni_3TiAl)

①在析出 ε-碳化物之前,也形成 C 的富集区。

8.3　脱溶沉淀后的显微组织

脱溶沉淀后的性能与脱溶沉淀相的种类、形状、大小、数量及分布等有关。析出相的种类与合金的成分及时效工艺有关,可以用电子衍射及透射电镜等技术对析出相、形状、数量等进行分析。

8.3.1　脱溶沉淀类型

GP 区的形成比较简单,因 GP 区很小,故不能用光学显微镜观察,只能用电子显微镜观察。亚稳中间相及稳定相的脱溶沉淀过程比较复杂。最初析出时由于十分细小,必须用电子显微镜才能观察到。只有当析出相长大到足够大时,才能用光学显微镜观察到。具体的形态可以有三种不同类型,即局部脱溶、连续脱溶和不连续脱溶。

1) 局部脱溶(partial precipitation)

局部脱溶是不均匀形核引起的,一般最容易在晶界、亚晶界、孪晶界、滑移线等晶内缺陷处形核。

2) 连续脱溶(continuous precipitation)

若新相析出时是均匀形核,则为连续脱溶。此时,析出相均匀分布在基体中,与晶界、位错线等无关。新相析出后,与其周围的母相一起成为溶质原子贫化区,而离析出相稍远的基体仍保持原有浓度。因此,可形成浓度梯度,同时溶质原子往析出相扩散,使析出相不断长大。随着析出相数目的增多及粒子的长大,母相浓度将不断下降直至平衡浓度,这与回火时马氏体分解时的单相分解相似。

3) 不连续脱溶(discontinuous precipitation)

不连续脱溶的主要特征是沿晶界不均匀形核,然后逐步向晶内扩展。不连续脱溶既与珠光体转变有类似之处,又与双相分解有类似之处。

在晶界处形成的析出相的核往往与一侧母相保持位向关系,具有共格界面,而与另一侧无位向关系,为非共格界面。随着脱溶过程的进行,析出相将在与其无位向关系的母相晶粒中呈片状长大。在薄片状析出相的两侧将出现溶质原子贫化区,在贫化区外,沿母相晶界又有可能形成新的析出相的晶核。此时,在析出相与贫化区以外的母相仍保持原有浓度。随着脱溶过程的继续进行,析出相逐渐长成薄片状,并与相邻的贫化区组成类似于珠光体内部为层片状而外形呈瘤状的层瘤状组织。由此可见,不连续脱溶与珠光体转变很相似,不同之处是铁素体(即溶质原子的贫化区)代替了母相。对于母相而言,在不连续脱溶过程中,除成分保持不变的原有的母相外,又出现了一种成分接近于平衡状态的母相。随着脱溶过程的进行,前者越来越少,后者越来越多,两者的成分均不变。由此可见,不连续脱溶又与双相分解类似。

8.3.2　脱溶过程中显微组织变化序列

在过饱和固溶体时效过程中,既可能发生局部脱溶,也可能发生连续或不连续脱溶,故有可能形成各种各样不同的显微组织。

1）局部脱溶加连续脱溶

如图 8-8 所示,过饱和固溶体在脱溶沉淀开始时,将首先在晶界、滑移面等能量高的地方形核发生局部析出(图 8-8a)。如果临界形核功较小,也有可能发生均匀形核而引起连续析出。因连续析出开始时所析出的相十分细小,故在光学显微镜下不能分辨;沿滑移线析出的相已经长大,出现在晶界两侧;连续脱溶析出的相也已经长大,并可在光学显微镜下分辨。随着时效的进一步发展,析出相将粗化、球化,经球化后,局部脱溶及连续脱溶的析出相已难以区别。

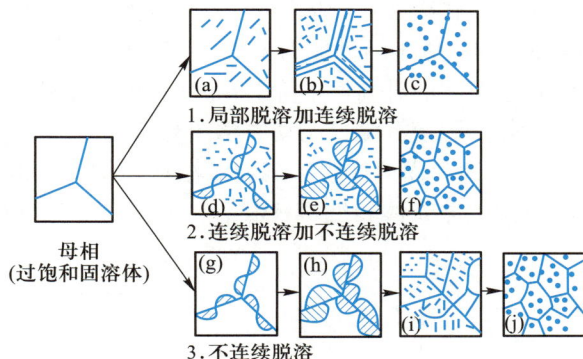

图 8-8　过饱和固溶体脱溶沉淀所得组织的变化示意图

2）连续脱溶加不连续脱溶

在晶内发生连续脱溶而在晶界发生不连续脱溶形成层瘤状组织,得到图 8-8d~f 所示的组织变化。随着脱溶沉淀的进行,层瘤状组织不断扩大到整体。析出相也不断长大并发生球化,最后得到如图 8-8f 所示的组织。对比图 8-8d 与图 8-8f 可以看到,母相晶粒已由于再结晶而显著变细。

3）不连续脱溶

若发生不连续脱溶,则组织变化将如图 8-8g~i 所示,核在晶界形成后长成层瘤状组织(图 8-8g),不断增大(图 8-8h),扩大至整体(图 8-8i)。与此同时,析出相也在不断长大并逐渐球化,最后得到如图 8-8j 所示的组织。

过饱和固溶体脱溶分解时按哪一种序列变化取决于固溶体的成分、过饱和程度以及时效工艺等。

8.3.3　无析出区

脱溶沉淀时,在母相晶粒边界常存在无析出区,在无析出区既不形成 GP 区,也不析出亚稳中间相及稳定相。无析出区的存在使得性能变差,因此,有必要研究其成因并设法加以预防。

无析出区的成因并不是溶质原子的贫化,而是该区域内的空位密度低。空位密度低的原因是在淬火冷却过程中靠近晶界的空位扩散至晶界而消失。由于空位密度低,溶质原子的扩散变得困难,因此使 GP 区及亚稳中间相等均难以析出。按照这一观点可以采用时效前的形变来增加无空位区的晶体缺陷,从而促进 GP 区的形成及亚稳中间相的析出,以消除无析出区。另一个方法就是提高淬火时的冷却速度,以防止空位向晶界扩散。

8.4 脱溶沉淀过程的动力学

8.4.1 脱溶沉淀等温动力学图

过饱和固溶体脱溶沉淀的驱动力是新相与母相的吉布斯自由能差,而脱溶沉淀过程是通过扩散进行的,因此与珠光体转变及贝氏体转变一样,脱溶沉淀等温转变动力学曲线也呈S形。随着脱溶沉淀温度的升高,原子活动能力增加,扩散速度加快,故脱溶沉淀速度加快。但与此同时,过饱和度将随着温度的升高而下降,吉布斯自由能差减少,临界形核功增大,故又使脱溶沉淀速度下降。因此,脱溶沉淀等温动力学图与珠光体转变等一样,呈C形曲线。

图 8-9 是 Al-4Cu 合金过饱和固溶体脱溶沉淀等温动力学图。由图 8-9 和图 8-10 可见,脱溶沉淀的各个阶段与钢中珠光体转变等一样,均有各自独立的 C 形曲线且相互交叉在一起。

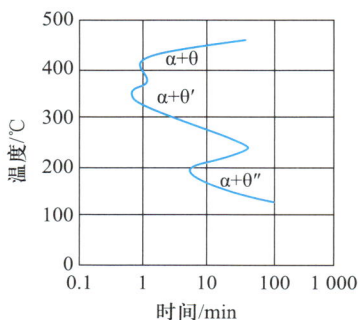

图 8-9 Al-4Cu 合金过饱和固溶体脱溶
沉淀等温动力学图

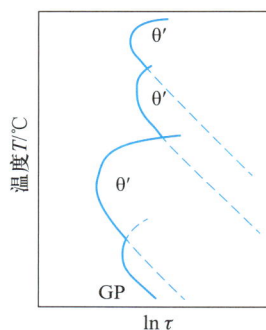

图 8-10 合金过饱和固溶体脱溶
沉淀等温动力学图

8.4.2 影响脱溶沉淀等温动力学图的因素

研究发现,GP 区实际形成速度比按 Cu 在 Al 中的扩散系数所计算出的形成速度要快得多,而且实际形成速度还与固溶处理的温度、固溶处理后的冷却速度等有关。随着等温时间的延长,已形成的 GP 区量增多,GP 区的形成速度将不断减小。研究认为,固溶处理所冻结下来的空位加快了 Cu 的扩散,即 Cu 原子是按空位机制扩散的,故其扩散系数与空位扩散激活能及空位浓度有关,而空位浓度又与形成空位所需的激活能以及固溶处理温度、固溶处理加热后的冷却速度等有关。进一步研究认为,固溶处理中的加热温度越高,加热后的冷却速度越快,冷却后所得空位浓度越高,GP 区形成速度也就越快。在母相晶粒边界出现的无析出区,也就是因为靠近晶界的空位极易扩散至晶界而消失所引起的。随着时效时间的延长,GP 区的形成,空位浓度不断降低,故新的 GP 区的形成速度越来越小。

θ″相、θ′相及 θ 相的析出也需要通过 Cu 原子的扩散,因此也与空位浓度有关。除空位浓度外,脱溶沉淀速度还与过饱和度以及其他组元的存在有关。过饱和度越大,脱溶沉淀速度越快。其他组元的存在对脱溶沉淀速度的影响取决于其存在的形式,若以固溶状态存在,则影响不大;若以化合物状态存在且化合物高度弥散,则有可能作为脱溶沉淀相的非自发晶核而促进沉淀相的析出。

有些元素对时效各个阶段的影响是不一样的,如 Cd、Sn 与空位极易结合,故在 Al-Cu 合金中加入 Cd 或 Sn 将使空位浓度下降,进而使 GP 区形成速度显著降低。但 Cd 与 Sn 又是内表面活性物质,极易偏聚在相界面而使在界面上形成的 θ′ 相的界面能显著降低,故能促进 θ′ 相沿晶界析出。形变可以增加晶内缺陷,故固溶处理后的形变可以促进脱溶沉淀过程。

8.4.3　影响动力学的因素

1）温度的影响

温度越高,原子活动能力越大,脱溶沉淀速度也就越快。但随着温度升高,过饱和度及吉布斯自由能差逐渐减小,当这一因素占主导地位时,一定范围内可以用提高温度的方法来加快时效过程。

2）合金成分的影响

时效温度相同时,合金熔点越低,脱溶沉淀速度也就越快。因为熔点越低,原子间的活动性越好,扩散速度越快,故低熔点合金时效温度可低一些。

溶质原子与溶剂原子的性能差别越大,脱溶沉淀速度越快。过饱和度越大,脱溶沉淀速度也越快。

3）晶内缺陷的影响

增加晶内缺陷可以使脱溶沉淀速度加快,但是不同的晶内缺陷对不同的脱溶沉淀相的影响是不一样的。如 GP 区的形成与空位有关,而 θ′ 相的形成与位错有关,因此,固溶处理后的形变所增加的位错能促进 θ′ 相的析出,对 GP 区的形成影响不大,故凡是 θ′ 相的脱溶沉淀能使强度下降的合金均不得采用形变时效。

8.5　脱溶沉淀时性能的变化

固溶处理所得过饱和固溶体在时效过程中,其力学性能、物理性能以及化学性能均发生了显著变化。下面重点讨论硬度与强度在时效过程中的变化。

8.5.1　时效

由于固溶强化效应,固溶处理所得到的过饱和固溶体的硬度与强度比纯金属高。在时效过程中,随着新相的析出,硬度与强度还将发生一系列变化。在时效初期,时效后的硬度将进一步提高。一般将时效所引起的硬度的提高称为时效硬化。

时效通常分为自然时效与人工时效两类。室温下的时效称为自然时效,提高温度的时效称为人工时效。图 8-11 是 Al-38Ag 合金在不同温度时效时硬度的变化。由图可见,在温度低于 350 ℃时效时,硬度随着时间快速上升,但达到一定值后即保持不变。时效温度越高,硬度上升越快,最后达到的硬度也就越高,故可用提高时效温度的办法来缩短时效时间和提高时效后的硬度。一般认为低温下时效仅形成 GP 区。在 150 ℃以上时效时,硬度升高的规律发生了变化。在初期,随着时间延长硬度而缓慢升高,然后迅速升高到一极大值后下降。超过极大值后出现的硬度的下降称为过时效。时效温度越高,硬度上升速度越快,但可能达到的最大硬度值越低,越容易出现过时效,这是因为时效析出了过渡相与平衡相。

图 8-12 是 Al-Cu 合金在 130 ℃时效时的硬度变化曲线。时效时引起硬度变化的原因:① 固溶体中溶质元素贫化;② 基体发生回复与再结晶;③ 新相的析出。前两个因素均使硬度随时效时间的延长而单调下降,第三个因素一般使硬度升高。当析出相与母相的共格联系遭到破坏以及析出相粗化后,硬度将会下降。

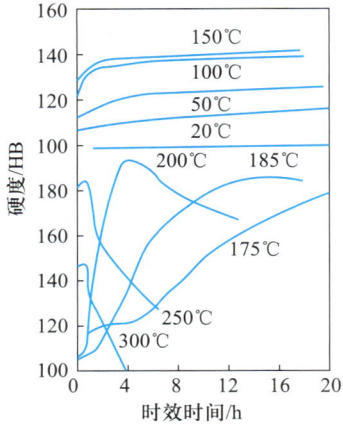

图 8-11　Al-38Ag 合金在不同温度时效时硬度的变化

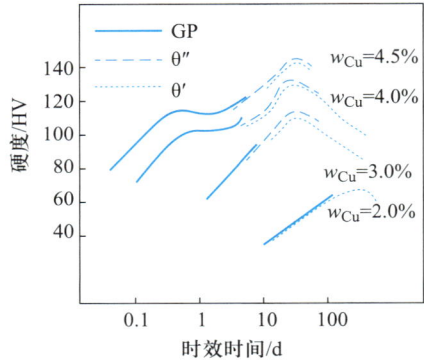

图 8-12　Al-Cu 合金在 130 ℃时效时的硬度变化曲线

8.5.2　时效硬化机制

时效硬化是由于母相中的位错与析出相之间的交互作用引起的。按位错与析出相的作用方式的不同,将时效硬化机制分为三类。

1) 内应变强化

由于析出相的晶格结构及晶格常数均不同于母相,故在析出相的周围将产生不均匀畸变区,即形成不均匀应力场。位于不同应力场的位错具有不同的能量。为降低系统能量,位错将移动到低能位置。

在固溶状态下,溶质以原子状态存在于溶剂中。由于溶质原子不同于溶剂原子,故在每个溶质原子周围均形成一个应力场。由于溶质原子数量很多,所以两相邻溶质原子之间的距离很小,因此要使位错绕过每一个溶质原子而使位错的每一段均处于低能位置,显然是不可能的。因为位错的曲率半径越小,使位错弯曲所需的力就越大。可能的情况是位错基本上仍保持平直(图 8-13a),其中部分位错段位于能谷,部分位错段位于能峰,部分在峰的这一侧,部分在峰的另一侧。当位错线在外力作用下向前移动时,对部分位错段来说,将从低能位置移向高能位置,故受到阻力。而对有的位错段来说,则是从高能位置移向低能位置,

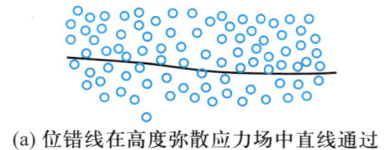

(a) 位错线在高度弥散应力场中直线通过

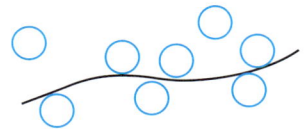

(b) 位错线在间距较大的应力场中弯曲通过

图 8-13　位错线在应力场中的分布

故受到推力。阻力与推力大致相当,故固溶状态的原子所形成的应力场不能阻止位错的运动,此时合金处于较软的状态。当析出相十分细小时也属于这种情况。

形成析出相时,新相颗粒间距将远远大于固溶状态时溶剂原子间的距离。当析出相间距增大到位错线能绕每一个析出相颗粒成为弯曲位错时(图 8-13b),整根位错有可能全部处于能谷。此时,位错在外力作用下向前移动时的位错线上的任一段落都将从能谷移向能峰,因此整根位错线将受到阻力而使硬度和强度得到提高。由此而引起的强化称为内应变强化,内应变强化会随着析出相的增多而增强。

2)切过颗粒强化

当析出相位于位错线滑移面且析出相不太硬时,位错线可以切过析出相而强行通过(图 8-14)。通过电镜观察表明,位错可以切过 Al-Cu 合金的 GP 区和 θ″相以及 Al-Zn 合金的 GP 区等。位错线切过析出相时不仅需要克服析出相所造成的应力场,还由于析出相被切成两部分而增加了表面能,以及改变了析出相内部两种原子之间的邻近关系,因而引起强化现象。

3)绕过析出相

随着析出相的聚集长大,析出相颗粒间距不断增大,当间距足够大且析出相又很硬导致位错不能切过时,在外力作用下位错线将在两颗粒间凸出(图 8-15a)。当凸出部分的曲率半径小于二分之一间距时,则无须进一步增加外力,位错线可继续向前扩展。如图 8-15b所示,方向相反的位错段相遇时将重新连接成一根位错线并在析出相周围留下一位错圈(图 8-15c、d)。绕过析出相的位错线在外力作用下将继续扩展。

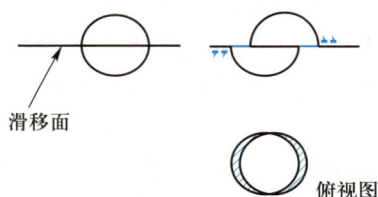

图 8-14　位错线切过析出相　　　图 8-15　位错线绕过析出相

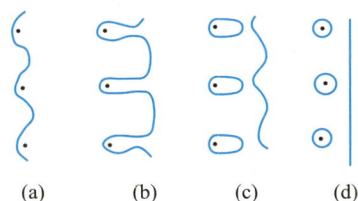

位错线按该方式扩展时所需要的切应力 τ 为

$$\tau = 2G\frac{b}{l} \tag{8-4}$$

式中:G——切变模量;

　　b——伯格斯矢量;

　　l——相邻析出相颗粒间距。

按上述硬化机理可以对图 8-12 的 Al-Cu 合金的硬化曲线解释如下:时效初期形成的 GP 区与母相保持共格关系,存在共格应力和应变,故具有应变强化效应,再加之位错滑移较困难,使硬度显著升高。随着时效时间的延长,GP 区数量的增多,硬度将不断升高。当 GP 区所占体积分数 f 增长到某一平衡值时,硬度将不再增加,硬化曲线出现一平台。在 GP 区之后出现的 θ″、θ′相也与母相保持共格关系,在 θ″相周围形成强共格应力应变场。另外,位错线也可切过 θ″相,故 θ″相的形成使硬度与强度进一步提高并且硬度与强度会随着 θ″相的体积分数 f 及半径 r 的增加而增加。经过一段时间后,当 f 变为恒定时,r 由于粗化仍在增大。在此期间,合金硬度仍有所提高,但是提高幅度不大。当 θ″ 相粗化到位错线能够绕过时,随着 r 及 f 的增大,合金硬度开始下降,出现过时效。析出 θ′ 相时,由于 θ′ 相是不均匀形核,与母相保持半共格联系,且形成后很快就粗化到位错线可以绕过的尺寸,半共格关系也很快被破坏,因此 θ′ 相出现时,合金硬度就开始下降。θ 相的析出只能导致合金硬度下降。

成分复杂的固溶体有可能析出几种析出相,每一种析出相均有自己的硬度峰,因此有可能出现多峰硬化曲线。

8.6 调幅分解

固溶体可以通过调幅分解(spinodal decomposition)分解为两个成分不同的相。调幅分解又称为旋节分解、增幅分解或亚稳分解。调幅分解与其他许多转变不同,是一种无核转变,即分解时不存在形核阶段。

8.6.1 调幅分解热力学

设 A、B 为两组元且具有相同的晶格结构,在较高温度下能完全固溶,但在低温时将分解成两个晶格结构相同而成分不同的固溶体。图 8-16 是具有溶解度间隔的二元状态图及 T_{max} 以下任一温度的 G-C 曲线。由热力学知,在 T_{max} 以下的任一温度,合金的吉布斯自由能 G 与成分 C 之间具有如图 8-16 所示的关系。该曲线由左右两段向下凹的曲线以及中间一段向下凹的曲线组成。众所周知,具有极小值的向上凹的曲线的二阶导数大于零,而具有极大值的向下凹的曲线的二阶导数小于零。在两种曲线的连接处的某点二阶导数等于零,该点习惯上被称为拐点。将各个温度下的拐点连接成图 8-16 中的虚线,称为拐点曲线。两条拐点曲线将整个两相区划分为三个区域。

两相区内的单相固溶体必将分解为成分不同的两个相,在达到平衡时该两个相的成分可由两相区的边界线给出,即图 8-16 中的 C_a 及 C_b。由于拐点的存在,使得这一分解过程将按两种不同的方式进行,即拐点曲线两侧的一般分解和两拐点曲线之间的调幅分解。

在两拐点外侧所对应的是向上凹的吉布斯自由能曲线,在该区域内的合金分解为成分为 C_a 及 C_b 的两个相时,其吉布斯自由能将由 G_1 降为 G_2(图 8-17)。但若分解为成分为 C_1 及 C_2 的两个相时,吉布斯自由能不仅不下降,反而将从 G_1 升至 G_3。显然这样的过程是不能进行的。因此从成分为 C_0 的固溶体分解为成分为 C_a 及 C_b 的两相混合物时,不可能经历预先分解为成分为 C_1 及 C_2 的两个相的中间阶段,必须只有在成分为 C_0 的固溶体中出现了成分起伏及能量起伏足够高的、尺寸足够大的区域分解才有可能进行,因为这样分解的结果能使系统吉布斯自由能下降。这表明分解,亦即析出,必须通过形核阶段。

在两拐点之间则将按另一种方式分解。该区域所对应的是向下凹的吉布斯自由能曲线。在该区域内任何成分的合金,如 C_0' 分解为成分为 C_a 及 C_b 两相时,吉布斯自由能将从 G_1' 降为 G_2'。当其分解为任意两个成分不同的相时,吉布斯自由能也必将降低,如由 G_1' 降为 G_3'。因此,在此区域内,单相固溶体可以连续地分离为成分不同的两个相直至平衡状态。在分解过程中不需要通过形核阶段,故这是一种无核转变。凡吉布斯自由能与成分之间的关系曲线呈向下凹的均可按此方式分解为成分不同的两个相,即调幅分解。

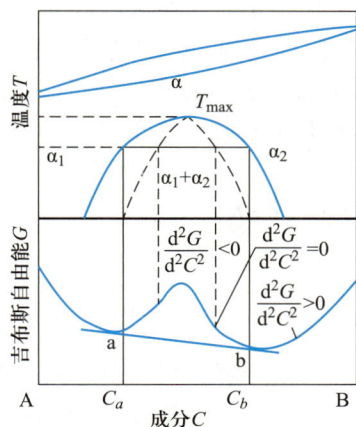

图 8-16　具有溶解度间隔的二元状态图
及 t_{max} 以下任一温度的 G-C 曲线

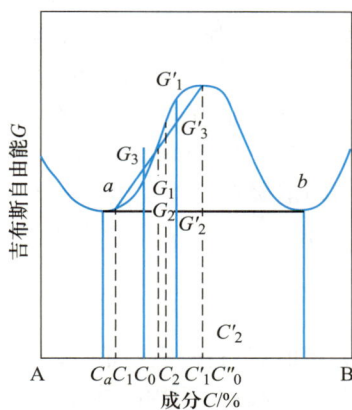

图 8-17　固溶体分解时
吉布斯自由能的变化

8.6.2　调幅分解过程

　　按经典形核机制分解时,新相晶核形成后,新相与母相之间出现一个明显的界面,界面两侧通过原子交换在瞬间即可达到平衡状态,即界面的一侧增至 C_b,而另一侧降为 C_a(图 8-18a)。因 $C_a < C_0$,故在母相内将形成浓度梯度,母相中的 B 原子将向低浓度的边界扩散,进而破坏边界平衡。为恢复平衡,新相将不断长大,直至母相成分全部下降到 C_a 为止。由此可见,按经典形核机制分解时,发生的是下坡扩散。

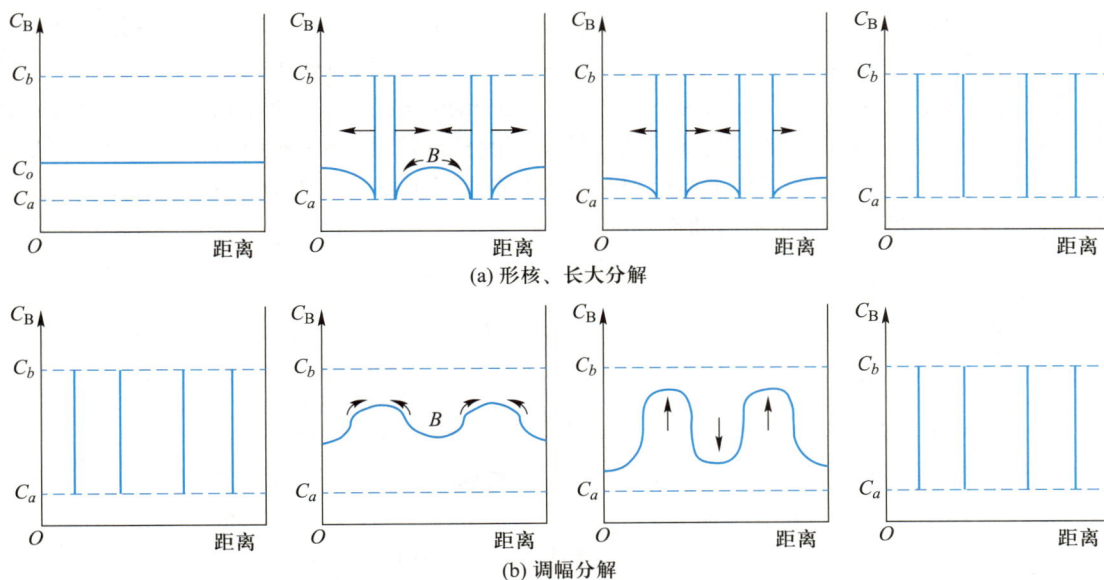

(a) 形核、长大分解

(b) 调幅分解

图 8-18　固溶体分解时原子扩散方向

　　调幅分解则与此不同。在分解过程中,富 B 区中的 B 原子浓度逐渐增加并进一步富化,而贫 B 区中的 B 原子浓度逐渐降低而加剧了贫化。两个区域之间没有明显的分界线,成分是连续过渡的,如图 8-18b 所示。在分解过程中原子不是由高浓度区向低浓度区扩散的,而是由低浓度区向高浓度区扩散,即所谓上坡扩散,这是调幅分解的另一个特点。

由此可见,调幅分解时成分按正弦曲线变化,振幅随着分解过程的进行而逐渐增大。正弦曲线的波长为 λ。显然富化区与贫化区之间的浓度梯度将随着 λ 的减小而增加。浓度梯度的增加将使上坡扩散变得困难,故 λ 有一极限值 λ_c。若 λ 小于 λ_c,则分解将不可能发生。若 λ 大于 λ_c,则偏聚有可能发生。一般所观察到的 λ 均略大于 λ_c。在 Al-Zn 合金中观察到的 λ 约为 5 nm,在 Al-Ag 合金中约为 10 nm。

8.6.3 组织与性能

因调幅分解时成分按正弦曲线呈周期性变化,故调幅分解所得的组织具有明显的规律性。在调幅分解过程中,两相始终保持共格关系。由于溶剂与溶质原子半径的差异,为维持共格关系必然会产生一定的弹性应变。为降低弹性应变,析出相总是沿弹性应变抗力小的晶向生长,如立方晶系中的<100>或<111>方向,这将导致形成类似格子布一样的组织。

已经在 Al-Zn、Al-Ag 永磁合金以及 Na_2O-SiO_2 及 $B_2O_3-PbO-Al_2O_3$ 等玻璃中观察到了调幅分解。另外,高碳马氏体在 80 ℃以下回火时也可能发生调幅分解。许多时效硬化型合金中的 GP 区也是通过调幅分解形成的。

由于调幅组织的波长极小,仅为几十甚至几纳米,故有较好的弥散强化效应。如 w_{Ni} = 9%、w_{Sn} = 6%的铜合金经调幅分解后的 R_e 可达 500 MPa,且调幅组织中不会发生位错的过分堆积,故可以保证材料有较好的塑性。

调幅分解现已用 Al-Ni-Co 永磁合金。这种合金经淬火及调幅分解后可以形成富 Fe-Co 及富 Ni、Al 的区域,具有单畴效应,因此可以提高硬磁性能。

最后,需要强调指出的是,在 Ni 基高温合金中观察到的格子布组织并不是通过调幅分解形成的,而是通过形核、长大机制形成的。这种合金从一开始就析出属于有序相的平衡相而没有亚稳相的形成。平衡相最初析出时为散乱分布的球状颗粒,随后长成沿<110>方向排列的立方体,最后由立方体连接成呈周期性排列的杆或片,即格子布组织。之所以会形成这种组织,是因为有序相的界面能很低,导致畸变能成了主要控制因素。为了降低畸变能,新相析出时总是沿一定方向呈周期性排列。

思考题

8-1 试述在时效过程中为何先出现亚稳中间相而不直接形成稳定相?

8-2 在 Al-Cu 合金的热处理过程中,用光学显微镜可以观察到哪些变化?

8-3 如何细化 Al-Cu 合金晶粒?

8-4 Al-Cu 合金时效过程与马氏体分解过程有何异同?

8-5 已知 θ'' 相呈圆盘形薄片状析出长大,惯习面为 $(100)_\alpha$,晶格错配度 δ 为 10%,片厚为 5 nm,设由共格界面引起的畸变能为 $E_s = 3/2VE\delta^2$(V 为每个原子的体积,E 为平均弹性模量),试计算共格破坏时 θ'' 相的直径(设 $E = 7×10^4$ MPa,共格破坏后的非共格界面能为 0.5 J/m^2)。

8-6　试讨论局部脱溶、连续脱溶、不连续脱溶与单相分解以及双相分解之间的关系。

8-7　为何不能将局部脱溶所得组织称为魏氏组织?

8-8　试述不连续脱溶与珠光体转变有何异同点。

8-9　试讨论温度对脱溶沉淀等温动力学的影响。

8-10　试述界面能与弹性畸变能在无核转变中所起的作用。

8-11　试述金属材料四大强化机理是什么? 分别用于何种合金材料及加工工艺?

第 二 篇

热处理工艺

>>> 第9章

••• 金属的加热

金属热处理的基本过程是将金属零件置于特定的介质中加热、保温和冷却。这一过程是通过改变金属及其合金的显微组织结构来改善其性能。在热处理过程中,加热是首要的工序,零件加热可以改变其热力学状态、晶体结构、物理化学性质及化学成分分布等,从而实现预期的组织结构及成分的改变,以获得所需的性能。金属在一定的环境介质中加热时,其表面与介质之间发生一系列化学反应造成零件表面的某些缺陷(如氧化、脱碳、腐蚀等)。同时,在加热冷却过程中,零件要发生热胀冷缩和相转变,由于不同相的比容不同,这种体积变化的不一致会在零件内部产生热处理应力,这是导致零件发生变形与开裂的主要原因。因此,零件加热也直接影响零件的最终质量。在金属加热中,选择合适的加热工艺和加热方式,减少能耗提高效率具有重要的经济意义。

9.1 金属加热的物理过程

热处理加热过程大多是在各类热处理炉中进行的。利用在炉膛与金属零件之间建立温度梯度,金属零件依靠辐射、对流、传导这三个基本物理过程而使零件升温。实际上,金属零件的升温又可被描述为加热介质与金属零件表面热量传输或表面向内部的热量传导这两个过程的复合作用。

9.1.1 热传导

加热介质与加热零件表面相互接触时,受热零件表面与心部之间或受热零件的某一部分与未受热部分之间发生热量传输,称为传导传热。气体及液体的传热主要是由于分子运动或碰撞作用,在固体中的传热则是通过晶体晶格的弹性振动波与自由电子迁移的综合作用来实现的。热传导的唯象规律由傅里叶热传导定律来描述:

$$Q_y = -\lambda \frac{\partial T}{\partial y} \tag{9-1}$$

式中:Q_y——在 y 方向的热流密度;

$\partial T/\partial y$——在 y 方向的温度梯度;

λ——在某温度下的热导率,指在单位温度梯度下允许通过的热量,$W/(m \cdot K)$。

理论计算与实验表明,大多数非导电物质以声子传送热量为主,热导率随着温度的升高而减小。在良好的导体金属中,传热以电子导热为主。在电子运动的平均自由程不以温度的升高而减小的前提下,热导率随着温度升高而增加,直接计算固体的热导率很困难,只能在理论上粗略地估算热导率与温度的关系。实验表明,大多数金属的热导率值随着温度的升高而减小,纯铁、镍等金属,在高温下可能由于电子传热占主导,λ 值随着温度的升高而增加。一般合金钢中的合金元素形成的置换固溶体或第二相均可使热导率降低。钢的热导率取决于成分、组织、结构及温度。气体及液体介质中的热传导主要依靠能量较高的受热分子与运动速度慢的分子碰撞,通过分子间的运动能量变化来传输热量。

9.1.2 热辐射

热辐射的特征与热传导完全不同,热辐射是通过加热体在高温下产生的电磁波来传递能量的现象。发热体发射的能量取决于其表面温度及表面的状态等因素。发热体向各个方向放射辐射能,其载体是电磁波。电磁波包括 X 射线、紫外线、红外线和无线电波等,其波长范围为 1 微米到若干米。其中,由于原子外层电子的跃迁形成的可见光、分子振动而形成的近红外线波及由分子转动形成的远红外线波可被物体吸收并能重新转化为热能,这类热辐射的波长范围为 0.1~100 μm。

在辐射传热过程中,热辐射波的发射能力与比能流和辐射物质绝对温度的四次方成正比,其关系式为

$$e_{\mathrm{b}} = \sigma T^4 \tag{9-2}$$

式中:e_{b}——单位面积单位时间辐射的总能量,J/m·h;

　　　T——辐射物质的热力学温度;

　　　σ——辐射系数。

因此,金属在高于 700 ℃ 加热时,主要靠热辐射进行传热。零件受热辐射后,一小部分能量被反射,而大部分能量被吸收。能够吸收全部辐射能的表面称为绝对黑体。但实际上金属零件在加热时都不是绝对黑体,即热辐射能量并不能全部被吸收。另外,当发热体与加热零件之间被物体遮挡时,将使辐射传热作用大大下降,故应尽量避免遮热现象。

在发热体和加热零件之间的气体介质(除单原子气体 H_2、O_2、N_2 外)会吸收部分辐射能,但不同气体对于射线波长有一定的选择性,气体层的厚度和压力都影响吸收。受热后的气体同时向零件表面辐射能量,但气体只能在很窄的波长范围内发射和吸收辐射光谱,所以辐射传热要考虑炉内气体的影响,应尽量使零件表面均匀的接受辐射热。

9.1.3　对流

对流传热主要依靠液态或气体加热介质中的分子相对运动。对流是一种涉及流体质量迁移的过程,而不是一种独特的传热方式。更确切地说,对流传热是具有分子运动形式的传热,流体内部任何地方的传热方式仍然是传导和辐射,这种流体的传热总是伴随着流体的运动。

对流传热时,单位时间内加热介质传递给零件表面的热量(Q)与零件表面的温度差及零件与流体的接触面积成正比,其数值关系为

$$Q = \alpha F (T_{\mathrm{m}} - T_{\mathrm{s}}) \tag{9-3}$$

式中:α——对流给热系数,W/m²·℃;

　　　F——零件与加热介质的接触面积,m²;

　　　T_{m}——加热介质温度,℃;

　　　T_{s}——零件表面温度,℃。

对流传热的强弱用对流给热系数 α 表示,其值与流体的物理性质(热导率、比热容、密度及黏度)、流体的流动状态(强制流动或自然流动)和零件表面的形状等因素有关。

金属在加热时这三种传热方式都可能存在,但多数是以一种或两种传热方式为主,具体要依据工作温度、加热炉类型及加热介质等情况确定。例如:零件在箱式电炉、盐浴炉中,加热温度高于 700 ℃ 时,主要靠对流及辐射传热;在小于 200 ℃ 低温回火炉中,则主要靠对流及传导传热,而在真空炉中主要靠辐射传热。

目前,除了传统的热处理加热方法外,还有感应加热、电子束加热和激光加热等。这些

新型加热技术均使零件加热过程更加复杂。

9.2　加热设备与加热特点

金属加热的方式包含直接加热和间接加热两类。直接加热不需要通过加热介质向被加热金属传递热量,可利用金属内部的电能与热能转换、电磁与热能转换、低能粒子轰击的能量与热能转换等。间接加热则是依靠固体、液体、气体等介质以对流、传导、辐射的方式向零件表面传递热量。工业中加热方式和加热介质的分类示意图如图 9-1 所示。

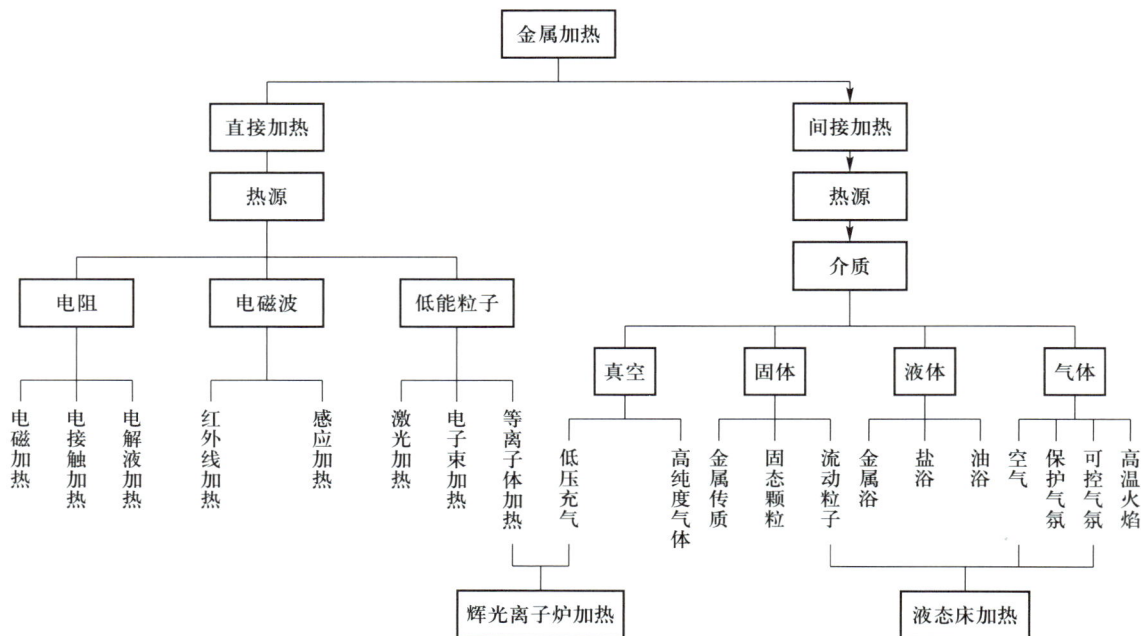

图 9-1　工业中加热方式和加热介质的分类示意图

9.2.1　常用加热设备和介质的特点

金属浴炉常用熔融金属,如铅浴炉,盐浴炉等。盐浴炉采用不同熔点的熔盐,例如,高温盐浴炉主要有 $BaCl_2+KCl$ 和 $NaCl+BaCl_2$ 等,中温盐浴有 $NaNO_3+KNO_3$ 等,低温有油浴炉等,这类浴炉采用的都是液体加热介质。在液体介质中其传热方式主要是以传导为主,高温下兼有对流及辐射传热。液体加热介质具有加热速度快、温度均匀、表面氧化脱碳倾向小、零件变形小、易于实现局部或表面加热等优点。改变介质的化学成分或通入特定的气体可以在加热过程中进行化学热处理,若在熔盐中施加电场还可以使加热介质中某些原子离子化,并向零件表面定向移动,从而加速化学热处理的过程。

电阻炉、燃油炉、燃气炉以及可控气氛多用炉等,其加热的介质主要是气体,在不同温度下的加热传热形式不同。在高温下以辐射传热为主,而在低于 700 ℃ 时,炉内没有气体循环,气体作为介质对零件加热速度没有显著影响,当炉内气体循环时加热以对流传热为主,加热效果显著。这类炉子加热具有生产率高、炉气可调节、易于实现机械自动化生产等优点,在热处理生产中占有主导地位。

此外,还有流态床加热炉,即采用外热源间接加热惰性粒子(石英砂、刚玉砂)的流化床加热,实质上是固体颗粒与气体的混合物。其传热方式是辐射、对流、传导共存的综合传热。

9.2.2　真空加热的特点

金属在真空度为 $133 \sim 133 \times 10^{-6}$ Pa($1 \sim 10^{-6}$ Torr)的物质空间中加热时,引起了表面物理状态及化学成分的显著变化。随着真空度的提高,加热室内气体分子每摩尔的分子数逐渐降低,例如,压力从 10^5 Pa 下降到 133×10^{-6} Pa 时,每摩尔的分子数由 2.7×10^{25} 降到了 3×10^{-7},同时,氧的分压降得更低。因此,若金属在加热过程中不会发生氧化和化学腐蚀等作用,则可以得到洁净光亮的金属表面。由于在真空中加热时气体分子稀薄,气体分子的平均自由程随着气压的下降而显著增加,零件的加热将主要靠辐射方式进行,对流传热的作用显著减少,从而使加热速度更为缓慢。

真空炉可以进行退火、淬火、化学热处理等一系列工艺。因此,本节将介绍金属在真空中加热时的基本特征。

(1)加热速度缓慢:由于在真空中加热主要靠热辐射方式传热,故在真空中的加热速度要比在空气中或盐浴中慢得多,一般在真空中加热时间为在盐浴中的六倍。当温度低于700 ℃时,辐射传热作用很弱,在极稀薄的气体中加热则靠对流传热,需要的时间更长,而且加热不均匀。因此,在真空炉中回火往往需要充入惰性气体并进行强制循环。在真空中加热时,面向发热体一侧的零件升温速度要比背向发热体的一侧快。因此,零件的装炉方式要与炉型结构相匹配,使零件均匀面向辐射体;适当延长保温时间,以保证零件均匀加热。

在真空炉的操作中,零件实际温度往往低于炉温仪表指示温度。零件尺寸越大,这种滞后现象就越明显,一般要预先测得真空中加热时零件升温滞后时间与零件尺寸之间的关系,以指导生产。采用预热升温可以缩短高温下的保温时间,容易加热均匀,热处理后的应力与变形也较小。

(2)氧化作用被抑制:在真空中加热,由于氧气分子稀薄,氧气的分压很低,从而抑制了金属表面的氧化,图 9-2 为各种氧化物的平衡分压。从理论上说,为了达到无氧化的目的,氧气的分压需要低于氧化物的分解压。实际上,炉内氧气的分压很低时,金属氧化速度极慢,即使氧气的分压稍高于氧化物分解压也不会肉眼可见氧化物。因此,热处理生产中对真空度要求不需过高。如氧化铁的分解压低到 $1.33 \times 10^{-12} \sim 1.33 \times 10^{-6}$ Pa(即 $10^{-14} \sim 10^{-8}$ torr,1 torr ≈ 133.322 Pa),对应真空度在 $1.33 \times 10^{-3} \sim 1.33 \times 10^{-1}$ Pa(即 $10^{-5} \sim 10^{-3}$ torr)条件下就已经实现了一般工业上的无氧化加热的要求。

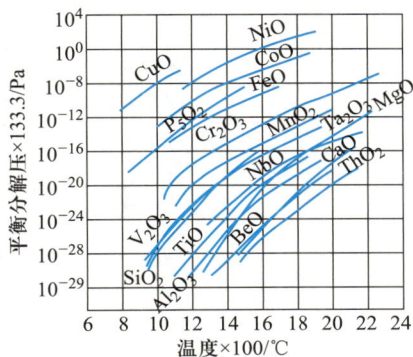

图 9-2　各种氧化物的平衡分压

(3)表面净化:工业上在较低真空度(小于 1.33×10^{-4} Pa)加热金属时,在高于金属氧化物的分解压的条件下,表面的金属氧化物将转变为低价的亚氧化物,而亚氧化物在真空加热过程中极易升华而挥发掉,从而得到光亮的金属表面。

　　零件表面附着的油脂等在加热过程中会挥发掉。油脂是碳、氢、氧的化合物,加热到一定温度时将分解为水蒸气和二氧化碳等。油脂的温度低于其分解温度时,在真空加热也可挥发并由真空泵排出。

　　(4)脱气作用:在真空中加热金属时,首先零件表层溶入的氢气、氮气、氧气等气体会逐渐逸出。该过程会在零件表面与内层之间形成气体的浓度梯度,在浓度梯度的驱使下金属中气体不断向表面扩散,金属表层的气体在真空下实现脱附逸出。

　　金属中的氮化物、氧化物和氢化物在真空加热条件下,由于金属化合物的分解压不同以及分解的气体在金属中的扩散系数不同,形成逸出的能力也不同。其中,以氢最容易排出,而氮及氧排出比较困难,所以金属及其合金的脱气温度应尽量选择得高一些,以利于气体的扩散排出。

　　(5)蒸发现象:金属随温度的升高其蒸气压随之升高,如图9-3所示。因此,在一定的真空度下金属随温度升高而蒸发,蒸发出的金属气体会黏附在加热设备内腔的低温部分。这样既污染零件表面,又损害真空炉。

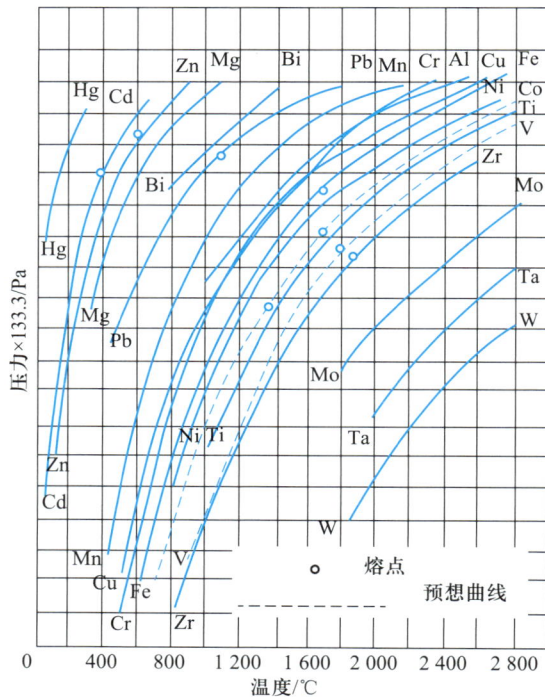

图9-3　金属的蒸气压与温度的关系

9.3　热处理工艺影响因素及钢的氧化与腐蚀

　　在加热过程中,要确定加热温度、加热速度及保温时间等基本工艺参数。它们决定了加热后金属内部的组织结构、相的成分和性能。制订热处理工艺参数要考虑一系列因素,包括热处理设备的选择、原材料组织和成分、热处理的组织和性能要求、零件的尺寸及形状等,同时还要考虑加热温度、方式以及装炉数量、摆放位置等。下面将分别讨论上述因素对加热的影响。

9.3.1　加热设备的影响

确定热处理加热规范时必须考虑加热设备的影响,因为加热设备的介质、设备的功率、炉内有效加热尺寸及温度均匀性等,都会影响加热工艺的制订和实施。加热设备的功率和加热介质将直接影响零件的加热速度、表面质量、零件的装炉量以及生产率。

设备的有效加热区是指能够保证热处理加热温度的装料区域,即炉内温度允许波动范围的装料区域。炉膛有效加热区的测定方法可以参考国家标准和行业标准。只有在炉膛内有效加热区中装料才能达到预定的控温精度及均匀度的要求。

9.3.2　原材料组织和成分对加热温度的要求

确定加热温度首先要考虑特定成分的金属及合金的相变临界点、再结晶温度等,另外还要考虑材料的组织状态等。根据具体零件热处理的目的和性能要求来制订热处理工艺的加热温度和加热时间,加热温度优选的程序图如图 9-4 所示。从图中可看出根据原材料成分、组织和性能要求选择加热温度是复杂的多因素问题。

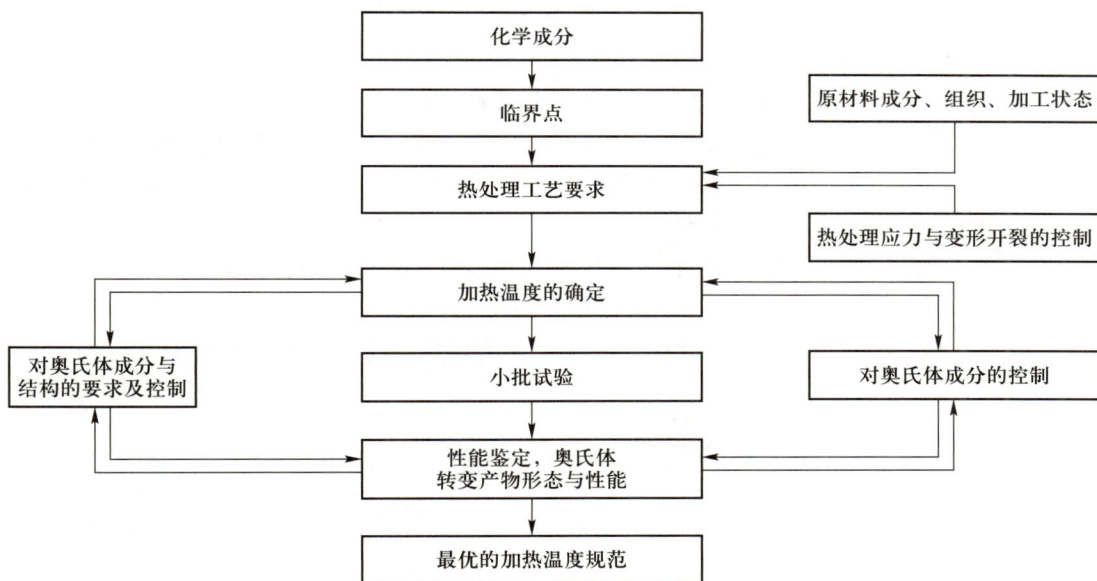

图 9-4　加热温度优选的程序图

9.3.3　零件尺寸及形状对加热时间的影响

零件的尺寸及形状对加热时零件的温度均匀性影响很大,下面具体分析尺寸和形状对加热时间的影响规律。

1）加热时间的概念

零件热处理时的温度变化曲线如图 9-5 所示,热处理加热的时间($\tau_{加}$)是零件升温时间($\tau_{升}$)、透热时间($\tau_{透}$)、保温时间($\tau_{保}$)的总和。

$$\tau_{加} = \tau_{升} + \tau_{透} + \tau_{保} \tag{9-4}$$

式中,升温时间($\tau_{升}$)是指零件入炉后零件表面温度达到炉内控制温度的时间;透热时间($\tau_{透}$)是指零件表面温度和心部温度趋于一致的时间;保温时间($\tau_{保}$)是指零件达到热处理工艺要求的恒定温度并保持的时间。

升温时间($\tau_{升}$)主要取决于加热设备和装炉量等,透热时间($\tau_{透}$)取决于零件的尺寸与材料本身的导热性能等,而保温时间($\tau_{保}$)可根据工艺的需要来决定,主要考虑温度均匀、成分均匀化、组织转变等。

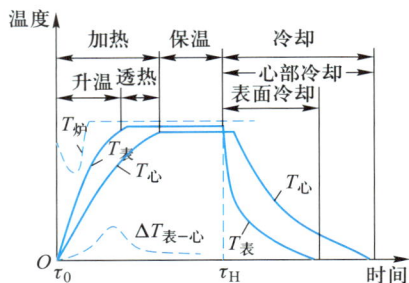

图 9-5　零件热处理时的温度变化曲线

2) 加热时间的计算

传热学计算与实验表明,零件在加热升温时如果零件截面尺寸(或厚度)较薄时,加热时间与厚度之间呈线性关系,其关系式为

$$\tau(薄) = KS \tag{9-5}$$

式中,K 为加热系数,min/mm;S 为零件截面尺寸,mm。K 值主要与零件的比热容、密度、给热系数及零件几何形状等因素有关系。

多数热处理的零件是薄件,当零件尺寸超过薄件规定的尺寸时,加热时间按下式计算:

$$\tau(厚) = KS^n \tag{9-6}$$

式中,n 为指数,$n = 1 \sim 2$。

薄件的具体范围是:对于碳钢零件,炉温小于 400 ℃,薄件尺寸须小于 300 mm。炉温在 500~800 ℃,薄件尺寸须小于 200 mm。炉温在 800~1 000 ℃时,薄件尺寸须小于 100 mm。在盐浴炉中加热时,当炉温为 100~400 ℃,小于 40 mm 的零件为薄件。炉温在 500~800 ℃ 范围内,小于 300 mm 的零件可认为是薄件。

在实际应用中,零件的截面尺寸常采用一种几何因素 w,进行计算,即

$$\tau(薄) = Kw \tag{9-7}$$

式中,w 是零件体积与加热面积的比值。表 9-1 为零件形状与几何因素 w 的关系。

表 9-1　零件形状与几何因素 w 的关系

零件形状	几何因素 w	零件形状	几何因素 w
球	$\dfrac{D}{6}$	长方体	$\dfrac{B\alpha L}{2(BL+B\alpha+\alpha L)}$
圆柱	$\dfrac{DL}{4L+2D}$	正方体	$\dfrac{B}{6}$
圆柱(端部加热)	$\dfrac{DL_1}{4L_1+D}$	正方体、三棱柱、六棱柱	$\dfrac{D_1 L}{4L+2D_1}$
空心圆柱	$\dfrac{(D-d)L}{4L_1+2(D-d)}$		

注:D——外径;D_1——周径(多角形内切圆的直径);B——正方体边长;d——内径;L——长度;L_1——加热区的长度;α——板厚。

以上经验公式对热处理生产具有重要的实际应用价值,现在随着计算机技术的发展和应用,对于一些形状复杂的零件,可以利用计算机模拟软件模拟零件在三维空间中的温度随时间的变化过程,为指导制订热处理工艺提供了准确依据。

9.3.4　加热制度的影响

表 9-2 列出了常用的热处理加热制度,其中阶梯加热及随炉升温时热应力最小,但能耗和工时花费较大。高温入炉是一种节能的快速加热方法,但热应力大易变形,一般适用于直径小于 400 mm 中碳合金结构钢、直径小于 600 mm 的中碳钢及低合金钢零件。

表 9-2　常用的热处理加热制度

加热制度	升温曲线	特点
随炉升温		加热缓慢,截面温差小,用于大型铸锻件及高合金钢或复杂零件(T_f——炉温;$T_表$——工件表面温度;$T_心$——工件心部温度;ΔT——截面温差)
到温入炉		加热速度较快,截面温差较大,多用于一般碳钢锻件的退火或正火及碳钢及低合金钢中小零件的淬火或回火
高温入炉		加热速度较快,截面温差较大,可用于中碳钢及低碳钢锻件的正火、退火

续表

加热制度	升温曲线	特点
高温入炉到温入炉		加热速度较快,截面温差较大,可用于中碳钢及低碳钢锻件的正火、退火,一般合金工具钢及过热敏感性的小型零件及工具淬火加热
阶梯加热（预热—加热）		预热可以缩短高温加热时间,减少热应力,常用于大型及高合金铜工件的退火、正火、淬火等

9.3.5　钢铁在空气中加热时的氧化与腐蚀

钢铁在加热过程中与大气接触使零件表面发生腐蚀,通常称这种腐蚀为气体腐蚀。气体腐蚀实质上就是氧化脱碳,它包括零件表面与炉气间的相互作用及化学反应。氧元素在零件表面的扩散及形成氧化膜是一个较为复杂的表面化学及物理过程。下面介绍在氧化性气体中加热的腐蚀形式。

1）氧化

材料中的金属元素在加热过程中与氧化性气体形成金属氧化物层。钢在 600 ℃以上加热时,氧化膜将不断增厚,氧化物晶格中积累的弹性应力场使膜与基体的适应关系遭到破坏,并使氧化膜与基体发生开裂、剥离。金属的氧化过程同时伴随着表层的脱碳。当氧化速度很大时,脱碳作用不明显。

2）内氧化

内氧化是在零件内部沿晶界形成的氧化物相或脱碳区,其深度可达十几微米。金属材料形成内氧化的倾向与合金元素和氧的亲和力大小有关,如在铜合金中,当含有比铜更活泼的易氧化元素（如锌、硅、锰、钛）时,将极易发生内氧化。镍含量为5%的铁镍合金及钢铁材料容易出现内氧化现象,在气体渗碳及碳氮共渗层中常常出现由于内氧化形成的组织缺陷。

3）生铁肿胀

铸铁零件在氧化性介质中加热时,沿着表层的晶界及石墨夹杂迅速发生氧化,从而导致体积增大,这称为生铁肿胀现象。其线膨胀率高达 12%～15%。所以它也是一种特殊的内氧化现象。

4) 脱碳

脱碳是指零件在加热过程中表层的碳与介质中的脱碳气体(氧气、氢气、一氧化碳、水蒸气等)相互作用而烧损的一种现象。脱碳也是材料的氧化过程,当炉温在 700～850 ℃ 时容易发生氧化,在此温度下,钢中碳的扩散速度大于表面氧化的速度,从而产生脱碳。

上述几种常见的表面缺陷超过允许的限度时将严重影响使用性能,甚至造成不可挽救的废品。这些缺陷的产生和发展受到介质的成分、状态,以及加热温度、加热及保温时间、加热方式等的影响,同时也和金属材料的成分及表面加工状态有关。

思考题

9-1　试述金属加热的主要方式及其原理。

9-2　金属加热速度如何控制?

9-3　什么是无氧加热? 如何实现无氧加热?

9-4　试述真空加热的特点。

9-5　什么是加热炉的有效加热区?

9-6　试述箱式加热和感应加热的原理以及其不同点。

>>> 第10章

... 退火与正火

　　将金属或合金加热到适当温度并保持一定时间,然后缓慢冷却的热处理工艺称为退火。将钢材或钢件加热并转变为奥氏体后,在空气中或其他介质中冷却获得以珠光体组织为主的热处理工艺称为正火。

　　退火与正火主要应用于各类铸、锻、焊工件的毛坯或工件加工过程中的半成品,用这种工艺可消除冶金及热加工过程中产生的缺陷,并为后续的机械加工和热处理准备良好的组织状态。因此通常把退火与正火称为预先热处理工艺。

　　对于铸锻件来说,退火可以用于改善化学成分的偏析和组织的不均匀性,也可用于减少固溶于钢中的气体,使其扩散逸出。对于高、中碳合金钢来说,球化退火可降低硬度,提高塑性,改善切削加工性。对于亚共析钢来说,正火可适当提高硬度使之获得良好的切削加工性。此外,退火与正火还可消除冷热加工件的内应力及加工硬化效应。

10.1　退火工艺的分类

　　退火工艺可以从不同角度分类,如退火目的、退火工艺特点、退火对象等。退火按加热温度可分为第一类退火和第二类退火。加热温度在临界温度(Ac_1 或 Ac_3)以下的退火属于第一类退火,如均匀化退火、去氢退火、去内应力退火。加热温度在临界温度以上的退火属于第二类退火,如不完全退火、球化退火、完全退火、等温退火等。

10.2　第一类退火

　　第一类退火的加热温度在临界温度以下,是不以组织转变或改变组织形态与分布为目的的退火工艺。其目的是消除组织的成分偏析、加工硬化、内应力等,使之达到或接近平衡状态。这类退火工艺有均匀化退火、去氢退火、再结晶退火、去应力退火。这类工艺方法的特点是加热温度低于临界点,不发生相变,保温时间较长,降低浓度梯度、应力梯度、界面能等,使组织趋于平衡态。常用退火工艺的温度范围如图10-1所示。

10.2.1　均匀化退火(又称为扩散退火)

　　将金属铸件、锻坯加热到略低于固相线的温度,长时间保温以消除或减少化学成分的偏析和组织的不均匀性,然后进行缓慢冷却的工艺称为均匀化退火,又称为扩散退火。

　　均匀化退火工艺:退火温度的上限一般不高于平衡相图上的固相线。在考虑到不使奥氏体晶粒过于粗大的条件下,应尽量提高温度以促使扩散均匀。保温时间则应依钢材成分、偏析程度及零件尺寸等因素来确定。

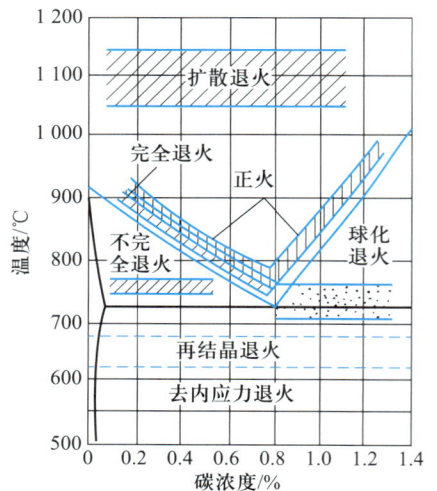

图 10-1　常用退火工艺的温度范围

均匀化退火温度一般可以选择高于临界点的 0.8 倍且低于固相线的温度。碳钢一般选择 1 100~1 200 ℃,合金钢为使碳化物溶解,温度可以略微提高。加热速度控制在 100~200 ℃/h,保温时间按截面尺寸进行计算,一般每毫米保温 1.5~2.5 min,保温时间不超过 15 h,否则氧化比较严重。冷却速度一般为 50 ℃/h,合金钢为 20~30 ℃/h,碳钢降温到 600 ℃ 可以出炉空冷,高合金钢由于淬透性高,在 350 ℃ 左右出炉,以免硬度偏高和应力过大。扩散退火常使钢的晶粒长大,需要进行一次完全退火或正火使组织细化。铜合金扩散退火温度范围为 700~950 ℃,铝合金为 400~500 ℃。

10.2.2　去氢退火

大型锻件出现低应力断裂时,其断口常伴随有白点出现,白点是很危险的缺陷。溶解于固溶体中的氢是造成钢中出现白点的主要原因,这种缺陷引起的断裂又称为氢脆。为了防止出现氢脆,通常需要采用去氢退火。

用退火的方法可以使固溶的氢脱溶。另外,钢中加入钛、锆、钒、镧、铈等与氢易形成化合物的元素亦可使固溶氢的量减少,降低出现氢脆的倾向。

氢在铁中的溶解度会随着温度的下降而降低,另外氢在体心立方晶格 α-Fe 中的溶解度小,在面心立方晶格的 γ-Fe 中的溶解度高,氢在 α-Fe 中的扩散系数比 γ-Fe 中的扩散系数大。为了使钢中氢脱溶,退火温度应选择氢溶解度较小的组织状态,同时温度还应该尽量高,以保持较快的扩散速度。

对大型锻件锻后,应尽快冷却到珠光体转变的高温区或重新加热到该温度区,这时氢的溶解度低,扩散较快,容易实现脱溶。对于中合金钢大锻件,一般锻后先过冷到 280~320 ℃ 发生转变,然后加热 580~660 ℃ 并进行长时间保温排除氢,以降低出现氢脆的可能性,如图 10-2 所示。

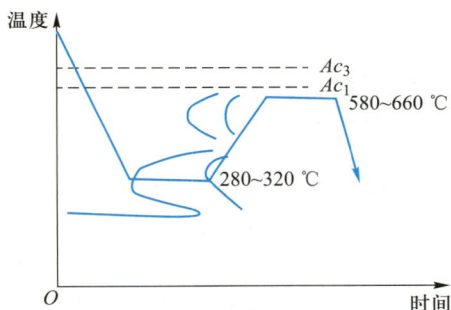

图 10-2　中碳合金钢退火工艺

10.2.3　去应力退火

冷形变后的金属经过低于再结晶温度加热去除内应力的方法,称为去应力退火。在去应力退火中金属组织及性能的变化相当于回复再结晶的回复阶段。在实际生产中,去应力退火工艺的应用要比上述定义广泛得多。热锻轧、铸造、各种冷变形加工、切削或切割、焊接、热处理,甚至机器零部件装配后,在不改变组织状态、保留冷作、热作或表面硬化的条件下,对钢材或机器零部件进行较低温度的加热,以去除或部分去除内应力以减小变形开裂倾向的工艺都可称为去应力退火。

由于材料成分、加工方法、内应力大小及分布不同,以及去除程度的差异,去应力退火的温度范围很宽。习惯上,把较高温度下的去应力处理称为去应力退火,而把较低温度下的这种处理称为去应力回火,其实质相同。下面介绍两种常见的去应力退火。

1）热锻轧件的去应力退火

低碳结构钢热锻轧后,若硬度不高,则适用于切削加工可以不进行正火,但应在 500 ℃ 左右进行去应力退火。中碳结构钢为避免调质时的淬火变形,需要在切削加工或最终热处理之前进行 500~650 ℃ 的去应力退火。加热时间不宜过长,以透热为准,然后慢冷以免产生新的应力。具体加热温度要根据钢种、工件尺寸、形状及加热设备条件来决定。合金钢及尺寸较大的工件应选用较高的温度。对切削加工量大、形状复杂而精度要求高的刀具、模具等,在粗加工后,先进行去应力退火,然后再进行半精加工。具体工艺是在 600~700 ℃ 下进行 2~4 h 的去应力退火。刀具在最终精磨前要进行淬火和回火处理。精磨之后必要时还要进行一次低于回火温度的去应力退火,以避免变形与开裂。

2) 冷形变钢材的去应力退火

冷轧薄钢板、钢带、冷拔钢材及索氏体化处理的钢丝等,在制作某些较小零件(如弹簧)时,因为性能已基本达到技术要求不需要进行淬火回火处理,但应进行去应力退火以防止制成成品后因应力状态的改变而产生变形。

10.2.4　再结晶退火

冷变形金属加热到再结晶温度以上,保持一定时间后,变形晶粒转变为等轴的晶粒,同时消除了缺陷和内应力,这种工艺称为再结晶退火。再结晶温度主要受化学成分和形变量的影响。再结晶后的晶粒大小主要取决于形变量,形变量越大,再结晶晶粒越小。但是,在临界形变量时再结晶晶粒粗大,这种情况要尽量避免。

碳含量为 0.1%~0.2% 的碳钢再结晶退火温度一般为 450~700 ℃,铝合金的再结晶退火温度为 350~400 ℃,铜合金的再结晶退火温度为 650~700 ℃。

10.3　第二类退火

加热温度在临界温度之上,要改变组织与性能的退火属于第二类退火。第二类退火工艺有完全退火、不完全退火、等温退火和球化退火等。

第二类退火工艺的特点是要发生相变过程。通过这类退火改变钢中珠光体、铁素体、碳化物的形态与分布,从而改变其性能,其目的是降低硬度、提高塑性、消除内应力、细化晶粒、改善加工性等。下面介绍几种常见的退火工艺。

10.3.1　完全退火

将钢加热到 A_1 以上并且完全奥氏体化后,缓慢冷却获得接近平衡状态组织的退火工艺称为完全退火。完全退火的目的是细化晶粒、降低钢的硬度、改善切削加工性能及消除以前加工过程中形成的内应力。

亚共析钢完全退火的温度一般为 $A_1+(20~40)$ ℃,该温度可使晶粒细化,同时有助于奥氏体成分的均匀化。对某些高合金钢来说,为了充分固溶合金碳化物,则需要使温度适当升高,提高钢的硬度,改善低碳钢的切削性能。如选用 950~1 100 ℃ 下的高温退火,可以使其获得 4~6 级的较粗晶粒奥氏体,降低形核率,提高过冷奥氏体的稳定性,进而在退火后获得较细的珠光体。

对于在亚共析钢铸件、锻件、焊接件焊缝过热区中出现的粗大魏氏组织,为了使其成为等轴的均匀分布的铁素体,也需要将退火温度提高到 1 100~1 200 ℃ 进行重结晶。由于高温退火后奥氏体晶粒粗化,通常在高温退火后还需要再进行一次常规完全退火。

完全退火的冷却,通常是随炉冷却至 600 ℃ 左右出炉空冷,不同钢材的冷却速度需根据对退火后的硬度要求而定。

10.3.2　不完全退火

将钢不完全奥氏体化,随之缓慢冷却的退火工艺称为不完全退火。对于某些亚共析钢锻件,不完全退火的目的主要是使其软化并消除内应力。例如,锻件的终锻温度不高且原始晶粒较细且均匀就不需要施行完全退火。只需将这类锻件加热到 $Ac_1 \sim Ac_3$ 停留,然后缓慢冷却就可以达到上述目的,所以这种工艺也称为软化退火。

10.3.3　等温退火

零件加热到高于 Ac_3(或 $Ac_1 \sim Ac_3$)温度并保持适当时间后,较快地冷却到珠光体转变温度区间的某一温度等温,使奥氏体转变为珠光体组织,然后在空气中冷却的退火工艺称为等温退火。

等温退火可大大缩短工艺周期,等温退火时奥氏体向珠光体转变的温度越低,转变所需时间越短。珠光体片层间距随过冷度增加而变小,从而使退火后的硬度升高。等温退火的分解温度由钢材所需硬度决定,一般选择在低于临界点 30~100 ℃ 的温度,其保温时间要确保珠光体组织转变完成。等温退火的目的和完全退火、球化退火和不完全退火相同。

10.3.4　球化退火

使钢中碳化物球状化而实施的退火工艺称为球化退火。球化退火主要适用于碳含量大于 0.6% 的高碳工具钢、模具钢、轴承钢等,其目的是降低硬度,改善机械加工性,提高塑性等。钢中碳化物的球化可以提高塑性、韧性、改善切割加工性和减少最终热处理时的变形开裂倾向。球化退火后的硬度取决于钢中碳化物的析出体积分数和分布与形态。碳含量越高,碳化物越多,退火后硬度也就越高。

由平衡结晶理论得知

$$\ln \frac{S_r}{S_\infty} = \frac{2M\sigma}{RT\rho r} \qquad (10-1)$$

式中:R——第二相粒子半径;

　S_r——粒子半径为 r 时母相的溶解度;

　S_∞——粒子与母相之间的相界面为平面时的溶解度;

　M——新相的相对原子质量;

　σ——比表面能;

　R——气体常数;

　T——绝对温度;

　ρ——密度。

由式(10-1)分析可以看出

$$S_r \propto \frac{1}{r} \qquad (10-2)$$

由该式可以看出,颗粒半径越小,母相的溶解度越高。换言之,曲率半径 r 小的颗粒具有更高的化学自由能。

碳钢在临界点 Ac_1(或 Ac_3)附近长时间保温,片状渗碳体断裂的棱角处、缺陷处的 r 较小,所以更容易溶解。渗碳体平面处 r 较大,所以不容易溶解,碳从棱角缺陷处向平直晶面扩散。长时间保温可使渗碳体变成球状。片状珠光体球化过程示意图如图 10-3 所示。

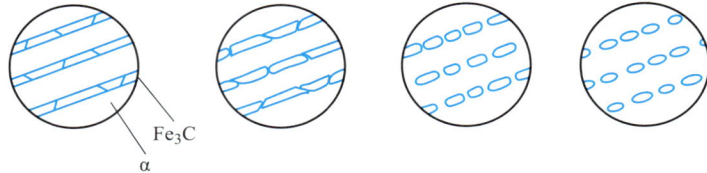

图 10-3　片状珠光体球化过程示意图

根据球化退火的工艺原理,可将球化退火方法分成以下三种。

1) 低温球化退火

加热到 A_1 温度并且长时间保温,利用平衡结晶理论进行球化退火,又称为低温球化退火。低温球化退火工艺如图 10-4 所示。

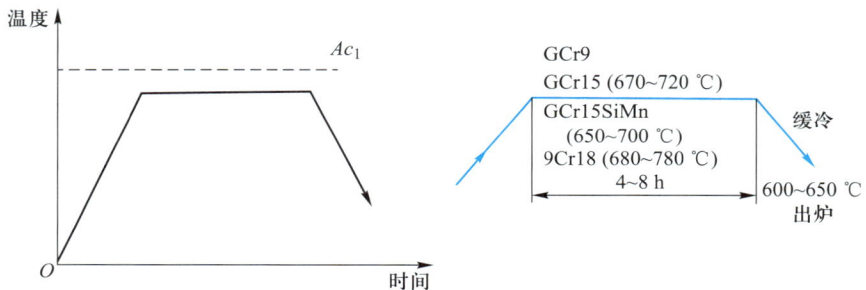

图 10-4　低温球化退火工艺

2) 利用不完全奥氏体化中碳化物聚集球化

利用不完全奥氏体中未溶碳化物或者在高浓度碳偏聚区来实现球化退火。不完全奥氏体中的未溶碳化物或者在高浓度碳偏聚区形成晶核。这些晶核一般是球形长大,从而实现球化退火。

这种球化退火工艺的特点是将钢加热到略高于临界温度 A_1 并且经过短时间保温形成奥氏体和渗碳体两相,然后通过缓慢冷却,或低于临界点等温分解,或在 A_1 点上下循环加热冷却,以使碳化物球化,如图 10-5 所示。

3) 形变球化退火

将工件在一定温度下实施形变加工,然后再以小于临界温度 A_1 的温度进行长时间保温,这种工艺称为形变球化退火。如果在高温[A_1+(20~50)℃]形变后立即进行缓冷或等温退火,这种工艺称为高温形变退火。高温形变退火可以实现快速球化处理,如 GCr15 经过 750~780 ℃短时间加热后进行 8%的压缩变形,再以 30~50 ℃/h 的速度冷却到 650 ℃再空冷,即可获得球状组织。

另外还有一种球化方法是淬火加高温回火,又称为调质处理。该方法是利用高温淬火获得马氏体组织,然后再通过高温回火使析出球形碳化物。该方法不属于退火的范畴。

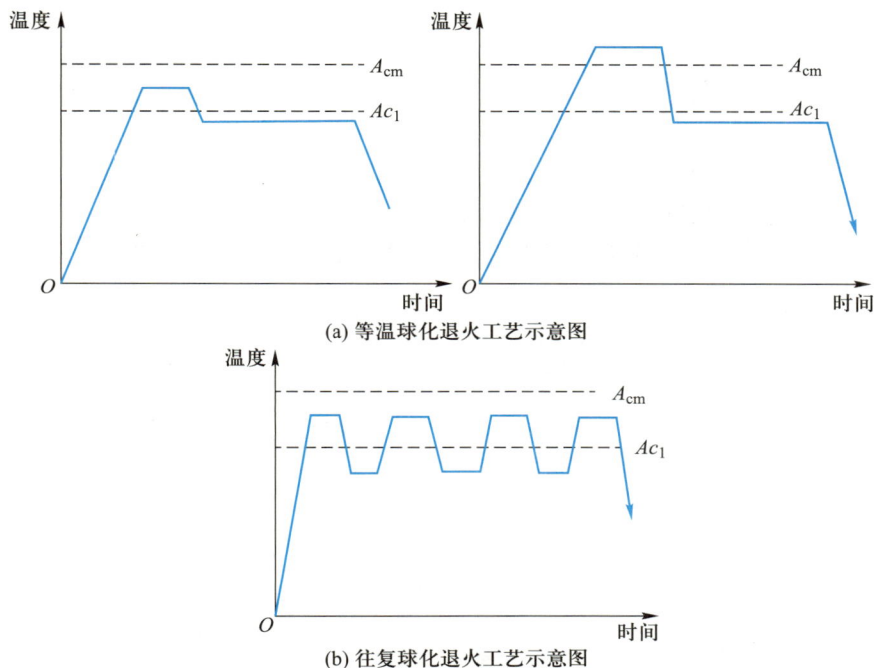

(a) 等温球化退火工艺示意图

(b) 往复球化退火工艺示意图

图 10-5　利用不完全奥氏体化中碳化物聚集球化工艺

10.4　正火

将钢材或钢件加热并产生奥氏体化后,在空气中或其他介质中冷却以获得以珠光体组织为主的热处理工艺称为正火。正火可以细化晶粒,使组织均匀,改善铸件组织和低碳钢的切削加工性能,故也可以作为预先热处理。

对于低碳钢,正火后并在空气冷却时,先共析铁素体和珠光体连续形成,其形成温度较退火低,珠光体片间距更小。因此,正火后钢的强度和硬度比退火后的高,机械加工性较好。

对于中、高碳钢及中、高碳合金钢工件,正火可以细化组织并获得一定的综合机械性能,故可以作为最终热处理。一般为了降低正火后的硬度和消除内应力,还需要在正火后进行低温退火。

如果高碳钢易出现网状碳化物,可以采用正火工艺以抑制碳化物沿奥氏体晶界析出,消除网状碳化物。某些高合金钢在空气中冷却时可以发生马氏体转变或贝氏体转变,虽然是空气冷却但不属于正火工艺。

对铸、锻件进行两次以上的重复正火称为多重正火。多重正火一般第一次采用 $Ac_1 +$(150~200)℃ 的高温正火,以消除热加工粗大的组织,同时碳化物充分溶入奥氏体中;第二次采用较低的温度 $[Ac_3 + (25 \sim 50)℃]$,使奥氏体晶粒细化得到细珠光体组织。

低碳钢(如 20Mn)的锻件经过双重正火可以改善其晶界状态,提高冲击韧性。调质钢经高温轧制、锻造后,组织沿变形方向形成带状组织,通过多重正火可以使带状组织得到完全消除。

思考题

10-1 退火工艺的种类有几种？其目的分别是什么？

10-2 正火工艺的目的是什么？其主要应用有哪些？

10-3 退火和正火作为最终的热处理工艺,其主要的应用场合有哪些？

>>> 第11章

··· 淬火与回火

　　钢的淬火、回火是极为重要的热处理工艺。淬火与回火工艺相结合不仅可以提高钢的强度和硬度,还可以使强度和韧性良好配合,满足各种机械零件的力学性能要求。本章将从工程的角度讨论淬火和回火的工艺。

11.1　淬火的定义、目的及分类

　　将钢加热并形成奥氏体化后以适当方式冷却获得马氏体或(和)贝氏体组织的热处理工艺称为淬火。

　　从淬火的定义可以看出,实施淬火的目的是获得所需要的马氏体组织。因此,首先将钢加热到临界点以上的温度范围(Ac_1 或 Ac_3 以上),并在该温度下停留使零件奥氏体化,然后以大于临界淬火的冷却速度冷却。不同钢材的临界淬火冷却速度由钢的过冷奥氏体连续冷却转变曲线(CCT 图)确定,即该冷却速度实际上是抑制珠光体转变的最低冷却速度。

　　钢件淬火后得到的马氏体组织,具有高硬度、高强度和高耐磨性。中碳结构钢淬火并经高温回火后可得到很好的综合力学性能。对某些特殊合金来说,淬火还会显著提高某些物理性能(如高的铁磁性、热弹性等),这也是强化钛合金的重要手段。

11.2　淬火介质

　　在淬火工艺中采用的冷却介质称为淬火介质。淬火介质可以是固体、液体或气体,对淬火工艺实施有非常重要的作用。

11.2.1　淬火介质的要求

　　首先,淬火介质要求有足够的淬火能力,即冷却能力,淬火介质的冷却能力必须保证零件以大于临界淬火的冷却速度冷却。淬火介质的冷却速度越快,越有可能获得全部的马氏体组织。但是,过高的冷却速度会增加零件截面的温差,使零件的热应力与组织应力增大,导致零件的变形与开裂。因此,淬火介质的冷却能力还不能过大。理想的淬火介质冷却曲线如图11-1 所示。该冷却曲线在过冷奥氏体分解最快的温度范围(CCT 图中鼻尖附近)具有较强的冷却能力,而在 M_s 点附近,其冷却速度较缓慢。这样既可以保持较高的冷却速度,抑制珠光体转变,得到马氏体,同时又可以降低淬火应力。

　　另外,淬火介质还需要适用于各种类型的钢,即应用范围宽、淬火变形开裂倾向小、使用过程中不易变质、不腐蚀零件、不黏接零件、不易燃、不易爆、无公害、价格便宜、来源充分等。

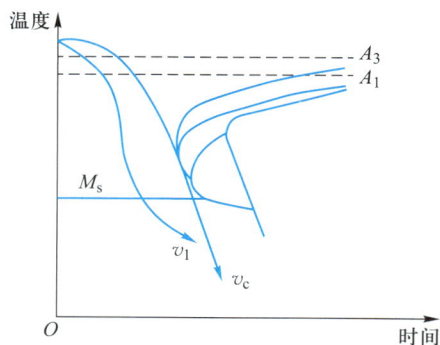

v_1—理想淬火介质中冷速;v_c—临界淬火冷速

图 11-1　理想的淬火介质冷却曲线

11.2.2　淬火介质冷却能力的测定与评价

淬火介质的冷却能力可以用直接淬火来评价,也可以用间接的测量硬度试验来评价。直接测量冷却性能的方法是用热电偶探头测定淬火介质冷却曲线。一般多采用直径为 20 mm 银球探头,在球中心安放热电偶测温。将银球加热到 800~900 ℃,然后淬入淬火介质中,记录热电偶的温度的变化,并记录其冷却曲线。间接测量硬度的方法有端淬试验法、浸入淬火法、锥体试验法等。这些方法在生产中经常被采用,但在研究淬火介质冷却特性时却很少应用。近年来,实际测定与利用传热学理论计算进行计算机仿真得到了广泛应用。

为了评价淬火介质的冷却能力,人们规定了冷却能力度量的标准,也称为淬冷烈度,以 18 ℃ 静止的水的冷却能力作为标准,其淬冷烈度 H 值为 1。各种介质在不同温度下相对应的淬冷烈度值见表 11-1。

表 11-1　各种介质在不同温度下相对应的淬冷烈度值

介质	H 值		介质	H 值	
	720~550 ℃	200 ℃		720~550 ℃	200 ℃
10%NaOH	2.06	1.39	50 ℃ H_2O	0.17	0.95
0 ℃ H_2O	1.06	1.02	100 ℃ H_2O	0.044	0.71
18 ℃ H_2O	1.00	1.00	植物油	0.3	0.055
25 ℃ H_2O	0.72	1.11	真空	0.011	0.073

淬冷烈度的物理意义是指钢件的表面与冷却介质的热交换系数或传热系数 K_{Fe} 与钢的导热系数 λ_{Fe} 的比值:

$$H = \frac{K_{Fe}}{\lambda_{Fe}} \tag{11-1}$$

对一般钢材来说,导热系数 λ 为一定值。因此,淬冷烈度 H 则主要取决于钢与冷却介质之间热交换情况。当搅拌介质时,热交换过程显著加快,此时 H 值升高。各种介质在不同程度搅拌后的淬冷烈度 H 值见表 11-2。

表 11-2　各种介质在不同程度搅拌后的淬冷烈度 H 值

搅拌程度	淬火介质			
	空气	油	水	盐水
静止	0.02	0.25~0.30	0.9~1.0	2.0
中等	—	0.35~0.40	1.1~1.2	—
强	—	0.50~0.80	1.6~2.0	—
强烈	0.08	0.80~1.10	4.0	5.0

11.2.3　淬火介质的种类及特性

淬火介质分为没有物态变化型和有物态变化型两大类。两类淬火介质的冷却曲线如图11-2所示。下面将介绍两类的具体特点。

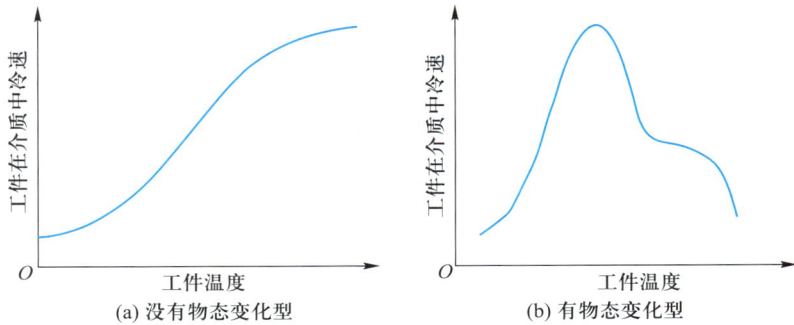

图 11-2　两类淬火介质的冷却曲线

1）没有物态变化的淬火介质

这类淬火介质主要是一些熔盐以及熔化的金属,一般用于分级淬火和等温淬火,其共同特点是依靠周围淬火介质的传导和对流将零件的热量带走,因此淬火介质的冷却能力除取决于介质本身的物理性质(如比热容、导热性、流动性等)外,还与零件、淬火介质间的温度差有关。这种淬火介质在零件温度较高时冷却速度很高,而在零件温度较低时冷却速度迅速降低。硝盐浴温度与冷却能力的关系如图11-3所示。常使用的硝盐浴冷却速度与油浴近似,而碱浴的冷却速度要比硝盐浴大。硝盐中的含水量对冷却能力影响很大,水分的增加会使零件周围的硝盐沸腾,从而提高零件的冷却能力。对于高合金钢零件,淬火则应尽量减少硝盐中的水分,可将硝盐加热到260~280 ℃保温6~8 h以消除硝盐中的水分。

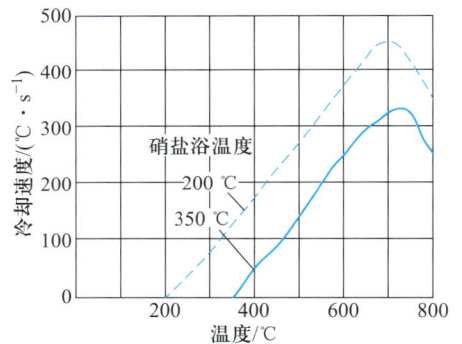

图 11-3　硝盐浴温度与冷却能力的关系

2）有物态变化的淬火介质

有物态变化的淬火介质是广泛使用的一类淬火介质。按其组成可分为水基与油基两类。按其冷却特性又可分为形成薄膜型和不形成薄膜型。

由于这类淬火介质的沸点远比零件的加热温度低,所以零件淬火后可迅速使其周围的淬火液发生物态变化,从而影响零件的冷却能力。水属于这类淬火介质,水的冷却机理如下:

①蒸汽膜形成期　零件淬火时,会释放大量的热量,使其周围的水迅速汽化并形成一层蒸汽膜包围着零件,使零件与周围的淬火介质隔开,此阶段称为蒸汽膜形成期,如图11-4中曲线 a 所示。而此时热量的逸出要穿过蒸汽膜向周围的水辐射或对流传热。蒸汽膜是不良导体,其冷速非常缓慢。若零件在淬火介质中搅拌时,加快零件表面淬火介质的流动,可使蒸汽膜厚度降低,从而提高零件的冷却速度。

② 蒸汽膜破裂期　随着零件温度的降低,蒸汽膜的厚度将逐渐降低,最后蒸汽膜破裂,如图 11-4 中曲线 b 所示。蒸汽膜破裂的极限温度称为特征温度。在特征温度以下,水与零件表面直接接触而其气泡不断逸出带走热量,故又称该阶段为气泡沸腾期。该阶段冷却速度很大。

③ 对流传热阶段　当零件表面温度降到水的沸点以下时,零件的冷却将主要靠水的传导与对流,这个阶段称为对流传热阶段,该阶段零件的冷却速度较慢,如图 11-4 中曲线 c 所示。

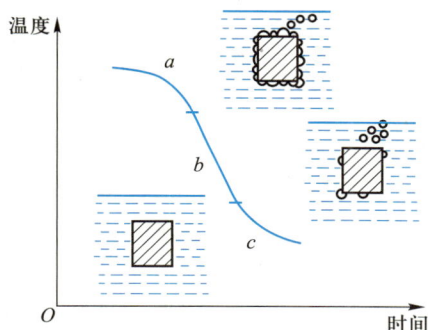

图 11-4　静置水中淬火时冷却机理

3) 常用淬火介质

（1）水

水是最常用、最经济的淬火介质之一,水的化学稳定性很高,热容较大,在室温时为钢的八倍。水的沸点较低,其汽化热会随着温度的升高而降低。

从图 11-5a 所示的纯水的冷却特征曲线可以看出,随着水温的升高,冷却能力急剧下降。在高、中温区纯水的冷却速度并不高,而在低温区冷却速度很高。一般零件在水中能淬硬,但其热应力与组织应力很高,所以纯水较少使用。水的这种冷却特性可以通过严格控制水温和搅拌零件进行控制。零件的搅拌使水快速流动可以加速蒸汽膜的破坏,从而提高其在高温区的冷却速度。但为克服低温区冷却太快的缺点,只有采取在 300 ℃ 左右提前出水空冷或淬入油中冷却的措施。

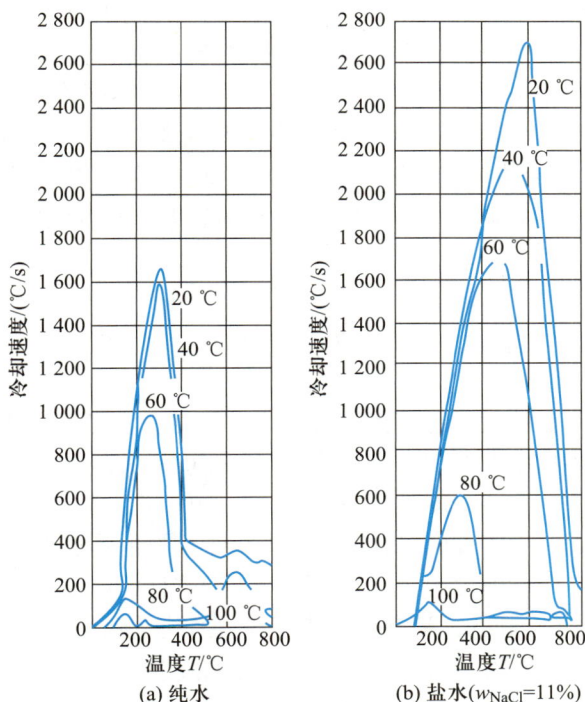

(a) 纯水　　(b) 盐水(w_{NaCl}=11%)

图 11-5　纯水和盐水的冷却特征曲线

（2）盐水及碱水

为了克服纯水的缺点,提高水的冷却能力,一般在水中加入盐或碱。加盐的优点是可以提高蒸汽膜破裂的温度,使盐水的冷却速度最快的温度（即特征温度）移向高温,从而提高其冷却能力。不同加盐量的冷却能力有很大的不同,如图11-6所示。常用盐是NaCl,浓度为5%~15%。盐水的温度对冷却能力影响较大,如图11-5b所示。一般淬火时的温度应保持在20~40 ℃。在水里加碱同样可提高其冷却能力,主要采用的是浓度为5%~15%的NaOH水溶液。碱水的特征温度也趋于向高温移动,使冷却能力提高。碱水对零件有清洁作用,可使表面光亮,但对零件和设备也有一定的腐蚀,对人员有危害。

（3）淬火油

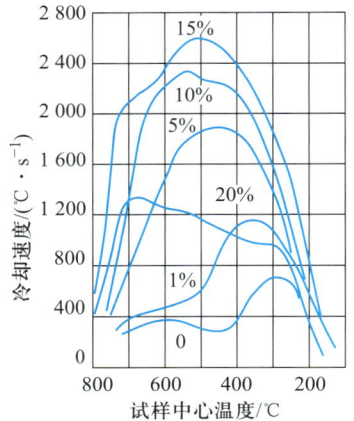

图11-6 盐水浓度对冷却能力的影响（浓度为NaCl的质量分数）

淬火油主要有植物油和矿物油两大类,其冷却能力比水弱,但仍有足够的冷却能力。采用淬火油作为冷却介质的主要优点是:淬火油的沸点一般比水高150~300 ℃,其对流阶段的开始温度比水高得多。由于一般在钢的M_s点附近已进入对流阶段,故该温度区间的冷速远小于水,有利于减少零件的变形与开裂倾向。淬火油的主要缺点是:高温区间的冷却能力很小,仅为水的1/6~1/5,只能用于合金钢或小尺寸碳钢零件的淬火。此外,淬火油长期使用还会发生老化,故需要定期更换新油等。

提高油温可降低黏度和增加流动性,因而可提高其冷却能力。油温一般应控制在60~80 ℃,最高不超过100~120 ℃,即油的工作温度应保持在闪点以下100 ℃左右,以免着火。随着可控气氛热处理的应用,要求热处理后的零件能获得光亮的表面,故须采用光亮淬火油。目前大多在矿物油中加入亲油性高分子添加剂来获得不同冷却能力的光亮淬火油,即高、中、低速光亮淬火油,以满足不同的需要。光亮剂主要有咪唑啉油酸盐、双脂、聚异丁烯丁二酰亚胺等。另外,还有真空淬火油,可专门用于真空淬火,它具有低的蒸汽压、不易蒸发、不易污染炉膛,基本不影响真空炉的真空度,同时还要有较好的冷却能力。

11.3 淬透性

钢的淬透性是指钢在淬火时能够获得马氏体的能力。它是钢材本身固有的一个属性,主要与钢的过冷奥氏体稳定性或钢的临界淬火冷却速度有关。

钢的淬透性与零件的淬透深度不是一个概念。钢的淬透性是钢材本身所固有的属性,不取决于其他外部因素。而零件的淬透深度除取决于钢材的淬透性外,还与冷却介质、零件尺寸等外部因素有关。冷却速度越大、零件尺寸越小,零件的淬透深度越大。

关于淬透性和淬硬性的问题,淬硬性是指钢淬火所能达到最高硬度的能力,它主要与钢的碳含量有关。淬透性通常可用特定形状尺寸和在特定淬火条件能够淬透（获得马氏体组织）的深度或全部淬透的最大直径表示。代表性的方法有端淬试验法和临界直径法。

11.3.1　端淬试验法

端淬试验法是目前广泛应用的淬透性试验方法之一。其主要特点是方法简便、适用范围广,可用于测定碳钢和合金钢等各类钢的淬透性。端淬试验所用的试样为 $\phi25$ mm×100 mm 圆柱形试棒,如图 11-7 所示。将试棒加热到奥氏体区内某一规定的温度保温(30+5)min,然后在 5 s 内迅速放在端淬试验台上喷水冷却。喷水管口距试样顶端为(12.5±0.5)mm,喷水柱自由高度为(65±10)mm,水温为(20±5)℃,喷水时间至少为 10 min,此后将试样浸入到冷水中完全冷却。在平行于试样轴线方向上磨制出两个相互平行的平面,用于测量内层硬度。当采用机加工制取试样时,硬度测试用的两个平面应处于与试样表面相同的距离处。磨削深度应为 0.4~0.5 mm。磨制硬度测试平面时,应采用冷却液冷却进行加工,以防止机械加工产生热量而引起试样组织的变化,最后从距顶端 1.5 mm 处沿轴线向另外一端测定硬度值。如图 11-8 所示为中碳钢端淬试验结构与冷却曲线。图 11-8a 上部是淬火后的端淬试样测量内层硬度的曲线,左端硬度为 45 HRC。随着距离端部距离的增加硬度逐渐降低,31 mm 以后,硬度降到 25 HRC,说明左端淬火速度快,硬度高,右端淬火速度慢,硬度低。为了说明不同位置的淬火速度,在试样 Ⅰ、Ⅱ、Ⅲ、Ⅳ位置测定冷却速度。测定结果绘于端淬试样的下部。从图 11-8b 的冷却曲线与 CCT 图的相对位置可以看出,位置 Ⅰ 的冷速较大,与 CCT 没有相交,所以,淬火后为马氏体组织,其硬度较高,为 45 HRC。位置 Ⅱ 的冷却曲线与珠光体转变区相交,但是很快就冷却到珠光体的终止线之下的温度,所以,仅有少量的珠光

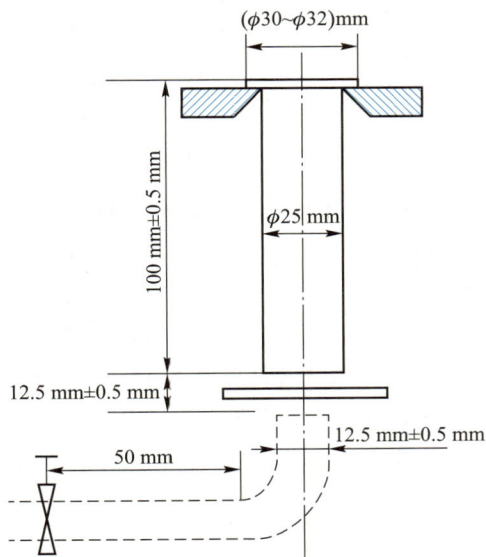

图 11-7　端淬试样及试验示意图

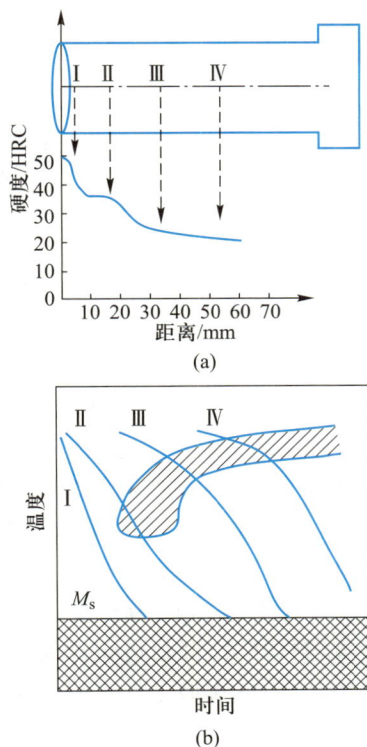

图 11-8　中碳钢端淬试验结构与冷却曲线

体组织。随后组织在低温下转变为马氏体组织,位置Ⅲ、Ⅳ的冷却曲线均通过了珠光体开始转变线和完成线,组织全部转变为珠光体组织,硬度较低,为 20 HRC。

通过上述结果,可以看出端淬试验法可以获得不同的冷却条件下的不同钢种的淬透性。

11.3.2　临界直径法

采用圆棒进行淬火时,圆棒不同深度的冷却速度不同,表面和心部将出现不同的组织转变,如图 11-9 所示。因此采用不同直径的圆棒进行淬火试验,如图 11-10 所示。一般规定,从表面测至 50%马氏体处的深度称为淬透深度,当小于某直径时全部可以淬透,而大于此直径时就不能淬透,该临界直径用 D_0 表示。在相同淬火介质中,D_0 的大小可区别钢材的淬透性。钢材及淬火介质不同,D_0 也不同。但对特定成分的钢材,在一定淬火介质中冷却时 D_0 值是固定的。

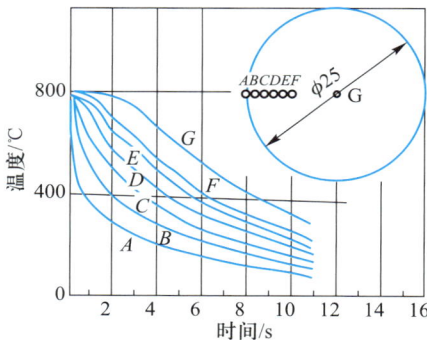

图 11-9　ϕ25 mm 钢棒截面不同部位的冷却曲线

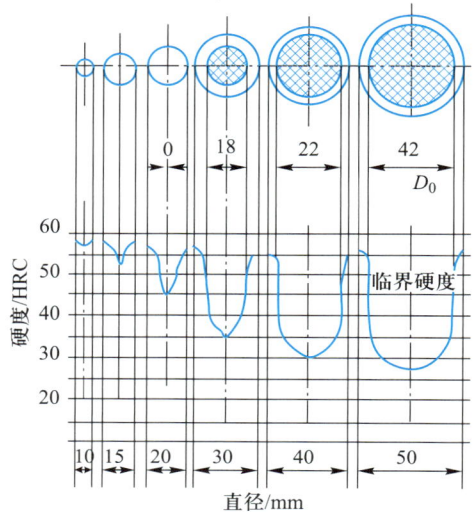

图 11-10　碳含量为 0.4%的钢在强烈搅动水中淬火时淬透性深度变化

随着计算机技术的发展,利用专用模拟软件进行温度、组织转变和性能的计算,可以很好地预测热处理后的组织和性能,也可以科学地指导选材和工艺的制订,例如,有学者模拟了大尺寸核电站压力容器顶盖在不同温度加热奥氏体的转变情况,如图 11-11 所示。图 11-12 为压力容器顶盖淬火冷却的组织分布模拟结果。当冷至 150 s 时,表层为少量的马氏体和贝氏体;冷至 1 000 s 时,薄壁处全部分解为马氏体和贝氏体,法兰处(厚壁处)有少量奥氏体未转变;淬火结束后,表面为马氏体,薄壁心部为贝氏体,法兰处心部为贝氏体和少量铁素体。对特大零件热处理时,进行温度、组织和的性能模拟具有显著的工程应用价值,可以有效地指导工艺,降低大型零件试验的成本。

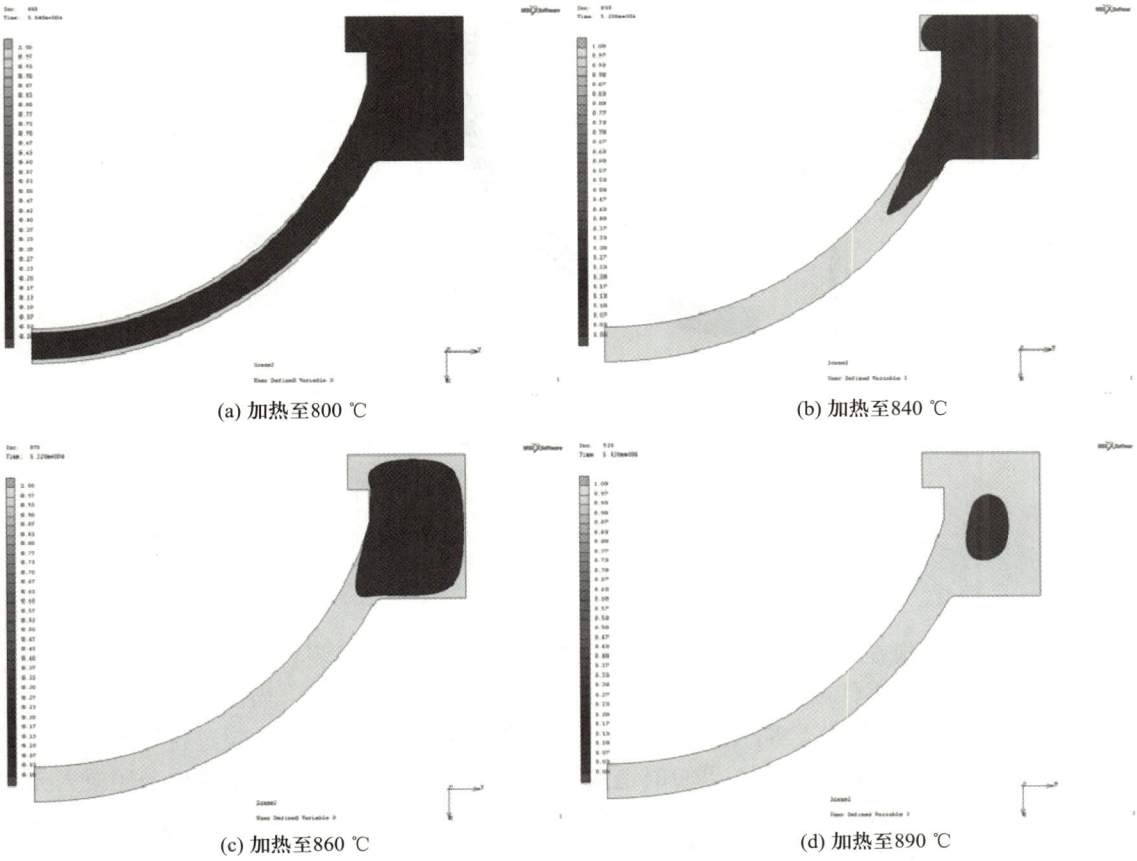

(a) 加热至800 ℃　　　　　　　(b) 加热至840 ℃

(c) 加热至860 ℃　　　　　　　(d) 加热至890 ℃

图 11-11　加热奥氏体化组织分布云图

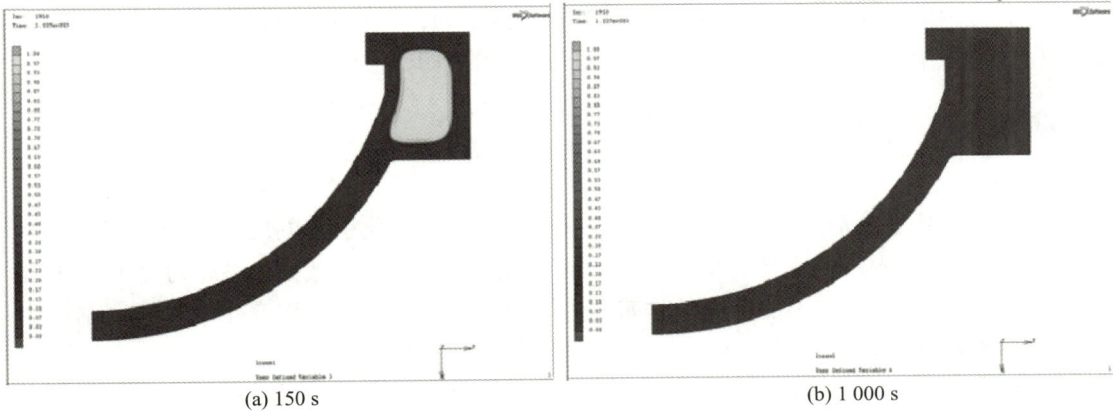

(a) 150 s　　　　　　　　　(b) 1 000 s

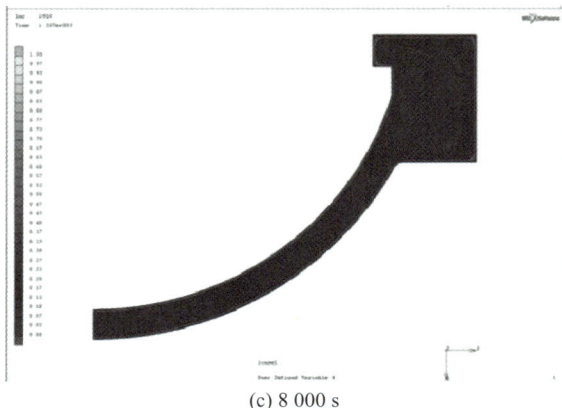

(c) 8 000 s

图 11-12 压力容器顶盖淬火冷却的组织分布模拟结果

11.4 淬火应力及其控制

淬火应力是指在淬火过程中由于零件不同部位的温度差及组织转变的不同时性所引起的内应力。淬火后零件内部的应力状态和分布将影响到零件的质量。当淬火应力高于材料的屈服强度时,将导致淬火零件的变形,即尺寸形状的变化。当淬火应力超过材料的断裂强度极限时,零件会出现淬火裂纹,严重时造成零件报废。在淬火零件表面形成残余压应力分布,有利于提高零件的力学性能,特别是疲劳强度。因此,分析热处理应力形成规律,改进热处理工艺,可以更大限度地发挥金属材料的潜力。

淬火应力主要受钢的成分、零件的尺寸、结构形状、热处理工艺等多因素的影响。下面介绍淬火应力的形成规律。根据内应力形成的原因不同,可分为由温差引起的胀缩不均匀而产生的热应力和由相变不同时及组织不均匀产生的组织应力。

11.4.1 淬火应力形成

1) 热应力

零件在加热和冷却过程中,由于发生热胀冷缩的体积变化引起的应力称为热应力。在加热(或冷却)过程中,由于零件的表面比心部先热(或后冷),在截面上各部分之间出现温差,致使零件表面和心部不能在同一时期发生体积变化。各部分体积变化的相互牵制产生内应力。加热或冷却速度越大,形成的内应力越大。

热处理过程中所形成的内应力称为瞬时应力,热处理后在零件内存在的应力称为残余应力。瞬时应力随着温度的变化而改变其应力大小和方向。如果瞬时应力始终小于材料的弹性极限时,则最终瞬时应力会消失。若瞬时应力大于材料的弹性极限,则引起不均匀塑性变形,而保留内应力即为残余应力。

图 11-13 为圆柱形试样快速冷却时热应力变化示意图。在冷却初期,表层先冷却,温度较低,心部后冷却,温度高,表层发生收缩,而心部会阻碍表层收缩,这样就形成了表层受拉应力而心部受压应力的情况,如图 11-13a 所示。这种应力会随着冷却过程中温度差的

增加而增加,当应力增加到超过该温度下的屈服强度时,试样将发生表层拉伸、心部压缩的塑性变形。塑变会使应力得到一定程度的松弛,应力值降低。

　　试样继续冷却,试样表层温度已经较低,其收缩很小。此时心部收缩较大,使表层拉应力和心部压应力降低,如图 11-13b 所示。继续冷却,则应力值降低到零,即图 11-13c 的阶段。

　　在冷却后期,截面上仍存在温度差,即试样表面温度低,而心部温度较高。心部继续冷却,继续收缩,这时心部的热收缩又受到表层的牵制(表面在冷却中已经发生了塑性变化),结果使表面受压,而心部受拉,即图 11-13d 的状态。在这种状态下,应力不断增加,直到心部温度冷到室温。一般这种应力会保留,称为残余应力。

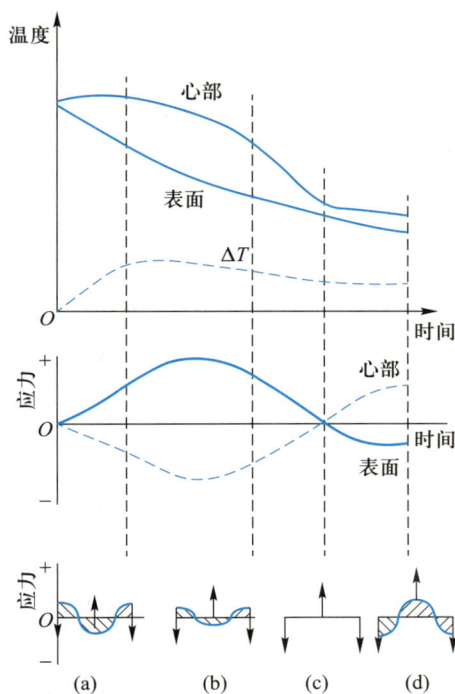

图 11-13　圆柱形试样快速冷却时热应力变化示意图

　　总之,热应力的变化规律是:冷却初期——表面受拉,心部受压;冷却后期——表面受压,心部受拉。常见的大型轴类零件,因材料缺陷等可能造成变形和开裂,应在热处理过程中优化工艺减少热应力,对于小的轴类零件还可以利用表面获得压应力来提高其疲劳性能。

2)　组织应力

　　组织应力又称为相变应力,是由于快速冷却时表层与心部相变不同而产生的应力。图 11-14 所示为圆柱形试样快速冷却时组织应力的变化过程。

　　淬火时,若暂且不考虑热应力的作用,试样表层冷却到 M_s 点以下,表层先发生马氏体相变并伴随体积膨胀。此时,表层的体积膨胀受到未转变的心部制约,表层产生压应力而心部产生拉应力,如图 11-14a 所示。这种应力增加可以产生表层压缩而心部拉伸的塑性变形,使应力得到松弛而降低。试样继续冷却,心部温度达到 M_s 点,心部发生马氏体相变导致体积膨胀,表层已转变为高强度的马氏体,心部的膨胀又受到表层的制约。当心部马氏体相变的体积效应逐渐增大,增大到某一点时组织应力值为零。相变体积效应继续增加时,试样的组织应力发生反向变化,表层产生拉应力,心部产生压应力,如图 11-14b 所示。总之,心部完全淬透,导致零件最终的组织应力分布是:表层为拉应力,心部为压应力。

组织应力的大小与钢的马氏体相变温度范围和相变的温差有关。截面上的温差越大,组织应力越大。相变时比容差越大,则组织应力也越大。钢的淬透性越好,零件尺寸越大,则淬火后组织应力越大。

淬火后,相变过程中同时产生热应力和组织应力。此外,零件表层和心部组织转变条件不同,截面的组织

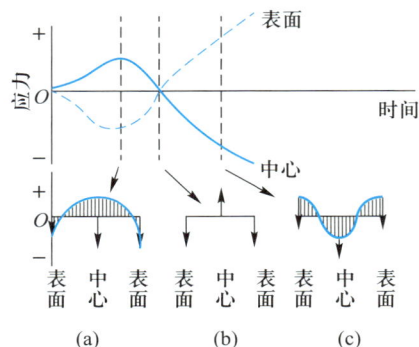

图 11-14　圆柱形试样快速冷却时组织应力的变化过程

结构不均匀也能形成内应力。例如,零件表层脱碳、局部淬火、快速加热等导致零件表层与心部组织结构的不均匀、弹塑性变形不一致,从而产生附加应力。因此,热处理后的残余应力是热应力、组织应力和附加应力在热处理过程中综合作用的结果。

11.4.2　淬火变形及其控制

淬火后会产生变形,这是由于淬火时组织的比容差大、加热温度高、冷却剧烈等产生较大的热处理应力而导致变形。生产上一般将淬火工序安排在零件机械加工的后期,此时,零件尺寸基本接近最终尺寸,淬火变形可能会导致零件报废,因此要控制和减少热处理变形是非常重要的。

零件的淬火变形按产生变形的形式可分为形状变形和体积变形两类。变形主要有几何形状的翘曲、扭曲和体积的膨胀与收缩。由于钢材成分、零件结构形状差异和工艺操作等因素影响,两种形式的变形可能同时发生。淬火引起的变形包括组织应力产生的形状变形和热应力产生的形状变形。

1）组织转变引起的体积变形

由于各种组织的比容不同,在淬火加热和冷却过程中必然发生体积的变化。碳含量越高,体积变形越大。这种变形的特点是零件的各部分尺寸按比例同比例地膨胀或收缩,并不改变零件的外形。表 11-3 为碳钢淬火、回火后的体积变化。可以发现,淬火时原始组织由球状珠光体转变为马氏体或下贝氏体组织使体积胀大,而残余奥氏体使体积缩小。因此,为控制零件淬火变形,可以获得马氏体组织或下贝氏体组织转变量。对高碳钢或高碳高合金钢而言,控制残余奥氏体含量可有效控制淬火变形。

表 11-3　碳钢淬火、回火后的体积变化

组织变化	体积变化 $\frac{\mathrm{d}V}{V}$ /%
球状珠光体→奥氏体	$-4.64 \sim 2.21$
奥氏体→马氏体	$4.64 \sim 0.53$
球状珠光体→马氏体	1.68
奥氏体→下贝氏体	$4.64 \sim 1.43$

续表

组织变化	体积变化 $\dfrac{dV}{V}/\%$
球状珠光体→下贝氏体	0.78
奥氏体→上贝氏体	4.64~2.21
球状珠光体→上贝氏体	0
马氏体→马氏体($w_C = 0.25\%$)+ε-碳化物	0.22~0.88

2）热应力引起的变形

热应力产生的初期,零件内部的温度高于表层温度。当表层热应力为拉应力而心部为压应力,其应力超过钢在该温度下的屈服强度时,发生塑性变形。零件心部受多向压应力作用,形状出现变化,形状趋于球状。例如,圆柱形试样快冷时热应力作用的结果是:形状向球形方向发展,高度减小,中部直径增大,变成腰鼓形,如图 11-15 所示。

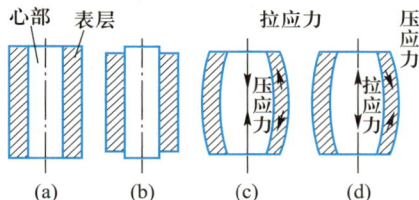

图 11-15　圆柱形试样在热应力下的变形趋势

3）组织应力引起的变形

早期的组织应力与热应力方向相反,即表层为压应力,心部为拉应力,所以组织应力引起的变形正好与热应力相反。其变形的规律是零件沿最大尺寸的方向伸长,而沿最小尺寸方向收缩,并且表现出向内凹、棱角变尖的特点。例如,圆柱形试样在组织应力作用下,高度增加,中部直径减小,呈表面内凹的形状。图 11-16 列出了一些简单形状零件在均匀冷却情况下,单一因素引起变形的一般规律。事实上,零件淬火时因热处理应力引起的形状变形和组织转变引起的体积变形相互作用,同时由于钢材、零件形状尺寸以及工艺操作等不同,会表现出不同的变形倾向。

4）淬火变形的影响因素与控制

不同成分的钢材淬火变形倾向有明显的不同,低碳钢的淬火变形以热应力变形为主。中碳钢零件尺寸较小时,将以组织应力变形为主,但随着零件截面尺寸的增大,硬化层深度减少,变形逐渐过渡为热应力变形。高碳钢在淬火过程中除马氏体比容大而引起的体积变形较大外,一般还有热应力变形。因为由于其 M_s 点较低,在低温下奥氏体的屈服强度较高,组织应力不容易超过屈服强度,因此很难引起变形。

一般加入提高过冷奥氏体稳定性的合金元素后,可以采用温和的淬火介质进行冷却,这样可减少淬火中的变形。特别是可以通过改变淬火时的加热温度来调节奥氏体中碳及合金元素含量,从而控制马氏体的比容和残余奥氏体数量,进而可以有效地控制淬火变形。

采用调质、球化退火等预先热处理,可以降低淬火零件变形的影响。改变碳化物分布可以消除带状偏析造成的各向异性,对减少变形也有重要影响。

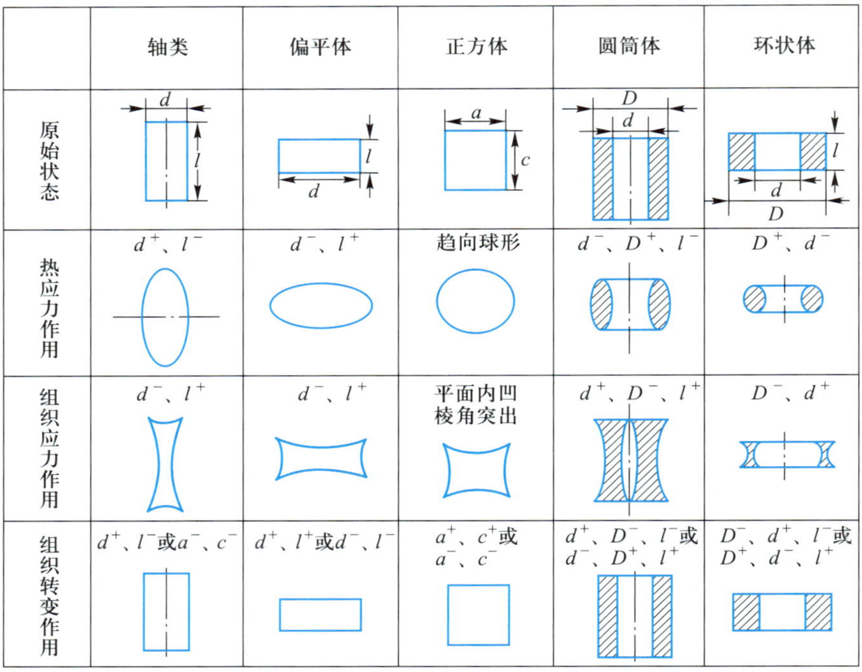

	轴类	偏平体	正方体	圆筒体	环状体
原始状态	d、l	d、l	a、c	D、d	d、D、l
热应力作用	d^+、l^-	d^-、l^+	趋向球形	d^-、D^+、l^-	D^+、d^-
组织应力作用	d^-、l^+	d^-、l^+	平面内凹棱角突出	d^+、D^-、l^+	D^-、d^+
组织转变作用	d^+、l^- 或 a^-、c^-	d^+、l^+ 或 d^-、l^-	a^+、c^+ 或 a^-、c^-	d^+、D^-、l^- 或 d^-、D^+、l^+	D^-、d^+、l^- 或 D^+、d^-、l^+

图 11-16　各种简单零件淬火变形趋势

　　零件尺寸和形状的变化对淬火变形将产生很大影响,在实际生产中,形状不对称的细长杆类零件需要淬火处理。由于零件形状导致的冷却条件有明显差异,因此容易使淬火发生翘曲、扭曲的形状变形。零件形状和截面的变化对其冷却状态影响的一般规律是:棱角和薄边部分冷却迅速;外表面比内表面冷却快;外表面上圆凸部位比平面部位冷却快;有凹槽的部位冷却较慢。实践证明,形状不对称零件在完全淬硬的情况下,使用水或盐水淬火时,通常是冷却快的一面发生凸起。如果使用油淬或硝盐分级淬火,则通常是慢冷面发生凸起。这是因为水或盐水的冷却速度快,热应力显著,油淬或硝盐分级淬火则组织应力显著,从而产生了完全相反的变形。

　　为减小不对称零件的变形量,先观察确定快冷部位并分析哪种应力是引起翘曲变形的主导因素,从而采取相应的工艺措施,尽可能使各部分冷却均匀来减少变形量。加热温度及加热速度的提高一般会使零件变形增加,因此,从减少淬火变形角度考虑,应尽量选择淬火下限温度。对于高碳高合金钢,需要控制加热速度及冷却方式以减少零件变形。如降低 M_s 点以上的冷却速度,可减少因热应力引起的变形,同时也可减少因组织应力引起的变形。在分级淬火时,由于熔盐、熔碱等介质的温度一般选择在 M_s 点附近,故零件在中温介质中短时间停留可使截面温差降低,随后可在空气中冷却。这种方法不仅可减少热应力,而且还显著地减少组织应力,故可有效地减少零件变形。等温淬火与分级淬火一样可以显著地减少热应力和组织应力。贝氏体的比容比马氏体小且淬火后残余奥氏体量较多,体积变形量很小,故等温淬火可得到较小的淬火变形。

　　一些精密零件和测量工具因其对尺寸稳定性有着高要求,在使用中不能发生变形,故在淬火之后需进行冷处理,使残余奥氏体进一步转变为马氏体。

　　在回火过程中,零件尺寸的变化还与淬硬层深度有关。淬硬层深度增加,淬火变形增大,但经回火后尺寸会稍有恢复。对于淬火后能保留大量残余奥氏体的高碳高合金钢来说,回火过程中残余奥氏体的转变会导致体积膨胀,进而使零件尺寸胀大。由此可见,利用回火可以减少和适当调整淬火件的变形量。另外,淬火前的零件因机械加工、锻造、焊接及校直等造成的残余应力如果没有经过预先热处理,那么在随后的热处理过程中会增加变形。

11.4.3　淬火裂纹及其防止

零件产生裂纹通常发生在淬火冷却的后期,即冷却到室温,马氏体相变基本停止。这时因零件中存在较大的拉应力,拉应力超过钢的断裂强度而引起开裂。零件出现裂纹的形式主要取决于应力分布状态。常见的淬火裂纹的类型如图 11-17 所示。纵向(即轴向)裂纹主要是由于切向的拉伸应力超过该材料的断裂强度而产生的,如图 11-17a 所示。零件表面形成大的轴向拉应力,当其超过材料断裂强度时出现横向裂纹,如图 11-17b 所示。网状裂纹则是在表面双向拉伸应力作用下形成的裂纹,如图 11-17c 所示。剥离裂纹是在很薄的淬硬层内出现的,当应力发生急剧改变,径向拉应力超过材料的断裂强度时,将产生这种裂纹,如图 11-17d 所示。此外,若零件设计不合理,或原材料有缺陷,在热处理过程中也可能出现淬火裂纹。

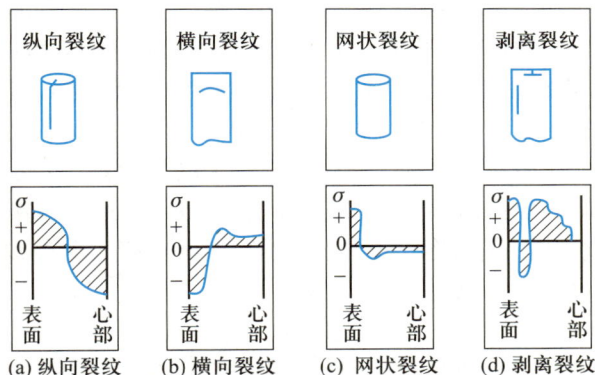

图 11-17　常见的淬火裂纹的类型

1) 纵向裂纹

纵向裂纹又称为轴向裂纹,裂纹产生于零件表层最大应力处,裂纹一般平行于主轴。完全淬透的零件中容易产生纵向裂纹。随着钢的碳含量的提高,形成纵向裂纹的倾向随之增大。低碳马氏体的比容小,若热应力作用更大,则表面易出现残余压应力,因此不易出现裂纹。随着碳含量的提高,表层压应力减小,组织应力增大,表层出现拉应力,因此高碳钢的开裂倾向增加。另外,零件尺寸也直接影响残余应力大小及分布,开裂倾向也有所不同。材料缺陷也可能造成纵向裂纹如工具钢存在带状组织和非金属夹杂物等缺陷,淬火后因其横向的断裂强度比纵向小,故形成纵向裂纹。因此,要严格控制带状组织、非金属夹杂物、碳化物尺寸等以防止淬火裂纹。

2) 横向裂纹和弧形裂纹

横向裂纹和弧形裂纹的内应力分布特征是:表面受压应力,次表层受拉应力,应力变化剧烈。横向裂纹的方向是垂直于轴线的方向。弧形裂纹经常在零件形状突变的部位以弧形分布。这类裂纹一般发生在未淬透的零件中,因为淬硬与未淬硬的过渡区有一个大的应力峰值,而且轴向应力大于切向应力。

轧棍、轴等大型锻件常存在冶金缺陷,如气泡、夹杂、白点等,在热处理时,因不能全部淬透,热处理应力可能会导致出现裂纹,甚至开裂。弧形裂纹多出现在零件棱角、台阶、键槽等部位,这主要是由于几何形状变化而产生应力集中,加剧出现淬火裂纹的倾向。所以,在零件设计时要尽量避免凸台、凹槽等几何形状的突变,以减少应力集中,同时淬火加热温度不宜过高,尽量采用较低的冷却速度,以及零件淬火后及时回火等方法防止开裂。

另外,在表面淬火时,硬化层与非硬化层的过渡区存在较大的残余拉应力,容易引起弧形裂纹。因此,要控制好硬化层深度和硬度的梯度变化,避免裂纹的产生。

3)网状裂纹

网状裂纹又称为表面龟裂,是一种表面裂纹。裂纹深度通常为 0.01~0.15 mm,其主要特征是裂纹方向随机、相互连接构成网状,类似于龟背上的图案。当裂纹较深时,网状特征消失。网状裂纹主要是由于表面的二维拉应力造成的。高碳钢或渗碳层脱碳表面容易出现网状裂纹。脱碳层高频表面淬火或淬火后磨削过程也可能出现网状裂纹。

4)剥离裂纹

剥离裂纹一般出现在很浅的表层,裂纹平行于零件表面。因表层受较大的二维压应力,同时径向受较大的拉应力而出现裂纹。表面淬火和渗碳零件淬火后都有可能发生硬化层的剥落,即剥离裂纹。出现这种情况主要是硬化层内组织变化剧烈导致的。例如,合金钢渗碳淬火工艺控制不当,其渗碳层内的组织为表层极细珠光体+碳化物,次表层为马氏体+残余奥氏体,内层为细珠光体组织。由于次表层马氏体的比容最大,体积膨胀使表层产生压应力,径向为拉应力,径向应力从表面到次表层应力变化剧烈,裂纹出现在应力急剧过渡的表层内。一般裂纹存在于表面的内部,严重时造成表面剥落。所以,渗碳要控制好渗层的碳浓度梯度,使渗碳层的碳浓度变化平缓,可防止这类裂纹的出现。此外,高频或火焰表面淬火时,若出现表面过热,也容易形成表面剥离裂纹。

5)显微裂纹

前述四种裂纹都是宏观下观察到的裂纹,而显微裂纹是在显微镜下看到的微观裂纹。显微裂纹一般出现在原奥氏体晶界处或马氏体片的交界处。高碳马氏体是片状铁素体,这种片状马氏体在形成时相互撞击产生很高的应力,由于马氏体本身脆性大而不能产生塑性变形,使得应力松弛,因而出现了显微裂纹。奥氏体晶粒越大,显微裂纹越多。高碳钢淬火时,若出现显微裂纹,将显著降低零件的强度和塑性,因此要及时回火消除淬火显微裂纹。为了避免高碳钢零件的显微裂纹,可在较低的奥氏体化温度下使奥氏体中的碳不能完全溶解,以获得细小的中、低碳马氏体组织,有效地防止显微裂纹的产生。

实际生产中,裂纹的形成受钢材质量、零件形状以及冷热加工工艺等多种因素的影响。具体情况要根据裂纹的宏观形态特征、断口分析、金相分析以及材料成分分析等方面综合寻找出现裂纹的原因,然后制订有效的预防措施。

11.5 淬火工艺

淬火是零件加工过程中的重要工序。淬火零件的外形尺寸及几何精度在淬火前已接近最终尺寸,有的零件即使淬火后还需要再进行磨削等加工,但允许的加工余量很小。因此,淬火不仅要保证得到技术要求规定的性能指标,而且还要满足图纸规定的尺寸精度。合理制订和实施淬火工艺直接关系着零件的质量和企业效益。因此,淬火工艺对节约材料、降低能耗、延长零部件的使用寿命具有重要的工程意义。

淬火工艺规范的制订是一个复杂的多因素问题,图 11-18 是普通淬火、回火过程的程序图。淬火钢的组织与性能除了取决于零件的材料外,还与加热规范(加热温度、保温时间、加热速度)、冷却规范(冷却介质的冷却方式、冷却速度、冷却时间),以及回火工艺规范(回火温度及回火时间)等因素有关。

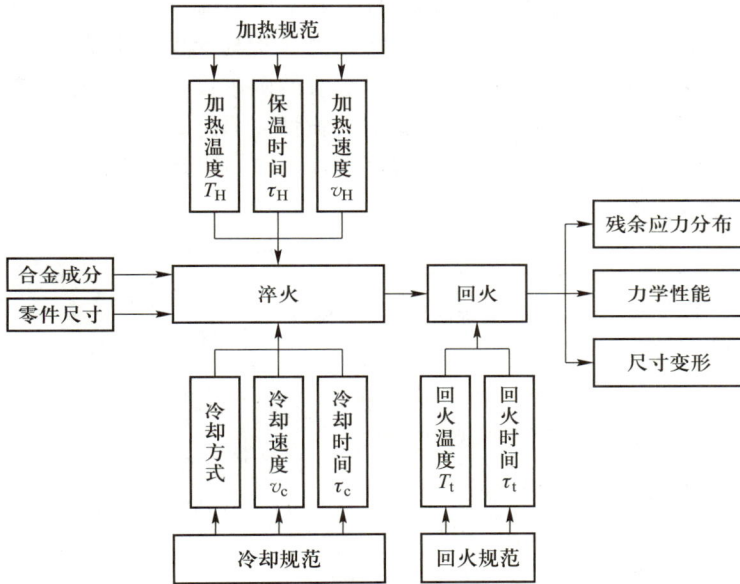

图 11-18　普通淬火、回火过程的程序图

11.5.1　淬火加热规范的确定

淬火加热规范主要指的是在淬火加热工艺中的加热温度、加热速度、保温时间以及冷却方法等参数。由于奥氏体化程度(即成分、组织状态),对淬火钢的组织与性能有着决定性的影响。因此,正确地选择及控制淬火加热规范十分重要。

1) 淬火加热温度

确定淬火加热温度最基本的依据是钢的成分,即临界点温度(Ac_1,Ac_3,Ac_{cm})。通常,亚共析钢淬火加热温度是 $Ac_3 + (30 \sim 50)$℃。在该温度范围内,奥氏体晶粒较细,铁素体全部溶解,淬火后可以得到细晶粒的马氏体组织。共析钢和过共析钢淬火加热温度为 $Ac_1 + (30 \sim 50)$℃,在该温度范围内,奥氏体不能完全溶解,且还存在少量的未溶碳化物,这可以抑制晶粒的长大,同时可控制奥氏体中的碳含量,从而控制马氏体的组织形态,以降低马氏体的脆性以及减少淬火后的残余奥氏体的数量。温度较高可导致粗大的马氏体组织和机械性能下降,增加变形开裂的倾向。

零件的淬火加热温度既要考虑材料成分和原始组织、零件尺寸和形状及零件的技术要求,还要考虑加热设备、淬火冷却介质及淬火方法等因素。一般在空气炉中加热要比在盐浴中加热略高 10~30 ℃;对形状复杂、截面有变化、易变形开裂的零件,一般选择淬火温度的下限,必要时采取出炉后预冷淬火。为了提高较大尺寸零件的表面硬度和淬透深度,淬火温度可以适当升高。对于尺寸较小的零件,应选择稍低的淬火温度。此外,为了防止碳钢及低合金钢变形开裂,采用冷却速度较慢的淬火介质(如油、硝盐)时,其加热温度应比水淬火提高 20 ℃左右。当原始组织是极细珠光体时,由于它易溶于奥氏体,淬火温度应适当降低。中、高合金钢确定淬火加热温度时,应考虑合金元素的溶解及再分配,淬火加热温度应适当提高,以充分发挥合金的作用。引起淬火加热温度升高的合金元素有铬、钴、钒、铝、钛等。

低碳马氏体钢,由于受到低淬透性的限制,一般采用高温淬火有利于实现沿截面的整体强韧化。中碳及中碳合金钢适当提高淬火温度避免片状马氏体的形成,获得较高韧性的板条马氏体。高碳钢采用低温淬火限制奥氏体中固溶的碳浓度,使淬火组织中增加板条马氏体的含量,减少片状马氏体的含量,从而降低钢的脆性。另外,提高淬火温度及延长保温时间使奥氏体中的碳含量提高,将降低马氏体转变温度,增加残余奥氏体含量。常用淬火钢的淬火加热温度如表 11-4 所示。

表 11-4 常用淬火钢的淬火加热温度

牌号	临界温度/℃		淬火温度/℃	牌号	临界温度/℃		淬火温度/℃
	Ac_1	Ac_3			Ac_1	Ac_3	
45	724	780	880~840 盐水 840~800 碱浴	10SiCr	755	850	900~920 油或水
T7	730	770	780~800 盐水 810~830 硝盐碱	35CrMo	755	800	850~870 油或水
CrWMn	750	940	830~850 油	60Si2Mn	755	810	840~870 油
9CrSi	770	870	850~870 油 860~880 碱浴,硝盐	18CrMnTi	740	825	830~850 油
Cr12MoV	810	1 200	1 020~1 150 油	30CrMnSi	760	830	850~870 油
W18Cr4V	820	1 330	1 260~1 280 油	20MnTiB	720	843	860~890 油
40Cr	743	782	850~870 油	40MnB	730	780	820~860 油
60Mn	727	766	850~870 油	38CrMnAl	800	940	930~950 油

2) 加热和保温时间

加热和保温时间是由零件入炉到炉温达到指定温度所需时间 $\tau_人$、零件透热时间 $\tau_透$ 以及组织转变时间 $\tau_转$ 所组成,即

$$\tau = \tau_人 + \tau_透 + \tau_转 \tag{11-2}$$

各加热时间段如图 11-19 所示,$\tau_人$ 与设备功率及装炉量、零件尺寸等有关,设备功率越大,给

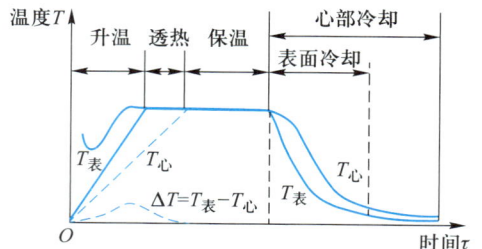

图 11-19 加热各个阶段示意图

热系数越大,供热速度越快,$\tau_人$时间越短。零件透烧时间$\tau_透$主要取决于零件形状及尺寸,也与材料本身导热性有关。组织转变所需时间τ取决于珠光体向奥氏体转变的速度。

对于普通碳钢和低合金结构钢来说,由于碳化物溶解较快,在透烧后一般保温 5～15 min。对于中合金结构钢来说,可以保温 15～25 min。对于合金工具钢来说,由于存在碳化物形成元素,加热时要考虑合金元素的溶解和成分均匀化的时间,以发挥合金元素的作用。在工具钢中,高铬钢保温时间最长。当加热温度一定时,保温时间增加可以使硬度达到一个最高值。加热温度越高,达到这个最高值所需时间越短。例如,在 980 ℃淬火后,硬度达到 65 HRC 时需要保温 30 min,1 000 ℃时需要保温 20 min,1 040 ℃时仅需要 10 min。在 1 040 ℃时继续延长保温时间,淬火后硬度下降,这是由于残余奥氏体量增加的缘故。高速钢含有大量的合金元素,要使难溶碳化物溶解,淬火加热温度需要达到 1 200～1 280 ℃,此时更应严格控制保温时间,防止过热。为缩短高温加热时间可进行两次预热。

生产中常用加热系数来估算加热时间τ,τ为零件入炉后仪表指示温度达到预定温度的时间,其经验公式为

$$\tau = fKD \tag{11-3}$$

式中:K——加热系数,如表 11-5 所示;

　　　D——零件有效厚度,mm;

　　　f——与装炉量有关的系数,一般取 1～1.5。

表 11-5　碳钢及合金钢在不同介质中的加热系数 K

min · mm^{-1}

钢材	空气炉	流动粒子炉	盐浴炉
碳钢	0.9～1.1	0.4	0.5
合金钢	1.3～1.6	0.5	1.0
高速钢		0.15～0.2（经二次预热后）	8～15（经二次预热后）

3）加热速度

对形状复杂、变形要求小或大型合金钢锻件,必须考虑加热速度,减少淬火变形及开裂倾向。零件棱角边缘和表面升温快,心部升温慢,这种温差将在热处理过程中形成很大的热应力与组织应力。降低加热速度或预热可以减少热应力和组织应力。

11.5.2　淬火冷却方法的选择与应用

为了获得合适的冷却速度得到期望的组织与性能,同时减少热应力和组织应力引起的变形,生产中形成了一系列淬火工艺方法,如图 11-20 所示,现介绍如下。

1）直接淬火

直接淬火又称为单液淬火,是将奥氏体化的零件直接淬入单一淬火介质中的方法。淬火介质包括水、油、空气、压缩空气或循环空气、盐浴、流态床,以及各种水溶性淬火介质。

2）双介质淬火

零件奥氏体化后,先放入一种冷却能力强的淬火介质中,待零件温度降至 C 形曲线鼻

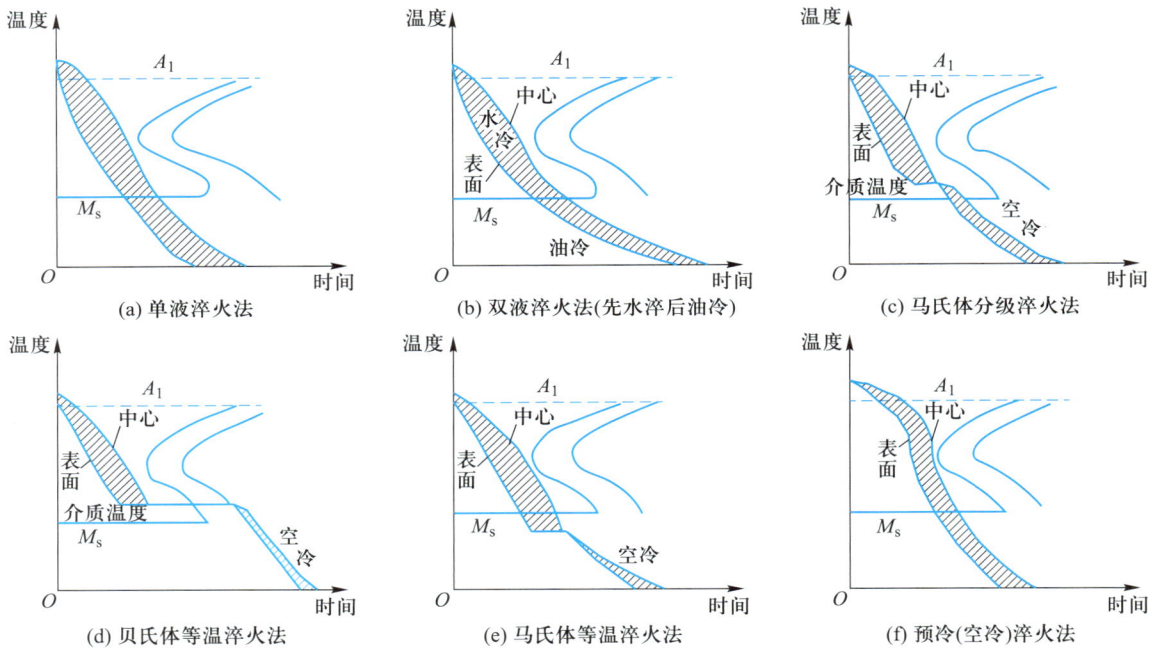

(a) 单液淬火法　(b) 双液淬火法(先水淬后油冷)　(c) 马氏体分级淬火法
(d) 贝氏体等温淬火法　(e) 马氏体等温淬火法　(f) 预冷(空冷)淬火法

图 11-20　几种淬火工艺示意图

温以下快速取出,再淬入冷却能力较弱的淬火介质中进行冷却,以获得马氏体,这种淬火工艺称为双介质淬火(或双液淬火)。例如,先水后油、先水后空气或先油后空气等。对于某些淬透性较差的钢,用盐水淬火易裂,油淬又淬不硬,往往采用水淬油冷的双介质淬火法。因此,双介质淬火多用于碳素工具钢及大截面合金工具钢要求淬透层较深的零件淬火。

3) 马氏体分级淬火

零件奥氏体化后,淬入温度稍高(或稍低)于钢的上马氏体点温度的淬火介质中并保持适当时间,待钢件的内外层都达到淬火介质温度后取出空冷,以获得马氏体的淬火工艺。分级淬火的目的是减少淬火应力,从而减小零件淬火后变形开裂的倾向。分级淬火可使合金工具钢的残余奥氏体量增加,使钢的韧性有一定提高。分级淬火的关键是淬火介质的冷却速度一定要大于淬火临界冷却速度。

4) 贝氏体等温淬火

零件奥氏体化后,在贝氏体转变温度区间(260~400 ℃)保温,使奥氏体转变为贝氏体组织的淬火工艺。由于等温转变时下贝氏体转变的不完全性,空冷到室温后得到下贝氏体和少量的马氏体与残余奥氏体的混合组织。等温淬火的显著特点是获得较高的强韧性,同时淬火后变形减少。

5) 喷雾淬火

对大型零件淬火来说,为了提高在空气中的冷却能力,可采用简便易控制的喷雾淬火方法,其方法是利用压缩空气吹到水面,使水雾化喷向零件表面。大型轴类零件喷雾冷却的主要优点是:冷却速度可以调节,可满足不同钢种不同直径大锻件淬火冷却要求,也适应同一零件不同淬火部位对冷却速度的要求。

6) 喷射淬火

对于要求局部硬化的零件,如内型腔或感应加热的零件表面,可以在特制的喷液装置中淬火。

7）模压淬火

对于截面薄的板状、片状零件及细长的杆状零件,如离合器摩擦片、盘形螺旋齿轮、锯片等,可将它加热到淬火温度后,置于淬火压床上压紧并同时冷却,这种方法可以有效地减小零件淬火时的变形。

8）深冷处理(或冷处理)

零件淬火到室温后,继续在 0 ℃ 以下的介质中冷却的热处理工艺称为深冷处理。因淬火钢的马氏体或贝氏体相变的不完全性,即马氏体转变的终了点(M_f)低于室温,故室温下的淬火组织中保留一定数量的残余奥氏体。为使残余奥氏体继续转变为马氏体或贝氏体等组织,则要将淬火零件继续深冷到零下温度进行冷处理。因此,深冷处理实际上是淬火过程的继续。目前冷处理主要用于要求尺寸稳定的精密零件,如量具、精密轴承、油泵油嘴、精密丝杠等零件。冷处理后还要进行回火,以获得更稳定的回火马氏体。

11.6　钢的回火

11.6.1　回火的定义与目的

钢件淬火后再加热到 A_1 点以下的某一温度,保温一定时间,然后冷却到室温的热处理工艺称为回火。淬火钢的回火是淬火马氏体分解、碳化物析出、聚集长大、残余奥氏体转变及铁素体再结晶的综合过程,其组织转变过程前面已经介绍。零件淬火后,一般不能直接使用,通过回火能大幅改善钢的强度、塑性、韧性之间的配合,以满足机械零件的性能要求。

11.6.2　回火工艺的分类

1）低温回火(150~250 ℃)

对有高的强度、硬度、耐磨性及一定韧性要求的淬火零件,通常淬火后要在 150~250 ℃进行低温回火,以获得以回火马氏体为主的组织。它主要适用于中、高碳钢制造的各类零件。对于渗碳及碳氮共渗淬火后的零件,也要进行低温回火。对于精密量具、轴承、丝杠等零件,为了减少在冷加工工序中形成的应力,增加尺寸稳定性,可增加一次在 120~260 ℃ 保温。这种长达几十小时的低温回火,称为人工时效或稳定化处理。

2）中温回火(350~500 ℃)

中高碳及其合金弹簧钢均在此温度范围内回火。在中温回火后可以得到回火屈氏体组织,并且淬火钢中第二类内应力大大减少,从而使弹簧钢的弹性极限显著提高,同时又具有足够的强度、塑性、韧性。为避免发生第一类回火脆性,一般中温回火温度不宜低于 350 ℃。

3）高温回火(500~650 ℃)

淬火钢经高温回火后获得粒状珠光体组织,即在铁素体基体上分布着细粒状碳化物,可使钢的强度、塑性、韧性达到比较好的配合,具有良好的综合力学性能,这种工艺称为调质处理。

普通碳钢和低合金钢淬火采用高温回火,会使强度降低而塑性升高,这种牺牲强度提高塑性是不希望得到的结果。实际生产中要针对零件的性能要求制订合理的回火工艺,以获得强度和韧性的最佳配合,发掘材料的潜力。

11.6.3 淬火缺陷与预防

在热处理淬火工艺操作中,常会出现一些废品,这主要是因为在淬火过程中不合理的工艺操作引起了较大的热应力与组织应力。此外,材料内部的缺陷、零件结构与尺寸等因素均容易造成淬火缺陷,下面进行简要的介绍。

1) 淬火变形与淬火裂纹

在 11.4.1 节中已介绍了造成淬火变形和开裂的原因,这里仅讨论淬火变形的现象。淬火变形使零件尺寸超过规定工艺公差或产生的变形无法矫正而成为废品。一些零件变形超差,采用热校直、冷校直和加压回火等措施可以加以修正。一般出现了淬火裂纹是不可补救的淬火缺陷。采取积极的预防措施以减小和控制淬火应力,同时控制原材料质量及合理设计零件的结构等,可以克服淬火变形与开裂。

2) 氧化、脱碳与过热过烧

零件淬火在空气介质中加热,若不进行表面防护可能会发生氧化、脱碳等缺陷,其后果是表面淬硬性下降达不到技术要求,或在零件表面形成网状裂纹,使表面粗糙度增大甚至超差。对于精加工零件加热时,一般需要在真空或保护气氛下进行。小批量生产的零件也可采用防氧化表面涂料加以防护。

过热导致淬火后形成粗大的马氏体组织,严重时将出现淬火裂纹、冲击韧性降低,甚至发生沿晶断裂。因此,应当正确选择淬火加热温度,适当缩短保温时间并严格控制炉温。若出现了过热组织,可以重新退火或正火,细化晶粒后再次淬火返修。若加热温度过高则会形成过烧,使淬火零件严重脆化造成不可挽回的废品。

3) 硬度不足

淬火及回火后产生硬度不足的现象,其原因一般是淬火加热不足,表面脱碳,冷却不足,钢材淬透性不够等。高碳合金钢淬火后残余奥氏体过多也可造成硬度偏低。这类问题需要针对不同情况采取相应对策。

4) 软点

淬火零件表面出现硬度不足的区域称为软点。软点与整体硬度不足的主要区别是在零件表面一些区域硬度有明显偏低的现象。这种缺陷可能是由于原始组织粗大及不均匀造成的,也可能是淬火介质被污染,还有可能是零件表面氧化皮或零件在淬火液中未能搅拌,致使冷却不均匀等因素而造成的。通过金相分析结合工艺执行情况可以进一步判明出现软点的原因。软点可以通过返修重新淬火加以纠正。

5) 其他组织缺陷

对淬火工艺要求严格的零件,不仅要求淬火后满足硬度要求,还要求淬火组织符合规定的等级,如淬火马氏体等级、残余奥氏体的量、未溶铁素体的量、碳化物的分布及形态等方面的规定。当超过某些规定的等级时,组织检查仍为不合格品,即存在组织缺陷。这类组织缺陷有粗大马氏体、网状碳化物及粗大碳化物、调质钢中的大块铁素体、高合金钢中的残余奥氏体量过多等。这种情况一般都需要重新加热进行处理。

思考题

11-1　淬火主要有哪些淬火工艺方案？其目的是什么？

11-2　淬火变形、开裂的规律是什么？试分析原因。

11-3　淬火介质有几类？其优、缺点是什么？

11-4　什么是理想的淬火介质？

11-5　淬火后为什么要及时回火？

11-6　试论淬透性和淬硬性的区别及工程上的应用。

11-7　工程上常用 Q345 钢板组织焊成零部件且需要进行 550~560 ℃ 去应力退火或时效处理。试从金属学和力学性能角度分析其机理。

11-8　变形与开裂是热处理永恒的主题，那么变形与开裂的原因和机理是什么？如何预防和消除？

>>> 第12章

··· 表 面 淬 火

表面淬火是一种对零件表面加热淬火的工艺。表面淬火是强化金属零件的重要手段之一。表面淬火可以使零件表面硬度、耐磨性得到提高，而其心部仍然保持预先热处理的组织与性能，进而使零件实现表面的高疲劳强度和心部良好韧性。由于表面淬火工艺简单、强化效果显著、热处理后变形较小、生产过程易实现自动化、生产率高、具有很好的经济效益，因而在生产上广泛应用。

实现表面加热的关键是加热装置能提供高的热流密度。表面加热按其加热装置的不同来分，主要包括感应加热淬火、火焰加热表面淬火、激光热处理等。

12.1　感应加热淬火

将金属零件放在交变电流的感应线圈附近，金属材料可以在交变磁场作用下产生感应电势并在表面形成涡流。利用感应电流在金属表面产生的热效应，对金属零件加热，这称为感应加热，感应加热后的金属零件快速冷却的工艺称为感应加热淬火。

根据设备输出的频率高低，感应加热可分为工频加热（$f = 50 \sim 1$ kHz）、中频加热（$f = 1 \sim 20$ kHz）及高频加热（$f > 20$ kHz）。使用感应加热淬火的表面强化效果好，在生产中得到了广泛的应用。另外，感应加热淬火还可应用于零件的加热与变形加工、熔炼、焊接等其他工艺技术方面。

12.1.1　感应加热的基本原理

1）电磁感应

感应线圈通以交流电时，置于感应圈周围的金属材料受交变磁场的作用，在其表面产生相应感应电动势，其电动势为

$$\varepsilon = -K \frac{d\varphi}{dt} \tag{12-1}$$

式中，$d\varphi/dt$ 为磁通变化率（与电流频率有关）；K 为比例系数；负号表示感应电动势的方向与磁通变化率的方向相反。

金属在感应电动势下感生出来涡流，涡流方向在每一瞬间和感应圈中的电流方向相反。涡流强度（I_f）取决于感应电动势（ε）、零件内涡流回路的阻抗（Z）、阻抗由电阻（R）和感抗（X_1）组成，其关系如下：

$$I_f = \frac{\varepsilon}{Z} = \frac{\varepsilon}{\sqrt{R^2 + X_1^2}} \tag{12-2}$$

由于钢铁材料的 Z 值很小，涡流很大，零件加热时间（τ）的热量（Q）由下式决定：

$$Q = 0.24 I_f^2 R \tau \tag{12-3}$$

应当指出，对铁磁性材料，除涡流产生的热效应外，还有磁滞热效应，但这部分热量比涡流的热量小得多。

在感应圈及金属零件中的高频磁场，其磁感线总是沿磁阻最小的途径形成闭合回路，因此，高频磁感线只能在金属零件的表面通过。如果感应圈与金属零件的间隙非常小，没有逸散到周围空气间隙中的漏磁损耗，则磁能全部为金属零件表面所吸收。这时，圆柱形金属零

件表面的涡流 I_f 与感应圈中通过的电流 (I) 大小相等且方向相反。根据这种理想的条件，使用单匝感应圈、高度为 1 cm 的圆柱形零件表面所吸收的功率 (P_a) 可用下式表示：

$$P_a = 1.25 \times 10^{-3} RI^2 (\rho \mu f)^{1/2} \tag{12-4}$$

式中，R 为圆柱形零件半径；I 为电流；ρ 为电阻率；μ 为相对磁导率；f 为电流频率。

2）表面效应

涡流强度随高频电磁场强度由表面向内层逐渐减小，这称为表面效应。距离表面距离 x 处的涡流强度为

$$I_x = I_0 \varepsilon^{-x/\Delta} \tag{12-5}$$

式中，I_0 为表面最大的涡流强度，x 为到金属零件表面的距离，Δ 为与材料物理性质有关的参数。

由上式得出

$x = 0$ 时，$I_x = I_0$；

$x > 0$ 时，$I_x < I_0$；

$x = \Delta$ 时，$I_x = I_0(1/e) = 0.368 I_0$。

工程上规定，当涡流强度从表面向内层降低到表面最大涡流强度的 36.8% $\left(\text{即} \dfrac{I_0}{e}\right)$ 时，由该处到表面的距离 Δ 称为电流透入深度。作这样规定是由于分布在零件表面的涡流不能全部用于金属零件表面的加热，总是有一部分热量传到金属零件内层或心部而损耗。另外还有一部分热量向金属零件周围热辐射损失，鉴于涡流所产生的热量与涡流强度的平方成正比，因此热量由表及里的下降速度比涡流下降速度快得多，如图 12-1 所示。按上述规定

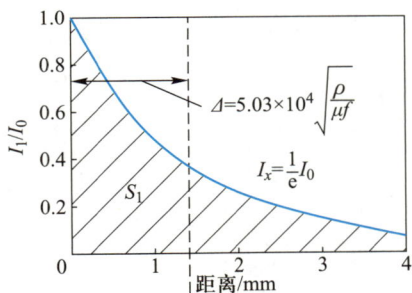

(a) 涡流的分布

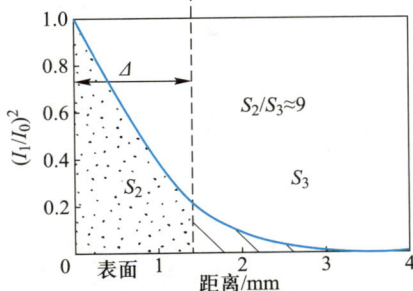

(b) 热量的分布（以电流平方比表示）

I_0—表面电流密度；I_x—距表面 x 处的电流密度

图 12-1　感应加热钢板时电流在加热表层的分布（$f = 2 \times 10^6$ Hz）

可计算出有 85%以上的热量分布在深度为 Δ 的薄层以内,其余的热量可认为是理论上的无功热损耗。图 12-2 为不同频率感应加热钢棒表面透入电流示意图,从图中可以看出感应加热的透入深度。

电流透入深度 Δ 的大小与金属的电阻率(ρ)、相对磁导率($\mu_r = \mu/\mu_0$)和电流频率有关。其关系式为

$$\Delta = \sqrt{\frac{2\rho}{\omega\mu_0\mu_r}} \quad (12\text{-}6)$$

式中:ω——角频率($\omega = 2\pi f$);

μ_0——在真空中的磁导率,其值为 $4\pi\times10^{-7}$ H/m。

对钢来说上式可简化为以下数值方程:

$$\Delta = 5.03\times10^4\sqrt{\frac{\rho}{\mu_r f}} \quad (12\text{-}7)$$

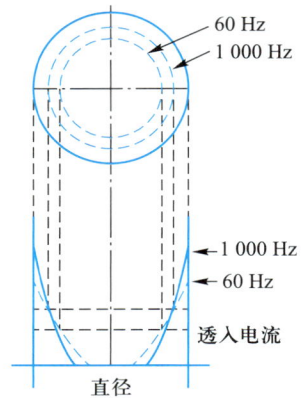

图 12-2　不同频率感应加热钢棒表面透入电流示意图

由式(12-7)知,电流透入深度随金属磁导率及电流频率的增加而减小,但随金属电阻增加而增大。对于大部分顺磁金属材料,相对磁导率按 1 处理,同时参考其不同温度下的电阻率(ρ),可以利用式(12-7)得出在不同频率下的电流透入深度。表 12-1 为顺磁性金属在不同频率下的透入深度。从表中看出,随着电阻率的增加,顺磁性材料的透入深度也随之增加。

表 12-1　顺磁性金属在不同频率下的透入深度

金属	温度/℃	电阻率 ρ/($\mu\Omega \cdot$ m)	频率/kHz			
			10	30	70	500
Al	20	0.027	0.83	0.48	0.31	0.12
	250	0.053	1.16	0.67	0.44	0.16
	500	0.087	1.48	0.86	0.56	0.21
Cu	20	0.018	0.68	0.39	0.26	0.10
	500	0.050	1.12	0.65	0.43	0.16
	900	0.085	1.49	0.86	0.56	0.21
黄铜	20	0.065	1.28	0.74	0.48	0.18
	400	0.114	1.70	0.98	0.64	0.24
	900	0.203	2.27	1.31	0.86	0.32
不锈钢	20	0.690	4.18	2.41	1.58	0.59
	800	1.150	5.39	3.11	2.04	0.76
	1 200	1.240	5.60	3.23	2.12	0.79
Ag	20	0.017	0.65	0.37	0.24	0.09
	300	0.038	0.98	0.57	0.37	0.14
	800	0.070	1.33	0.77	0.50	0.19

续表

金属	温度/℃	电阻率 $\rho/(\mu\Omega \cdot m)$	频率/kHz			
			10	30	70	500
W	20	0.050	1.12	0.65	0.43	0.16
	1 500	0.550	3.37	2.15	1.41	0.53
	2 800	1.040	5.13	2.96	1.94	0.73
Ti	20	0.500	3.56	2.05	1.34	0.50
	600	1.400	5.95	3.44	2.25	0.84
	1 200	1.800	6.75	3.90	2.55	0.95

在感应加热时,随着温度的升高,钢件电阻率增大,在 800~900 ℃ 范围内各种钢的电阻率按 10^{-4} Ω·cm 近似计算,磁导率在失去磁性以前假定不变,其数值与磁场强度有关。但在磁性转变温度(居里点) A_2 以上和在 $A_1 \sim A_2$ 点(727~770 ℃)加热钢件将失去磁性,μ 值急剧下降。钢件磁导率和电阻率随温度变化的关系曲线如图 12-3 所示,结合式(12-7)可以看出,当频率不变时,温度超过居里点以后,电阻率增加、磁导率降低使电流透入深度显著增加。

表面效应是高频电流最基本的特性,根据零件要求的硬化层深度合理选择设备的频率范围。在确定感应圈导体截面尺寸及汇流排导体的截面时,应按电流的实际通过截面进行计算。当频率足够高时,由于导体中心没有电流通过,从节省材料及冷却考虑,感应器的导体常采用管状或薄板材料。

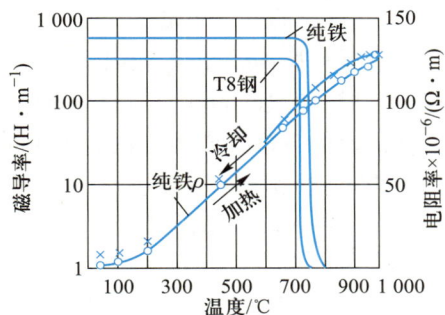

图 12-3　钢件磁导率和电阻率
随温度变化的关系曲线

3)感应加热的物理过程

零件表面升温不仅会引起表层磁导率及电阻率的变化,还会对加热层涡流分布和功率消耗产生重大影响。感应加热的物理过程如下:

(1)感应加热初期

零件温度接近室温,零件表面电流很大,涡流电流透热深度很小,仅在表面浅层加热,如图 12-4 中 t_1 时刻所示。

(2)感应加热中期

表层加热温度快速升高达到 A_2 点,该层磁导率 μ 急剧下降,导致电流降低,加热速度也随之降低。同时,与表层毗邻的次表层温度低于 A_2 点,该层磁导率高涡流电流增加,加热速度高于表层,如图 12-4 中 t_2 时刻所示。

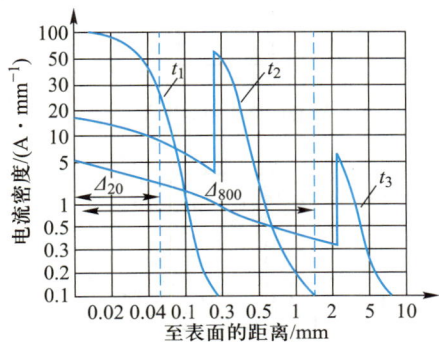

Δ_{20}—20 ℃时电流透入深度;
Δ_{800}—800 ℃时电流透入深度。

图 12-4　钢板感应加热过程中
涡流密度变化($f = 2 \times 10^6$ Hz)

（3）感应加热后期

表层、次表层温度都超过了 A_2 点，加热速度明显变慢。此时，内层温度尚未达到 A_2 点，涡流电流最大值向内层迁移，如图 12-4 中 t_3 时刻所示。

随着涡流电流向内推移，加热深度逐渐增加，这种加热过程称为感应透热式加热。其特点是：① 加热迅速，热损失小，热效率高；② 热量分布范围小，变化陡，淬火后的组织过渡层窄，故表层出现压应力，有利于零件机械性能的提高；③ 表层温度超过 A_2 点以后，加热速度就逐渐降低，因而表层不易过热。

12.1.2 感应器

感应器是将高频电流转化为高频磁场并对零件实施感应加热的能量转换器。它直接影响零件加热淬火的质量及设备的效率。感应器在设计制造时，应保证使零件表面有符合要求的均匀硬化层分布、高的电效率、足够的强度、容易制造、操作方便等条件。感应器主要由有效线圈（工作部分），汇流接线板，冷却有效线圈、接线板水冷系统及定位紧固部分等组成。为了正确地设计和使用感应器，需要遵循以下的原则：

1）感应圈的几何形状

由零件所需要硬化部位的几何形状、尺寸，设计合理的感应圈。根据法拉第电磁感应定律，零件被加热的表面应与感应圈的形状相对应，即感应圈中的高频电源的轮廓与受热零件表面涡流的轮廓方向相反且形状相同。感应器几何形状与零件硬化部位之间的对应关系，如图 12-5 所示。

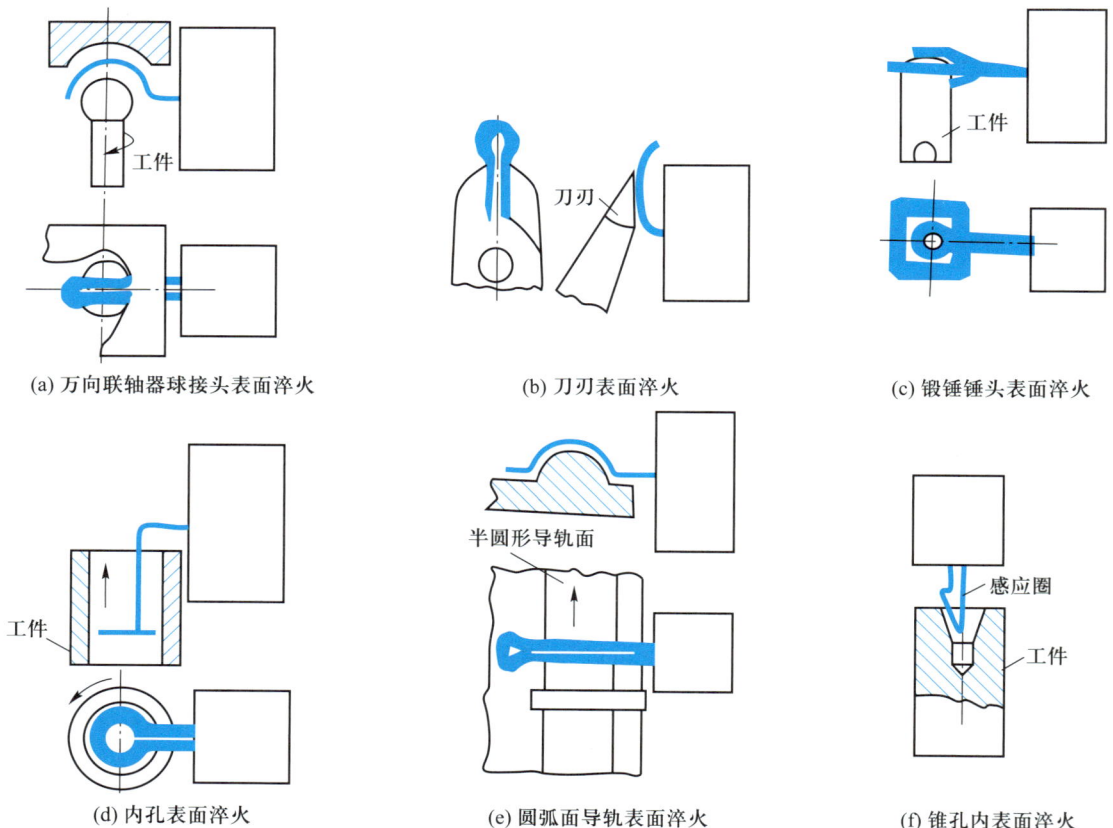

(a) 万向联轴器球接头表面淬火　　(b) 刀刃表面淬火　　(c) 锻锤锤头表面淬火

(d) 内孔表面淬火　　(e) 圆弧面导轨表面淬火　　(f) 锥孔内表面淬火

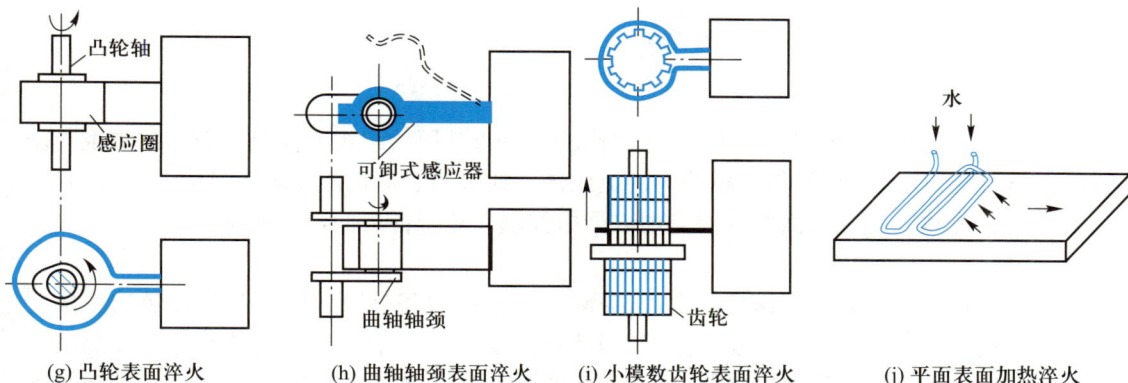

(g) 凸轮表面淬火　(h) 曲轴轴颈表面淬火　(i) 小模数齿轮表面淬火　(j) 平面表面加热淬火

图 12-5　常用感应器几何形状与零件硬化部位的对应关系

2）感应器加热效率

感应器加热时应充分利用高频电流在导体内的邻近效应（即高频电流通过相邻的两个导体改变电流在导体内分布的现象）以及环形效应。如图 12-6 所示，为了提高感应器加热效率可减少磁感线的逸散，在内孔、平面及异形表面安放磁导体，并应尽量减小感应圈与零件之间的间隙。

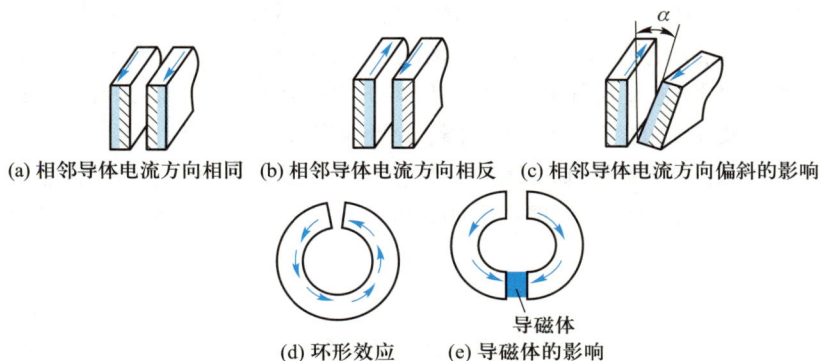

(a) 相邻导体电流方向相同　(b) 相邻导体电流方向相反　(c) 相邻导体电流方向偏斜的影响

(d) 环形效应　(e) 导磁体的影响

图 12-6　高频电流在导体内的邻近效应与环形效应

3）保证均匀加热

在零件尖角或棱边处，因电流密度过大及散热条件较差，容易发生过热现象，又称为尖角效应。可通过调节感应圈与零件间的相对高度、相对间隙，改进感应器结构，在零件表面小孔内塞入铜塞等加以改善。

4）感应器的机械强度

感应器要有足够的强度和刚性并能长期连续工作。设计时必须综合考虑。

5）加热设备

加热设备要考虑设备的功率，加热频率要结合零件尺寸、硬化层要求选择采用的加热设备和设备工艺。具体参数的选取可参考有关手册。

12.1.3 感应加热淬火工艺控制

1）预先热处理

对结构钢零件来说,调质处理后再进行表面淬火,其原始组织不仅具有更高的强度与塑性的综合性能,而且更容易得到较均匀的奥氏体。如果当心部性能要求不高时,也可进行正火处理。预先热处理对表面脱碳层应加以严格控制以免降低表面淬火质量。

2）加热功率的选择

根据零件尺寸及硬化层深要求合理选择加热功率。当零件尺寸一定时,加热功率决定了加热速度大小及可能达到的加热温度,因此加热功率是一个重要的工艺参量。加热功率的大小与零件硬化区面积、硬化层深度及设备的功率等因素有关。在实际生产中,加热功率经常受设备输出功率的限制。此外,施加在零件表面的实际加热功率还与感应器效率有关。

3）淬火加热温度及方式的选择

淬火加热温度应根据材料、原始组织、零件的性能要求来确定。图 12-7 为 $\phi 20$ mm 的碳钢感应加热和冷却的温度变化。由图可以看出,加热 4.1 s 后表层温度达到最终的加热温度(大约为 1 050 ℃),其心部温度并没有升高太多,所以合理控制表面和心部的加热温度可以得到具有优异综合性能的零件。按加热方法,加热可以分为同时加热法和连续加热法,如图 12-8 所示。在设备功率足够大的条件下,应尽量采用同时加热法,连续加热法多用于轴类零件。由于电流透入深度一般小于零件实际要求的硬化层深度,所以根据表层加热状况,加热分为透入式加热淬火与传导式加热淬火两类。采用透入式加热淬火时,原始组织为调质组织的零件在淬硬层毗邻的内层有一回火软化层。而采用传导式加热淬火时,因热透深度大,温度梯度分布平缓常常在表面淬火,内层或心部也发生了组织转变,因而机械性能在整个截面上表现不出明显的软化层。因此,后者更适合尺寸大的零件的表面淬火。

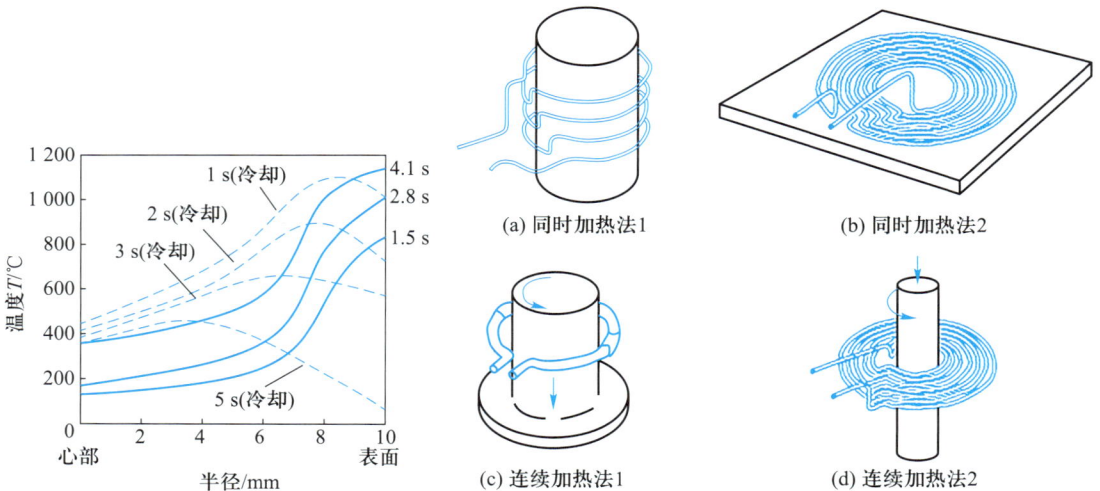

图 12-7 $\phi 20$ mm 的碳钢感应加热和冷却的温度变化

(a) 同时加热法1

(b) 同时加热法2

(c) 连续加热法1

(d) 连续加热法2

图 12-8 淬火加热方式

4）冷却方式及冷却介质的选择

表面加热后的零件在流动水中快速冷却时,在冷却曲线上显示的汽膜沸腾期、气泡沸腾期及对流传热各阶段已不能完整地存在。冷却介质的冷速大小取决于水的流动速度及表面加热层的性质(加热温度、加热层深度)。图 12-9 是典型的冷却动力学曲线。曲线 1 是在静止的或微弱运动的水(或油)中的冷却曲线。与普通淬火时冷却特性曲线相同,冷却过程的三个阶段分明。曲线 2 是在中等程度流速的水中冷却曲线,与曲线 1 比较汽膜沸腾期不能单独作为一个阶段存在。曲线 3 是在强烈流速的水中冷却,仅存在着气泡沸腾和对流传热的阶段。经测定,在多数情况下当水的流速小于 3.8 m/s 时,汽膜沸腾可以延续到 400 ℃ 左右。只有当水的流速大于 10 m/s 时,才能消除或抑制汽膜的冷却阶段。当垂直于零件表面喷水冷却时,汽膜阶段仅在水的流速低于 1~1.4 m/s 的情况下才能存在。随着喷水速度的提高,在 200~300 ℃ 温度范围内的冷却速度因汽膜被强烈水流所破坏,致使冷却速度大大提高。

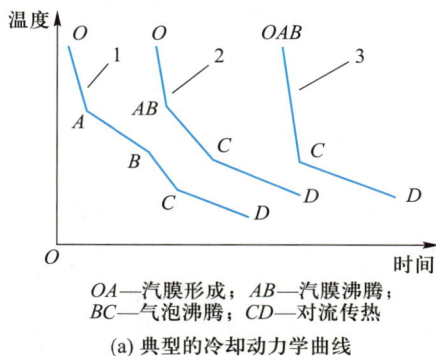

OA—汽膜形成；AB—汽膜沸腾；
BC—气泡沸腾；CD—对流传热
(a) 典型的冷却动力学曲线

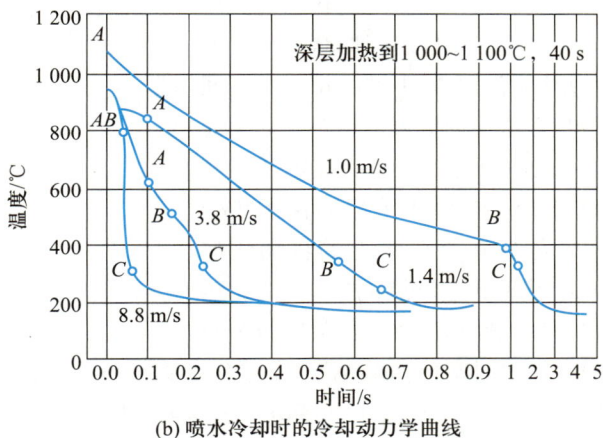

(b) 喷水冷却时的冷却动力学曲线

图 12-9　典型的冷却动力学曲线

冷却水在不同加热及冷却条件下的冷却特性的试验表明:喷水冷却能够在过冷奥氏体稳定性最低的温度范围(C 曲线的鼻尖附近,为 500~600 ℃)具有很高的冷却速度,可以达到 17 000~20 000 ℃/s,比在相同流速的流动水中的冷却能力大 3~7 倍。而在 200~300 ℃ 温度范围内,喷水的冷却速度将显著减慢。此时,在流动或静止的水中冷却,由于气泡沸腾期大量汽化热的逸散,反而大大提高了冷却速度,可高达 2 900 ℃/s,甚至超过喷水冷却的冷却速度。当零件表面温度小于 200 ℃ 时,冷却速度又显著降低。

生产上常用喷射冷却法，可以通过调节水压、改变水温及喷射时间来实现控制冷却速度。为避免淬火变形开裂，还可以采用预冷淬火或间断冷却等方法。在连续加热淬火时可以通过改变喷水孔与零件轴向间的夹角，或改变喷水孔与零件之间的距离、零件移动速度等来调整预冷时间来控制冷却速度。

对一些细、薄类型的零件或合金钢制造的齿轮，为减少变形开裂可以将感应器与零件同时放入油槽中加热，然后断电后冷却，这种淬火方法称为埋油淬火法。

一般表面淬火的零件都不冷却到室温，这有利于减小淬火应力避免变形开裂，即利用余热进行自回火。采用加热淬火控制喷水冷却时间，一般取加热时间的 $1/3 \sim 1/2$。具体喷水时间要由试验确定，一般零件还是采用重新加热回火。

碳钢及球墨铸铁（简称球铁）零件可以喷水冷却，对低合金钢及形状复杂的碳钢零件可用聚乙烯醇水溶液、聚丙烯酰胺水溶液或乳化液、油等介质。原则上，尺寸越大，选用的冷却介质具有的冷却能力也越强。在淬火操作时，应严格控制冷却介质的温度，喷射要注意均匀冷却、介质压力保持稳定。

5）回火工艺规范的确定

感应加热淬火后一般只进行低温回火，主要是为了减少残余应力和降低脆性，同时保持高硬度和高的表面残余压应力。回火的方式可采用炉中回火、自回火和感应加热回火。具体工艺如下：① 炉中回火：为了在高频表面淬火后使零件表面保留着较高的残余压应力，回火温度要比普通加热淬火的回火温度低。一般不高于 200 ℃，回火时间 1~2 h。② 自回火：利用控制喷射冷却时间，使硬化区内层的残留热量传到硬化层，而达到一定温度进行回火的方法，简称为自回火。图 12-10 为感应加热淬火和自回火的温度变化情况。可以看出，感应加热和淬火后的余热可以达到 200 ℃，从而实现自回火。加热淬火法中常配以自回火法，由于自行回火时间很短，达到同样硬度条件下回火温度比炉中回火要高，如表 12-2 所示。自回火可以有效防止高碳钢及某些高合金钢的淬火裂纹的出现。自回火不但简化了热处理工艺，而且还可以实现零件在生产线上的自动化加工。③ 感应加热回火：为了降低过渡层的拉应力，加热层的深度应比硬化层深一些，故常用中频或高频加热回火。感应回火比炉中回火加热时间短，显微组织中碳化物弥散度大。因此，耐磨性高、冲击韧性较好，而且容易安排在自动化的生产线上。感应回火要求加热速度小于 15~20 ℃/s。

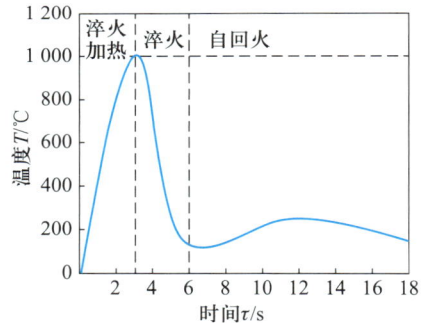

图 12-10　感应加热淬火和自回火的温度变化情况

表 12-2　同样硬度值炉中回火与自回火温度比较

平均硬度/HRC	回火温度/℃		平均硬度/HRC	回火温度/℃	
	炉中回火	自回火		炉中回火	自回火
62	100	185	50	305	390
60	150	230	45	365	465
55	235	310	40	425	550

注：45 钢淬火后硬度为 63.5~65 HRC，炉中回火时间为 1.5 h，自回火后置于空气中冷却。

12.1.4　感应加热的相变特点

感应加热淬火时零件表层加热速度很高，零件在快速加热条件下的相变特点如下：

1）对相变临界点的影响

加热速度的增加，使临界温度 Ac_1 和 Ac_3 升高，转变在较高温度范围内完成。试验证明，提高加热速度对共析钢的 Ac_1 的升高是有限的，但对转变终了温度有显著影响。

2）对奥氏体晶粒度的影响

提高加热速度将使奥氏体起始晶粒得到显著细化，形成细的起始晶粒，并在较高速度加热，起始晶粒不易长大，从而使奥氏体晶粒细化。这样的奥氏体可以淬火得到隐晶马氏体组织，获得更优异的力学性能。

3）对奥氏体均匀化的影响

在快速加热形成的奥氏体中，碳含量随着加热速度的提高而偏离其平均成分，进而形成不均匀的奥氏体。此外，由于大部分合金元素在碳化物中富集，从而使合金元素在快速加热时更难固溶于奥氏体，出现不均匀的奥氏体。由于奥氏体成分的不均匀，对于亚共析钢，有时在淬火层内中出现铁素体。这也是感应加热淬火的常见缺陷之一。为了克服这种快速加热出现的缺陷，通常需要在高频感应淬火之前进行预先热处理，以尽可能获得均匀的原始组织。常用的预先热处理是调质处理，这种热处理可以得到回火索氏体，同时这种组织还可以使心部获得良好的综合力学性能。对于不太重要的零件可以采用正火作为预先热处理。

4）对过冷奥氏体转变的影响

在快速加热时，形成的奥氏体组织和成分不均匀将显著影响过冷奥氏体的转变，主要表现在降低了过冷奥氏体的稳定性，改变了马氏体组织形态。

若提高共析钢的加热速度，则板条状马氏体数量增多。亚共析钢中铁素体与珠光体之间存在碳的不均匀性，在快速加热时，钢内存在着两种浓度的奥氏体，即原铁素体领域形成的低碳奥氏体和原珠光体领域形成的高碳奥氏体。在淬火后可以明显地看到两种类型的马氏体组织，即低碳马氏体和高碳马氏体。对于过共析钢，在快速加热时碳化物溶解不充分，淬火后可获得低碳马氏体，同时还分布着碳化物。

5）对回火转变的影响

由于快速加热淬火的表层多为条状马氏体，并且马氏体成分又不均匀，在淬火过程中低碳马氏体区易发生自行回火。因此，回火温度一般应比普通回火略低。一般情况下，在相同回火温度下，高频加热淬火回火后获得的硬度比在炉中加热淬火回火的要高。

12.1.5　感应淬火的组织与性能

1）感应淬火的金相组织

零件经感应加热表面淬火后的金相组织与加热层温度分布、淬火时的冷速以及材料自身的淬透性有关。在一般情况下，加热层厚度低于表层淬透深度，表面淬火层可分为淬硬层、过渡层及心部组织。图 12-11 是 45 钢在感应加热淬火后组织和硬度的分布示意图。在第 I 温度区，对于表面的加热温度高于 Ac_3 的区域，淬火后得到全部马氏体，称为全淬火层；在第 II 温度区，对于次表层的加热温度在 $Ac_3 \sim Ac_1$ 的区域，淬火后得到马氏体+铁素体组织，称为过渡层；在第 III 温度区，对应心部组织的加热温度低于 Ac_1 的区域，淬火后还为原始组织。

感应淬火后的组织还与钢的成分、淬火规范、零件尺寸等因素有关。若加热层较深,硬化层可能会存在马氏体+极细珠光体或马氏体+贝氏体、马氏体+贝氏体+极细珠光体及少量铁素体的混合组织。此外,由于奥氏体成分不均匀,淬火后还可以观察到高碳马氏体和低碳马氏体共存的混合组织。

2) 表面淬火后的性能

① 硬度 经感应加热冷却后的零件表面硬度往往比普通淬火后的零件表面硬度高 2~5 个洛氏硬度单位,这种增硬现象与快速加热条件下获得的奥氏体晶粒尺寸、亚结构以及淬火后表层残余压应力分布等有关。

② 耐磨性 感应淬火后零件的耐磨性比普通淬火高。这主要是由于淬硬层中马氏体晶体细化,碳化物弥散度高以及表层压应力状态,使表层硬度提高,从而提高了耐磨性。

③ 疲劳强度 感应淬火显著地提高了零件的疲劳强度,而且提高的幅度较大,其主要原因是原始组织细小,淬硬层中马氏体具有较大的比容,在表层形成很大的残余压应力。

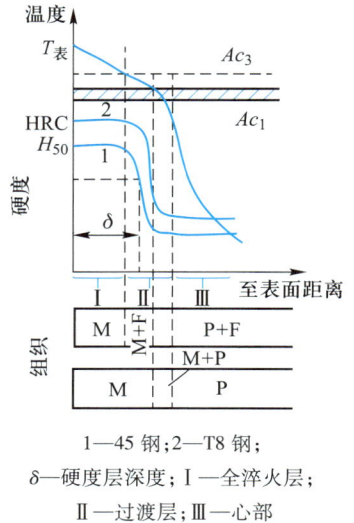

1—45 钢;2—T8 钢;
δ—硬度层深度;Ⅰ—全淬火层;
Ⅱ—过渡层;Ⅲ—心部

图 12-11 45 钢在感应加热淬火后组织和硬度的分布示意图

④ 其他力学性能 感应淬火使弯曲强度、扭转强度等均得到提高,且随着淬硬层深度增加而增加。但是,强度的增加会伴随着韧性的降低,所以要求强韧性很好的零件,要合理控制淬硬层与心部组织的比例。

12.2 火焰加热表面淬火

将高温火焰或燃烧后的炽热气体喷向零件表面,使其迅速加热到淬火温度,然后在一定的淬火介质中冷却,该方法称为火焰加热表面淬火法。与其他表面加热淬火法相比,火焰加热表面淬火法具有设备费用低,操作简便灵活,可对零件的整体或局部实行快速表面加热的优点。

用于火焰加热淬火的燃料要求有较高的发热值,且贮存使用安全可靠,污染小,价格低廉。为了提高燃烧温度,通常用氧或空气作为助燃气体,如氧-乙炔、氧-碳氢化合物(天然气、丙烷气)、氧-煤气等。

火焰淬火的装置一般由燃料供应系统、火焰喷枪及专用火焰淬火机床组成。为了保证淬火质量,需要配有零件表面温度的自动检测与控制火焰功率的调节系统,以及零件与烧嘴相对运动和喷水的控制等装置。淬火前必须细致地检查设备、管道,以保证安全。

1) 表层加热温度的控制

火焰淬火是通过控制燃烧火焰还原区与零件的相对位置及相对运动速度来控制零件的表面温度、加热层深度和加热速度的工艺。一般火焰加热淬火温度比普通炉中加热的淬火温度高 20~30 ℃。

2）喷嘴与零件的距离

该距离对表面加热温度有很大影响，一般认为焰心还原区顶端距零件表面 2~3 mm 较合适。喷嘴移动速度也会影响表面加热温度，若移动速度过快，则表面加热温度不够，而移动速度太慢，则又会使表面过热。一般在 50~150 mm/min 范围，通过试验选择合适的移动速度。

3）冷却介质及冷却速度的选择

对于表面硬度要求高的零件，表面加热后需要急冷，一般需要在喷嘴上加冷却液喷射装置进行连续加热冷却。对于不需要太大的冷却速度的合金钢或形状简单的小尺寸碳钢零件，可在加热后淬入油或水中冷却，这种方法可得到较深的淬硬层。对于合金钢，为了避免淬火开裂和减少变形，可用喷雾或压缩空气冷却。用火焰加热淬火后多采用低温回火。

火焰淬火后硬化层的组织与性能和感应加热表面淬火类似。火焰淬火后一般过渡区较宽，硬化层硬度分布较平缓。

12.3　激光热处理

高能量的激光加热技术快速发展，已经广泛应用于金属的焊接、切割和表面热处理等方面。高能量密度的激光束以非接触方式扫描金属表面，使其表面吸收光能快速升温瞬间温度超过 A_1 温度，发生奥氏体转变，随后利用金属本身的热传导，发生自淬火而得到马氏体。激光加热最大的特点是生产率高、加热速度快、热影响区小、变形小，硬化层可精确控制，以及对各种形状的外形轮廓表面的处理适用性好。

激光本身是一种相位一致、波长一定、方向性极强的电磁波，激光束是由一系列反射镜和透镜来控制的，它可以聚焦成直径很小的光，从而可以获得极高的能量密度。激光与金属之间的相互作用，按激光强度和辐射时间分为几个阶段：吸收光束、能量传递、金属组织的转变、基体作用的冷却等。

12.3.1　激光热处理的特点

1）加热速度快

由于激光加热的加热速度和冷却速度极快，会形成细小的马氏体，同时还保留大量的合金碳化合物，进而形成高硬度和高压应力层，使零件表面硬度、耐磨性和抗接触疲劳的能力显著提高。

2）零件变形小

依靠零件本体热传导实现急冷，同时不需要冷却介质，但其冷却特性优异，与各种传统热处理技术相比具有最小的变形。

3）可局部加热

可处理零件的特定部位以及其他方法难以处理的零件局部位置，方便进行局部强化。

4）氧化倾向小

一般不需要真空条件，即使在进行特殊的合金化处理时，也只需要吹保护性气体即可有效防止氧化及元素烧损。

5）设备灵活性强

设备模块化,用同一激光头可以对不同尺寸、形状的零件进行淬火,具有生产效率高、加工质量稳定可靠、经济效益和社会效益好的优点。

12.3.2 激光加热原理与热处理工艺

激光是一种具有高密度能量、单色性、相干性、方向性的强电磁波。目前热处理设备的高能量密度的强激光主要靠 CO_2 激光器,该激光器具有输出功率高、效率高、可以长时间连续工作等优点。CO_2 激光器可发射波长为 $10.6\ \mu m$ 的远红外线。在室温下,所有金属的表面都能够较好地反射由 CO_2 激光器发出的激光,而很难吸收它,特别是光亮的金属表面更不易吸收。当金属处于熔融状态时,对红外线吸收率急剧增加。所以,改进金属表面对激光的吸收率比提高总的激光能量更为现实和重要。为了提高吸收率,可在需硬化表面涂覆一层能吸收远红外线的涂层,该工艺称为表面黑化处理。它对激光热处理有十分重要的作用,涂覆材料一般为胶黏剂与极细的金属氧化物、金属、碳粉及磷酸盐等组成。例如,采用磷酸锌和磷酸锰涂覆,激光的吸收率可达 $60\% \sim 75\%$,如图 12-12 所示。

激光热处理工艺一般主要控制激光能量密度、激光的光斑尺寸以及激光束的扫描速率实现表面温度和穿透深度的可控调节,同时利用金属高的导热能力来实现淬火。图 12-13 为激光加热及淬火时温度的变化,温度的监测采用

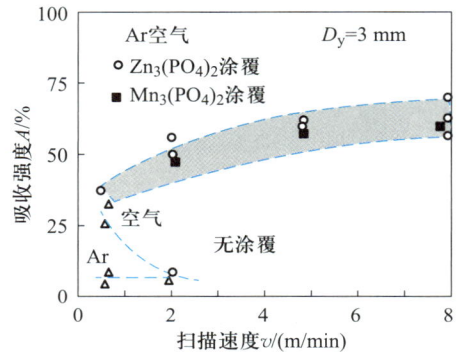

图 12-12　不同涂覆材料的激光吸收率的变化

预埋在表面和心部的热电偶。激光加热和冷却时,在表面和内部温度变化规律如下:① 最高温度出现在表面上,温度将随着距离表面的深度增加而减少;② 加热时间决定了最高温度,加热时间可以控制表层的最高温度;③ 冷却和加热的温度变化规律不同,冷却时的温度变化率相对于加热时要小。

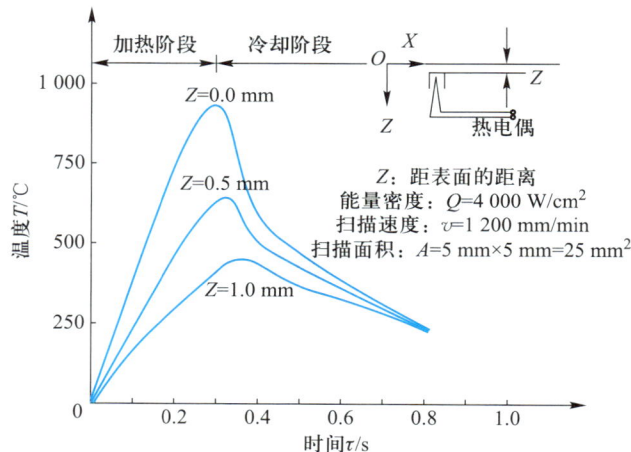

图 12-13　激光加热及淬火时温度的变化

图 12-14 为不同能量密度激光处理的温度曲线。从图中可以看出,两条曲线上表面获得的最高温度都超过了熔点,所以将出现快速熔化和快速凝固的现象,熔池深度取决于熔化和凝固的温度,熔池的深度可以通过断面的金相组织分析或测量显微硬度进行确定。因此,在表面激光处理过程中首先要控制激光的能量密度。

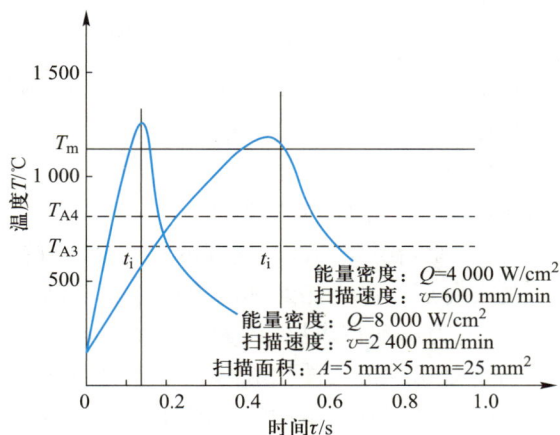

图 12-14　不同能量密度激光处理的温度曲线

图 12-15 为不同激光处理的能量密度和扫描速度对温度的影响。从图中可以看出,有四个激光能量密度(Q)分别为 2 kW/cm^2、4 kW/cm^2、6 kW/cm^2、8 kW/cm^2。采用 Q_4 = 8 kW/cm^2 进行表面硬化处理,扫描速度不超过 2.0 m/min。使用能量密度 Q_2 和 Q_3(分别为 4 kW/cm^2 和 6 kW/cm^2)进行表面硬化处理,扫描速度一般为 4.0~2.0 m/min,较宽的扫描速度可以硬化不同的深度。

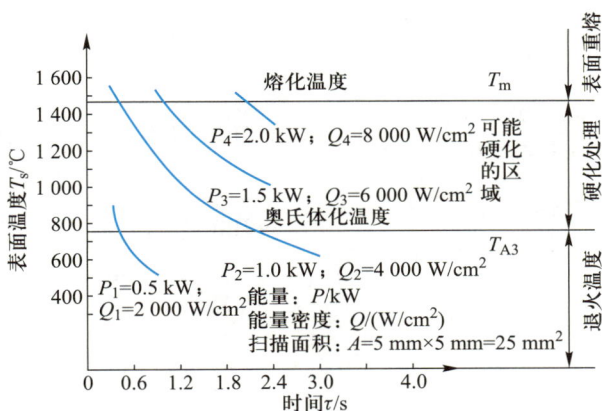

图 12-15　不同激光处理的能量密度和扫描速度对温度的影响

总之,可以通过控制激光的能量密度、扫描速度来控制钢的硬化层深度。另外,激光束光斑尺寸很小,因此零件表面的淬火必须靠激光束在淬火零件表面反复扫描来实现。扫描有单次扫描和多次扫描,具体工艺参数和扫描方式应根据设备使用手册和零件的材料和性能要求来确定。

激光热处理可以获得比常规热处理更高的硬度,如表 12-3 所示。这主要是由于超快速加热和淬火的组织转变,其位错密度更高且马氏体组织弥散度高。激光热处理的另外一个显著特点是表面产生了较大的残余压应力。图 12-16 为 S2 铬钢激光热处理后的显微硬度和残余应力的变化,激光的能量密度为 2 kW,扫描速度为 7 mm/s。表层发生组织转变形成硬化层,其沿深度测量的显微硬度发生了明显的变化。表层显微组织变化取决于激光的能量密度、光斑尺寸以及合适的扫描速度。试验测得表面的显微硬度为 725 HV,并随着深度的增加逐渐降低至 300 HV。残余应力是在加热阶段和

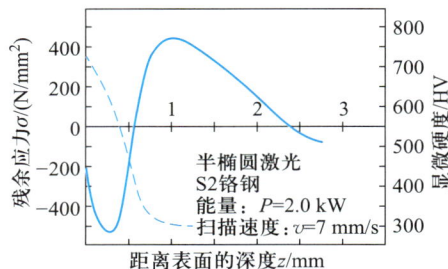

注:虚线为显微硬度

图 12-16　S2 铬钢激光热处理后的显微硬度和残余应力的变化

淬火阶段产生的内应力,主要受原始组织和冷却速度的影响,较高的奥氏体化温度可使碳溶解到奥氏体中并保证足够的硬化层。激光热处理后表面出现较高的压应力,沿硬化层深度残余应力出现了变化,最大压应力出现在表层,约为 -530 N/mm^2,然后在深度为 0.5 mm 处急剧变化,并在深度为 0.9 mm 处出现最大的拉应力。在 0.57~0.9 mm 的范围内,压应力逐渐变小,最后变为拉应力。激光热处理后,零件的耐磨性和疲劳强度得到了提高。例如,汽车发动机用缸套内壁采用激光淬火,提高了耐磨性和耐腐蚀性。随着激光热处理设备的技术进步,激光热处理在现代工业中使用越来越广泛。

表 12-3　激光热处理和常规热处理后零件的硬度

材料	激光热处理后零件的硬度	常规热处理后零件的硬度	激光热处理前的预处理工艺
20 钢	547~529 HK, 51~54 HRC	<40~45 HRC	退火
45 钢	712~889 HV, 60~66 HRC	45~50 HRC(油冷)	
6Cr15 钢	880~939 HK, 66~68 HRC	64~66 HRC(油冷)	淬火、回火
18Cr2Ni4WA 钢	524~620 HV, 51~56HRC	37~39 HRC(空冷)	

思考题

12-1　感应加热的特点是什么?主要优、缺点是什么?

12-2　表面淬火时,零件表面应力分布的规律是什么?

12-3　激光淬火的特点是什么?其工艺参数有哪些?

12-4　表面淬火的优点是什么?介绍几种主要应用场合?

12-5　感应淬火为什么可以获得超硬度?

>>> 第13章

… 化学热处理

将金属或合金零件在特定介质中加热,使一种或几种元素渗入金属或合金零件表层,以改变其表面的化学成分、组织和性能,这种热处理工艺称为化学热处理。改变表面化学成分的热处理工艺,可以在零件表面获得高的硬度、优异的耐磨性和耐蚀性,使心部保持原有的高韧性。化学热处理工艺主要有渗碳、渗氮和碳氮共渗等渗非金属元素的工艺,还有渗铝等渗其他金属元素的工艺,下面将具体介绍。

13.1 钢的渗碳

将低碳钢零件放在碳浓度高的渗碳介质中加热并保温,使碳原子渗入零件表层的化学热处理工艺称为渗碳。它是目前机械制造工业中应用最广泛的一种化学热处理工艺。低碳钢渗碳后,表层变成高碳钢,而内部仍为低碳钢。经淬火和低温回火后,表层获得高碳马氏体(或中碳马氏体+碳化物),表面具有高的硬度、耐磨性及疲劳抗力,而心部仍为低碳马氏体,具有足够的强度和韧性。因此,为使机械零件既有高的表面硬度、高的接触疲劳强度和弯曲疲劳强度,又有高的冲击韧性等性能,可采用渗碳工艺。

13.1.1 渗碳用钢

渗碳用钢的碳含量一般为 $0.15\% \sim 0.25\%$,若要求心部强度较高,渗碳钢的碳含量可提高到 0.30%,或者选择合金渗碳钢。合金渗碳钢中的合金元素主要有 Cr、Ni、Mn、W、Mo、Ti、V、B 等。添加合金元素主要作用是提高钢的淬透性和抑制晶粒长大。常用的渗碳钢有 20CrMnTi、18CrNiMn 等。

13.1.2 渗碳介质及其化学反应

根据渗碳介质的不同,渗碳分为气体渗碳、液体渗碳和固体渗碳三类。本节主要介绍气体渗碳中常用的渗碳介质。气体渗碳介质有两大类。一类是可控气氛,可以是吸热式,也可以是放热式气氛,主要是碳氢化合物气体,如甲烷、丙烷、天然气、液化石油气等,特定的碳氢化合物可以提高并调节气氛的碳势。另一类是含碳有机液体介质,直接滴入高温气体渗碳炉中,在高温作用下进行热分解产生渗碳气体。碳氢化合物裂解后产生的气体的主要组成为 CO、CO_2、CH_4、H_2、H_2O、少量的烷烃和烯烃等,烷烃、烯烃最终也会分解成 CO、CH_4。其中,CO、CH_4 为增碳成分,而其余为脱碳成分。因此,整个气氛的渗碳能力取决于这些组成的比例,而非单组分的作用。渗碳炉中的化学反应很多,但是与渗碳有关的最主要的反应有

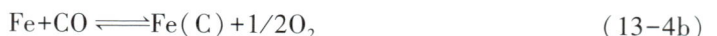

$$2CO \rightleftharpoons [C] + CO_2 \tag{13-1a}$$

$$Fe + 2CO \rightleftharpoons Fe(C) + CO_2 \tag{13-1b}$$

$$CH_4 \rightleftharpoons [C] + 2H_2 \tag{13-2a}$$

$$Fe + CH_4 \rightleftharpoons Fe(C) + 2H_2 \tag{13-2b}$$

$$CO + H_2 \rightleftharpoons [C] + H_2O \tag{13-3a}$$

$$Fe + CO + H_2 \rightleftharpoons Fe(C) + H_2O \tag{13-3b}$$

$$CO \rightleftharpoons [C] + 1/2O_2 \tag{13-4a}$$

$$Fe + CO \rightleftharpoons Fe(C) + 1/2O_2 \tag{13-4b}$$

式中,Fe(C)表示碳溶入铁(γ-Fe)中形成的固溶体;[C]表示生成的碳原子。由上面各式可知,当气体中的 CO 和 CH_4 增加时,反应式向右移动,因此碳原子增加,气体碳势升高;反之,当 CO_2、H_2O 和 O_2 增加时,反应分解出的碳原子减少,气氛碳势降低。上述反应平衡是整个系统的平衡,各成分含量只能有一个确定值。例如,CO 含量必须同时满足式(13-1a)和式(13-3a),因此可以将两式联立,将式(13-1a)减式(13-3a),式(13-3a)加式(13-4b)得

$$CO+H_2O \rightleftharpoons CO_2+H_2 \tag{13-5}$$

$$2CO+H_2 \rightleftharpoons 2[C]+H_2O+1/2O_2 \tag{13-6}$$

式(13-5)常称为水煤气反应,CO_2 和 H_2O 是相互制约的。其平衡常数为

$$K_p = \frac{P_{CO}}{P_{CO_2}} \cdot \frac{P_{H_2O}}{P_{H_2}} \tag{13-7}$$

$$\lg K_p = -\frac{1\ 763}{T}+1.627 \tag{13-8}$$

由式(13-7)可知,温度一定时,K_p 为定值。如果 H_2O 含量增加,CO_2 含量也增加,碳势就会降低。反之,碳势升高。另外,由式(13-8)可以得出,温度增加,平衡常数 K_p 增大,式(13-5)将向右进行,即 CO 含量降低和 H_2O 含量降低,生成产物中的 H_2 和 CO 继续发生反应,即式(13-6),导致碳势增加。同样由式(13-6)可以得出 O_2 含量也和碳势存在类似的浓度关系。因此,在渗碳过程中,炉内各种气源供气量稳定,只要控制气氛中微量的 CO、H_2O、CH_4 或 O_2 中的任意一个含量就可以实现对碳势的控制。通常,生产上主要用测量 H_2O 含量,即气氛中的露点(含水量),或用氧探头测氧浓度来测量碳势,或者用红外分析仪测量碳势。

图 13-1 是不同温度渗碳气氛下的露点和碳势之间的关系,通过测量炉气中的露点可以检测炉内的气氛。表 13-1 为露点和含水量之间的关系,另外还可以利用锂-氯化物电池测量湿度来检测炉内的露点。

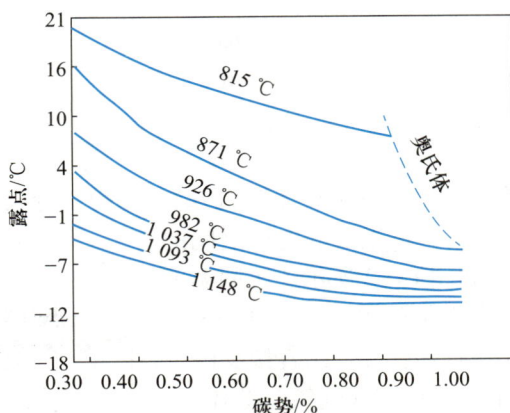

图 13-1　不同温度渗碳气氛下的露点和碳势之间的关系

表 13-1 露点和含水量之间的关系

露点		气压(平衡态的 水/冰)/mmHg	760 mmHg 时 水含量/ppm	70 °F 时 相对湿度	空气中水的质量 百分比/ppm
℃	°F				
-16	3	1.132	1 490	6.03	925
-14	7	1.361	1 790	7.25	1 110
-12	10	1.632	2 150	8.69	1 335
-10	14	1.950	2 570	10.4	1 596
-8	18	2.326	3 060	12.4	1 900
-6	21	2.765	3 640	14.7	2 260
-4	25	3.280	4 320	17.5	2 680
-2	28	3.880	5 100	20.7	3 170
0	32	4.579	6 020	24.4	3 640
2	36	5.294	6 970	28.2	4 330
4	39	6.101	8 030	2.5	4 990
6	43	7.013	9 230	37.4	5 730
8	46	8.045	10 590	42.9	6 580
10	50	9.029	12 120	49.1	7 530
12	54	10.52	13 840	56.1	8 600
14	57	1.99	15 780	63.9	9 800
16	61	13.63	17 930	72.6	11 140
18	64	15.48	20 370	82.5	12 650
20	68	17.54	23 080	93.5	14 330
22	71	19.827	26 088		16 699
24	75	22.377	29 443		18 847
26	79	25.209	33 169		31 232
28	82	28.349	37 301		23 877
30	86	31.824	41 874		26 804

　　测量渗碳炉内气氛常采用氧探头测氧含量的方法,称为氧探头法。氧探头的工作原理是利用炉内和炉外的 $O_2(Pt)/ZrO_2$ 组成的电池之间的电压差来反映炉内氧含量,如图 13-2 所示。不同温度下的氧探头电压和渗碳炉中碳势的关系如图 13-3 所示。可以看出,氧探头输出的是电压信号,直接反映了炉内的碳势,可以利用测量的电势实现气氛自动控制,使炉内的碳势更加稳定,氧探头在热处理设备中得到广泛使用。另外,氧探头还常用在汽车尾气的氧含量检测,用于控制汽车空气和燃料的比值,减少有害气体的排放量。

　　红外分析仪也可以方便地测量 CO_2、CO、CH_4 等

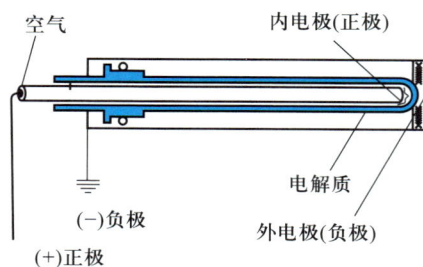

图 13-2 不同温度下的氧探头电压和渗碳炉中碳势的关系

炉内气体。其原理是利用红外线穿透气体样品时,根据红外线在不同波长的吸收特征来测量气体成分的变化,图 13-4 为 $CO-CO_2-H_2O$ 热处理气氛的红外吸收谱。

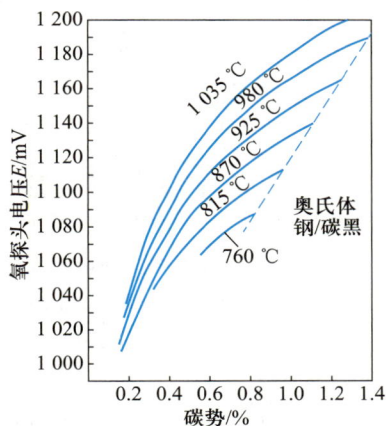

图 13-3 不同温度下的氧探头电压和渗碳炉中碳势的关系

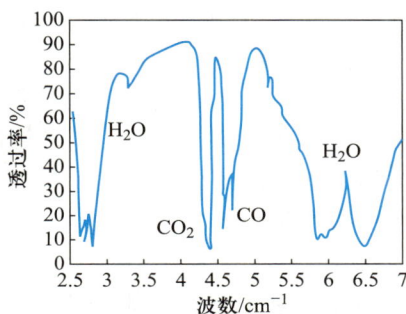

图 13-4 $CO-CO_2-H_2O$ 热处理气氛的红外吸收谱

13.1.3 碳在零件表面的吸附和碳在钢中的扩散

要使反应生成的碳原子被钢表面吸附,必须具有以下条件:① 零件表面洁净,无外来阻挡物,因此渗碳前,零件必须清理干净。② 炉内有良好的循环。在增碳反应过程中,碳原子被吸附后剩余的 CO_2、H_2 和 H_2O 需要及时驱散,否则增碳反应无法进行下去。③ 合理控制分解速度与吸收速度,使速度一致。如果分解过快,零件表面会出现积碳,影响后续的吸收。

碳原子吸附到零件表面,将由表面向心部扩散形成一定深度的渗碳层。金属表面与心部之间的碳浓度梯度是碳原子扩散的驱动力。碳在钢中形成间隙固溶体,所以碳原子在钢中是间隙式扩散,比置换固溶体中的置换原子扩散要快得多。碳原子的扩散遵循菲克(Fick)定律,长时间的扩散后,扩散深度 d 与扩散时间 t 会呈抛物线关系,即

$$d \propto t^{1/2} \qquad (13-9)$$

扩散速度主要取决于扩散系数。扩散系数对温度敏感,若温度升高,则扩散系数增大,扩散速度也随之增大。

13.1.4 气体渗碳工艺

对零件进行渗碳处理,其表层的碳浓度分布与渗层深度是渗碳件的主要技术要求,对渗层组织与性能有着决定性的影响。因此,首先需正确选择渗碳温度和时间。

1) 渗碳温度的选择

在渗碳过程中,随着渗碳温度的升高,碳在奥氏体中溶解度逐渐增加。如在 900 ℃时,碳浓度约为 1.2%,而在 1 000 ℃时,碳浓度约为 1.5%。碳在奥氏体中的扩散系数也随温度的升高而增加。碳在奥氏体中溶解度的增大,使扩散初期工件的表层和内部之间产生较大的碳浓度梯度,使扩散过程加速。所以,提高渗碳温度可以提高渗碳层深度,有利于渗层碳浓度分布平缓。不同温度下的渗碳层碳浓度分布如图 13-5 所示。

然而,提高渗碳温度虽然可以显著提高渗碳速度,但过高的渗碳温度将导致奥氏体晶粒显著长大,使渗碳件的组织和性能变差,并且增加零件的变形程度,缩短设备使用寿命,所以通常采用的渗碳温度为 900~950 ℃。对于渗层要求较薄的精密零件,渗碳温度可以选择略低一些,一般为 880~900 ℃。而对于一些在稍高温度下晶粒不易长大的合金钢,可以在较高温度下渗碳,温度越高,渗碳所用时间就越短,有利于提高效率。但是,要综合考虑渗碳炉的寿命,因为高温下加热体的损耗很大。在多用炉中渗碳,温度可提高到 950~1 100 ℃。

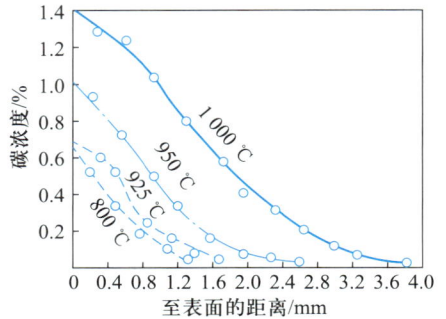

注:在 $w_{CH_4} : w_{H_2} : w_{CO} = 2 : 4 : 1$ 的混合气氛中渗碳 10 h

图 13-5　不同温度下的渗碳层碳浓度分布

2）渗碳时间

渗碳层的深度随时间而增加,根据扩散距离和时间的抛物线关系,钢中扩散深度的经验公式

$$\delta = \frac{802.6\sqrt{\tau}}{10^{(3\,720/T)}} \tag{13-10}$$

式中:δ——渗碳层深度,mm;

　　　τ——保温时间,h;

　　　T——热力学温度,K。

当渗碳温度一定时,其通式为

$$\delta = \Phi\sqrt{\tau} \tag{13-11}$$

式中:Φ 为与温度有关的系数,在 870 ℃、900 ℃、925 ℃时,分别为 0.45、0.54、0.63。

根据需要的渗碳层深度可以确定渗碳时间。渗碳保温时间对渗层中碳浓度分布的影响很大,如炉内气氛一定时,随着时间的延长,工件表面碳浓度升高,碳浓度梯度减小,渗碳时间对碳浓度梯度的影响如图 13-6 所示。渗碳层的碳浓度梯度平缓,对提高工件承载能力、延长使用寿命是有利的。

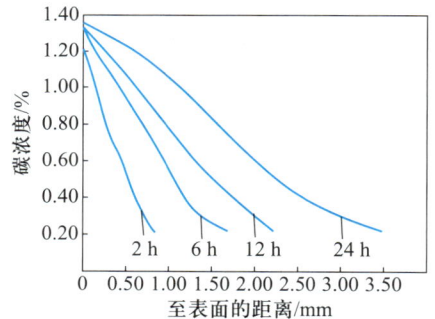

注:20 Mn,918 ℃,吸热性保护气氛中加入 $\Phi(CH_4) = 3.8\%$ 的气氛

图 13-6　渗碳时间对碳浓度梯度的影响

渗碳工艺中的温度和时间的选择,既要考虑提高生产率、又要考虑合适的渗层组织,从而保证工件具有良好的力学性能。渗碳温度确定后,保温时间需根据渗碳层深度要求来确定。

3）气体渗碳工艺控制

根据零件的性能要求确定零件表面碳含量、渗层深度和碳浓度梯度等工艺要求。渗碳工艺是通过气氛碳势、渗碳温度和渗碳时间等参数的控制来达到对渗碳层的控制。通过控制炉气的碳势可以控制零件表面碳含量。对于表面碳含量为 1.0% 左右的低合金钢,其碳浓度梯度可以通过变化的碳势在特定的温度和时间内进行控制,这种变碳势工艺在生产中被广泛采用。

实际渗碳工艺过程分为排气、强渗、扩散和冷却四个阶段,各阶段采用不同的温度、碳势和时间。排气阶段用较高的碳势,迅速排出炉内空气,然后进入渗碳阶段。在特定的渗碳温度,采用高于所需表面碳含量的碳势进行渗碳,进入扩散期并降低碳势,使气氛保持在最终表层要求的碳含量,这时碳势低于表层的碳浓度,表层碳原子部分通过脱碳反应而回到气氛中。另一部分向内部扩散,使表层的浓度梯度变平缓。图 13-7 为汽车后桥锥齿轮渗碳工艺。

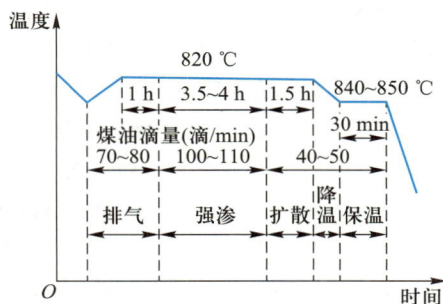

图 13-7　汽车后桥锥齿轮渗碳工艺

此工艺在渗碳阶段使用大量渗剂,在短时间里使工件表面得到高于最后要求的碳浓度,增加表面与内层之间的浓度差,提高碳浓度梯度以提高渗碳速度。在渗碳的第二阶段,降低炉内碳势,使工件表面的高碳向内外扩散,达到所需的表面碳含量及渗层深度。

先进的气体控制多用炉采用计算机控制,结合碳浓度梯度的动态模拟可以实时进行控制,保证零件渗层的浓度梯度和渗层深度的精确控制。

13.1.5　固体渗碳工艺

固体渗碳是指采用固体渗碳剂对零件进行渗碳处理的热处理工艺。将零件埋入固体渗碳介质箱中,密封渗碳箱并加热到渗碳温度(900~950 ℃),保温一定时间后出炉随箱冷却或打开箱盖取出工件直接淬火。固体渗碳剂通常由木炭(质量分数约为 90%)和催渗剂(如 $BaCO_3$、$CaCO_3$ 或 Na_2CO_3 等,质量分数约为 10%)组成。

渗碳时氧与木炭将发生下列反应:

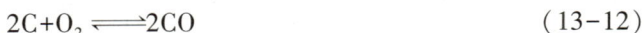

$$2C+O_2 \Longleftrightarrow 2CO \tag{13-12}$$

渗碳时,密封渗碳箱中存在的氧有限,所以 CO 含量也是有限的。而催渗剂(如 $BaCO_3$)在高温下发生下列分解反应:

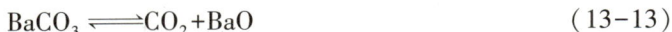

$$BaCO_3 \Longleftrightarrow CO_2+BaO \tag{13-13}$$

生成的 CO_2 与木炭相互作用如下:

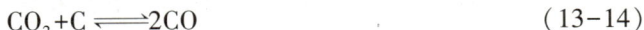

$$CO_2+C \Longleftrightarrow 2CO \tag{13-14}$$

大量的 CO 在钢件表面分解,从而提供碳原子,同时发生如下反应:

$$2CO \Longleftrightarrow [C]+CO_2 \tag{13-15a}$$

$$2CO+Fe \Longleftrightarrow Fe(C)+CO_2 \tag{13-15b}$$

可见,催渗剂分解出的 CO_2 与木炭反应最后生成碳原子确保了钢件表面的渗碳反应。固体渗碳时表面碳含量主要是受奥氏体中的饱和溶解度限制,它可通过改变渗碳温度来控制。由于渗碳剂传热慢,所以固体渗碳所需时间比气体渗碳要长得多。

固体渗碳的优点是:① 适用于各种零件,尤其是小批量生产;② 可使用各种普通的加热炉,设备费用低;③ 渗后冷却速度低。其缺点是:① 渗碳层深度较难控制;② 表面碳含量很难精确控制;③ 渗后不容易直接淬火;④ 渗碳时间长,劳动条件差。因此,固体渗碳的应用较少。

13.1.6　液体渗碳

液体渗碳就是在液体介质中进行的渗碳。它可分为两类:一类是添加氰化物的盐浴,另一类是不添加氰化物的盐浴。因氰化物有剧毒,故很少采用。下面介绍不添加氰化物的盐浴。这种盐浴的组成大体上可分为三个部分:一是加热介质,即 NaCl 和 KCl;二是催渗剂,即 NaCO$_3$;三是渗碳介质,即尿素$(NH_2)_2CO$ 和木炭粉。这种盐浴在渗碳时发生的反应式如下:

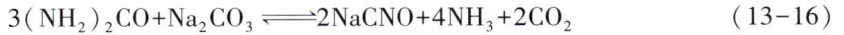

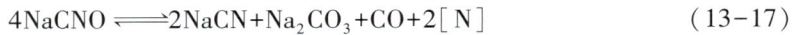

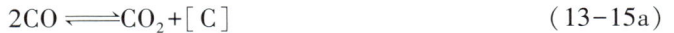

$$3(NH_2)_2CO+Na_2CO_3 \Longleftrightarrow 2NaCNO+4NH_3+2CO_2 \tag{13-16}$$

$$4NaCNO \Longleftrightarrow 2NaCN+Na_2CO_3+CO+2[N] \tag{13-17}$$

$$2NaCNO+O_2 \Longleftrightarrow Na_2CO_3+CO+2[N] \tag{13-18}$$

$$2CO \Longleftrightarrow CO_2+[C] \tag{13-15a}$$

由以上反应可以看出:液体渗碳反应仍然是在钢件表面的气相反应,原材料虽然无毒,但反应物中存在 NaCN。另外,盐浴还有一定的氮化功能。液体渗碳的优点是渗碳速度快、生产效率高、加热均匀、方便渗后直接淬火。

另外,液体渗碳还有高频加热液体渗碳、液体放电渗碳以及直接通电液体渗碳等各种形式的液体渗碳。

13.1.7 渗碳后的热处理

1) 渗碳后直接淬火加低温回火

渗碳后零件从渗碳温度降至淬火温度,然后直接进行淬冷的工艺称为直接淬火。该方法常用于气体渗碳及液体渗碳,固体渗碳由于操作困难故较少采用。一般渗完碳后需要预先冷却至一定温度后再进行淬火。其目的是减少变形并使表面残余奥氏体量因碳化物的析出而减少。预冷温度一般稍高于心部的 Ac_3,以免心部析出先共析铁素体。在心部强度要求不高且变形极小的情况下,可以预冷到较低温度(稍高于 Ac_1),经淬火后再进行低温回火,其工艺曲线如图 13-8 所示。

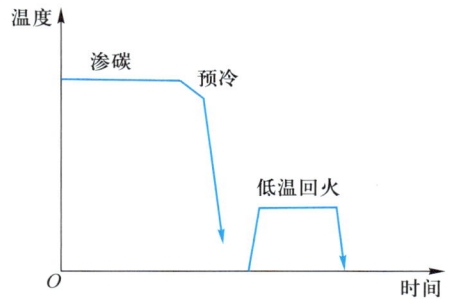

图 13-8 直接淬火+低温回火工艺曲线

直接淬火的优点是工艺简单,减少了淬火加热工艺,从而减小变形及氧化脱碳。但极少数钢材可能出现奥氏体晶粒长大,这种情况下若采用直接淬火会使韧性显著下降,所以不能采用直接淬火。

2) 一次淬火加低温回火

零件渗碳后,随炉冷却(或出炉坑冷,或空冷)到室温,再重新加热到淬火温度进行淬火的热处理工艺称为一次淬火。随后进行低温回火,其工艺曲线如图 13-9 所示。根据零件性能要求确定淬火温度,一般稍高于 Ac_3 点,这样可使心部晶粒细化不出现铁素体,从而可获得较高的强度和硬度,强度和韧性的配合也较好。对于表面的高碳渗层来说,碳化物溶入奥氏体,淬火后残余奥氏体较多影响获得更高硬度。因此,对要求表面有较高硬度和高的耐磨性,而

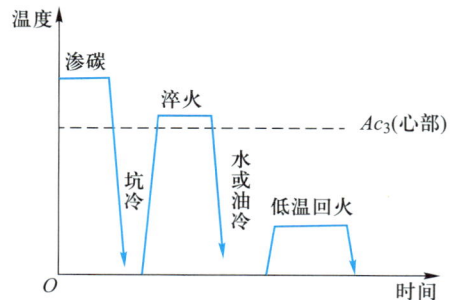

图 13-9 一次淬火+低温回火工艺曲线

心部不要求高强度的工件,可选用稍高于 Ac_3 的温度作为淬火加热温度。此时,心部存在大量先共析铁素体,其强度和硬度都比较低,而表面有相当数量的未溶碳化物和少量残余奥氏体,所以硬度高、耐磨性能好。一次淬火多用于固体渗碳后不宜直接淬火的工件或气体渗碳后高频表面加热淬火的工件等。

3) 两次淬火加低温回火

渗碳后缓冷再进行两次加热淬火的热处理工艺称为两次淬火,其工艺曲线如图 13-10 所示。这是一种能同时保证心部与表面都能获得高性能的工艺。第一次淬火加热温度为零件心部成分的 $Ac_3+(20\sim30)$℃,目的是细化心部晶粒和消除表层网状碳化物。第二次淬火主要是针对表面高碳层,淬火温度为 $Ac_{cm}+(20\sim30)$℃,表层奥氏体不能完全转变存在未溶解的碳化物,使奥氏体的实际碳含量低于表层的平均碳含量,淬火可以得到中碳的隐晶马氏体和粒状碳化物,具体淬火温度范围如图 13-11 所示。第二次淬火后选用 $180\sim200$ ℃的低温回火,以保证渗碳层具备高强度和高耐磨性。二次淬火工艺比较复杂,成本高,零件变形大。

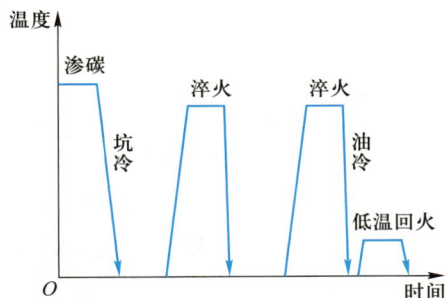

图 13-10　两次淬火工艺曲线

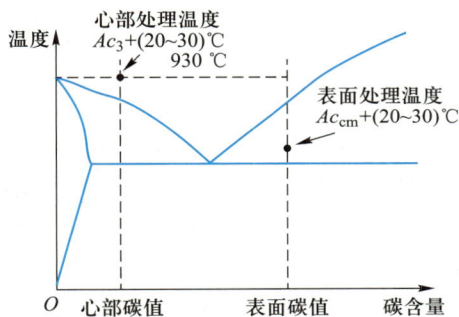

图 13-11　渗碳后二次淬火温度确定的示意图

4) 淬火前进行一次或多次高温回火

此工艺过程主要应用于高强度合金渗碳钢,例如,12CrNi8、12Cr2Ni 等。由于合金元素含量较多,渗碳淬火后表层存在大量残余奥氏体,表面硬度不高,故在淬火前应进行一次或两次高温($600\sim680$ ℃)回火,使合金碳化物析出并聚集,这些碳化物在随后淬火加热时不能充分溶解。从而使奥氏体中合金元素及碳含量降低,M_s 点升高,淬火后残留奥氏体量减少。

13.1.8　渗碳后的质量检验

1) 渗碳层深度

它是衡量渗碳件主要技术指标之一,渗碳层深度可以用断口金相法来判断。观察渗碳空冷后的试样断口金相,以 50%珠光体+铁素体的区域作为渗碳层分界线,即从渗碳层表面到这一区域的垂直距离定义为渗碳层。这一结果与淬火后试样断口磨光经 4%硝酸酒精侵蚀后显示的渗层区域(白亮层区域)大体一致。但是,这种方法已较少采用,实际生产中多用硬度法。即渗碳淬火和回火后,以表面到心部维氏硬度为 550 HV 处的垂直距离作为渗层深度。另外渗层深度确定还有一些其他规定和方法。

2) 表面硬度

一般需要检验淬火、低温回火后表面硬度,有时还需检验心部及关键部位的硬度。

3）金相组织

低碳钢渗碳后在缓冷条件下的渗层组织基本上与Fe-C相图上各相区相对应,即由表面到中心依次为过共析区、共析区、亚共析区(即过渡区)和心部原始组织,如图13-12所示。

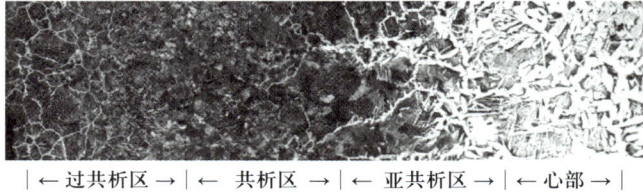

|← 过共析区 →|← 共析区 →|← 亚共析区 →|← 心部 →|

图13-12 20钢渗碳后的平衡组织

渗碳后淬火工件,由表至里的金相组织依次为马氏体+少量碳化物+残余奥氏体、马氏体+残余奥氏体、低碳马氏体(心部)。若未被淬透则心部组织为珠光体+铁素体组织。渗碳件金相组织检验一般包括组织形态和分布,以及组织尺寸等。

13.1.9 渗碳件的常见热处理缺陷及防止

1）变形

在渗碳加热、冷却和后续的淬火回火过程中,渗碳工件必然会产生变形,这种变形除了与工件的材质、形状和尺寸有关外,还与渗碳淬火工艺规范及操作方法有着密切关系。一般情况下,渗碳淬火后工件表面虽为压应力分布,但随着渗碳层深度的增大,表面压应力下降甚至造成拉应力分布,此时将出现以热应力为主的变形趋势。工件淬透性越好,这种变形趋势越大。减少变形的最有效的措施是适当降低渗碳温度,缩短渗碳周期。在采用预冷直接淬火时,为避免重新加热淬火的需要,可用预冷直接淬火或分级冷却。对细薄零件,建议采用加压淬火等方法。

2）渗层出现粗大块状或网状碳化物

出现粗大的碳化物和网状碳化物是因为表面碳含量过高和渗碳后冷却速度太慢。在深层渗碳时,合金渗碳钢工件工艺控制不当更容易出现。防止措施是降低渗碳气氛中的碳势。对深层渗碳件则在渗碳后期,适当降低碳势使表层已形成的粗大碳化物逐渐溶解。网状碳化物的出现主要原因是冷却过慢,应在渗碳后增加冷却速度。对已形成的网状碳化物需要在Ac_3以上重新加热淬火或正火。

3）渗层中残余奥氏体过多

残余奥氏体过多主要是由于在渗碳层中碳浓度过高,奥氏体化合金碳化物充分溶解造成的。防止办法是控制表面碳浓度,降低渗碳温度、淬火温度、进行冷处理,高温回火后重新加热淬火。

4）渗层深度不均匀

渗层深度不均匀的原因较多,如表面不洁或积碳、炉温不均匀、渗剂混合不均匀、炉气循环不均匀、原材料带状组织严重等。为预防这种缺陷应分析其具体原因并采取相应措施。

5）表层碳量过低或脱碳

表层碳量过低或脱碳主要是渗碳过程中扩散期炉内气氛碳势过低或高温出炉后在空气中缓冷时氧化脱碳导致的。消除办法是进行补渗碳,脱碳不严重的情况可以机械加工磨去脱碳层。

6）渗碳层深度不足或过深

渗碳层深度不足或过深主要是由于渗碳工艺参数控制不严格造成的。渗碳温度、时间和碳势波动等会导致渗层深度不足或过深。防止措施是要严格控制渗碳温度、时间和碳势，现在渗碳炉都配有计算机模拟软件，实时计算渗碳层深度，可以保证渗碳层深度的要求。

13.1.10　渗碳后钢的机械性能

1）硬度和耐磨性

渗碳后淬火可显著提高钢件表面的硬度。表面硬度的提高可抵抗材料的磨粒磨损，提高接触疲劳寿命。研究表明，当金属表面承受一定的脉动压应力时，将会在接触点下面一定深度处出现最大的脉冲拉应力，如齿轮、滚动轴承。当该拉应力超过材料的断裂强度时会产生微裂纹，裂纹的扩展将会引起浅层金属剥落形成麻点、蚀坑。提高接触疲劳强度的关键是要形成足够深的有效硬化渗层，使最大拉应力处的应力不超过渗层的断裂强度。合理选择表面碳浓度、渗碳层浓度梯度和渗碳层深度，采取适当的热处理的工艺，可以提高钢件的耐磨性和接触疲劳强度。

2）冲击韧性和断裂韧性

表面为高碳马氏体，其强度高、韧性差，心部为低碳马氏体或珠光体，其强度适中，但冲击韧性和断裂韧性高。渗碳后表面与心部两种性能结合可以提高零件的综合力学性能，即强度和韧性同时得到提高。零件冲击韧性和断裂韧性的提高与渗层深度、渗层的碳含量密切相关。

3）疲劳强度

渗碳可显著提高钢的疲劳强度，这是因为淬火引起的马氏体转变比心部迟，而且其马氏体的比容比心部大得多，使表层存在较大的残余压应力。这种残余压应力可以抵消部分表层的拉应力，从而提高疲劳强度。渗层的高强度也有助于疲劳强度的提高。另外，表面层存在的大量残余奥氏体将使表面硬度和表层压应力降低，进而使疲劳强度降低，而表面少量的残余奥氏体有助于提高疲劳强度。

13.2　钢的渗氮

13.2.1　渗氮的特点

渗氮通常又称为氮化，是将氮原子渗入钢件表面，以提高其硬度、耐磨性和疲劳强度的一种化学热处理方法。渗氮和渗碳一样在工业上应用十分广泛。渗氮主要有以下特点：

1）高的硬度和耐磨性

含铝、铬、钼的渗氮钢在渗氮后的硬度可达 1 000～1 200 HV，而渗碳淬火后的硬度只有 700 HV 左右（约为 60 HRC），而且渗氮层的高硬度可以保持到 500 ℃左右，所以渗氮钢硬度高，耐磨性较好。

2）高的疲劳强度

渗氮层内的残余压应力比渗碳层大，故钢渗氮后可获得较高的疲劳强度。

3）渗氮变形小

渗氮变形小,是因为渗氮温度低。渗氮过程中零件心部无相变,渗氮后又不需要任何热处理。另外渗氮变形规律性强,引起渗氮零件变形的基本原因仅是渗氮层的体积膨胀。

4）较高的抗"咬卡"性能

"咬卡"是由于缺乏润滑,在过热或在相对运动的两表面间产生的卡死、擦伤或焊合等现象。渗氮层的高硬度和高温硬度使之具有好的抗咬卡性能。

5）较高的抗蚀性能

该性能来自表面化学稳定性高且致密的 ε 化合物层（也称为白层）。

渗氮的主要缺点是处理时间长、生产成本高、渗氮层较薄且脆性较大。渗氮可分为普通渗氮和离子渗氮两类,而前者又可分为气体渗氮、液体渗氮和固体或粉末渗氮三种。本节将主要介绍最常用的气体渗氮和液体渗氮（即软氮化）等工艺。

13.2.2　铁-氮相图和纯铁渗氮层的组织

铁-氮相图是研究渗氮层组织、相结构及浓度分布的重要依据,如图 13-13 所示。由图可以看出:

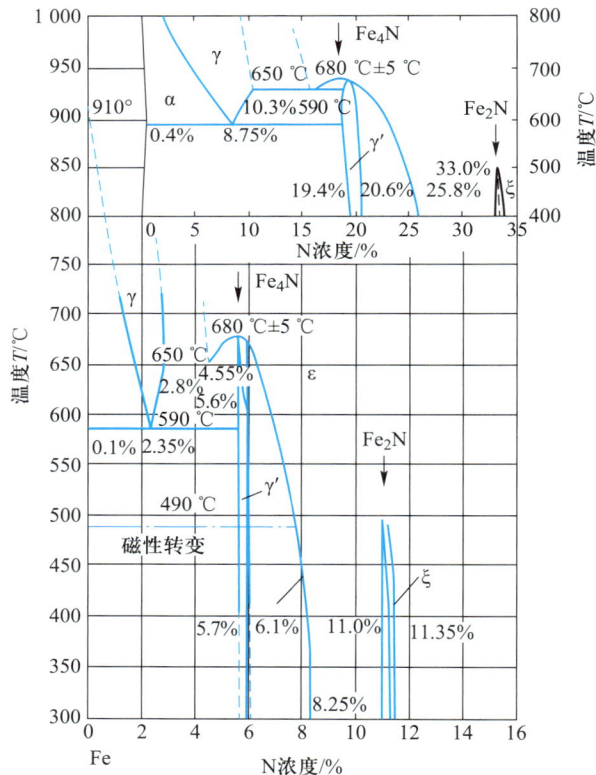

图 13-13　铁-氮相图

①　α 相　它是氮在 α-Fe 中的间隙固溶体,也称为含氮铁素体。在 590 ℃时,氮在 α-Fe 中的最大溶解度约为 0.1%。

②　γ 相　它是氮在 γ-Fe 中的间隙固溶体,也称为含氮奥氏体。γ 相存在于 590 ℃以

上,在共析温度 590 ℃时发生共析反应 ε ——→ γ+γ′,共析点含氮量为 2.35%。在 650 ℃时溶解度达最大值,约为 2.8%。氮原子处于八面体的间隙。

③ γ′相　它是以氮化物 Fe_4N(含 5.9%N)为基的固溶体,其氮含量在 5.7%~6.1%变化。γ′相是有序面心立方晶格的间隙相,其硬度约为 550 HV。温度高于 680 ℃时,γ′相会转变为 ε 相。

④ ε 相　ε 相是含氮范围很宽的化合物。在 500 ℃以下时,ε 相的成分在 Fe_3N(含 8.1%N)与 Fe_2N(含 11.1%N)之间变化。温度升高时,氮含量将发生变化。ε 相是密排六方晶格的间隙相,它的显微硬度约为 250 HV。

⑤ ξ相　ξ 相是以 Fe_2N 化合物为基的固溶体,氮含量在 11.0%~11.35%变化。ξ 相是具有正交菱形晶格的间隙相。ξ 相脆性大,当渗氮后表面氮浓度高到出现 ξ 相时,氮化层会出现的脆性。

根据铁-氮相图,纯铁在 500~590 ℃氮化后和缓冷到室温后氮化层的组织示意图如图 13-14 所示。从表面到心部依次出现 ε 相、ε +γ′相、γ′+α 相、γ 相以及心部组织。

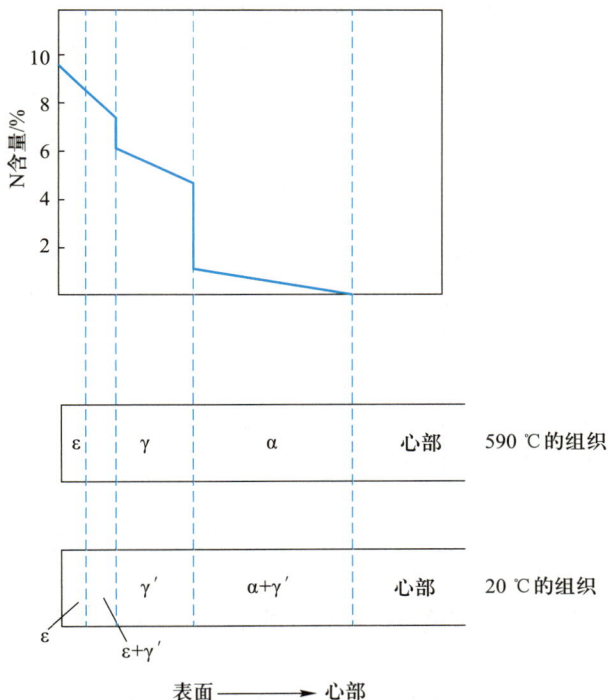

图 13-14　纯铁在 500~590 ℃氮化后和缓冷到室温后氮化层的组织示意图

13.2.3　氨气体分解

氨气在加热时很不稳定,将按照下式发生分解并提供活性氮原子:

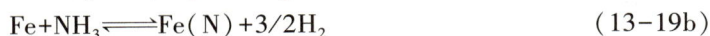

$$NH_3 \rightleftharpoons [N]+3/2H_2 \tag{13-19a}$$

$$Fe+NH_3 \rightleftharpoons Fe(N)+3/2H_2 \tag{13-19b}$$

其平衡常数为

$$K' = (P_{H_2})^{3/2} / (P_{NH_3})[N] f_N \tag{13-20a}$$

或
$$[N] = K(P_{NH_3}) / (P_{H_2})^{3/2} \tag{13-20b}$$

式中：　　K——平衡常数，$K = K'/f_N$；

N——氮在铁中的活度系数；

P_{H_2} 和 P_{NH_3}——氢气和氨气在混合气体中的分压。

式(13-20)是一个吸热反应，其热效应为-46 222 J，平衡常数与温度的关系可以表示为
$$\lg K' = (20\,800 - 14.2\lg T - 7.58T) / (-4.576T) \tag{13-21}$$

在一个大气压下，不添加催化剂时，反应达到平衡后，500 ℃下的氨气的摩尔浓度分解率可以达到99.72%，如果时间足够，氨气的分解可以达到接近100%的程度。

13.2.4　氮原子的吸收与扩散

当通入炉中的氨气被加热到一定温度时就会发生分解。氨气按式(13-19)分解形成的活性氮原子中只有一部分能立即被钢件表面吸收，而多数活性氮原子则很快地互相结合成氮分子逸出。在气体氮化时，由于气氛氮势很容易超过生成ε化合物所必需的值，故极易在钢件表面生成一层ε化合物。这时氮原子将溶于化合物层中，并不断向内扩散。

氮原子在铁中的扩散是按菲克定律进行，与渗碳类似，渗氮层的深度也随时间呈抛物线的关系增加，即符合d(渗氮层的深度) = K(常数)$t^{1/2}$(时间)的关系。

13.2.5　合金元素的影响和渗氮强化机理

在合金元素中，形成氮化物的元素对渗氮的影响最显著。这些元素包括铝和形成碳化物的全部元素。合金元素一般都会降低氮的扩散，使氮化层的深度变浅，其中以铝、钛最为显著，铬次之。

合金元素对氮化层硬度的影响显著，其中铝和钛能大幅提高氮化层的硬度，铬、钼次之，但是镍由于不形成氮化物，故对硬度几乎没有影响。由于铝、铬和钼具有上述作用，所以氮化钢大都含有这些元素。钛在氮化钢中使用较少的原因是钛在钢中将首先形成极其稳定的碳化物，而对氮化层硬度的提高贡献很小。

铝、铬、钼等合金元素能显著提高氮化层硬度，这是因为氮原子向心部扩散时，在渗层中依次发生着如下反应：① 氮和合金元素原子的偏聚形成所谓 GP 区(即原子偏聚区)；② α''-$Fe_{16}N_2$型过渡氮化物的析出等组织变化。这些共格的偏聚区和过渡氮化物的析出会引起硬度的大幅提高。

随着氮化时间的延长或温度的升高，偏聚区氮原子数量将发生变化并进行有序化过程，使 GP 区逐渐转变为α''-$Fe_{16}N_2$型过渡相而析出。在有合金元素(如钼、钨)存在的情况下，析出物可以表示为$(Fe,Mo)_{16}N_2$或$(Fe,W)_{16}N_2$等。$\gamma(Fe_4N)$相的晶体结构是γ-Fe 固溶体。由α''相向γ'相的转变过程是一种原位转变，即不需要重新形核，只是成分调整(提高氮含量)。当含有合金元素钼时，γ相可以形成γ-$(Fe,Mo)_4N$等。

γ'相向稳定合金氮化物的转变必须重新在晶界形核并以不连续沉淀的方式进行。由于稳定的合金氮化物的尺寸较大，且与基体不共格，因而强化效果比过渡相要小，所以它的出现相当于过时效阶段。

上述的几个阶段只是一般性规律，随着钢中所含合金元素的不同，以及氮化温度和气氛

氮势的变化,氮化(或时效)过程可能具有不同的特点。例如,在 Fe-Mo-N 系合金中,时效的几个阶段可清楚地区分;而对于 Fe-W-N 系合金,其 GP 区阶段很快结束并立即进入过渡氮化物形成阶段。由于加入不同合金元素时氮化物析出特点和尺寸不同,其强化效果不同,故氮化层硬度也不同。另外,随着氮化温度的提高,GP 区阶段会缩短并析出较粗大的过渡氮化物,从而使氮化层硬度降低。过低的氮化温度和过低的氮势气氛也会使 GP 区和析出氮化物的量不足,从而导致硬度偏低。

13.2.6　气体氮化

1) 氮化前预处理

氮化与渗碳的强化机理不同,氮化是一种时效强化,是在氮化过程中完成的,所以氮化后不需要再进行热处理。氮化零件的心部性能是由氮化前的热处理决定的,所以氮化前的热处理是非常重要的。氮化前热处理一般多采用调质处理,调质工艺的淬火温度由钢的 Ac_3 决定,淬火介质由钢的淬透性决定。回火温度的选择不仅要满足心部的硬度要求,而且还必须考虑其对氮化层的影响。一般说来,回火温度低时,不仅心部硬度较高,而且氮化后氮化层的硬度也较高,因而有效渗层深度也会有所增加。

2) 氮化温度和时间的选择

氮化温度以提高表面硬度、强度为依据,其氮化温度一般为 480~570 ℃。氮化温度越高,扩散越快,获得的氮化层也越深。当氮化温度升高至 550~600 ℃时,合金氮化物发生聚集长大,导致弥散作用减小,表面硬度显著降低。过低的氮化温度将使氮原子扩散减慢,导致渗层过浅。

当氮化温度一定时,氮化时间主要取决于所要求的氮化层深度。在确定的温度下,随着氮化时间的延长,氮化层深度的变化是先快后慢,过长的氮化时间对提高渗层深度效果不明显。另外,钢中的合金元素和碳含量对氮的扩散速度有影响。

3) 气氛氮势的选择

气体氮化在气氛控制方面采用两种方法。一种是传统的不控制氮势而控制氨分解率,另一种是控制气氛氮势。

氨气分解法是用无水纯氨作为氮化介质,利用氨在零件表面的分解使表面增氮的方法。此法通过改变氨流量来控制氨分解率,从而达到控制气氛的渗氮能力。因此,传统方法所控制的参数是氨分解率。

控制氮势渗氮法是根据式(13-19)在氨-氢混合气中进行控氮势,采用红外线氨气分析仪对排气中的 NH_3 量进行分析和控制。

4) 氮化实例一:等温氮化

38CrMoAlA 钢的等温氮化时,采用同一温度进行氮化,即在 480~510 ℃进行氮化,如图13-15 所示。第一阶段是表面形成氮化物阶段,前 20 h 用较低的氨分解率(18%~26%),使工件表面迅速吸收大量氮原子建立高的氮浓度,为以后氮原子向内扩散提供高的浓度梯度,并使表面形成大量弥散的氮化物,有利于提高工件表面硬度。第二阶段是表层氮原子向内扩散、增加渗层厚度的阶段,此阶段氨分解率较高,一般为 30%~40%。为了降低氮化层的脆性,在氮化结束前 2 小时进行退氮处理,以降低表面氮浓度并使氮原子继续向内层扩散,此时可将氨分解率控制在 80%以上。

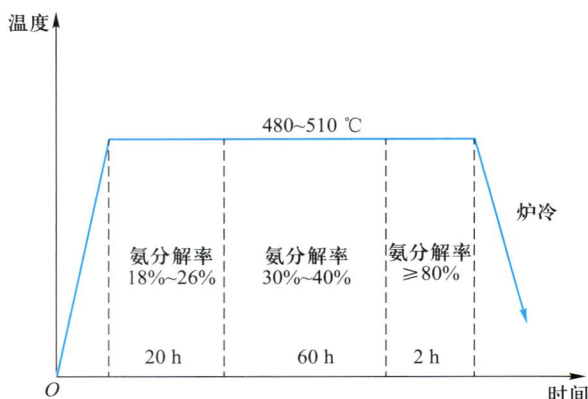

图 13-15 38CrMoAlA 钢等温氮化工艺曲线

对于一般零件,在保温结束后随炉冷却到 450 ℃ 以下时即可加快冷却速度。但对变形要求较严格的零件,需要随炉降温到 180~200 ℃ 后出炉。在降温阶段,仍需要继续通氨气以保持炉罐内有一定的正压,防止空气进入使工件表面产生氧化。等温氮化的操作简单、表面硬度高、变形小,但是生产周期太长。

5) 氮化实例二:二段氮化

38CrMoAlA 钢二段氮化工艺曲线如图 13-16 所示。第一阶段的温度和氨分解率一般与等温氮化相同,目的是使工件表面形成大量弥散的氮化物。但此阶段温度较低,氮的扩散速度较慢。故氮化的第二阶段提高温度,温度一般为 550~600 ℃,氨分解率控制在 30%~60%,目的是加速氮在钢中的扩散,增加氮化层的深度并使氮化层的硬度分布趋于平缓。

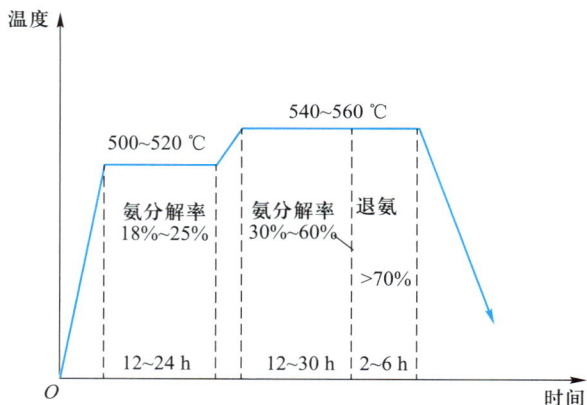

图 13-16 38CrMoAlA 钢二段氮化工艺曲线

二段氮化可以缩短氮化时间,但由于第二阶段采用稍高的温度,因而氮化层硬度比等温氮化稍有降低,变形也有所增加。

6) 氮化实例三:三段氮化

图 13-17 为 38CrMoAlA 钢三段氮化工艺曲线。三段氮化是在二段氮化基础上改进的工艺。其特点是第二阶段的温度采用上限温度,加速氮化速度。当达到一定的氮化深度后,再降温到 520 ℃ 继续氮化,使最表层的氮达到饱和以提高表面硬度。

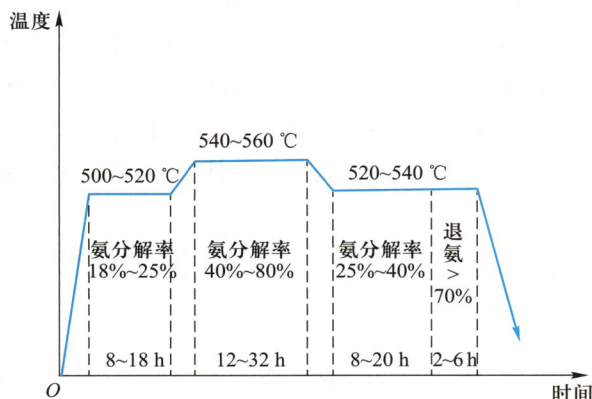

图 13-17　38CrMoAlA 钢三段氮化工艺曲线

在上述三种氮化工艺中,等温氮化时间最长,二段氮化次之,三段氮化时间最短。从渗层硬度、脆性和工件变形等方面比较,等温氮化质量最好,因此等温氮化适用于要求表面硬度高而变形极小的工件,二段氮化、三段氮化则适用于要求表面相对较硬而结构简单的零件。

7) 氮化实例四:不锈钢、耐热钢的氮化

为了提高不锈钢和耐热钢零件的表面硬度和耐磨性,常进行氮化处理。不锈钢、耐热钢中合金元素含量较高,氮在高合金钢中扩散困难,因此氮化时间较长,氮化层较浅。不锈钢、耐热钢中的合金元素与空气发生氧化作用,在钢的表面生成致密的保护性氧化膜(Cr_2O_3、NiO_2 等),即钝化膜。这层钝化膜阻碍了氮原子的渗入,因此去除钝化膜是不锈钢、耐热钢氮化的关键之一。喷砂和酸洗虽可去除工件表面的钝化膜,但在放置过程中会再次生成钝化膜,可采用在氮化炉中还原钝化膜的方法解决这个问题,即加入的氯化铵(NH_4Cl)。但是,氯化铵分解的气体可能造成设备和零件的腐蚀,故要控制氯化铵的用量。

8) 氮化实例五:离子氮化

离子氮化又称为辉光放电氮化或等离子氮化。与气体氮化相比,离子氮化具有许多优点。如时间短、零件变形小、易实现局部氮化和均匀氮化、适用范围广(不锈钢、耐热钢及工具钢等)。对于 38CrMoAlA 钢,若要求氮化层硬度大于或等于 92 HRC、渗层深度为 0.5 mm时,气体氮化需 60 h,而离子氮化只需 30~40 h。离子氮化的缺点是设备复杂且投资大,难以准确测定零件温度。

离子氮化的工艺参数主要是互相影响的三组,即电参数、热参数和气体参数。电参数包括电压和电流;热参数包括温度和时间;气体参数包括气体成分、气压和流量。在选择工艺参数时主要是确定温度、时间和气氛,然后改变或调节电参数和气压来满足温度等的要求。但是辉光放电的特性本身又决定了电和气的参数,只可能在一定范围内变化。氮化温度是最主要的参数。它是根据零件的材料和对零件的机械性能要求来决定的,其选择原则和普通气体氮化相似。一般说来,对于氮化钢的温度可选择 520~540 ℃,对其他合金结构钢可在 480~520 ℃选择,高合金工具钢一般为 480~540 ℃,不锈耐热钢为 550~580 ℃。时间则依渗层深度而定。

9) 氮化零件的检验和常见缺陷

氮化零件的技术要求一般包括表面硬度、渗层深度、心部硬度、金相组织和变形量等。

表面硬度的检验主要注意加载的载荷不能过大,以防止压穿氮化层,通常选用 $HV_{10\,kg}$。如果出现表面硬度偏低的情况,可能是因为表面氮浓度不足或渗前处理时回火温度过高。渗层深度的检验也可采用测渗碳层深度的方法,采用硬度法最为精确。例如,规定为硬度大于 550 HV 的层深为有效层深。如果心部硬度不足,往往是回火温度选择不当所致。氮化层的正常金相组织不应出现表层白层,无网状、针状和鱼骨状氮化物,且无晶粒粗大的现象。

13.3　钢的碳氮共渗与氮碳共渗

在特定温度下,同时将碳、氮渗入钢件表层奥氏体中,并以渗碳为主的化学热处理工艺称为碳氮共渗,一般在 820~920 ℃进行碳氮共渗。工件表面层渗入氮和碳并以渗氮为主的化学热处理工艺称为氮碳共渗,一般在 520~580 ℃进行氮碳共渗,实际是铁素体氮碳共渗,早期是在液体中同时渗入氮和碳,以渗氮为主的化学热处理工艺称为软氮化。

1）碳氮共渗

碳氮共渗近似于渗碳,是高温奥氏体下进行的化学热处理工艺。通常工艺是:温度在 800~880 ℃,时间为 0.5~4 h,气氛为渗碳气体+1%~10%氨气。

氨气加入渗碳气氛中起到了稀释作用,同时组分还发生以下反应:

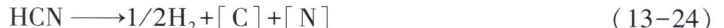

$$NH_3+CO \longrightarrow HCN+H_2O \tag{13-22}$$

$$NH_3+CH_4 \rightleftharpoons HCN+3H_2 \tag{13-23}$$

$$HCN \longrightarrow 1/2H_2+[C]+[N] \tag{13-24}$$

碳氮共渗工艺中温度和时间对渗层深度的影响规律与渗碳相同,但渗入速度却不同,碳氮共渗的渗入速度较高。这可能是因为共渗时渗入的间隙原子总量较多,而扩散系数随浓度增加而增加。

高温碳氮的共渗零件一般采用共渗温度直接淬火,然后在 180~200 ℃回火,工件可以保持 58 HRC 以上的硬度,同时共渗层的回火抗力较高。碳氮共渗后的渗层组织与渗碳后的很相似,但残余奥氏体量较多。碳氮共渗后渗层的淬透性较高,因此在相同淬火条件下要比渗碳零件的淬硬层深度要大。

由于氮可延缓珠光体转变过程,使 C 曲线右移。氮的这种作用是有条件的,如果钢中所含合金元素与氮作用生成了氮化物,则不仅使氮的作用消失,而且还会因其夺取了渗层中的合金元素,导致局部淬透性降低,使某一区域在淬火后形成非马氏体组织。

碳氮共渗零件常出现的组织缺陷,主要包括:① 表面残余奥氏体量过多,这是由于表面碳、氮含量过高而造成的;② 渗层中出现空洞,这是由于氮含量太高,使氮原子聚集成分子逸出而造成的;③ 内氧化,其氧化物可能呈点状或小块状分布,也可能沿晶界分布,其扩展深度一般小于 10 μm,内氧化也可能导致晶界非马氏体组织的出现,这同渗碳时的情况极为相似;④ 淬火后在渗层中出现非马氏体组织,使该处的硬度偏低。

2）软氮化

软氮化的本质实际上是氮碳共渗,是铁素体氮碳共渗。早期采用液体氮化并在此基础渗碳发展成软氮化,软氮化所使用的盐浴一般是 40%~50%NaCN+30%~40%Na$_2$CO$_3$+20%~25%KCl;或者是 55%~65%NaCN+35%~45%KCN。这种盐浴依靠自然氧化可获得氰酸根。

$$2NaCN+O_2 \longrightarrow 2NaCNO \qquad (13-25)$$

通过下述反应实现氮碳共渗：

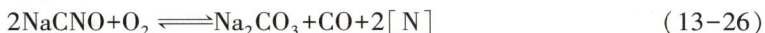

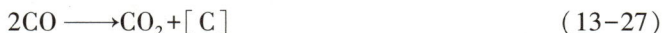

$$2NaCNO+O_2 \Longleftrightarrow Na_2CO_3+CO+2[N] \qquad (13-26)$$

$$2CO \longrightarrow CO_2+[C] \qquad (13-27)$$

为了增加上述反应的渗氮碳的效果，可采取向盐浴中通入干燥空气或氧气的方法。基于此发展了液体软氮化吹气氮化法，但是该方法采用的氰盐有剧毒性。随后又发展了无毒盐浴。例如，使用 50%NH₃+50%吸热式气氛的气体软氮化方法，使用 20%NH₃+80%放热式气氛的气体软氮化法，以及利用尿素热分解的气体软氮化等方法。

软氮化工艺一般为温度 570 ℃±10 ℃，时间为 0.5~5 h，同时在提供碳、氮原子的介质中进行处理。渗层可以分为两层：外层是化合物层，由 ε-Fe(C,N) 和 γ′-Fe₄N 组成。内层是扩散层。氮碳共渗处理后慢冷，渗层为高度弥散的氮化物，基体为渗前的组织。一般外层碳、氮含量分别为 1.25%~1.5% 和 8.15%~8.25%。

软氮化的特性：① 软氮化可提高零件的耐磨性和抗咬卡、抗擦伤性能；② 软氮化可显著提高零件的疲劳强度；③ 软氮化渗入速度快、生产效率高。

13.4 钢的渗硼

将硼渗入金属表面以获得高硬度和高耐磨性的化学热处理方法称为渗硼。渗硼主要用于处理钢材，但也可用于有色金属（如钛、镍等）。钢材的渗硼主要应用于各类模具，包括冷、热作模具，也可应用于各种磨损零件以及各种在中温腐蚀介质中工作的阀门零件等。在这些应用中，渗硼能使寿命成倍增加并且可以用普通碳钢代替高合金钢，具有很大的应用价值与经济价值。

渗硼的作用显著，主要是因为渗硼层有如下的性能特点：① 表面的超硬度。如果表面层获得 FeB 组织，硬度可达 1 800~2 000 HV；如果获得 Fe₂B 组织，硬度可达 1 400~1 600 HV。② 高的红硬性。高硬度值可保持到接近 800 ℃。③ 一定的抗蚀性。例如，在 20%HCl、30%H₃PO₄ 或 10%H₂SO₄ 中，渗硼层的抗蚀性比钢大数倍。渗硼后的表面总是生成铁的硼化物，使合金元素溶于化合物层。渗硼碳钢可代替高合金钢，渗硼的工艺方法多种多样，有固体粉末法、液体法、气体法等。

气体法用的介质有毒，易爆炸，来源也不丰富。液体电解法设备投资大。液体非电解法存在溶盐腐蚀零件和坩埚，以及盐难于清理等问题。固体法是较好的工艺方法，它可通过调整活化剂的含量来控制箱内气氛的硼势，因此使用较广泛。

对于渗硼时发生的反应的研究主要集中在以下几方面。

对于液体渗硼：

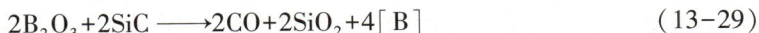

$$Na_2B_4O_7 \longrightarrow Na_2O+2B_2O_3 \qquad (13-28)$$

$$2B_2O_3+2SiC \longrightarrow 2CO+2SiO_2+4[B] \qquad (13-29)$$

$$2B_2O_3+3B_4C \longrightarrow 3CO_2+16[B] \qquad (13-30)$$

即 $\qquad Na_2B_4O_7+2SiC \longrightarrow 2CO+Na_2O \cdot SiO_2+SiO_2+4[B] \qquad (13-31)$

或 $\qquad Na_2B_4O_7+3B_4C \longrightarrow Na_2O+3CO_2+16[B] \qquad (13-32)$

对于固体渗硼：

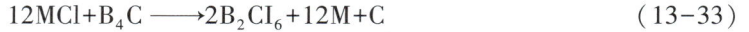

$$12MCl+B_4C \longrightarrow 2B_2CI_6+12M+C \tag{13-33}$$

$$B_2Cl_6+4Fe \longrightarrow 2BCl_3+4Fe \longrightarrow 2Fe_2B+3Cl_2 \tag{13-34}$$

$$B_2Cl_6+2Fe \longrightarrow 2BCl_3+2Fe \longrightarrow 2FeB+3Cl_2 \tag{13-35}$$

渗硼时，生成的两种硼化物都是稳定的化合物，如图 13-18 所示。研究表明，Fe_2B 具有立方晶格结构，其膨胀系数在 200~600 ℃ 为 $2.9\times10^{-8}K^{-1}$，密度为 7.43 g/cm^3。FeB 具有正交晶格结构，其膨胀系数在 200~600 ℃ 为 $8.4\times10^{-8}K^{-1}$，（Fe 的膨胀系数为 $5.7\times10^{-8}K^{-1}$），理论密度为 6 g/cm^3。

渗硼层的组织包括化合物层和扩散层，化合物层又可能包括上述两种化合物或其中之一，渗硼层的最外层是 FeB 层，其次是 Fe_2B 层，内层为扩散层。形成的 FeB/Fe_2B 两相渗层是不理想的，不仅因为 FeB 很脆，还因为两相间源于不同膨胀系数和密度而存在极大内应力，使两相层极易出现裂纹。

图 13-18　Fe-B 相图

研究表明，如果从垂直于渗层表面的角度看渗硼层，可发现其表面有许多小孔。这些小孔有利于保存润滑剂，使渗硼层的摩擦因数减小，防止冷焊，提高抗磨损的寿命。但是这种小孔也有不良作用，当渗硼的拉伸模具在拉制软金属时，如紫铜、纯铝，软金属的黏附会使拉制零件表面光洁度下降，导致零件使用寿命降低。

为了避免出现共晶组织，渗硼温度一般不得超过 1 050 ℃。另外，为了避免渗硼后出现裂纹和减小应力，渗硼后必须缓慢冷却。为改善基体的力学性能，渗硼后还需对渗件进行热处理，如采用冷却较缓的淬火介质并及时进行回火。

总之，渗硼是一种非常有效的化学热处理工艺，有望在将来得到更为广泛的应用。

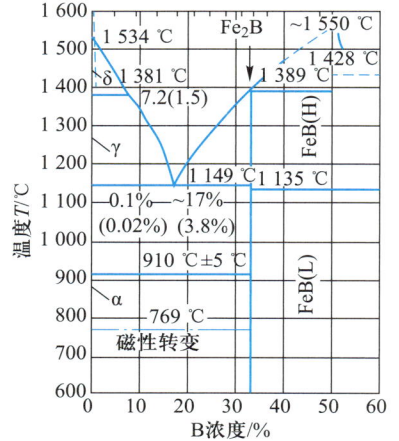

13.5　钢的渗铝

渗铝是在钢或合金表面渗入铝，以提高其抗高温氧化和热腐蚀能力的化学热处理工艺。渗铝处理可以在钢件表面形成一层铝含量约为 50% 的铝铁化合物，在镍基合金表面则形成一层铝镍化合物，这层化合物在氧化时由于其铝含量高可以在钢件（或镍基合金）表面形成一层致密的 Al_2O_3 膜，从而使钢件得到保护。实践证明，渗铝后可以使零件的抗氧化工作温度提高到 950~1 000 ℃。

渗铝在提高零件的抗热腐蚀能力方面具有明显的作用，因此在航空航天和海洋机械等方面得到广泛应用。在高温条件下，形成的氧化铝膜有较好的抗热腐蚀能力，可以代替不锈钢和耐热钢，对沿海或海中的钢铁结构件的腐蚀有很好的保护作用，因此渗铝是提高抗腐蚀能力的有效措施，其经济效果十分显著。

渗铝工艺有多种，如液体热浸扩散法、静电喷涂扩散法、电泳沉积扩散法、固体粉末装箱法、料浆喷涂扩散法、包覆法、化学法等。

渗铝工艺可以分成两大类：一类是将金属铝（如铝粉）与零件表面直接接触，并在高温下较长时间保温，使铝原子扩散到基体中从而形成铝渗层，液体热浸扩散法、静电喷涂扩散法、电泳沉积扩散法等均属于此类方法，其共同特点是不加活化剂；另一类是将纯铝粉（或铝铁合金粉，或铝铁合金块）与适量的活化剂混合，通过高温下活化剂的作用把铝原子从铝粉或铝铁合金块上转移到工件表面，再扩散到基体中形成渗铝层。渗铝采用活化剂，以氯化铵为例，其作用如下：

$$NH_4Cl \longrightarrow NH_3 + HCl \tag{13-36}$$

$$6HCl + 2Al \longrightarrow 2AlCl_3 + 3H_2（在铝铁合金表面） \tag{13-37}$$

$$AlCl_3 + 2Al \longrightarrow 3AlCl（在铝铁合金表面） \tag{13-38}$$

$$3AlCl \longrightarrow AlCl_3 + 2[Al]（在零件表面） \tag{13-39}$$

对于使用活化剂的工艺，可以采用与固体渗铝类似的方法，将零件和渗剂密封，也可以像固体粉末装箱法或料浆喷涂扩散法，用氢气作为"载流"气体促进炉内的循环，以保证渗层均匀。

由图 13-19a 可见，钢件渗铝时，渗铝层的组织可能由 θ（$FeAl_3$）+η（Fe_2Al_5）+ξ（$FeAl_2$）+β（$FeAl$）+过渡区组成，而外层 Fe_2Al_5 和 $FeAl_2$ 相取决于气氛的铝势。由图 13-19b 可见，镍基合金渗铝层一般由 β（$NiAl$）外层+γ'（Ni_3Al）+过渡区组成。

零件经过渗铝后，其抗氧化性和抗热腐蚀性都有明显提高，但机械性能稍有下降。由于铝在钢中的扩散速度很低，所以渗铝时往往采用较高的扩散温度，通常是 800~1 000 ℃。尽管如此，经过 10 h 左右的扩散后也仅能获得 10~40 μm 的渗层。

渗铝零件在高温条件下工作时，由于铝要向外扩散形成 Al_2O_3 膜，同时又会向内扩散使渗层增厚，因此整个渗层的铝含量会越来越低，组织也会发生相应转变。这个过程的特点是高铝相（如 $NiAl$ 或 Fe_2Al_5）不断变化为低铝相（如 Ni_3Al 或 Fe_3Al）。当组织变成以 Ni_3Al 或 Fe_3Al 为主时，渗层将完全失去保护能力。这是因为这两个相不能提供足够的铝原子，使零件表面生成致密的 Al_2O_3 膜。研究发现，表层铝含量降低，是因为铝向内的扩散。

为了解决这一问题，可以使低铝相生成致密的氧化膜，也可以采取形成弥散氧化物质点抑制扩散以及镀铂、渗铝等方法，还可以采用二元共渗、多元共渗的办法，例如，Al-Cr、Al-Si、Al-Cr-Si 共渗涂层工艺，其性能良好。

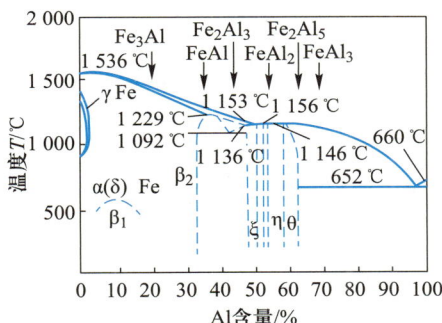

(a) 铁-铝相图

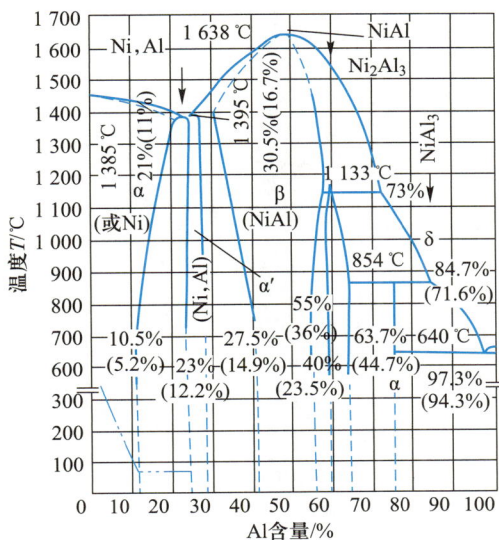

(b) 镍-铝相图

图 13-19　铁-铝相图和镍-铝相图

思考题

13-1　渗碳工艺的主要参数有哪些？如何选择其工艺参数？

13-2　为什么渗碳时一般改变碳势进行渗碳？其目的是什么？

13-3　简述氮化工艺的应用及氮化层的性能。

13-4　渗碳后直接淬火和二次淬火的工艺制订依据与目的是什么？

>>> 第14章

··· **有色金属及其
热处理**

14.1 铝及铝合金

铝的原子序数为 13,相对原子质量为 26.981 5,属于面心立方结构,晶格常数为 0.404 9 nm,原子直径为 0.286 nm,25 ℃时的密度为 $2.698 \times 10^3 kg/m^3$。表 14-1 列出了高纯铝的主要物理性能参数。由表可知,铝的熔点较低,但导热性远优于铁,而且导电性高,相当于铜导电性能的 60%~65%,因此纯铝可代替铜作为导电及导热材料。

表 14-1 高纯铝的主要物理性能参数

名称	值
原子序数	13
熔点/℃	660.24
沸点/℃	2 467
热导率(0~100 ℃)/[W/(m·K)]	227
电阻率(20 ℃)10^{-8}/(Ω·m)	2.67
膨胀系数(20~100 ℃)/K^{-1}	23.8×10^{-8}

铝中主要杂质元素是铁和硅,其次是铜、锌、镁、锰、镍、钛等。杂质元素的性质和含量对铝的力学性能和物理化学性能均有明显影响。

根据铝-铁相图(图 14-1)和铝-硅相图(图 14-2),铁、硅在共晶温度下的最大溶解度分别为 0.052%和 1.65%,并随着温度的下降而急剧减小,因此铝中铁、硅可能以 $FeAl_3$ 和 Si 形式出现。$FeAl_3$ 一般呈针状,而 Si 呈条状或块状,Si 硬度高、脆性大,使铝及其合金的塑性降低。例如,高纯铝 LG3 中铁含量从 0.001 7%增加到 1.0%时,其伸长率由 36%降至 14.3%。

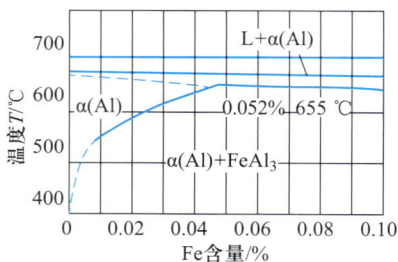

图 14-1 铝-铁相图

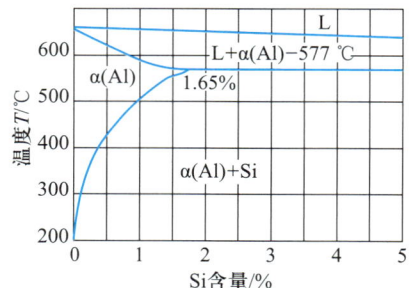

图 14-2 铝-硅相图

当铁、硅同时存在时,除 $FeAl_3$ 和 Si 相外,还可能出现 $\alpha(Fe_3SiAl_{12})$ 及 $\beta(Fe_2Si_2Al_9)$ 等三元化合物,共晶中的 $\alpha(Fe_3SiAl_{12})$ 相呈骨骼状,初生的 $\alpha(Fe_3SiAl_{12})$ 相呈枝晶状、$\beta(Fe_2Si_2Al_9)$ 相呈针状,这些杂质相对铝及其合金的塑性均有负面影响。$FeAl_3$、$\alpha(Fe_3SiAl_{12})$ 及 $\beta(Fe_2Si_2Al_9)$ 等相的电势比纯铝高,同时也破坏了铝及其合金表面氧化膜的连续性,因此降低了铝及其合金的耐蚀性。硅的电势略高于铝,因此其影响较小。铝中其他杂质元素如铜、锌等,对其耐蚀性也有不利影响。

14.1.1　铝及其合金化原理

纯铝的机械强度不高,不适合用作承力结构材料。工业纯铝板材的室温力学性能如表 14-2 所示。纯铝在低温下具有较好的力学性能,且随着温度降低,强度和塑性均增加。但纯铝耐热性很差,200 ℃时,强度较室温下降约 1/3。

表 14-2　工业纯铝板材的室温力学性能

状态	E/GPa	G/GPa	μ	$\sigma_{0.2}$ MPa	R_{m} MPa	δ/%	ψ/%	σ_τ MPa	硬度/HBW	$\sigma_{-1}(N=5\times10^8)$/MPa
冷轧	71	27	0.31	100	150	6	60	—	320	42~63
退火	71	27	5	50	80	35	80	55	250	35

纯铝牌号以汉语“铝”的拼音首字母“L”为开头,其后数字为顺序号。L01~L05 为高纯铝;L0 及 L00 为工业高纯铝,一般用于科学研究、化工工业以及其他特殊用途;L1~L7 为工业纯铝,用于熔制铝合金,制作电线、电缆和日用器皿等。

纯铝不能热处理强化,冷变形是提高其强度的唯一手段,因此某些工业纯铝可以按冷作硬化或半冷作硬化状态使用。

纯铝的热处理工艺主要为退火。纯铝的再结晶温度约为 200 ℃,杂质元素能提高其再结晶温度,其中铬、锰、铁的作用较为明显。纯铝的退火温度一般为 350~500 ℃,保温时间应根据工件厚度来确定。

铝合金主要依靠固溶强化和沉淀硬化等手段来提高其力学性能,晶粒细化、加工硬化及过剩相强化也能对力学性能有促进作用。因此,合金的力学性能、物理性能和化学性能是设计和选用合金成分应考虑的主要因素。

1) 固溶强化

合金组元的固溶强化能力与其本身的性质及固溶度有关。表 14-3 列出了铝合金化元素的固溶度。其中锌、银、镁的最大固溶度较高,超过 10%;其次是铜、锂、锰、硅等,它们的最大固溶度大于 1%;其余元素在铝中的固溶度很小。合金元素在基体中的固溶度越高,固溶强化效果越好,但在实际应用中,并非固溶度越大越好。在二元合金中,无限互溶或广泛互溶的合金系,组元间具有相似的物理性质和化学性质,固溶体晶格畸变程度较低,固溶强化增益不高。例如,锌和银,其固溶强化作用较差,但生产中会大量添加这类元素。因此,简单的二元合金,Al-Zn 合金、Al-Ag 合金以及 Al-Li 合金等无实用价值。但在多元合金中,由于与其他组元形成新的强化相或改善沉淀硬化特性,可显著提高合金的力学性能,故这类元素的作用仍不可忽视,特别是锌是可焊铝合金及超硬铝的主要组元,锂是新型高比强度、高比刚度铝合金的重要元素。

表 14-3　铝合金化元素的固溶度

元素名称	锌	银	镁	铜	锂	锰	硅	铬
最大固溶度/%	82.2	55.6	17.4	5.65	4.2	1.82	1.65	0.77
室温固溶度/%	<4	<0.7	<1.9	<0.1	<0.85	<0.3	<0.17	<0.015
元素名称	钙	镉	钒	钛	锆	钽	钼	铁
最大固溶度/%	0.1	0.47	0.6	1.15	0.28	0.25	0.25	0.05
室温固溶度/%	<0.03	<0.000 2						

2）沉淀硬化

单纯的固溶强化效果有限，要使铝合金获得高强度，须配合有效的沉淀硬化处理。因此，合金组元不仅要求有较高的最大固溶度及其明显的温度变化曲线，而且在沉淀过程中能形成均匀、弥散的共格或半共格沉淀物。除铜以外，锌、镁、银、锰、硅等主要元素形成的二元合金均不能充分满足上述硬化条件。虽然它们在铝中均有较高的最大固溶度，且随温度下降而急剧减小，但沉淀相界面错配度低，相应的应变场弱，如 Al-Mg 系合金、Al-Ag 系合金；有些合金系预沉淀阶段极短，很快丧失共格关系，会形成非共格的平衡相，如 Al-Si 系合金、Al-Mn 系合金。因此沉淀硬化型铝合金多选用复杂合金，以形成多元强化相，如 Al-Zn 系合金中加入镁，在 Al-Zn-Mg 三元系合金中形成 $MgZn_2$ 和 $Al_2Mg_3Zn_3$；Al-Mg 系合金中加入硅形成 Mg_2Si 相，可获得较好的沉淀硬化效果。即使对于沉淀硬化能力较高的 Al-Cu 系合金，加入 Mg 后形成 Al-Cu-Mg 三元系合金，获得 $CuAl_2$、Al_2CuMg 强化相，还可使合金的硬化能力达到更高水平。当前可热处理强化的铝合金包括 Al-Cu-Mg 系合金、Al-Mg-Si 系合金和 Al-Zn-Mg 系合金。

3）组织强化

组织强化通常用来细化晶粒，包括细化亚结构和增加位错密度，可使材料的强度提高 10%~30%，与此同时，其断裂韧性和应力腐蚀抗力也可获得改善。为了使铝及其合金在热处理后仍保持不发生再结晶的纤维状组织，通常加入少量过渡族元素，如锰、铬、锆、钛等。这类元素溶入基体后能显著提高其再结晶温度，当弥散第二相析出时，可有效地阻止再结晶过程及晶粒长大。另外，在生产过程中，提高变形温度或采取多向压缩变形工艺，有助于保留原形变组织。例如，挤压产品比轧制产品容易得到细晶纤维状组织，故其强度也较高，所以这种组织强化也被称为挤压效应。

4）耐热强性

对于在高温下工作的铝合金，合金化时，需要考虑其耐热强性。研究表明，过渡族元素一般能提高合金的高温性能，许多过渡族元素与铝形成的包晶具有较高的熔点，如 Al-Ti 包晶温度为 665 ℃，Al-Cr 包晶温度为 661 ℃，Al-Zr 为包晶温度 660.5 ℃；对于共晶系合金，共晶温度较高。例如，Al-Mn 系合金共晶温度为 658.5 ℃，Al-Fe 系合金为 655 ℃，Al-Ni 系合金为 640 ℃。相比之下，非过渡族元素与铝组成共晶温度较低的共晶系合金，如常用的 Al-Mg 系合金为 450 ℃，Al-Zn 系合金为 382 ℃。显然，合金熔点越低，耐热强性就越差。再结晶温度也是反映耐热性强的指标之一，过渡族元素（如锰、铬、铬、钛等）都有阻碍再结晶过程的作用，使再结晶温度明显提高。

5）耐腐蚀性能

铝的化学活性极高，但标准电极电势很低（-1.67 V），在大气中极易和氧作用生成一层牢固致密的氧化膜，厚度为 5~10 nm，可防止铝的继续氧化，因此铝在大气环境中是耐腐蚀的。在侵蚀性介质中，铝的耐腐蚀性取决于氧化膜的稳定性。Al_2O_3 具有酸、碱两性氧化物性质，因此在酸、碱介质中均易溶解，使铝受到腐蚀。铝在中性盐类溶液中被腐蚀的程度主要与溶液中的阴、阳离子的特性有关。当溶液中含有活性离子，尤其是氯离子时，由于氯离子破坏氧化膜而产生点腐蚀，因此在海水中铝的耐腐蚀性很差。当溶液中含有一些电动序位于铝后面的金属离子时，如 Cu^{2+}、Ag^+、Ni^{2+} 等，由于会发生二次析出，也会加速铝的腐蚀。但在氧化性溶液中，由于发生了氧化膜的形成和修补，故可提高铝的耐腐蚀性。铝在氧化性酸中的耐腐蚀性和酸的浓度有关。当硝酸浓度超过 30% 时,将开始形成致密的氧化膜,使铝的稳定性得到提高。硝酸浓度达 80% 时,铝的耐腐蚀性甚至高于铬镍不锈钢。

14.1.2　铸造铝合金及其热处理

铸造铝合金的优点为密度低、比强度高,并有良好的耐腐蚀性和铸造工艺性,可进行各种成形铸造。由于铝合金的熔点较低,熔炼工艺和设备都较为简单,因此铝合金铸件在航空、一般机械制造及仪表等工业领域得到广泛应用。

铸造铝合金一般分为四类:

① Al-Si 系合金。这是航空工业应用最广泛的一类铸造铝合金,具有良好的铸造工艺性和耐腐蚀性。简单二元 Al-Si 系合金,如 ZL102,其铸造性很好,但强度较低。添加 Mg、Cu 可增加热处理强化效应,从而提高了合金的力学性能。

② Al-Cu 系合金。Al-Cu 系合金的主要强化相是 $CuAl_2$,而 $CuAl_2$ 具有较强的时效硬化能力和热稳定性。因此,Al-Cu 系合金适合在高温下工作,同时也有较高的室温强度。缺点是其铸造工艺性及耐腐蚀性较差。航空上常用的此类合金有 ZL203、ZL201 及 ZL202。

③ Al-Mg 系合金。Al-Mg 系合金的突出优点是具有优良的耐腐蚀性,同时其密度较低,强度和韧性较高,切削加工和抛光性能很好,因此在食品和化学工业广泛应用。此类合金的缺点是铸造工艺性差、易氧化、易形成热裂纹。

④ Al-Zn 系合金。Al-Zn 系合金主要特点是具有良好的铸造工艺性、切削加工性、焊接性及尺寸稳定性。铸态即具有明显的时效硬化能力,可消除淬火工序引起的变形和尺寸变化。该类合金适用于砂模铸造,制造尺寸稳定性要求高的铸件,且具有自淬火效应,铸造成形后即可直接进行人工时效,可省去淬火工序,铸件的内应力显著降低。

铸造铝合金牌号采用"铸铝"二字的汉语拼音字头"ZL"表示,其后有三位数字。第一位代表合金系(表 14-4),其余为合金顺序号。例如,ZL101 为 Al-Si 系第一号铸造铝合金,ZL201 为 Al-Cu 系第一号铸造铝合金等。航空专用铸造铝合金牌号加 H 字母,如 HZL201。铸造铝合金在牌号后面附有热处理状态标志(T1~T8),其所代表的含义和适用范围如表 14-5 所示。

表 14-4　铸造铝合金的分类号

第一位数字	1	2	3	4
代表的合金系	Al-Si 系合金	Al-Cu 系合金	Al-Mg 系合金	Al-Zn 系合金

表 14-5　铸造铝合金热处理种类及用途

热处理类别	表示符号	用途	说明
人工时效	T1	改善零件的切削加工性,提高表面光洁度。能提高如 ZL103、ZL105 这类合金的力学性能(约为 30%)	在砂型或金属型铸造的铸件采用此类热处理效果良好
退火	T2	消除铸应力或热应力,同时还可消除机械加工硬化,提高合金的塑性	保温时间和温度选择取决于零件的用途

续表

热处理类别	表示符号	用途	说明
淬火	T3	提高合金强度	根据合金溶解度曲线确定固溶温度,时效为人工时效
淬火及自然时效	T4	提高合金强度,用于在 100 ℃ 以下工作的零件	固溶温度(如 T3)
淬火及不完全(短期)人工时效	T5	需要较高的强度,并保持较高的塑性	人工时效的温度较低或保温时间较短
淬火及完全人工时效	T6	获得最大的强度	和 T5 相比,人工时效温度较高或保温时间较长
淬火及稳定化回火	T7	获得足够高的强度,同时可获得较高温度的组织稳定	回火温度高于 T6 时的时效温度,但强度稍有降低
淬火及软化回火	T8	提高回火温度牺牲强度提高塑性	回火温度比 T7 更高
冷处理或冷热循环处理	T9	获得稳定的零件几何尺寸	零件在-50 ℃、-70 ℃或-169 ℃保持3~6 h冷处理或冷至-70 ℃或-196 ℃,再加热到350 ℃循环处理

铸造铝合金的热处理工艺有退火、淬火、时效、稳定化回火。退火温度为 280~300 ℃,保温时间为 2~4 h;淬火温度为 500~535 ℃,保温时间应根据具体零件形状与几何尺寸来确定;时效温度的范围较大,通常为 150~350 ℃,保温时间为 2~10 h;稳定化回火是在淬火后进行的,回火温度比时效温度高一些。

拖拉机的发动机中铸造铝合金活塞进行热处理时,首先需考虑材料的选用及其技术要求。活塞是发动机实现工作循环,完成能量转换的重要零件,在汽缸内承受高温高压的作用,由于活塞的高速往复运动,因此承受很大的惯性力,根据其工作特点,要求活塞具有高的高温强度,高的硬度、良好的耐磨性以及耐腐蚀性等,同时要求活塞密度小、导热性好和线膨胀系数小。因此选用 ZAlSi11Mg 铸造铝合金,其具有优良的导热性,可通过热处理提高其强度、硬度和耐磨性等,进而满足活塞的设计和使用要求。

ZAlSi11Mg 铸造铝合金的强化处理是进行淬火+时效处理,热处理工艺为:525 ℃ ±5 ℃加热保温 6 h 后,在 40~90 ℃ 的水中冷却,随后在 200~210 ℃ 进行 8 h 时效处理,此时的硬度为 100~140 HBW。

在热处理过程中首选铝合金加热炉,其炉内温度均匀,控制温度精度符合要求,升温速度适中,温差小满足加热要求。另外,加热前需要对活塞进行加热前除垢工作,确保表面的清洁,具体操作过程如下:

① 活塞装炉时,应整齐摆放,不要有叠压,同时应放置在炉内有效加热区内,以实现均匀加热;

② 加热时应开启风扇,确保加热温度和炉内温差要符合热处理工艺要求,防止温度过高出现晶粒粗大现象;

③ 淬火或固溶处理后,将活塞取出要迅速在 15 s 内完成冷却过程,防止零件温度的降

低,导致固溶体的分解而影响时效后的强化效果。

活塞的时效工艺为:固溶温度 205 ℃±5 ℃下保温 8 h,出炉后空冷。活塞硬度为 100~140 HBW。

14.1.3　变形铝合金及其热处理

根据合金的特性,变形铝合金可分为以下几类:

1)防锈铝

防锈铝特点是抗蚀、易加工成形和焊接,并具有良好的低温性能,但不能通过热处理强化,故强度较低,适于抗腐蚀及承力要求不大的零、部件,如油管、油箱等。这类合金的牌号以 LF 为字头,其后为合金顺序号,如 LF3,LF21 等。

2)硬铝

硬铝是目前航空工业中应用最广泛的一类变形铝合金,其特点是具有较强的时效硬化能力,热处理后强度最高可达 500 MPa,用以制作飞行器的各种承力构件,如蒙皮、壁板、框架、桨叶、活塞、连接件及火箭上的液体燃料箱等。硬铝以 Al-Cu-Mg 系合金为主,具有较高的室温强度,耐热性较好,但抗蚀性及焊接性能较差。硬铝牌号由 LY 字头及合金顺序号组成。表 14-6 给出了常用硬铝的淬火温度和过烧温度,其中 LY12 的过烧敏感性最大,淬火温度与三元共晶点十分接近,热处理时需要尽力避免过烧。

表 14-6　常用硬铝的淬火温度和过烧温度

合金	淬火温度/℃	过烧温度/℃
LY1	495~505	535
LY2	495~505	510~515
LY6	495~505	518
LY10	510~520	540
LY11	495~510	514~517
LY12	495~503	506~507

3)锻铝

锻铝以 Al-Mg-Si 系合金为主,具有良好的冷加工、热加工、焊接、抗蚀、抗低温、抗疲劳等性能,适宜制作航空用的各类锻件。锻铝牌号以 LD 为字头,如 LD5,LD6 等。

4)超硬铝

超硬铝变形铝合金中强度最高的一类,以 Al-Zn-Mg-Cu 系合金为主,热处理后室温强度超过 600 MPa。这类合金的缺点是应力腐蚀倾向大,热稳定性较差,应力集中比较敏感。超硬铝牌号以 LC 为字头,如 LC4。

变形铝合金在合金牌号后常附有加工和热处理代号(表 14-7)。

表 14-7 变形铝合金产品状态名称及代号

名称	代号	用途
退火	M	用于消除应力
固溶处理	C	用于时效准备
固溶处理+自然时效	CZ	用于使用温度低的零件
固溶处理+人工时效	CS	用于使用温度较高的零件
冷作硬化	Y	用于不能固溶强化的零件

变形铝合金通常在淬火时效状态下使用。变形铝合金进行的热处理有软化退火、淬火时效、回火处理。软化退火处理是加热到 390~450 ℃，保温 10~16 h，随炉冷却至 260 ℃以下时出炉空冷；淬火时效的两次加热温度分别为 470~535 ℃、150~200 ℃，保温时间随着零件大小和厚度的不同而不同；回火处理是加热到 200~250 ℃，保温 2~3 min，在水中冷却，重复 3~4 次。

14.2 钛及钛合金

钛及钛合金具有许多优点，如比强度高、抗蚀性强（在海水和含氨介质中的抗蚀性尤其突出），耐热性比铝合金和镁合金高。目前应用的热强钛合金工作温度可达 400~500 ℃。钛工业获得了迅速发展，尤其在航空航天工业中，应用范围及数量日益增长，并正在迅速取代部分铝合金、镁合金及钢等制造各种构件。此外，钛及钛合金在机械工程、生物医学、海洋工程、化工、建材及一般民用工业中的应用逐年增长。

钛在地壳中的储量仅次于铝、铁、镁，我国的钛资源十分丰富。目前钛及钛合金已广泛应用于飞机上的隔热罩、整流罩、导风罩、蒙皮、支臂构件及发动机中的压气机轮盘等。

14.2.1 纯钛及其合金化

钛（Ti）的原子序数为 22，纯钛及其他几种常用金属的物理特性见表 14-8。钛的主要特点是熔点高、导热性差。与 Fe、Ni 相比，密度较低，膨胀系数较小，弹性模量较低。

表 14-8 纯钛及其他几种常用金属的物理特性

元素	Ti	Mg	Al	Fe	Ni	Cu
密度/(g/m^3)	4.54	1.74	2.7	7.8	8.9	8.9
熔点/℃	1 668	651	660	1 535	1 453	1 083
沸点/℃	3 287	1 107	2 327	2 750	2 913	2 835
膨胀系数/($\times10^{-6}$/℃)	8.5	26	23.9	11.7	13.3	16.5
热导率/[$\times10^2$W/(m·K)]	0.146 3	1.465 4	2.177 1	0.837 4	0.594 5	3.851 8
弹性模量 E/GPa	113	43.6	72.4	200	210	130

固态的金属钛在 882.5 ℃ 时具有 α ⇌ β 的同素异构转变,882.5 ℃ 为纯钛的 β 相变点。在 882.5 ℃ 以下为 α 钛,具有密排六方晶格,$a=0.295$ nm,$c=0.468$ nm;882.5 ℃ 到熔点之间为 β 钛,具有体心立方晶格,900 ℃ 时的晶格常数为 $a=0.331$ nm。钛的化学活性极高,高温下能同许多元素发生强烈反应,不能用常规方法铸造,只能用真空电弧炉熔铸。

纯钛具有很强的耐蚀性,尤其是在中性及氧化性介质中的耐蚀性很强。钛在海水中的耐蚀性优于不锈钢及铜合金,在碱溶液及大多数有机酸中的耐蚀性良好。纯钛一般只发生均匀腐蚀,不发生局部腐蚀和晶界腐蚀,其抗腐蚀性能较好。钛极易吸氢而产生氢脆现象,但可利用这一特点,制备以钛为主要成分的储氢材料。钛在 550 ℃ 以下空气中能形成致密的氧化膜,并具有较高的稳定性。但当温度高于 550 ℃ 后,空气中的氧能迅速穿过氧化膜向内扩散使内部氧化,这是目前钛及钛合金不能在更高温度下使用的主要原因之一。钛的导热性差,摩擦因数大($\mu=0.42$),切削加工时易黏刀,刀具升温快,因而切削加工性能较差,应使用特定刀具切削。另外,钛的耐磨性能较差,具有较高的表面缺口敏感性。

高纯钛的塑性很好,但强度不高。当纯钛中存在其他元素时,随其纯度的下降,强度显著升高,塑性较大降低。按在晶格中存在形式区分,合金元素与钛可形成间隙固溶体、置换固溶体,以及脆性化合物。形成间隙固溶体的杂质主要有氧、氮、氢、碳等,这些合金元素可造成严重的晶格畸变,强烈阻碍位错运动,提高硬度。另外,氢的扩散能力较强,应变时效明显,而且容易以 TiH 化合物形式析出,引起氢脆,严重损害钛的韧性。因此,间隙式杂质对钛的塑性危害很大。形成置换固溶体的合金元素主要有铁、硅等,这些元素造成的晶格畸变较小,对塑性及韧性的影响程度也小于间隙元素。钛中的合金元素,不但能使塑性及韧性降低,而且对疲劳性能、蠕变抗力、热稳定性及缺口敏感性也有很大危害。高强钛合金主要通过添加合金元素来强化基体,其先决条件之一是钛基体必须具有较高的纯度,以保证具有足够的原始塑性。加入钛中的合金元素分为三类,即 α 相稳定元素、中性元素和 β 相稳定元素。

1) α 相稳定元素(提高钛的 β 相转变温度的元素)

α 相稳定元素在周期表中的位置离钛较远,会与钛形成包析反应。这些元素的电子结构、化学性质等与钛差别较大,能显著提高合金的 β 相转变温度,稳定 α 相,故称为 α 相稳定元素。典型的 α 相稳定元素为铝,加入铝后可强化钛的 α 相,降低钛合金比重,并显著提高合金的再结晶温度和热强性。另外,添加铝可提高 β 相转变温度,使 β 相稳定元素在 α 相中的溶解度增大。因此,铝在钛合金中的作用类似于碳在钢中的作用,几乎所有的钛合金中均含铝。除铝外,镓、锗、氧、氮、碳也是 α 相稳定元素。镓属稀缺元素,氧、氮、碳一般作为杂质元素,很少作为合金元素使用。

2) 中性元素(对钛的 β 相转变温度影响不明显的元素)

中性元素在 α 相、β 相两相中均有较大的溶解度,甚至能够形成无限固溶体,如与钛同族的锆、铪。另外,锡、铈、镧、镁等对钛的 β 相转变温度影响也不明显,均属于中性元素。中性元素加入后主要对 α 相起固溶强化作用,从这个角度看,可将中性元素看作 α 相稳定元素。钛的合金化常用的中性元素主要为锆和锡。这些元素在提高 α 相强度的同时,也提高其热强性,有利于压力加工并提高焊接性能,但其强化 α 相的效果低于铝。加入了铈、镧等稀土元素,可细化晶粒,并能提高其高温拉伸强度及热稳定性。

3) β 相稳定元素(降低钛的 β 相转变温度的元素)

根据 β 相稳定元素的晶格类型及其与钛形成的二元相图特点,可将 β 相稳定元素分为 β 相同晶稳定元素及 β 相共析稳定元素两类。第一类 β 相同晶稳定元素(简称 β 相同晶元素)具有与 β 钛相同的晶格类型,如钒、铜、铌、钽等。这些元素在周期表上的位置靠近钛,能与 β 钛无限互溶,而与 α 钛有限溶解。由于这类元素的晶格类型与 β 钛相同,能以置换方式大量固溶入 β 钛中,所产生的晶格畸变较小,在提高强度的同时,还能使固溶体保持较高的塑性。另外,用 β 相同晶元素强化的 β 相,组织稳定性较好,温度变化时,β 相不会因 β 相同晶元素的存在而发生共析或包析反应生成脆性相。因此,β 相同晶元素在钛合金中被广泛应用。第二类 β 相共析稳定元素(简称 β 相共析元素)在 α 钛和 β 钛中均为有限溶解,但在 β 钛中溶解度比在 α 钛中大,与钛形成具有共析反应的相图。根据 β 相共析元素加入后 β 相发生共析反应的速度,又可将其分成慢共析元素和快共析元素。能够使 β 相具有很慢的共析反应速度的 β 相共析元素,称为慢共析元素。这种共析反应,在一般冷速下来不及进行,因而慢共析元素与 β 相同晶元素作用类似,这类元素主要有锰、铬、铁等。能使共析反应速度很快的 β 相共析元素称为快共析元素,这类元素形成的共析反应在一般冷速下即可进行。因此,用快共析元素合金化的 β 相实际很难保留到室温,此类元素主要有硅、铜、镍等。另外,铬和钨是 β 相共析元素,但因其晶格类型为 bcc,故又是 β 相同晶元素。

14.2.2 钛合金的热处理

在不同的加热、冷却条件下,钛合金会发生不同的相变而得到不同的组织。适当的热处理可控制相变并获得期望的组织,从而改善合金的力学性能和工艺性能。例如,在激光粉末床熔融加工的 Ti-6Al-4V 合金上进行直接时效和固溶时效处理,可提高其摩擦性能。钛合金渗氮、渗碳、渗硼、渗金属 4 种化学热处理技术可大幅改变合金表层组织结构,提高表面硬度和强度,改善合金的磨损、疲劳及腐蚀等性能,扩大钛合金使用领域,延长钛合金的使用寿命。

钛合金热处理主要有退火、淬火(固溶处理)等,其主要特点如下:

① 马氏体相变不会引起合金的显著强化,与钢的马氏体相变不同,钛合金的热处理强化只能依赖淬火形成的亚稳相(包括马氏体相)的时效分解。

② 应避免形成粒子状的 ω 相。形成 ω 相会使合金变脆,正确选择时效工艺(如采用较高的时效温度),可使 ω 相分解为平衡的 α 相和 β 相。

③ 同素异构转变很难细化晶粒。

④ 导热性差。导热性差可导致钛合金的淬透性差,尤其是 α+β 合金。淬火热应力大,淬火时零件容易发生翘曲。由于导热性差,钛合金变形时易引起局部温升过高,使局部温度有可能超过 β 相变点而形成魏氏组织。

⑤ 化学性质活泼。热处理时,钛合金易与氧和水蒸气发生反应,在工件表面形成富氧层或氧化皮,降低合金性能。此外,钛合金热处理时容易吸氢,引起氢脆。

⑥ β 相变点差异大。同一成分但冶炼炉次不同的合金,其 β 相转变温度相差很大(5~70 ℃),在确定钛合金工件加热温度时需要特别注意。

⑦ 在 β 相区加热时晶粒易长大。β 相晶粒粗化使得钛合金塑性急剧下降,故应严格控制加热温度和时间,在 β 相区温度热处理时需要注意。

　　钛合金的热处理有消除应力的低温退火、恢复塑性的再结晶退火和使合金强化的淬火与时效等,根据零件的具体工作状态和技术要求,来选择合理的热处理工艺。

　　钛合金的常见热处理规范见表 14-9。

表 14-9　钛合金的常见热处理规范

合金类型	合金名称	工序	热处理规范
α型或近α型合金	工业纯钛 TA1~TA3	去应力退火	500~600 ℃,0.25~1 h,空冷
		再结晶退火	680~720 ℃,0.5~2 h,空冷
	工业纯钛 TA4G（Ti-3Al）	去应力退火	500~600 ℃,0.25~1 h,空冷
		再结晶退火	700~750 ℃,0.5~2 h,空冷
	TA5（Ti-4Al-0.005B）	去应力退火	550~650 ℃,0.25~1 h,空冷
		再结晶退火	800~850 ℃,0.5~2 h,空冷
	TA6（Ti-5Al）	去应力退火	550~650 ℃,0.25~2 h,空冷
		再结晶退火	750~800 ℃,0.5~2 h,空冷
	TA7（Ti-5Al-2.5Sn）	去应力退火	550~650 ℃,0.25~2 h,空冷
		再结晶退火	750~800 ℃,0.5~2 h,空冷
	TA8（Ti-0.05Pd）	去应力退火	550~650 ℃,0.25~2 h,空冷
		再结晶退火	750~800 ℃,1~2 h,空冷
	TA11（Ti-8Al-1Mo-1V）	去应力退火	600~700 ℃,0.25~4 h,空冷或缓冷
		再结晶退火	760~790 ℃,1~8 h,空冷或缓冷
		双重退火	900~1 010 ℃,空冷+600~745 ℃,空冷
		固溶处理	980~1 010 ℃,1 h,油淬或水淬
		时效处理	565~595 ℃,空冷
	TA19（Ti-6Al-2Sn-4Zr-2Mo-0.08Si）	去应力退火	480~700 ℃,0.25~4 h,空冷或缓冷
		再结晶退火	700~840 ℃,1~8 h,缓冷至 560 ℃,空冷
		双重退火	900 ℃,0.5 h,空冷+785 ℃,0.25 h,空冷
		三重退火	900 ℃,0.5 h,空冷+785 ℃,0.25 h,空冷+595 ℃,2 h 空冷
		固溶处理	955~980 ℃,1 h,水冷
		时效处理	540~595 ℃,8 h,空冷

续表

合金类型	合金名称	工序	热处理规范
α+β型合金	TC1 (Ti-2Al-1.5Mn)	去应力退火	550~650 ℃,0.5~1 h,空冷
		再结晶退火	700~750 ℃,0.5~2 h,空冷
	TC2 (Ti-4Al-1.5Mn)	去应力退火	550~650 ℃,0.5~1 h,空冷
		再结晶退火	700~750 ℃,0.5~2 h,空冷
	TC3 (Ti-5Al-4V)	去应力退火	550~650 ℃,0.5~1 h,空冷
		再结晶退火	700~800 ℃,1~2 h,空冷
		固溶处理	820~920 ℃,0.5~1 h,水冷
		时效处理	480~560 ℃,4~8 h,空冷
	TC4 (Ti-6Al-4V)	去应力退火	480~650 ℃,1~4 h,空冷
		再结晶退火	705~790 ℃,1~4 h,空冷或炉冷
		双重退火	940 ℃,10 min,空冷+675 ℃,4 h,空冷
		β 退火	1 035 ℃,30 min, 空冷+730 ℃,2 h,空冷
		β 固溶时效处理	1 035 ℃,30 min, 水冷+510~675 ℃,4 h,空冷
		固溶时效处理	940 ℃,10 min,水冷+730 ℃,2 h,空冷
		固溶过时效处理	940 ℃,10 min,水冷+675 ℃,4 h,空冷
	TC6 (Ti-6Al-1.5Cr-2.5Mo-0.5Fe-0.3Si)	去应力退火	550~650 ℃,0.5~2 h,空冷
		再结晶退火	750~850 ℃,1~2 h,空冷
		双重退火	870~920 ℃,1 h, 空冷+550~650 ℃,2~5 h,空冷
		固溶处理	860~900 ℃,0.5~1 h,水冷
		固溶时效处理	540~580 ℃,4~12 h,空冷
	TC8 (Ti-6.5Al-3.5Mo-0.25Si)	去应力退火	550~650 ℃,0.5~4 h,空冷
		双重退火	920 ℃,1~4 h,空冷+590 ℃,1 h,空冷
		固溶处理	900~950 ℃,1~1.5 h,水冷
		时效处理	500~600 ℃,2~6 h,空冷
	TC9 (Ti-6.5Al-3.5Mo-2.5Sn-0.3Si)	去应力退火	550~650 ℃,0.5~4 h,空冷
		双重退火	950 ℃,1~2 h,空冷+530 ℃,6 h,空冷
		固溶处理	900~950 ℃,1~1.5 h,水冷
		时效处理	500~600 ℃,2~6 h,空冷

续表

合金 类型	合金名称	工序	热处理规范
α+β 型合金	TC10 （Ti-6Al-6V-2Sn- 0.5Cu-0.5Fe）	去应力退火	550~650 ℃,0.5~4 h,空冷
		再结晶退火	700~800 ℃,1 h,空冷
		固溶处理	850~900 ℃,1~1.5 h,水冷
		时效处理	500~600 ℃,4~12 h,空冷
	TC11 （Ti-6.5Al-3.5Mo-1.5Zr-0.3Si）	去应力退火	550~650 ℃,空冷
		双重退火	950 ℃,1~2 h,空冷+530 ℃,6 h,空冷
		固溶处理	900~950 ℃,1~1.5 h,水冷
		时效处理	500~600 ℃,2~6 h,空冷
	TC17 （Ti-5Al-2Sn-2Zr-4Mo-4Cr）	去应力退火	480~650 ℃,1~4 h,空冷或缓冷
		α+β 锻造	815~860 ℃,4 h,空冷+800 ℃,4 h, 水冷+620~650 ℃,8 h,空冷
		固溶时效 （α+β 锻造）	860 ℃,4 h, 水冷+620~650 ℃,8 h,空冷
	TC19 （Ti-6Al-2Sn-4Zr-6Mo）	去应力退火	595~705 ℃,0.25~4 h, 空冷或缓冷
		固溶退火	815~925 ℃,空冷
		双重退火	815~925 ℃,空冷+540~730 ℃,空冷
		三重退火	815~925 ℃,空冷 +540~730 ℃,空冷 +540~730 ℃,空冷 （第一次时效温度较高）
		固溶处理	815~925 ℃,1 h,油淬或水淬
		时效处理	580~605 ℃,4~8 h,水冷
β 型 合金	TB2 （Ti-5Mo-5V-8Cr-3Al）	去应力退火	480~650 ℃,0.25~4 h,空冷
		再结晶退火	800 ℃,30 min,空冷
		固溶处理	800 ℃,30 min,空冷或水冷
		时效处理	500 ℃,8 h,空冷

续表

合金类型	合金名称	工序	热处理规范
β型合金	Ti-10-2-3 （Ti-10V-2Fe-3Al）	去应力退火	657~700 ℃,0.5~2 h,空冷或缓冷
		再结晶退火	730~775 ℃,1 h,水冷
		固溶处理	480~620 ℃,8 h,空冷
		时效处理	580~595 ℃,8 h,空冷
	TB9 （Ti-3Al-8V-6Cr-4Mo-4Zr）	去应力退火	705~760 ℃,10~30 min,空冷或缓冷
		再结晶退火	790~815 ℃,0.25~1 h, 空冷或水冷
		固溶处理	815~925 ℃,1 h,水冷
		时效处理	455~540 ℃,8~24 h,空冷

14.3 镁及镁合金

镁是常见的有色金属之一,是元素周期表中ⅡA族碱土金属元素,原子序数为12,相对原子质量为24.305。镁的晶体结构为密排六方结构,由于镁原子的电子层结构特点（$1s^2 2s^2 2p^6 3s^2$）,其化合价通常表现为+2价（Mg^{2+}）。在所有的结构金属中,镁的密度最低,纯镁的密度仅为1.738 g/cm³。镁和镁合金既可以通过铸造直接制备出结构件,也可以通过各种塑性加工和热处理制备出各种规格的管、棒、板、线、带材和异型材。

14.3.1 镁及其合金化

铝是镁合金中最常用的合金元素,同时也是压铸镁合金的主要构成元素之一。根据Mg-Al二元合金相图（图14-3）,铝在熔融镁中的固溶度较大,其最大固溶度为12.7%。随着温度的降低,固溶度减小,在室温时固溶度为2.0%左右。铝可明显改善镁合金的铸造性能,提高合金强度。当铝的质量分数为6%时,其强度和韧性最高,但是在晶界上析出的$Mg_{17}Al_{12}$相热稳定性差,会降低合金的抗蠕变性能。在铸造镁合金中铝的质量分数可达7%~9%,而在变形镁合金中铝的质量分数一般为3%~5%。

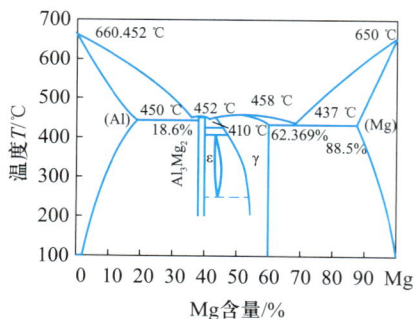

图14-3 Mg-Al二元合金相图

锌也是镁合金中常用的合金元素,并常与铝、锆、钍或稀土元素联合使用。锌在镁中的固溶度约为6.2%,且其固溶度会随着温度的降低而减小。锌可以提高铸件的抗蠕变性能,但当锌的质量分数大于2.5%时,合金的耐蚀性显著下降,所以锌的质量分数一般不超过2.0%。

钙在镁合金中可以起到细化合金组织的作用，还可提高合金的蠕变抗力，形成 Mg_2Ca 替代 $Mg_{17}Al_{12}$，从而可以提高合金的热稳定性。另外，钙可以作为镁合金熔炼及随后热处理过程中的脱氧剂，改善板材的可轧造性，但当钙的质量分数超过 0.3% 时将有损合金的焊接性。此外，钙的质量分数超过 1% 时，镁合金热裂倾向增大。

锂是唯一能减轻镁合金密度的元素，其在镁中的固溶度高达 5.5%，在室温时锂的固溶度较大。锂在镁合金中形成的 β 相为体心立方结构，使镁合金锻件制品出现 α+β 相或 β 相。在镁合金中添加锂可降低合金强度，但可提高韧性，改善弹性模量。

锰在镁中的最大溶解度为 3.4%，锰可提高镁合金的抗拉强度，但会降低其塑性。在镁合金中加入质量分数为 1.5%~2.5% 的锰可有效改善合金的抗应力腐蚀倾向，从而提高合金的耐蚀性，改善合金的焊接性能。锰通常与其他元素一起加入镁合金中，如在含铝的镁合金中加锰，可形成 $MnAl$、$MnAl_6$ 或 $MnAl_4$ 化合物，另外还可形成 $MgFeMn$ 化合物，降低铁在镁合金中的固溶度，提高镁合金的耐热性。

硅元素可改善镁合金的热稳定性和抗蠕变性，增强熔融态合金的流动性。当有铁存在的情况下，可使合金的抗腐蚀能力有所减弱。添加硅的镁合金很少，仅有 AS41 和 AS21。

锆在镁中的最大溶解度为 3.8%，添加锆元素可细化晶粒，减少合金热裂倾向，提高合金的力学性能和耐热性能。在镁合金中添加质量分数为 0.5%~0.8% 的锆，晶粒细化效果最好。将锆添加到含有锌、钍、稀土等元素的镁合金中，可以发挥良好的细化晶粒作用。但是，不能添加到含有铝或锰的镁合金中，这是因为锆与镁合金中铝或锰能形成稳定的化合物，从而抑制锆的细化作用。锆只有固溶在镁基体中，才能发挥出细化晶粒的效果。另外，锆还可以与镁合金中的铁、硅、碳、氮、氧、氢反应生成稳定的化合物，削弱锆的细化作用。

稀土元素可显著提高镁合金的耐热性，明显改善合金的高温强度和抗蠕变性能，并可细化晶粒，减少显微疏松和热裂倾向，改善合金的铸造性能和焊接性能，一般无应力腐蚀倾向，其耐蚀性不亚于其他镁合金。常添加的稀土元素有铈、镧、钕、镨、钇。其中，钇和钕能细化晶粒，通过改变形变机制，改善合金的韧性。

铍的固溶度很小，但其抗氧化能力强，在镁合金熔炼过程中可减少镁的氧化烧损，其副作用是引起晶粒粗大。铜能提高合金的高温强度，但当其质量分数超过 0.05% 时将影响合金的耐蚀性。铁、铜、镍、钴这四种元素在镁中的固溶度都很小，均是镁合金熔炼过程中的有害元素，当铁、镍或钴的质量分数大于 0.005% 时，就会大大降低镁合金的抗腐蚀能力。

14.3.2　镁合金的热处理

镁合金热处理类型的选择取决于镁合金的类别（即铸造镁合金或变形镁合金）以及实际的服役条件。固溶处理可以提高镁合金强度并获得最大的韧性和抗冲击性。固溶处理后，人工时效可提高镁合金的硬度和屈服强度，但是其韧性略有降低。没有进行预固溶处理或退火的人工时效可以消除镁合金的应力，略微提高其抗拉强度。退火可以显著降低镁合金的抗拉强度并增加其塑性。此外，在基本热处理基础上进行调整可以获得综合性能良好的镁合金。例如，Mg-6Zn-3Sn 合金单级均匀化处理后，Mg_2Zn_3 相分解，同时伴随着 Mg_2Sn 相的析出，当均匀化温度上升到 350 ℃ 时，Mg_2Zn_3 相导致合金过烧。在双级均匀化过程中，合金的硬度持续下降,而力学性能呈现先升高后降低的趋势,这与 Zn 和 Sn 原子的固溶和 Mg_2Sn 相的析出有关。

镁合金可以通过淬火时效进行强化,其常用的热处理方法有退火、淬火时效等。淬火时效只用于可以进行强化的变形镁合金和铸造镁合金,退火是为了消除变形镁合金的加工硬化,恢复塑性,避免零件在使用中产生应力腐蚀,应进行退火。具体工艺如下:

1) 完全退火

完全退火可以消除镁合金在塑性变形过程中产生的加工硬化效应,恢复和提高其塑性,以便进行后续变形加工。通常,这些工艺可以使镁合金制品获得实际可行的最大退火效果。对于 MB8 合金,当要求其强度较高时,退火温度为 260~290 ℃;当要求其塑性较高时,则退火温度可以稍高一些,一般为 320~350 ℃。变形镁合金完全退火工艺如表 14-10 所示。

表 14-10 变形镁合金完全退火工艺

合金牌号	温度/℃	时间/h
M2M	340~400	3~5
AZ40M	350~400	3~5
MB8	280~320	2~3
MB15	380~400	6~8

2) 去应力退火

去应力退火可以最大限度地消除镁合金工件中的应力。如果将镁合金挤压件焊接到镁合金冷轧板上,应适当降低退火温度并延长保温时间,从而最大限度地降低工件的变形程度,一般在 150 ℃下退火 1 h。常见变形镁合金和镁合金铸件的去应力退火工艺分别如表 14-11 和表 14-12 所示。

表 14-11 常见变形镁合金的去应力退火工艺

合金	种类	退火处理		冷却方式
		温度/℃	保温时间/h	
AZ40M	所有	280~350	3~5	空冷
AZ41M	板材	250~280	0.5	空冷
AZ61M	板材、管材	320~350	0.5	空冷
	锻件、模锻件	320~350	4	空冷
AZ62M	所有	320~350	4~6	空冷
AZ80M	锻件、模锻件	350~380	3~6	空冷
	棒材、型材	350~380	3~6	空冷

表 14-12　镁合金铸件的去应力退火工艺

合金	状态	工艺
Mg-Al-Mn 系合金	所有	260 ℃/1 h
Mg-Al-Zn 系合金	所有	260 ℃/1 h
ZK61	T5	333 ℃/2 h+130 ℃/48 h
ZE41A	所有	330 ℃/2 h

3）固溶处理

镁合金经过固溶淬火后不进行时效处理可以同时提高其抗拉强度和断后伸长率。由于镁合金中原子扩散较慢,因而需要较长的加热时间以保证充分固溶。固溶加热温度通常比固溶线低 5~10 ℃。Mg-Al-Zn 系合金经过固溶处理后,$Mg_{17}Al_{12}$ 相溶解到镁基体中,合金性能得到大幅提升。

4）人工时效

部分镁合金经过铸造或加工成形后通常不进行固溶处理而是直接进行人工时效处理。Mg-Zn 系合金重新加热固溶处理导致晶粒粗化,人工时效后的综合性能反而不如 T5 态,因此通常在热变形后直接进行人工时效以获得时效强化效果。常见镁合金人工时效处理规范如表 14-13 所示。

表 14-13　常见镁合金人工时效处理规范

合金类别	合金牌号	合金代号	加热温度/℃	保温时间/h	冷却介质	备注
铸造合金	ZMgZn5Zr	ZM1	175±5	28~32	空气	
			195±5	16		
	ZMgZn4RE1Zr	ZM2	325±5	5~8	空气	
	ZMgRE3Zn3Zr	ZM4	200±5	8~12	空气	
变形合金	ZK61M		170±5	10	空气	热挤压件
			150±5	24		
			165±5	16		热锻件

5）固溶处理+人工时效

固溶淬火+人工时效可以提高镁合金的屈服强度,但会降低塑性,这种热处理工艺主要应用于 Mg-Al-Zn 系合金和 Mg-RE-Zr 系合金。此外,锌含量高的 Mg-Zn-Zr 系合金也可以选用固溶+时效处理以充分发挥时效强化效果。一般情况下,镁合金在空气、压缩空气、沸水或热水中都能进行淬火。过饱和固溶体在人工时效过程中发生分解并析出第二相。对 Mg-Al 系合金,铝在镁中过饱和固溶体分解时析出非共格弥散薄片状的平衡相 $Mg_{17}Al_{12}$,其惯习面平行于基面,提高了合金的强度。Mg-Zn 系合金具有典型的时效动力学特征,当合金中加入 Zr 时,热加工后进行人工时效,其强度得到显著提升。对 Mg-RE 系合金,含 Ce、

Nd 和 La 的合金在时效过程中都有一定的强化效果,这主要是因为合金时效时形成与基体共格的亚稳过渡相。常见铸造镁合金固溶和时效处理规范如表 14-14 所示。

表 14-14　常见铸造镁合金固溶和时效处理规范

合金			固溶处理					时效处理		
牌号	代号	热处理状态	第一阶段		第二阶段		冷却介质	加热温度/℃	保温时间/h	冷却介质
			加热温度/℃	保温时间/h	加热温度/℃	保温时间/h				
ZMgAl8Zn	ZM5	T4	370~380	2	410~420	14~24	空气	—	—	
		T6	370~380	2	410~420	14~24	空气	170~180	16	空气
								195~205	8	
		T4	370~380	2	410~420	6~12	空气	—	—	
		T6	370~380	2	410~420	6~12	空气	170~180	16	空气
								195~205	8	
ZMgNd2ZnZr	ZM6	T6	525~535	12~16	—	—	空气	195~205	12~16	空气
ZMgZn8AgZr	ZM7	T4	360~370	1~2	410~420	8~16	空气	—	—	
		T6	360~370	1~2	410~420	8~16	空气	145~155	12	空气
ZMgAl10Zn	ZM10	T4	360~370	2~3	405~415	18~24	空气	—	—	
		T6	360~370	2~3	405~415	18~24	空气	185~195	4~8	空气

6) 热水中淬火+人工时效

镁合金淬火时通常采用空冷,也可以采用热水淬火来提高强化效果。特别是对冷却速度较敏感的 Mg-RE-Zr 系合金常常采用热水淬火。例如,Mg-2.2Nd-0.4Zr-0.1Zn 合金一般固溶处理后的强度比铸态高 40%~50%,而一般固溶时效处理后其强度可以提高 60%~70%,且断后伸长率仍保持原有水平。

14.4　其他有色金属

14.4.1　铜及铜合金的热处理

铜及铜合金主要用作导电、导热并兼有耐蚀性的零部件,是电气仪表、化工、造船、机械等工业部门的重要材料。

1) 工业纯铜

纯铜又称为紫铜,具有导电性高、导热性好、化学稳定性高、抗蚀性好、无磁性、磁化系数极低、塑性变形能力高等特性。工业纯铜一般只进行再结晶退火,其目的是消除内应力,使金属软化或改变晶粒度,退火温度一般为 500~700 ℃。

2）黄铜

最简单的黄铜是铜锌二元合金,也称为普通黄铜或二元黄铜。工业上使用的黄铜其锌含量均在 50%以下。在二元铜锌合金的基础上加入一种或多种其他合金元素的黄铜称为复杂黄铜或特殊黄铜。

锌在固态铜中的溶解度随温度的降低而增大。在 903 ℃时,锌的溶解度为 32.5%,而当温度降至 456 ℃时,锌在铜中的固溶度则增至 39%。黄铜在干燥的大气和一般介质中的耐蚀性比钢好,但经过冷变形的黄铜在潮湿的大气中,特别是在含有氨气的大气或海水中,会发生自动破裂,通常称为黄铜的"季裂"或"自裂"。产生的原因主要是在冷加工变形的黄铜制品内部存在着残余应力,在腐蚀性介质的作用下,发生应力腐蚀,导致零件破裂,所以又称为"应力破裂"。防止黄铜季裂的方法是采用低温去应力退火,消除零件在冷加工时产生的内应力。此外,在黄铜中加入 1.0%~1.5%Si 或 0.02%~0.06%As 等均能减少季裂现象。此外,表面镀锌或镉也能防止季裂。为了改善和提高黄铜的耐蚀性能、力学性能和切削性能等,可在普通黄铜中加入少量的锡、铝、锰、铁、硅、镍、铅等元素,构成多元合金(即复杂黄铜)。

根据黄铜特性和工作要求,黄铜的热处理工艺有以下三种:

（1）低温退火

该工艺是消除冷变形加工应力和防止开裂,其热处理规范为加热到 260~300 ℃保温 1~3 h,空冷。该工艺用于锌含量大于 20%的黄铜。

（2）再结晶退火

黄铜的再结晶退火的目的是消除冷加工硬化以及恢复塑性,其工艺为在 500~700 ℃的井式炉中保温 1~2 h 后,根据要求可以选择空冷或水冷,水冷的优点是可以去除零件表面的氧化皮,获得洁净的外观。

为了保证黄铜退火后的光亮程度,采用真空炉或保护气氛炉中加热,常见黄铜的退火工艺如表 14-15 所示。

表 14-15　常见黄铜的退火工艺规范

黄铜牌号	低温退火/℃	再结晶退火/℃	黄铜牌号	低温退火/℃	再结晶退火/℃
H96	—	540~600	HPb59-1	285	600~650
H70	260	520~650	HAl77-2	300~350	600~650
H68	260	520~650	HAl60-1-1	240~260	600~650
H62	280	600~700	HMn58-2	—	600~650
H59	—	600~670	HMn55-3-1	—	600~650
HSn90-1	—	650~720	HFe59-1-1	—	600~650
HSn62-1	350~370	550~650	HFe58-1-1	—	500~600
HPb74-3	—	600~650			

（3）软化退火

该工艺的目的是消除变形铜合金在变形过程中产生的应力,恢复塑性。软化退火的温度高于再结晶温度,通常是在 600~750 ℃加热,保温 1~2 h,具体的保温时间也可按公式计算:

$$T=30+4(D-2)$$

式中:T 为保温时间,min;D 为零件的有效厚度,mm;对于厚度小于 2 mm 的零件,保温时间为 30~40 min,退火后空冷。

3）青铜

青铜是铜和锡、铝、铍、硅、锰、铬、镉、锆、钛等元素组成的合金的统称。青铜按其是否含有锡可分为锡青铜(其主要合金成分是锡)和无锡青铜(其主要成分没有锡),前者也称为普通青铜,后者称为特殊青铜。青铜按主要添加元素(如 Sn、Al、Be 等)分别命名为锡青铜、铝青铜、铍青铜等。并以"青"字汉语拼音字头"Q"加上一个主添元素的化学符号及含量,再加上其他合金元素的含量。如 QSn6.5-0.1 表示含 6.5%Sn、0.1%P,其余的为铜的锡青铜(又称为磷青铜)。铸造青铜的牌号:"Z"表示铸造,"Cu"表示铜元素符号,如 ZCuPb30 表示铸造铅青铜,铅的平均质量分数为 30%。根据青铜制作零件的工作条件和技术要求的差异,采用的热处理工艺也有区别。通常的热处理工艺有退火、淬火时效和淬火回火。

（1）退火

青铜退火的目的是消除青铜在冷、热变形加工过程中产生的应力,恢复其塑性,加热温度为 600~650 ℃,保温 1~2 h 后出炉空冷。需要注意:铸造青铜应进行扩散退火,在 600~700 ℃温度下保温 4~5 h 后随炉冷却,才能消除铸造内应力,减轻组织偏析,从而提高铸件的力学性能,对铸造锡青铜则退火后要在水中冷却,来防止脆性相的析出。

（2）淬火时效

为了使硅青铜和青铜等合金具有高的强度、硬度,良好的弹性、疲劳强度以及高的耐磨性、耐腐蚀性等,可进行淬火时效处理,以铍青铜为例,加热温度的选择应考虑到铍在不同温度下的溶解度,铍在 866 ℃的最大溶解度为 2.7%,而室温下最大溶解度为 0.2%,铍青铜的淬火加热温度在 770~790 ℃保温 10~25 min,水冷,水温应不高于 20 ℃,处理后的铍青铜的特点是塑性高、强度低,可进行变形加工。

铍青铜的时效温度为 310~340 ℃,保温时间应根据对零件的热处理要求来确定。对于弹性零件,一般需保温 2~3 h;对要求硬度和耐磨性的零件,需保温 1~2 h。

（3）淬火回火

铝青铜需采用淬火回火,淬火加热一般在真空、保护气体(如氩气)下加热,在温度为 850~950 ℃的范围内保温 1~2 h 后出炉水冷。对要求高强度、高硬度和高耐磨性的零件采用在 250~350 ℃的范围内进行回火处理;而对于要求高强度与良好韧性的零件则选用在 500~650 ℃的范围内保温 1.5~2 h,回火后水冷。常见青铜的热处理工艺规范如表 14-16 所示。

表 14-16　常见青铜的热处理工艺规范

合金牌号	淬火			退火、时效或回火			硬度/HBW
	加热温度/℃	保温时间/h	冷却介质	加热温度/℃	保温时间/h	冷却介质	
QSn4-3				600~650	1~2	空气	
QSn6.5-0.4	—	—	—				—
QSn7-0.2	—	—	—				
QAl5	—	—	—	600~700			—
QAl19-4	—	—	—	700~750			110
	840~860	2~3	水	500~550	2~2.5		110~172
QAl10-3-1.5	—	—	—	650~700	1~2		125~140
	890~910	2~3		600~650	2~2.5		130~170
				300~350	1.5~2		207~285
QBe2	780~800	15 min	水	300~350	3		≥320 HV
QBe1.9				320~330	3		≥380 HV
QBe2.5	770~790			280~290	3		≥375 HV
QBe2.5				315~325	1		

14.4.2　TiNi 形状记忆合金及其热处理

记忆合金又称为形状记忆合金,是指具有超弹性或形状记忆回复效应的一类功能合金。记忆合金可以具有 10%~15% 的超弹性变形量,可以用来制造牙齿校形器、人工关节、眼镜框等医疗器械。记忆合金可以在温度变化时发生较大的形状回复,可以用来制造温度控制器、紧固件、管接头、卫星天线、心脏或血管支架等功能部件。近年来,航空航天等领域中具有智能敏感的构件、器件,如智能蒙皮、变体机翼等大量采用记忆合金。最实用化的形状记忆合金是 TiNi 形状记忆合金(简称 TiNi 合金),其主要成分和特点如表 14-17 所示。

表 14-17　TiNi 合金的主要成分和特点

合金种类	主要成分	特点
TiNi 形状合金	Ti-Ni-Cu	相变特性和 TiNi 合金相近,价格低,滞后宽度小(约为 12 ℃)
	Ti-Ni-Fe	M_s 相变温度低,可以低于 -150 ℃
	Ti-Ni-Nd	宽滞后合金,M_f-A_f 温度滞后可达 130 ℃ 以上
	Ti-Ni-Pd	Pd 提高了相变温度,达到 500 ℃ 以上

1) TiNi 合金热处理工艺

（1）退火

TiNi 合金是有一定冷加工性能的金属间化合物,因此冷加工比较困难。通过退火,可消除 TiNi 合金的加工应力。冷加工过程需要有多次退火。

（2）时效

对于 Ni 含量高于 50.5% 的 TiNi 合金,利用其较高的 Ni 含量,通过 400 ℃时效析出金属间化合物可造成硬化,这不仅能提高滑移变形的临界应力,还可能引起 R 相变,减少逆转变的温度滞后。

（3）淬火

淬火是为了获得高温下单一组织,在 TiNi 合金中主要用于 Ni 含量为 50.5% 以上合金的处理。

（4）低温处理

一般用于形状复杂、曲率半径小的 TiNi 合金零件加工。完全退火后,合金比较柔软,变形后在 200~300 ℃保温,即可获得形状记忆性能,但疲劳寿命比中温处理的低。

（5）训练处理

通过反复加热、冷却、变形,一般加热到 A_f 点以上,冷却到 M_f 点以下,从而获得双程记忆效应。这是由于在不断训练过程中位错增加使母相发生稳定化,达到稳定相变温区的目的。

典型的 TiNi 合金热处理工艺如表 14-18 所示。

表 14-18　典型的 TiNi 合金热处理工艺

合金	种类	工艺			
		预处理	加热温度	保温时间	冷却方式
TiNi 合金	退火		700~850 ℃	5~10 min	
	中温处理	冷加工	400~500 ℃	几分钟~几小时	
	低温处理	800 ℃以上完全退火,室温变形	200~300 ℃	几分钟~几十分钟	
	淬火+时效处理		800~1 000 ℃	30~90 min	水或冰水淬火
		淬火后变形	约为 400 ℃	几小时	
	训练处理（反复）		A_f 以上	几分钟	M_f 以下变形

2）TiNi 合金的热处理举例

形状记忆合金的热处理对相变特征温度及记忆性能有显著影响。例如,成分为 50.12%Ti-49.86%Ni（原子百分数）的合金,经不同变形后于不同温度退火（保温 30 min,空冷）,然后测定它们的形状回复温度,所得结果如图 14-4 所示。由图可见,450~500 ℃退火的试样,形状回复温度最低,而 550 ℃左右退火的试样,形状回复温度最高,而且预变形度越大,回复温度越高。在 1 000 ℃下完全固溶退火后,纳米级 Ti_2Ni 析出物会转化为球状析出物并均匀分布,绝大多数在晶粒内部,增强了 TiNi 的机械性能和形状记忆性能。对 Cu-Zn-Al-Ni 系合金形状回复温度与回复率的测试表明,合金的最大回复率随淬火冷却介质温度的降低而减小。在空冷和轧制状态下的回复率最高。

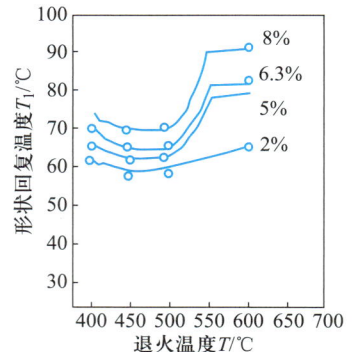

图 14-4　预变形度及变形后退火温度对 TiNi 合金形状回复温度的影响

经轧制、拉拔等冷加工并充分硬化成形的 TiNi 合金,在 400~500 ℃温度下保温几分钟到数小时,可将既成形状固定下来。如图 14-5 所示为 Ti-49.8Ni 合金经 500 ℃退火后的系列应力-应变曲线。随着退火温度的升高,在 TiNi 合金中诱发马氏体相变的临界应力先减小后增大。母相晶粒逐渐长大,故母相屈服强度将减小,而诱发马氏体相变的临界应力反而增大。因此,在应力诱发马氏体相变时,可能还未达到诱发马氏体相变的临界应力,但合金就已经发生了塑性变形,产生了不可逆应变。

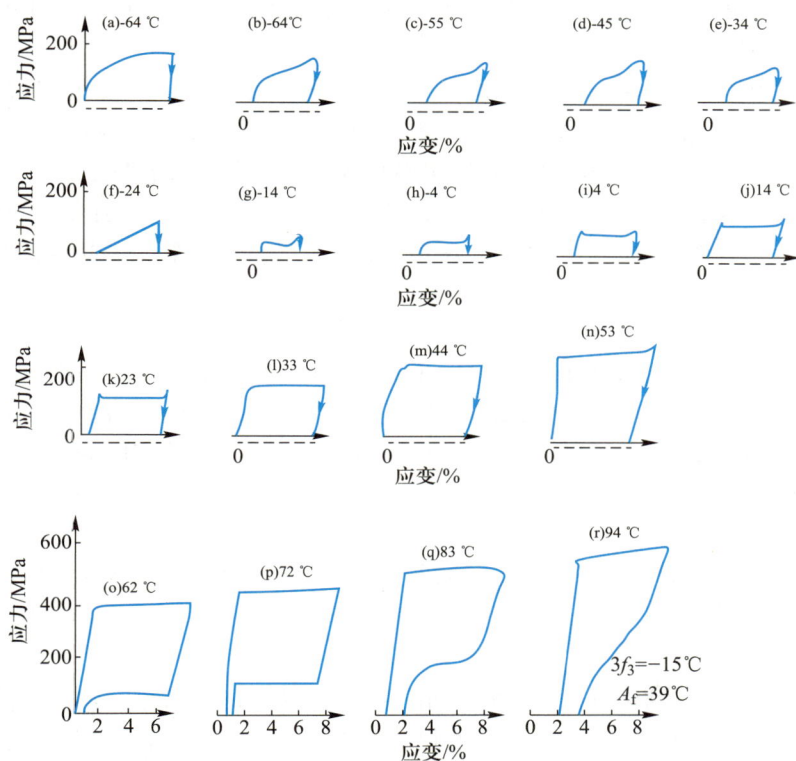

图 14-5　Ti-49.8Ni 合金经 500 ℃退火后的系列应力-应变曲线

14.4.3　钨、钼及其合金的热处理

钨(W)与钼(Mo)均属于稀有难熔金属,其共同特点是耐高温、强度高。因此,钨、钼及其合金为高温结构材料,得到了广泛的应用。钨与钼又是钢铁及有色金属重要的添加剂。碳化钨硬度极高,是硬质合金的重要组成相,在刀具、模具以及矿山采掘设备上得到广泛应用。

钨因具有高熔点、高密度、高硬度、高热导率、低线膨胀系数等优点,在国防军工和民用领域有着不可替代的作用。虽然钨具有上述优点,但也存在低温脆性(韧脆转变温度高于400 ℃)、再结晶脆性(1 200 ℃出现再结晶脆化)、高温强度低等缺点,严重影响了其加工及服役性能。

1)　钨的合金化

通过调整钨和其他元素的配比或在钨合金中添加化合物,调整钨相和黏结相的比例,并借助热处理及形变强化技术获得具有不同性能的钨合金,可满足多领域的使用要求。合金化的目的是进一步提高高温强度,改善低温塑性、焊接性及抗氧化性能。钨的合金化方式有人工弥散粒子强化、微量合金化、基体软化、固溶强化及第二相强化。

（1）人工弥散粒子强化

用粉末冶金的方法在合金中加入非共格弥散粒子的合金化方式称为人工弥散粒子强化。人工弥散粒子应具备如下性质:粒子细小、熔点和硬点高,具有优异的热力学、化学和尺寸稳定性,在基体中溶解度非常小。目前用于弥散强化钨的主要有 TiC、ZrC、HfC 等。

（2）第二相强化

改善钨的力学性能的另一种途径是加入少量的 Ti、Zr、Hf、Th 等,与钨中的间隙元素作用形成稳定而弥散分布的难熔化合物,可以中和间隙杂质的有害作用,同时可以细化晶粒,改善晶界的组成状态。由于间隙杂质在钨中溶解度极小,所以应适当地加入其他不利影响较小的间隙元素以增加弥散相的数量,充分发挥弥散强化的作用。最适合的间隙元素是碳和硼,因为碳化物和硼化物均比同类元素所形成的氧化物和氮化物具有更高的熔点和强度,并具有高的化学稳定性。

（3）微量合金化

微量合金化就是在冶炼时加入 0.01%~1% 的活性合金元素来净化和细化合金晶粒,从而改善钨的可加工性和延展性。微量合金化元素分为两类:① 能够与钨中的氧形成低熔点且易挥发的氧化物;② 稀土元素。它们同钨中的氧形成高熔点、低密度的氧化物。

（4）固溶强化

作为钨的固溶强化元素应具有以下性质:能与钨形成连续固溶体;与钨具有较大的尺寸差异;元素本身具有高的熔点。固溶元素的原子尺寸差异和弹性差异越大,固溶合金的强度就越小。固溶元素熔点越高,固溶合金强度也就越大。

（5）基体软化

钨的脆性与其原子结构有关,在晶体缺陷存在的区域,将会引起间隙原子游离化,并形成高度凝聚的杂质气团,阻碍位错运动,使得塑性下降。加入ⅦB 和ⅧB 族的元素,且加入量小于溶解度极限,则产生两种效应;一种是由尺寸差异引起的固溶强化;另一种是因消除杂质气团或降低间隙原子溶解度而引起的软化效应。当后一种效应大于前一种效应时,合金基体软化,塑性提高。

2）钼合金及其合金化原理

钼具有良好的导热导电性、抗蠕变性,极好的抗热震性、耐热疲劳性等优点,作为功能性基础材料受到了世界各国的关注,被广泛应用于航空航天、核工业、电子、金属机械加工领域,并已经应用到国防、国民经济建设和社会生活的各个领域,支撑着高新技术产业的发展。

（1）钼的强化

① 碳化物强化。钼主要采用碳化物作为第二相强化,这是因为钼的金属间化合物熔点都低于钼,熔炼时难以加入难熔氧化物,氮化物强化效果比碳化物小。在钼中加入碳及活性金属,以形成难熔碳化物,起弥散强化作用,同时碳还有脱氧作用。

② 微量合金化。钼的微量合金化主要是加入微量的钛、锆、硼、铼等元素进行固溶强化,而钨的微量合金化则是加入能同氧作用的形成低熔点氧化物的元素以及稀土元素。

③ 固溶体大量合金化。这种强化方式和微量合金化都属于固溶强化方式,但其固溶浓

度不同。能大量溶于钼的合金元素有钨、铼等。

（2）钼的软化合金化

钼为体心立方过渡族金属，d 层电子不满 10 个，其分布不对称，造成了钼的低温脆化。当钼与 s+d 层电子数大于 6 的合金元素合金化时，将减少电子键的方向性，导致低温软化，这就是所谓的固溶软化现象。

（3）合金化改善抗氧化性和焊接性

合金元素对钼在 964 ℃抗氧化性能的影响如图 14-6 所示。当铝含量低于 0.17%时，钼的抗氧化性会有所提高。钴有显著改善钼的抗氧化性能的作用。高合金化可提高钼合金的抗氧化能力。

合金的热强度取决于碳化物相，通过合金成分、热变形和热处理相配合，可获得最佳的碳化物数量和合理分布。用钛和碳合金化的 Mo-0.5Ti 合金热强度较低，但塑性较好，而用锆合金化的 TZM 合金热强度明显增高，如图 14-7 所示。Mo-0.5Ti 合金热强度比纯钼略高。随着温度的升高，合金的强度迅速下降，当温度达到 1 600 ℃时，钼合金和纯钼强度的差别明显减小，此为碳化物强化的特点。此外，碳化物强化的合金工艺性比较差，锻造和轧制较困难，熔炼铸锭强烈冷却得到含过量 Mo_2C 的不平衡组织，会使开坯变得困难。如果在碳化物溶解温度以上开坯（使粗大碳化物溶解），则开坯顺利，然后在较低温度下再加工，使碳化物强化相均匀析出，这样将能大大提高强度。

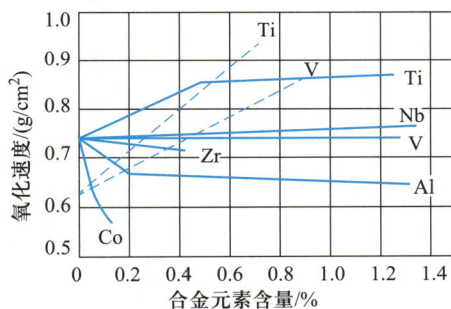

注：实线为碳脱氧；虚线为稀土脱氧

图 14-6　合金元素对钼在 964 ℃抗氧化性能的影响

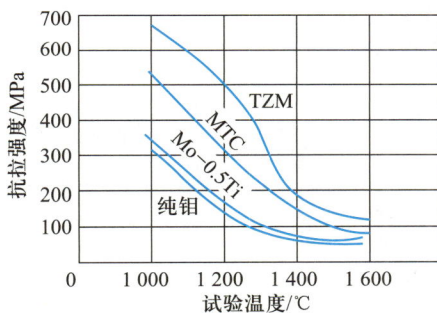

注：TZM（Mo-0.48Ti-0.0752Zr-0.028C）；MIC（Mo-0.52Ti-0.032C）；MTC（Mo-0.5Ti））

图 14-7　TZM 合金与其他钼合金及纯钼性能的比较

常温下，再结晶态的钼较脆，这是再结晶时杂质沿晶界分布造成的，所以钼板在高温轧和冷轧前应避免产生完全再结晶退火，一般在成品或接近成品时采用消除应力退火。钼合金在高温下加热容易被氧、氮、碳等污染。由于污染层呈脆性，给加工带来困难，并使得成品性能降低，因此加热时必须防止污染。钨钼合金应用较多的是 MoW_{30} 合金，其特点是熔点高（2 850 ℃），具有高的耐热性。用它代替其他钼合金，可提高工作温度 200 ℃左右。另一个特点是耐锌液腐蚀能力强，它是炼锌业耐腐蚀的理想结构材料，用该合金代替石墨制作的转子，使用寿命可得到显著提高。

思考题

14-1 铝合金的强化途径有哪些？简述铝合金强化的热处理方法。

14-2 以 Al-4Cu 合金为例，说明时效过程中的组织和性能变化。铝合金的自然时效与人工时效有何区别？选用自然时效或人工时效的原则是什么？

14-3 镁合金中常用的添加元素有哪些？各有什么作用？

14-4 论述一种典型的变形镁合金和铸造镁合金的特性及应用。

14-5 根据合金元素对钛相变温度的影响，说明合金元素的分类。

14-6 介绍 NiTi 合金原理及应用。

>>> 第15章

··· 金属热处理新技术
与新工艺

现代热处理技术已成为多学科知识相互融合和多种技术相互集成的知识密集型技术，热处理技术的创新和进步必将推动制造业的不断发展。在此，对几种热处理新技术及新工艺进行简要介绍。

15.1 数字化淬火冷却控制技术

数字化淬火冷却控制技术是获得预期组织与性能的重要环节。淬火冷却过程持续时间短，并且涉及温度场、相变场、应力/应变场以及外部冷却条件的复杂变化和交互作用，使淬火冷却技术的研究和应用相对滞后。生产中许多淬火质量问题无法通过改变介质的状态或更换介质解决，例如：既要提高力学性能，又要控制畸变和避免开裂。

理想冷却曲线分为三个阶段：① 在 Ac_1 温度以上或 TTT/CCT 曲线"鼻尖"温度以上缓慢冷却，减少因急剧冷却所产生的热应力；② 为了避免过冷奥氏体发生珠光体或贝氏体转变，在 TTT/CCT 曲线"鼻子"附近以足够快的速度冷却；③ 冷却进入马氏体转变温度区域时（M_s 点附近），降低冷却速度，以减少组织转变应力。显然无论哪种介质都无法获得与理想冷却曲线近似的冷却速度，而采用合适的双介质淬火（如水淬+油冷、水淬+空冷、水淬+水溶性介质冷却等）则可以通过控制介质转换时间获得与理想冷却曲线近似的冷却效果，尤其是在冷却的第二和第三阶段。

关于在 Ac_1 温度以上采用缓慢冷却方式对淬硬层深度的影响，有研究指出，由于在 Ac_3 ~ Ac_1 温度范围延迟淬火影响了转变的孕育期，使 CCT 曲线的转变开始点发生变化，25.4 ~ 31.8 mm 厚度的低合金钢板在延迟 120 秒淬火的情况下，仍可以得到相同或高于直接淬火的硬度。圆棒试样淬火后心部硬度高于表面的反硬度现象表明，在淬火冷却的初始阶段采取缓冷的方式，将有利于增加硬化层的深度。

15.1.1 单循环控时淬火技术

（1）单介质控时浸淬技术

在淬火冷却过程中，通过控制搅拌强度的方式完成淬火冷却三个阶段的控制淬火冷却工艺被称为单介质控时浸淬技术。单介质控时浸淬技术是通过计算淬火件的某一部位从冷却开始到温度达到 M_s 点的时间来确定工艺的，淬火冷却过程的时间和搅拌强度是由计算机控制的。根据该原理开发出周期式和连续式控时浸淬系统。该技术采用聚烷撑乙二醇（poly alkylene glycol，PAG）类水溶性淬火介质替代油或盐水。处理的产品有曲轴、轴承、轨道、连杆，其中曲轴单件最大质量可达 5 t。采用单介质控时浸淬技术在增加硬化层深度和减少畸变方面均有较好的效果。

（2）双介质控时浸淬技术

控制在 PAG 类水溶性淬火介质中浸液时间的方法，称为双介质控时浸淬技术。这种技术解决了合金钢工件油淬力学性能达不到要求和在 PAG 类水溶性淬火介质或水中淬火产生开裂的问题。该工艺是采用控制在 PAG 类水溶性介质的浸液时间的方式淬火，然后在空气中冷却到室温。淬火冷却的前两个阶段是在水溶性介质中完成的，淬火冷却的第三阶段部分是在空冷中完成的。工艺是在计算机模拟和淬透性原理分析的基础上确定的。

图 15-1 是双介质控制淬火冷却条件下的冷却曲线。从图中可以看出,表层获得一定马氏体后结束快冷,空冷过程中心部热量使表层温度升高,表层马氏体发生自回火,避免了开裂的产生。

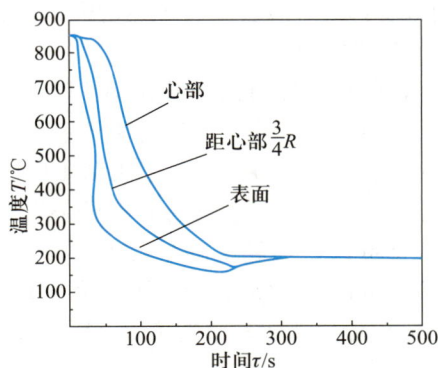

图 15-1　双介质控制淬火冷却条件下的冷却曲线

15.1.2　预冷与循环控时淬火冷却技术

预冷与循环控时淬火冷却技术在工程上应用越来越广泛。工件的表层、次表层和心部在水淬空冷的预冷与循环控时淬火冷却过程中的冷却曲线类似。由图 15-2 可见,冷却的第一阶段是预冷,即在奥氏体化后冷却的初始阶段与 Ac_1 以上或以下的某一温度区间,采取空冷的方式进行缓慢冷却,其结果是减少了工件的热容,为增加快冷阶段的冷却速率提供了条件,同时该区间的缓冷对次表层和心部的转变孕育期影响不大。对有些表面组织和硬度没有特殊要求的工件,还可以通过预冷在表层获得珠光体,这一过程可以增加工件的淬硬层深度。淬火冷却的第二阶段是采用快冷与缓冷(空冷)循环方式进行。快速冷却时,当工件表层冷却到 M_s 点附近或以下的某一温度时,停止快速冷却,采用缓冷(空冷)使次表层的热量传向表层,进而使表层的温度升高,结果是表层刚刚转变的马氏体发生自回火或表层的塑性、应力状态得到调整,避免了开裂的发生。然后再重复与前一循环冷却阶段相同或不同时间比例的快冷与缓冷的工艺,直到工件某一部位的温度达到冷却工艺要求的温度后停止冷却。

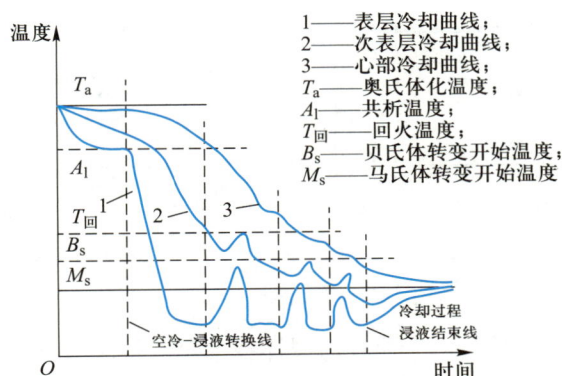

图 15-2　预冷与循环控时淬火冷却各部位冷却曲线示意图

关于表层在缓冷阶段借助内部热量传出使其温度升高和韧性提高的机理问题还有待探讨,其原因可能有如下几个方面:① 由于温度的升高,表层已经转变的马氏体发生自回火,韧性得到提高;② 由于温度的升高,发生碳由马氏体到残留奥氏体的扩散,使奥氏体发生稳定化,增加了最后淬至室温的残留奥氏体量,改善了钢的强韧混合性质。

预冷与循环控时淬火冷却技术案例分析

案例一:采用浸液与空冷的双介质控时浸淬技术对 P20 塑料模具钢的淬火冷却。P20塑料模具钢(相当于我国的 3Cr2Mo 钢)调质处理后用于制作塑料模具,要求截面硬度为28~36 HRC 和硬度差≤5HRC。传统工艺为油淬,存在调质后的心部硬度偏低的问题。采用水或水溶性介质,如果工艺不当,会在边、角或端面出现裂纹。采用预冷与循环控时淬火冷却技术淬火后(水与空气为介质),截面硬度满足要求,同时处理的截面尺寸可以由传统工艺的小于 150 mm 提高到 400 mm。图 15-3 给出了厚度 310 mm 的 P20 塑料模具钢采用预冷与循环控时淬火冷却技术淬火在厚度方向的表面、中心和距表面 100 mm 处的冷却曲线。冷却曲线反映出工件在"空冷+浸液+空冷+浸液+空冷"的双介质多循环控时淬火冷却过程中的温度变化。该工艺是通过数值模拟确定的,并且通过计算机控制的淬火槽予以实现。

案例二:采用喷液与空冷的双介质控时浸淬技术对 718 塑料模具钢的淬火冷却。718塑料模具钢(相当于我国的 3Cr2NiMo 钢)的淬透性高于 P20 塑料模具钢,调质后用于制造更大尺寸的塑料模具钢。要求沿截面硬度为 30~36HRC 和硬度差≤5HRC。对于较大厚度工件的传统淬火冷却工艺为油淬,存在的问题是调质后的截面硬度变化范围超差。采用预冷与循环控时淬火冷却技术淬火后(水与空气为介质),可处理的截面尺寸由传统工艺的400 mm 提高到 700 mm(目前企业锻件的最大厚度)。图 15-4 显示了厚度为 510 mm 的 718塑料模具钢采用预冷与循环控时淬火冷却技术淬火后在厚度方向的表面、表层和中心不同部位沿截面的冷却曲线。图 15-4 所示的冷却曲线反映出工件在"空冷+喷液+空冷+喷液+空冷+喷液+…"的双介质控时浸淬技术冷却过程中的温度变化。工艺是通过数值模拟确定的,并且通过计算机控制的淬火槽予以实现,淬火回火后沿截面硬度为(32±1)HRC。

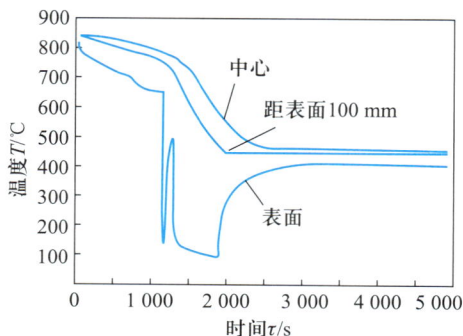

图 15-3　P20 塑料模具钢采用预冷与循环控时淬火冷却技术淬火各部位的冷却曲线

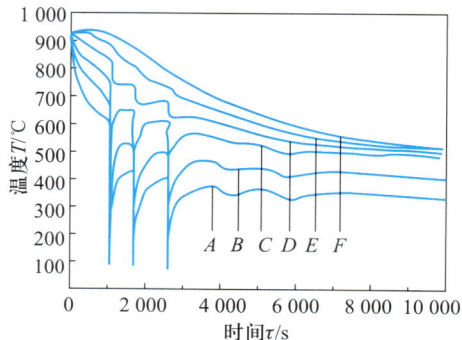

图 15-4　718 塑料模具钢采用预冷与循环控时淬火冷却技术淬火各部位的冷却曲线

案例三:采用浸液与空冷的双介质控时浸淬技术对轴类件的淬火冷却。42CrMo 钢轴类件,尺寸为 $\phi(300\sim500)$ mm×(4 000~5 000)mm,油淬后力学性能达不到要求,水淬产生开裂。采用预冷与循环控时淬火冷却技术淬火后(水与空气为介质),不但力学性能满足要求,而且也避免了开裂。淬火冷却工艺是在计算机模拟基础上确定的,通过计算机控制进行"空冷+浸液+空冷+浸液+空冷"的双介质多循环控时淬火冷却。

为了解决数值模拟误差大的问题,预冷与循环控时淬火冷却技术在模拟上引入了工艺宽容度的概念,辅以物理模拟,从而提高了工艺制订的合理性和准确性。所开发的技术与装备已经在企业运行两年多,生产出超过 6 000 t 的塑料模具钢和大直径轴类产品,仅采用水代替油或水溶性介质一项就为企业节约上百万元的投入。目前,该技术开始应用于大尺寸船用合金钢曲轴件的调质工艺中。预冷与循环控时淬火冷却技术的实现需要配备一台能满足工艺要求的计算机控制下的淬火冷却设备。该设备能够在不需要对工件做上下机械移动的条件下,实现浸液、喷液、雾冷、风冷和空冷的组合淬火。

15.1.3　3 种淬火冷却控制技术的对比分析

表 15-1 列出了几种淬火冷却控制技术。单介质控时浸淬技术以水为介质,工艺确定相对简单、易实现,但冷却强度变化幅度有限。双介质控时浸淬技术是指采用控制在 PAG 类水溶性淬火介质中浸液时间的方法,虽然工艺简单、易实现,但处理尺寸受到限制。预冷与循环控时淬火冷却技术以水与空气作为介质,按照理想冷却曲线对各冷却阶段要求,采用预冷与循环控时淬火冷却的方法得以实现。由于预冷与循环控时淬火冷却技术可以通过两个以上的浸液(或喷液)与空冷循环冷却步骤完成,该技术已经在质量达 35 t 的合金钢工件上得到了应用。

表 15-1　几种淬火冷却控制技术

采用技术	采用介质	预冷工艺	循环冷却次数	工艺控制点	工艺获得	优点	不足
单介质控时浸淬技术	水	无	1	要求性能部位的 M_s 点	模拟	工艺确定相对简单,易实现	冷却强度变化幅度有限
双介质控时浸淬技术	水溶性介质+空气	无	1	要求性能部位的 M 量	模拟	工艺确定相对简单,易实现	处理尺寸受到限制
预冷与循环控时淬火冷却技术	水+空气	无	≥2	要求性能部位的组织构成	模拟	已在大尺寸零件应用,硬化层明显提高	工艺模拟相对复杂

15.1.4　数字化淬火冷却控制技术的应用

以风电空心主轴(42CrMo4 钢)为例,风电空心主轴存在淬火热处理后容易出现裂纹的情况,为了兼顾其力学性能和淬火时不开裂,可以采用数字化淬火冷却控制技术的工艺及设备,即通过计算机模拟水、空气交替淬火工艺,并由计算机控制的淬火设备完成淬火处理。该套工艺和设备在实际风电空心主轴调质热处理过程中发挥作用明显,大大降低了产品开裂报废的风险,有效地解决了风电空心主轴淬火开裂和力学性能的矛盾。

针对大尺寸 42CrMo 钢轴类件的淬火冷却存在油淬性能低于要求、水淬易产生开裂的问题,水-空交替控时淬火冷却技术和配套的设备成功应用于 ϕ510 mm、长度为 9 500 mm 的 42CrMo 钢轴类件的淬火冷却。结果表明,采用水-空交替控时淬火冷却工艺与设备处理工件的硬化层深度达 30 mm,近表面基本上为马氏体组织,并且表面硬度偏差为±1.4 HRC,零件均匀性得到提高。

　　水-空交替控时淬火冷却工艺要求设备能精确、快速、频繁地进行水冷与空冷的转换。设备将工件水平放置不动而依靠液面升降实现浸水出水空冷的淬火冷却过程。图 15-5 是依靠液面升降方法实现浸液淬火过程的原理示意图。液面上升的过程是在放水阀门关闭的情况下,开启注液泵将供液槽的水快速注入淬火槽中,实现浸液过程,如图 15-5b 所示。液面下降的过程是关闭注液泵的情况下,打开放水阀门,实现将淬火槽中上部的水放入供液槽,如图15-5a 所示。

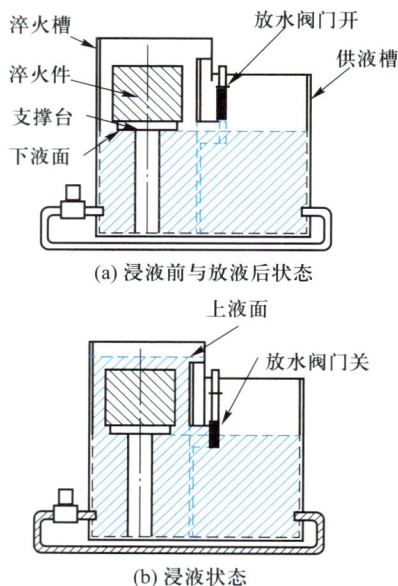

(a) 浸液前与放液后状态

(b) 浸液状态

图 15-5　依靠液面升降方法实现浸液淬火过程的原理示意图

15.2　热处理节能新工艺

15.2.1　炉膛余热回火

1) 原理

　　工件在箱式炉中正火或淬火加热后,由于炉膛温度较高,一般不宜立即用于回火,通常是等设备冷透或在回火温度均温稳定之后再进行工件回火。设备在冷却过程中,当冷却到 400~600 ℃温度段时的冷却速度一般都在 10 ℃/h 左右,因此可以利用炉膛蓄热进行回火。

　　利用工件淬火后的油温余热以及炉膛蓄热进行回火,可节约电能,同时也降低了生产成本,提高了生产效率。

2) 差速器齿轮轴(20Cr 钢)淬火油余热回火工艺

　　国内某厂生产的拖拉机差速器齿轮轴,材料为 20Cr 钢,要求渗碳淬火、回火处理。

　　(1) 工作条件及性能要求。齿轮轴是差速器中的重要部件,它不仅承受着很大的冲击性载荷,还承受着齿轮内孔的摩擦作用,因此要求其具有较高的强度和硬度。一般采用渗碳→淬火→回火来达到其需要的技术性能。

（2）余热回火工艺。由于每批次差速器齿轮轴淬火时,油温较高(150 ℃左右),因此取消了差速器齿轮轴淬火后的回火工序,并进行余热回火试验。

所谓余热回火就是把差速器齿轮轴在 910 ℃渗碳后,预冷至 840 ℃左右淬入油槽中,由于工件较多,质量较大(300 kg 以上),油温很快升至 150 ℃左右,2 h 后从油槽中取出差速器齿轮轴(此时油温仍在 100 ℃左右)。

（3）检验结果。与渗碳淬火后的经 180 ℃、2 h 回火的差速器齿轮轴相比,余热回火后的差速器齿轮轴硬度略高 0.5~1 HRC。磨损试验表明,余热回火后的差速器齿轮轴略好于常规回火。几年来的生产实践表明,利用余热回火生产的 2 000 件差速器齿轮轴,均未发现断裂。

（4）节能效果。利用差速器齿轮轴渗碳淬火后的油温余热进行回火,每炉可节约电能 100 kW·h 左右,同时也降低了生产成本,提高了生产效率,余热回火工艺具有显著的经济效益。

合金钢模具和 T10A 钢模具利用工件淬火后油的余热(100 ℃以上)进行余热回火后,不仅降低了用电消耗,而且提高了模具使用寿命。

3）齿轮利用炉膛余热回火方法

国内某机械厂采用箱式炉对工件进行正火或淬火加热后,由于炉膛温度较高,一般不宜立即用于回火,通常是等设备冷透或在回火温度均温稳定之后再进行回火。其实,设备在冷却过程中,当冷却到 400~600 ℃温度段时,冷却速度一般都在 10 ℃/h 左右,完全可以利用炉膛蓄热进行回火。

（1）余热回火方法。热处理齿轮的外形尺寸为 75 mm×125 mm,齿部感应淬火后硬度要求为 38~45 HRC,回火温度为 380~400 ℃,回火保温时间为 2 h,装炉数量为 60 只,设备采用 RJX-45-9 型箱式电阻炉。具体操作步骤如下:

① 工件在正火或淬火结束出炉后,先将炉温控制仪表定值指针定于 380 ℃,设备送电。此时由于炉膛温度高于设定温度,电热体断电,设备降温,仪表指示炉膛温度。

② 炉温降至 450 ℃时零件入炉,但零件不得直接放入炉底板上。

③ 装炉完毕,关闭炉门。零件入炉后,利用炉膛余热对零件进行加热,这时炉温降低,低于 380 ℃时,电热体供电,设备升温,即可进行回火处理。

（2）节能效果。由于利用炉膛余热对零件进行加热,不仅可以节省加热时的电能消耗,而且缩短了回火加热时间,提高了生产效率。

4）耐磨钢球淬火与回火工艺

以直径为 150 mm 的耐磨钢球为研究对象,选用 PAG 类水溶性淬火液来配置淬火介质,此时的淬火介质安全环保且不燃烧,使工作环境大大改善,满足环保部门对企业的环保要求。按照锻压余热自回火热处理工艺,通过控制淬火液的浓度,分析不同淬火液浓度对组织的影响,获得最佳的淬火工艺。结果表明,含有 PAG 类水溶性淬火液 20%(体积分数)的水基淬火介质,所获得的组织最为理想,能够显著提升大型半自磨机用耐磨钢球的服役表现。

生产工艺为自由锻打,热处理工艺分为以下三个阶段。

① 锻造:锻造起始温度控制在 930~950 ℃,锻造时间为 20~30 s,终锻温度控制在 880~900 ℃;

② 淬火:淬火入水温度控制在 860~880 ℃,水淬时间为 90 s,出水温度控制在 120~140 ℃;

③ 自回火:自回火温度要求控制在 430~450 ℃,自回火时间为 6 h。

在钢铁材料生产过程中,成分、工艺、组织和性能四者之间有着密不可分的关系,其中组织是决定材料性能的关键因素。对淬火钢来说,可以通过轧后回火热处理工艺得到合适组织,进而改善钢材的性能。针对 PSB830 精轧螺纹钢筋延伸率低的试样,对其进行化学成分、断口形貌、夹杂物级别、组织特征等检测后发现,淬硬层厚、淬火组织自回火不充分是钢筋生产检验延伸率不合格的主要原因。

对时效后不合格炉次钢筋进行取样,在 RX13-820×650×500 箱式电阻炉进行回火挽救工艺实验。对于回火温度的选择,参照工厂可行的条件及相关热处理手册,选择为 400 ℃、450 ℃、500 ℃、550 ℃、600 ℃,保温时间选择为 60 min、90 min 和 120 min。

回火工艺试验表明,450 ℃~500 ℃温度下 90 min 回火处理,马氏体充分分解,钢筋塑性得到大幅度提高,各项性能指标满足标准要求。经 450 ℃温度下 90 min 工业回火工艺处理,可成功挽救不合格钢筋,减少企业损失。

15.2.2 锻热正火

正火是钢件毛坯锻造常用的一种预备热处理工艺,可以获得具有要求硬度以及较稳定金相组织的锻件,但耗能较多。利用上道热加工工序的余热,通过控制冷却而达到正火处理要求的性能,可节省大量能源,并带来其他诸多效益。研究表明,与普通正火或等温正火相比,利用余热精确控制等温正火的锻件,每吨可以节约电能 400 kW·h,而且产品质量有了大幅度提高。因此,锻造余热正火成为一种新的锻件正火发展方向。

1) 锻造余热正火的优势

利用锻后余热对锻件进行正火热处理,既可以省掉热处理时对零件重新加热所需要的时间,又可以节省加热时的能源。一台锻造主机生产的所有锻件几乎可以全部经余热处理,生产效率高。对于大型零件和用量比较大的如连杆、曲轴、凸轮轴、齿坯等汽车零件来说,利用锻后余热进行锻件处理,经济效益非常显著。经过余热正火工艺处理后锻件,其金相组织较普通正火工艺所锻造出的锻件更好。余热正火工艺的使用可以对锻件的硬度进行良好的控制,因此在生产的过程中其产生的硬度值波动幅度较小,其同批锻件显微组织稳定,更利于对锻件进行质量控制。例如,对余热正火后 20CrMnTiH 材质的差速器齿圈的金相组织、硬度、晶粒度的检测表明,锻件余热正火会产生粗大的平衡组织,断屑容易,可明显提高产品的切削加工性能,且粗大的平衡晶粒不会产生组织遗传,对渗碳淬火工序及产品性能不会造成不良影响。通过对 8620H 齿轮锻件进行余热正火试验和分析,证实了合理控制锻件终锻后进入等温炉的温度,可得到合格的硬度和组织。与传统正火工艺相比,余热正火有较大的优势。在应用中余热正火工艺对专业技能的要求相对于正火工艺要低,其主要是通过设备来进行工艺及流程的控制,因此所需的人力较少。此外,锻件余热正火后表面光亮,氧化皮薄,后续抛丸清理时间较等温正火节约近 2/3。

2）合金渗碳钢齿轮余热正火工艺

以汽车合金渗碳钢齿轮为例,其主要加工工艺过程如图 15-6 所示。有三道需要高温加工的热加工工序:锻造、正火和渗碳。但常规正火和等温正火处理都会造成不同工件之间或同一工件不同部位的冷速、组织、应力和硬度存在较大差别,恶化加工性能,增大热处理变形,且均要将齿坯重新加热,进而增加了能耗,生产成本提高。

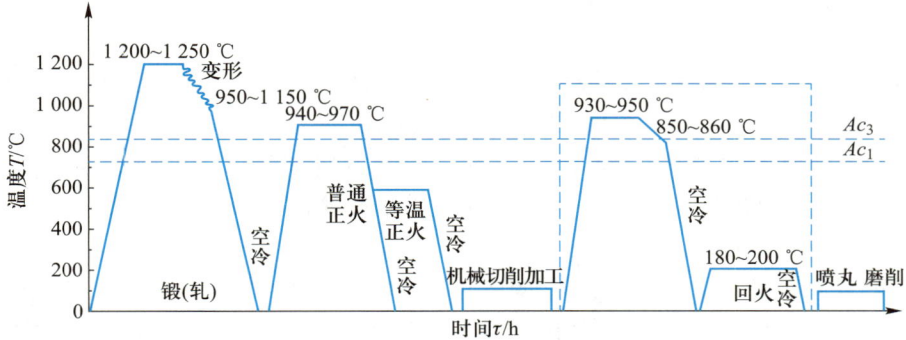

图 15-6　汽车合金渗碳钢齿轮的主要加工工艺过程

为了降低能耗,可以考虑将锻造余热充分利用起来,利用锻造余热直接进行齿坯的等温正火处理,但前提是必须将齿坯快速、均匀地冷却到珠光体转变温度区间进行等温。一方面,可以防止停锻后发生静态再结晶,进而发生混晶;另一方面,快速通过两相区可以有效改善二次带状偏析,同时在珠光体转变区间等温可以充分发生珠光体转变,获得平衡态组织。如果利用锻造余热等温正火工艺,则合金渗碳钢齿轮的加工工艺过程如图 15-7 所示。齿坯终锻结束后,直接浸入正火液中(保证工件快速、均匀冷却)冷却到 650~750 ℃,所用转移时间以 30 s 为宜,最长不超过 1 min,再迅速转入 650~680 ℃ 的等温炉中等温,使之充分发生珠光体转变,保温结束后,出炉空冷。工件转移入炉的温度最低不能低于 600 ℃。因此,完全省去了正火需要的奥氏体化加热过程。利用锻后余热,通过精确地控制冷却进行真正的等温处理,可以确保获得稳定的铁素体加珠光体组织需要的硬度,而且获得的硬度可以在 160~200 HBW 范围内调整。锻后的粗大奥氏体晶粒不会影响渗碳时奥氏体粗化,因为铁素体+珠光体组织渗碳加热形成奥氏体时是重结晶过程,而这种稳定组织不会发生组织遗传。另外,利用锻造余热等温正火实施的单件控制冷却,相变情况一致,性能稳定,既有利于切削加工,还有利于齿轮渗碳淬火后的变形减小和规律稳定。

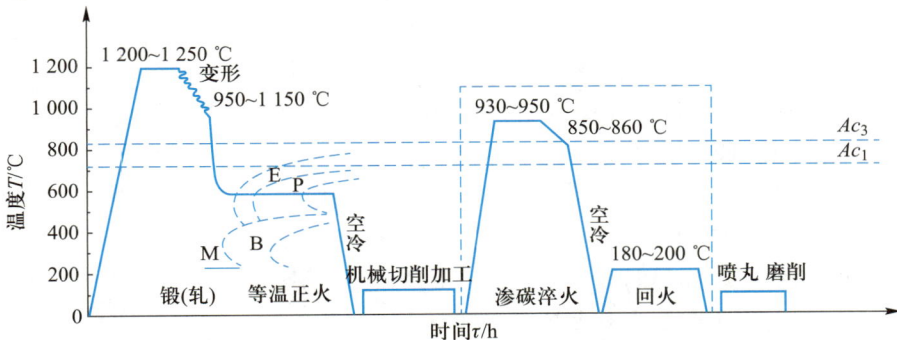

图 15-7　合金渗碳钢齿轮的加工工艺过程

具体案例如下：

（1）22CrMoH 钢齿坯

22CrMoH 钢齿坯一般终锻温度在 950~970 ℃，转移时间在 50 s 以内，经浓度为 12% 的 KR1280 型水溶性淬火剂控冷，冷却至 650~750 ℃ 出液，迅速转移到箱式炉中 680 ℃ 等温 3 h。金相组织为片状珠光体+铁素体，晶粒大小均匀，晶粒度为 7 级，无明显混晶，无明显带状。齿坯硬度均匀，为 165~170 HBW。

（2）20CrNiMo 钢齿坯

20CrNiMo 钢齿坯一般终锻温度为 980~1 000 ℃，转移时间在 30 s 以内，经浓度为 15% 的 KR1280 型水溶性淬火剂控冷，冷却至 650~750 ℃ 出液，迅速转移到箱式炉中 680 ℃ 等温 3 h。金相组织为片状珠光体+铁素体，晶粒大小均匀，晶粒度为 6~7 级，无明显混晶，无明显带状组织。齿坯硬度均匀，为 165~170 HBW，满足技术要求 160~175 HBW。

（3）20CrMnTi 钢齿坯

20CrMnTi 钢齿坯一般终锻温度为 980~1 020 ℃，转移时间在 30 s 以内，经浓度为 15% 的 KR1280 型水溶性淬火剂控冷，冷却至 650~750 ℃ 出液，迅速转移到箱式炉中 660 ℃ 等温 3 h。金相组织为片状珠光体+铁素体，晶粒大小均匀，晶粒度为 6 级，无明显混晶，无明显带状。齿坯硬度均匀，为 160~165 HBW，满足技术要求 155~175 HBW。

（4）碳含量较高的合金渗碳钢的锻热等温正火工艺

3 种合金渗碳钢的锻热等温正火工艺及硬度列于表 15-2。

表 15-2　3 种合金渗碳钢的锻热等温正火工艺及硬度

钢号	始锻温度/℃	形变度/%	停锻温度/℃	锻热等温正火工艺	硬度/HBW
30CrMnTi	1 200	56	800	锻后空冷至 650 ℃ 放入 680 ℃ 炉中保持 2 h 出炉空冷	179
		44	900		183
30CrNi3	1 200	46	800	锻后空冷至 650 ℃ 放入 680 ℃ 炉中保持 1 h 出炉空冷	179
		62	900		179
30CrMo	1 150	32	900	锻后空冷至 620 ℃ 放入 650 ℃ 炉中保持 1.5 h 出炉空冷	179

3）大锻件余热正火工艺

以某船用中间轴锻件（材料为 35CrMo 钢）为例。为充分利用锻后余热，降低能耗，并有效避免锻件心部在回炉正火加热过程中晶粒显著长大现象，在大锻件锻造后、余热正火加热之前，须将锻件放置在空气中冷却至其外表面温度为 550~600 ℃，此时锻件心部温度大约为 850 ℃。随后把该锻件放置到加热炉中，加热到正火温度 880 ℃，并按传统正火工艺时间的 60%~80% 进行保温。从降低应力和组织转变的角度考虑，正火加热时间一般需 3~4 h，随后出炉空冷。某船用中间轴锻件正火热处理工艺规范如图 15-8 所示。

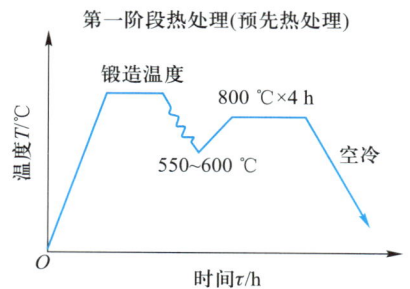

图 15-8　某船用中间轴锻件正火热处理工艺规范

4）锻造余热正火质量控制要点

根据产品形状及材料特征,在实施锻造余热正火过程中,重点应控制以下质量要点。

（1）原材料控制

原材料的质量严重影响产品质量的稳定,特别是化学成分的均匀性、低倍、偏析、带状等级等。因此,应对原材料的每个炉号进行理化检验,以确保原材料的质量稳定。

（2）锻造温度的控制

锻造加热温度、终锻温度必须稳定,应保证锻件加热充分,工件的心表、头尾温差不得超过 50 ℃。因此,必须选择合适的中频感应加热装置,坯料的加热运行速度、锻造节拍必须恒定,同时在加热炉出料口应安装红外测温仪和三分选测温装置,保证工件的锻造温度和终锻温度在工艺要求范围内。

（3）锻后冷却速度的控制

锻后控制冷却速度是锻件余热正火关键。锻件在冷却过程中,不得有马氏体、魏氏体、贝氏体等异常组织出现。因此,需要严格控制锻件终锻温度、锻件冷却速度、锻件冷却时间和最终进等温炉的锻件温度等工艺参数。因这些工艺参数受锻件尺寸、结构及重量大小的影响,因此,冷却工艺参数不能一概而论,必须经过大量的工艺调试,找出最适宜的工艺参数,并进行工艺固化,才能达到正火技术要求。

（4）锻件等温温度和等温时间的确定

等温温度和等温时间是余热正火硬度和正火组织转变的有力保障,等温温度越高,晶粒越粗大,带状越严重。如果等温温度偏低,则可能会使正火硬度偏高,易出现贝氏体等异常组织。余热正火的等温时间,必须确保正火组织转变充分,一般为 0.5～3 h。

15.3　模压式感应淬火

模压式感应淬火也称为压力淬火,是减小淬火变形的有效手段,广泛应用于各类盘式薄壁零件,如齿轮、同步器齿环、轴承内外圈等。通常压力淬火是针对已经加热的零件,采用多用炉或转炉加热,然后配合淬火压床,是目前最有效降低热处理变形的工艺。相对于传统多用炉或转炉加热,感应加热淬火的热量在工件内部直接产生,没有热传导损失,具有高生产率、加热/淬火迅速、过程控制容易以及没有污染等优点。但是,缺点是不易进行压淬。

模压式感应淬火工艺综合了传统感应加热淬火和压力淬火工艺的优点,其工艺路线是齿轮感应淬火后直接采用模具淬火,然后进行原位感应加热回火。它采用带有模压式淬火装置以及感应加热系统的新型淬火机床,实现了一次完成加热、压淬、回火的全部工艺,简化了生产线的工序,大大提高了生产效率,降低了工艺成本,适用于高精度圆环形工件的批量生产,如齿圈、锥齿轮和同步器齿套等的淬火。

15.3.1　模压式感应淬火装置及工艺

1）芯模式感应淬火工艺

为了克服淬火加热不可避免的不利后果,相关公司开发了一系列模压式感应淬火机床,主要用于圆形和圆盘形工件(比如滑套)的淬火。图 15-9 所示为模压式感应淬火工艺。渗碳后变形了的椭圆或非圆形滑套固定到非导磁性的定心和夹持装置上（step1），通过电磁感应加热到大约900 ℃（step2）。保温一定时间后，工件达到一个相同或均匀的温度，芯模到位（step3），立即用淬火液喷淋工件（step4）。图15-9从step1到step4展示了工件感应淬火得到一个零件的过程。校正芯模可以有效防止工件收缩，芯模采用不锈钢材质。

接下来是工件的回火过程。将感应器移动到滑套和校正芯模的组合位置（step5），然后对工件进行回火加热（step6）。随着温度升高，滑套发生膨胀，产生很小

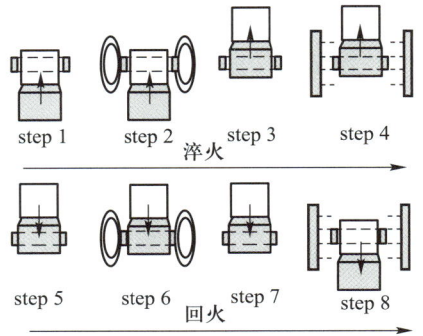

图 15-9　模压式感应淬火工艺

的缝隙（step7），这样可以不费力地把滑套从芯模另一端拔出（step8）。在淬火和回火工艺结束以后，滑套可以重新冷却到室温。表15-3列出了滑套（16MnCrS5钢）模压淬火的工艺参数。

表 15-3　滑套（16MnCrS5 钢）模压淬火的工艺参数

参数	功率	100 kW
	频率	10（或 20）kHz
	周期时间（包括装卸）	60 s
	表面硬度	650~720 HV
	硬化层深度	0.3~0.6 mm
	心部硬度	320~420 HV
精度	同心度	<0.05 mm
	平行度	<0.08 mm
	圆锥度	<0.05 mm

2）新型模压式感应淬火装置及工艺

新装置是针对图15-10畸变了的锥齿轮的压淬工艺开发的，但不受这类零件的限制。那些想得到平直的、规则表面的工件采用新型感应压淬装置后能得到足够的尺寸精度。原则上，新装置的工作方式和前述图15-9中的常规模压式感应淬火相同。所不同的是，新装置具有坚固的底部压模和上部压模装置（图15-11），可以很好地夹持加热后的工件，实现压淬工艺。

对照图15-9常规模压式淬火工艺模式，图15-11中step3和step4显示了增加的压模。在step4淬火后，压模装置就不再需要了，直接进入回火阶段。伞齿轮（16MnCrS5钢）压淬工艺参数如表15-4所示。

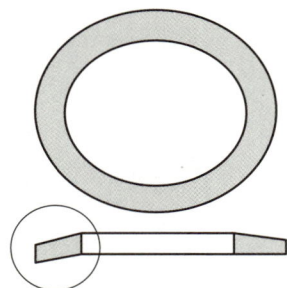

图 15-10　畸变了的锥齿轮

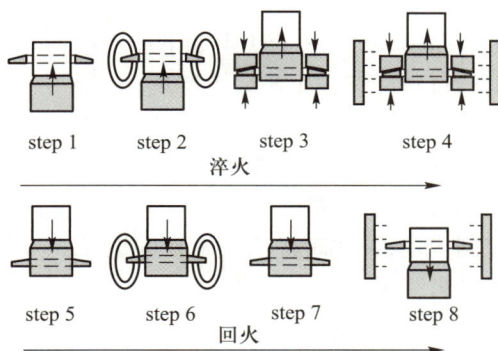

图 15-11　锥齿轮模压式感应淬火

表 15-4　伞齿轮(16MnCrS5 钢)压淬工艺参数

参数	功率	250 kW
	频率	10 kHz
	工艺时间	4 min
	表面硬度	680~780 HV
	硬化层深度	0.8~1.2 mm
	心部硬度	350~480 HV
精度	同心度	<0.03 mm
	圆锥度(内径)	<0.03 mm
	平行度(底部)	<0.03 mm

3) 模压式感应淬火工艺的优点

同传统压淬工艺相比,模压式感应淬火工艺具有以下两个突出的优势:

(1) 传统压淬工艺的淬火工件采用燃气(或电热辐射)转炉加热,工件转移到加压装置下施加压力。在转移阶段工件会降温,然而新的模压式感应淬火工艺机床中的感应器可以将工件从室温开始加热,或补偿由于转移造成的热量损失。工件从加热结束到淬火开始的转移时间间隔大大缩短。而该间隔对工件质量的影响很大。

(2) 淬火技术也非常有特色。采用 4 个独立控制的淬火通道(图 15-12),即通过上压模、下压模、校正芯模和外淬火头共同喷淬,调整各部分的冷却方式(如流速和开启时间、延续时间等)使工件的形变最小。最终,所有淬火通道流量都得到控制。

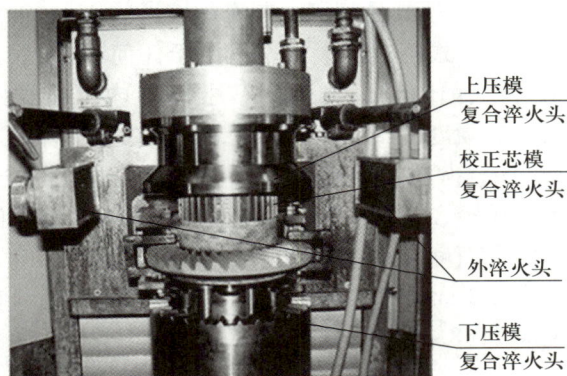

上压模
复合淬火头

校正芯模
复合淬火头

外淬火头

下压模
复合淬火头

图 15-12　4 个可独立控制的淬火通道

4）工艺优点

模压式感应淬火工艺的优点如下所示：

① 工艺过程能够在生产线上实现；

② 单件连续生产；

③ 工艺随时开始，不需要炉子长时间加热；

④ 加热时间短，节能；

⑤ 控制优良，可实现优质的重复性生产；

⑥ 工件最终尺寸精度最高；

⑦ 工件形变小，废品率低；

⑧ 后续工序少。

该工艺不仅适合中碳钢的直接淬火，也适合渗碳后的工件淬火，所以即使模压式感应淬火也无须把材料更改为中碳钢。硬化层分布不变。因此，与其他工艺过程相比，该工艺过程成本更低。

15.3.2 转底炉的模压式感应淬火工艺方法

1）模压式感应淬火生产线的平面布置

首先，模压式感应淬火生产线的设备数量减少了，如图 15-13 所示，只有转底渗碳炉和新的模压式感应淬火机床。由于感应淬火采用水基淬火液淬火，热处理后的工件不需要清洗，所以清洗机就可以去掉。第二个去掉的设备是庞大而昂贵的回火炉。新的回火工艺采用原位回火，不需要附加设备或供电。内置的感应器不仅可以对零件加热淬火，而且还可以用来加热回火且不需要任何调整，只不过功率不同而已。

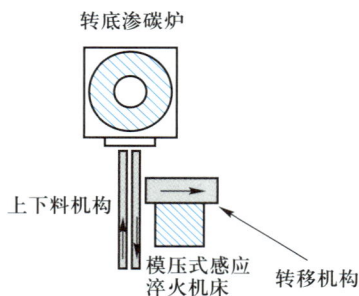

图 15-13 模压式感应淬火生产线

其次，工序数量的减少和中间转移系统的取消会改善编程的控制量，从而减小故障率。模压式感应淬火生产线的核心包括感应器、上下压模装置和校正芯模。

2）模压式感应淬火技术的应用

模压式感应淬火技术适用于任何高精度的圆环形零件，如滑套、齿轮（圈）、同步圈、伞齿轮、耦件等。以 309 kW 推土机内齿圈（材料：20CrMnTi）为例（工艺要求：渗碳淬火、回火后硬度为 58～64 HRC，硬化层平均晶粒度在 8 级以上，齿顶硬化层深度为 1.6～2.2 mm，齿沟硬化层深度在 1.2 mm 以上），通过对材料进行化学成分及淬透性分析控制、渗碳风冷、二次加热模压式感应淬火、回火等工艺过程后，检测到 309 kW 推土机内齿圈端面平面度在 0.2 mm 以内，齿顶圆圆度在 0.4 mm 以内，M 值全部符合图样要求，且变动量在 0.2 mm 以内，内齿圈变形量明显减小，且变形一致性较好，内齿圈淬火、回火后表面硬度为 58～60 HRC。

15.4　微波渗碳

15.4.1　材料微波渗碳处理中的挑战

与传统工艺相比,微波渗碳工艺具有很大的潜力。但是,下面列出了微波渗碳处理面临的一些问题。

① 随着温度的升高,材料吸收率会发生变化,这会在使用中产生一定的复杂性。

② 由于缺乏实验数据,故很难对模型进行建模和仿真。

③ 基体和复合材料的累积温度不规则变化,会导致两者界面处加热不均。

④ 聚合物的炉内气氛影响金属热处理。

15.4.2　微波渗碳处理的优势

微波渗碳处理的优势主要包括:

① 时间更短,功耗更低。

② 微波加热发生在分子水平,可使得同一材料内部得到均匀加热。

③ 微波渗碳处理过程产生的微细结构能增强力学性能。与常规方法相比,该方法对环境的影响较小。

④ 两种不相似的金属也可以借助微波加热来连接。

15.4.3　微波渗碳工艺过程

微波渗碳技术还可以控制残留奥氏体量并获得细晶粒组织,现已实现商品化。以齿轮为例,操作工艺如下:把齿轮装入加工室中,通入氩气(Ar),用特殊方法激发等离子,温度则迅速升高。当齿轮温度达到 930 ℃时,向加工室内通入乙炔气体(作为供碳源),调节微波功率,使温度保持在固定水准。乙炔在等离子体内易裂解,调整乙炔量、微波能量和维持等离子体的容器尺寸可使在一定体积内的沉积碳量得到精确控制。将渗碳温度提高到 980 ℃可进一步加速渗碳,缩短渗碳周期。齿轮经规定时间渗碳处理后,进行淬火和回火。

15.4.4　微波渗碳技术与传统气体渗碳及真空渗碳对比

用 AISI 8620 钢(相当于我国的 20CrNiMo 钢)制作的齿轮进行渗碳试验,结果表明微波渗碳的周期和渗层深度都比真空渗碳的效果好(表 15-5)。由表 15-5 可知,同传统气体渗碳相比,在渗碳层深度增加 20%的情况下,渗碳时间可缩短 20%以上;同真空渗碳工艺相比,在渗碳时间接近相同的情况下,渗碳层深度仍可以增加 20%,降低生产成本 30%以上。因此,微波渗碳技术节能降耗效果显著。

表 15-5 齿轮(AISI 8620 钢)渗碳结果比较

工艺	传统气体渗碳	真空渗碳	微波渗碳
总渗碳时间/min	强渗 142+扩散 110+降温 20	渗碳段时间 205	强渗 112+扩散 80+降温 20
有效硬化层深度/mm	~0.9	~0.9	~1.14
金相组织(残留奥氏体)			
齿角金相组织/%	15~30	10~15	5~20
齿面金相组织/%	10~20	5~15	5~20
ASTME 112—1996 晶粒等级(比较法)			
渗层/级	8~10(11.2~22.5 μm)	8~9(15.9~22.5 μm)	10~12(5.6~11.2 μm)
心部/级	8~9(15.9~22.5 μm)	9~10(11.9~15.9 μm)	10~12(5.6~11.2 μm)

15.5 纳米化渗氮

渗氮作为化学热处理工艺技术中应用最广的一项技术,已应用于多种材料中。渗氮是指在一定温度的介质中,使氮原子渗入工件表层的一种化学热处理工艺,一般包括 3 个过程:活性氮原子的产生、表面的吸收和氮原子的扩散。传统的渗氮处理温度较高,并且渗氮时间长,但高的处理温度限制了其应用。如铝合金工件,渗氮温度过高,基体组织结构会产生显著变化,导致性能的劣化。下面介绍在低的温度下进行渗氮处理。

15.5.1 纳米化渗氮技术的机理及优势

纳米化渗氮技术的原理是表面发生弹塑性变形使表层的组织结构发生变化,在随后的渗氮过程中发生回复与再结晶、细化晶粒、增加晶界以及增加位错。一般来说,在位错或晶界处,氮原子所需要的扩散激活能较小,这些晶体缺陷是氮元素扩散的快速通道。经过塑性形变后再进行渗氮,由于预先形变的作用,在渗氮过程中,氮化物将优先在位错处形核,形变导致位错密度的增加可使氮化物在多处形核,且尺寸较小。细小的氮化物不仅强度、硬度高,而且通过与位错的交互作用可钉扎位错,形成稳定的多边形化细微组织结构,从而使材料表面强韧化。

15.5.2 常见表面纳米化渗氮方法

金属材料进行表面形变纳米化处理后,其表面状态、显微结构及化学特性发生改变。这种表面附近区域高密度晶界的存在,往往扮演着"短路扩散"的角色,为渗入原子进入材料表面及扩散提供了理想的通道,有助于显著地改进材料的渗氮工艺。目前,主要采用机械研磨、喷丸、滚压等表面形变纳米化方法改善金属材料的渗氮工艺与渗氮层性能。

1) 机械研磨

机械研磨是一种有效的表面塑性变形方法,在外加接触载荷的反复作用下,使得金属材料在不同方向上发生强烈的塑性变形(产生大的应变和高的应变速率),从而在表面形成纳米尺度的晶粒,而金属材料内部无杂质污染。机械研磨已被成功地应用于多种金属材料,包括铝、铜、钛、铁、不锈钢等。对机械研磨处理和未处理的铁板(组织为 α-Fe,晶粒大小为 100 μm)在 300 ℃ 的 NH_3 环境下进行的 9 h 渗氮实验结果表明:渗氮处理后,机械研磨样品表层存在厚度约为 10 μm 的氮化层,氮含量高达 10%,由超细的多晶 ε-$Fe_{2-3}N$、γ'-Fe_4N 混合相,以及少量的 α-Fe 相组成,而未处理的试样仅由氮化物和 α-Fe 相混合组成。与未处理的试样相比,处理试样的表层硬度增加,摩擦系数降低,耐磨性和耐蚀性提高。此外,经过 1 800 s 机械研磨处理的 304 不锈钢能够得到最优的渗氮组织和性能。研究发现,与未处理渗氮试样(单一 S 相)相比,机械研磨处理渗氮试样(S 相+扩散层)的耐磨寿命为未处理试样的 3~10 倍。

2) 喷丸

喷丸是采用高速运动的弹丸撞击金属材料,使金属表面发生塑性变形,改变表面的组织结构,引入表面残余压应力,从而影响材料表面状态和性能的一种表面加工工艺。喷丸所用的弹丸材料包括钢丸、陶丸、玻璃丸等。按照喷丸的方式,可以分为传统喷丸、高能喷丸、微粒喷丸、超声波喷丸、超声速微粒轰击等。喷丸处理对奥氏体不锈钢渗氮层影响的研究表明,与单纯渗氮试样相比,喷丸+渗氮复合处理试样具有较厚的渗氮层,较高的硬度和较好的耐蚀性。采用强喷丸(strong shot peening SSP)作为渗氮预处理工艺,能够在不降低疲劳寿命的同时,显著缩短渗氮时间。研究发现,微粒冲击处理 AISI 316 不锈钢钝化后,氮原子仍然能够扩散至基材中,这与微粒冲击处理试样后形成高密度的位错缺陷和塑性变形出现的层状结构促进氮原子扩散有关,如图 15-14 所示。此外,微粒冲击处理时间越长,试样表面越能够形成均匀的纳米层状结构,使得渗氮层厚度越均匀化。

图 15-14　微粒冲击处理对试样表面显微结构和随后氮原子扩散过程影响的示意图

3) 其他技术

近几年来,将大功率超声波技术与滚压、冷锻及挤压等传统表面形变强化技术相结合,实现优势互补,应用于表面形变纳米化处理,取得了良好的效果,并可获得优异的表面结构。采用超声波冷锻处理金属材料后,能够形成纳米晶及大的塑性变形层,再经离子渗氮,试样表面的氮化物增多,尺寸大约降低 50%,渗氮层厚度增加 1 倍以上,硬度提高 3 000 MPa 以上;超声滚压处理不仅能够在试样表面形成纳米晶,而且可降低试样的表面粗糙度,这对于渗氮行为及渗氮后试样的耐蚀性、摩擦学性能及疲劳性能具有重要的意义。

15.5.3　存在的问题

由于预变形使得工件表面发生了弹塑性变形,增加了工件表面的应力,当工件加热到渗氮温度(500~580 ℃)时,工件强度降低,这些应力将使得工件发生不可预料的畸变,畸变量可能增加 5~10 倍。渗氮一般是工件的最后一道工序,此时工件几乎没有加工余量,所以对于渗氮畸变较大的工件,只能采用压力校正的方式补救。但渗氮后的工件在常温下存在很大的缺口敏感性,所以渗氮件畸变后只能在较高温度下校正。但是,高温校正操作困难,工艺复杂。综上,纳米化渗氮只能用在形状简单、对畸变要求不高的工件上。目前的研究结果表明,低温离子渗氮得到的渗氮层都比较薄,这在实际应用中还不能完全满足需求。所以纳米化后低温离子渗氮的复合工艺虽然是很好的方法,但目前依旧是不成熟的,需要进一步地优化。

15.6 太阳能合金化

15.6.1 太阳能表面合金化概念及机理

激光、电子束表面硬化技术发展迅速,其特点是生产效率高,工艺简单,零件变形小,可显著提高材料表面的耐磨性,延长零件的使用寿命。不足之处是硬化面积小,由于连续处理时相邻两硬化带间存在回火软化现象,对需要大面积表面硬化的零件,激光或电子束表面硬化技术的应用受到限制。聚焦的高密度太阳能有效加热区的功率密度可达到 $2\,000\sim3\,000\ \mathrm{W/cm^2}$,有类似于激光和电子束的加热特点。利用高密度太阳能已成功处理了铰刀、离合器体、丝锥、枪机等实际工件,获得了良好的性能和经济效益。

太阳能表面合金化方法是在零件需要处理的部位涂敷一层合金粉末,在聚焦的高密度太阳能束作用下,合金粉末和基体金属快速熔化,低温基体的吸热作用使熔化的金属以每秒 $100\sim10\,000\ ℃$ 的速度冷却。经合金化处理后材料心部保持原有的性能,并可获得具有高硬度、高耐磨性以及较好的物理性能、化学性能的表面合金化层。

15.6.2 太阳能表面合金化工艺

太阳能表面合金化是使涂敷的合金粉末和基体表层快速熔化、快速冷却,形成合金层的过程。太阳直接辐射强度和扫描速度直接影响加热和冷却过程,进而影响合金化层的厚度和宽度,对合金化效果起着决定性作用。当合金粉末和涂层厚度一定时,若太阳直接辐射强度低、扫描速度太快,则基体熔化浅,合金粉末熔化不完全,分布不均匀,甚至根本不能熔化,这样达不到合金化的目的。反之,若太阳直接辐射强度高、扫描速度慢,则熔化带太深,合金烧破严重,浓度低,这样合金化效果差。与表面相变硬化处理比较,表面合金化要求的功率高,应尽可能在高的太阳直接辐射强度下,以较快的扫描速度进行处理。

以球墨铸铁 QT60-2 作基体材料为例,利用太阳能对球墨铸铁进行相邻并排扫描的表面合金化工艺操作。试样经正火处理后获得珠光体组织,表面磨光,尺寸 $\phi45\ \mathrm{mm}\times6.5\ \mathrm{mm}$。涂层材料用 $74\ \mu\mathrm{m}$ 铬粉末和碳化硼粉末。用硅酸乙酯作胶黏剂将合金粉末和胶黏剂按一定比例配制成稀糊状,涂敷于用丙酮清洗后的试件表面上,涂层厚度控制在 $0.15\sim0.20\ \mathrm{mm}$。涂层干燥后再进行加热处理。结果表明,这种工艺可以避免激光、电子束大面积表面处理过程中的回火软化现象。

15.6.3 太阳能表面合金化应用

通过使用激光来改变材料的结构,从而提高其特定性能,如强度,耐磨性或耐腐蚀性。

表面合金层以冶金方式结合到基材上,理想的是没有孔隙或夹杂物,并且具有非常精细的微观结构。珠光体球墨铸铁具有较高的强度和耐磨性,可用于替代零件中的中碳钢和某些合金钢。但是,在涉及高磨损负荷的应用中,普通的球墨铸铁是不合适的。

可以在球墨铸铁的表面涂覆碳化钨粉末,然后通过聚光的太阳能熔化在其表面形成了合金层。合金层的表面相当平坦,具有非常细的莱氏体的微观结构。该合金层具有很高的硬度和高回火抗力。与未处理的球墨铸铁相比,它具有很高的回火抗性和较好的耐磨性。

用太阳能进行 45 钢表面合金化是一种节能、无污染且处理速度快的新工艺。其原理是用抛物凹反射聚光镜把太阳能聚焦,然后再用聚焦后的高密度能量进行处理或表面合金化。其主要工艺参数是直接辐射强度、扫描速度和合金化宽度与深度。

同基础试验中的扫描淬火一样,在试样表面涂上用硅酸乙酯作胶黏剂的 WC 合金粉末,当试样表面以一定速度通过焦点后表面就形成了一条合金化带。45 钢合金化的试样横截面示意图如图 15-15 所示,试验结果如表 15-6 所示。合金化层硬高达 1 200~1 400 kg/mm^2,而基体淬火区也保持有表面淬火时高硬度状态。合金化层还具有较高的回火抗力,试样 132-1 在合金化后经 560 ℃回火 2 h 后,硬度从 1 400 kg/mm^2 降至 1 000~1 200 kg/mm^2。

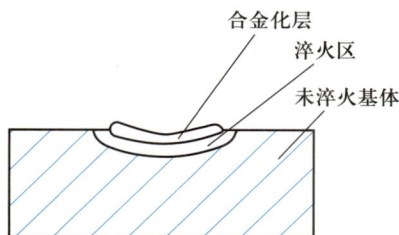

图 15-15　45 钢合金化的试样横截面示意图

表 15-6　聚焦太阳能表面合金化试验结果表

试样序号	材料	辐射强度 /[cal/(cm^2·min)]	扫描速度 /(mm/s)	合金化宽度 /mm	合金化深度 /mm
132-1	45	1.301	3.71	4.16	0.063
133-1	45	1.075	2.34	2.60	0.036
133-2	45	1.098	2.30	2.89	0.039
134-1	45	1.330	3.87	3.90	0.051

思考题

15-1　数字化淬火冷却控制技术包含哪些淬火冷却方式?举例说明数字化淬火冷却控制技术的优势。

15-2　在热处理生产过程中是如何使用余热来达到节能效果的?

15-3　模压式感应淬火的工艺优点是什么?

15-4　微波渗碳技术在降低金属材料的损耗方面的表现尤为优异,目前微波处理中的挑战和优势有哪些?

15-5　表面纳米化渗氮技术的原理是什么?

15-6　试举例说明太阳能合金化在实际中的应用及其优势。

第 三 篇

热处理工艺案例

>>> 第16章

··· 热处理工艺案例

16.1 案例1 大型铝合金挤压模具基体强化和表面渗氮硬化复合处理

16.1.1 零件名称及特点

名称:大型铝合金挤压模具。模具质量:1.6~2.2 t/件;模具外形尺寸:(ϕ810~ϕ875)mm×(700~890)mm。挤压模具示意图及实物图如图16-1和图16-2所示,该模具在8 000 t液压机上使用,模具工作温度约为400 ℃,压铸一个铝合金零件恒温恒压下需要40 min左右。铝合金挤压模具性能要求:① 具有较高的高温强度和抗高温软化能力,能承受一定的静压载荷;② 型腔表面热应力高且变化幅度大,需要具有高的抗热疲劳性能;③ 具有高的抗氧化腐蚀性,保证成形零件精度高、表面光洁。

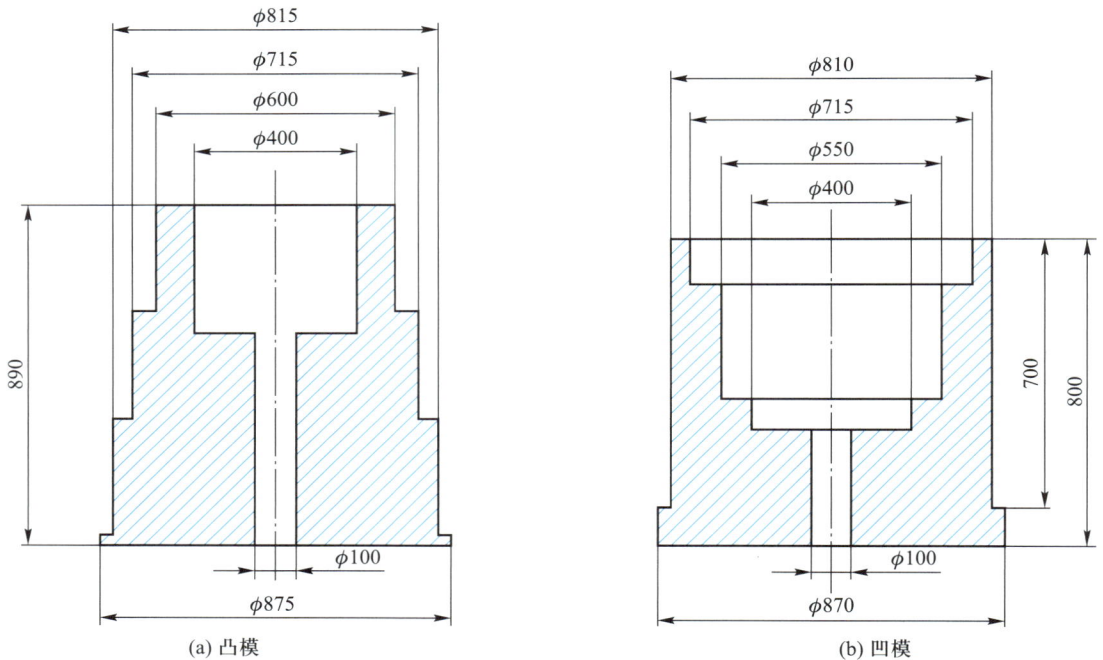

(a) 凸模 (b) 凹模

图16-1 挤压模具示意图

(a) 挤压模具热处理前实物图   (b) 挤压热处理后实物图

(c) 挤压热处理中实物图

图 16-2　挤压模具实物图

16.1.2　材料

材料：55NiCrMoV7 钢。热作模具钢材料以低合金钢（5CrNiMo 钢）、中合金钢（4Cr5SiMoV1 钢）和高合金钢（3Cr2W8V 钢）为典型代表。其中，5CrNiMo 钢具有低成本优势，但是在淬透性、淬硬性等工艺性能以及高温和常温力学性能方面不如 4Cr5SiMoV1 钢；4Cr5SiMoV1 钢具有良好的工艺性能和力学性能，但是合金元素含量较高、材料成本高，锻造、热处理工艺复杂，"二次硬化"峰值回火工艺较难控制；3Cr2W8V 钢有着"半高速钢"称号，其高温强度和热稳定性好，但材料成本高，工艺性能和力学性能均不如 4Cr5SiMoV1 钢，故在生产制造中，5CrNiMo 钢、3Cr2W8V 钢都有被 4Cr5SiMoV1 钢取代的趋势。55NiCrMoV7钢是 5CrNiMo 钢与 4Cr5SiMoV1 钢之间的过渡钢种，通过实践与改进，采用该材料进行工艺优化取得了成功并推广。

55NiCrMoV7 钢的化学成分（质量分数，%）主要包括：C（0.50～0.60）、Si（0.30～0.50）、Mn（0.65～0.95）、Cr（0.95～1.20）、Ni（1.50～2.00）、Mo（0.30～0.50）、V（0.05～0.25）。

55NiCrMoV7 钢的相变临界点：$Ac_1 = 720$ ℃，$Ar_1 = 660$ ℃，$Ac_3 = 790$ ℃，$M_s = 270$ ℃；推荐淬火温度：830～880 ℃。

16.1.3　热处理工艺

去氢退火的作用是为了防止氢脆（即白点）的出现。55NiCrMoV7 钢去氢退火及淬火与回火热处理工艺曲线如图 16-3、图 16-4 所示。

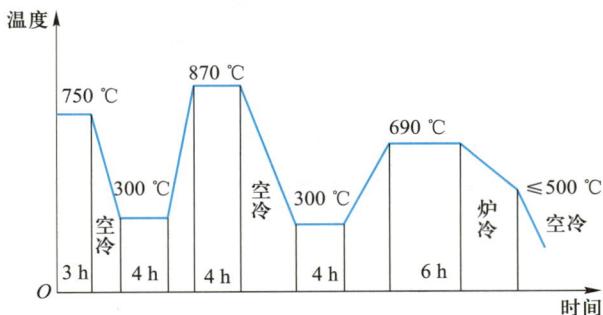

图 16-3　55NiCrMoV7 钢去氢退火热处理工艺曲线

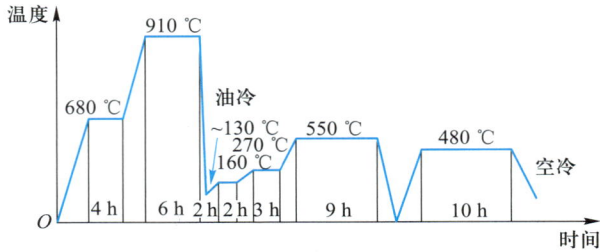

图 16-4　55NiCrMoV7 钢淬火与回火热处理工艺曲线

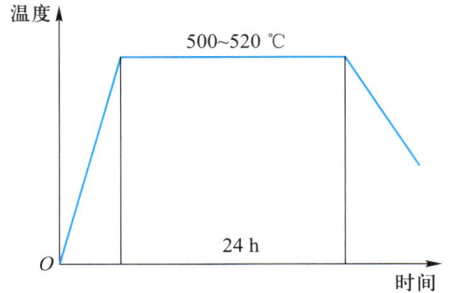

图 16-5　55NiCrMoV7 钢模具
表面离子渗氮工艺曲线

经热处理后,表面硬度检测为 44~46 HRC。采用模具表面渗氮硬化处理提高了表面硬度。55NiCrMoV7 钢模具表面离子渗氮工艺曲线如图 16-5 所示。

离子渗氮的温度为 500~520 ℃;时间为 24 h;电压 U 为 650 V;炉压 P 为 280 Pa;占空比为 75%;氨流量为 800~1 000 ml/min;单位面积加热功率为 1.8 W/cm²;辉光厚度约为 5 mm。

16.1.4　性能检测

离子渗氮处理后,用超声波硬度计检测 55NiCrMoV7 钢模具表面,硬度为 62~64 HRC。随炉金相试样检测表面硬度为 750 HV,表面化合物层(白层)厚度为 8~11 μm,该组织为韧性优良的 γ′相(Fe_4N 型化合物),次表层组织为渗氮索氏体,厚度为 0.43~0.46 mm。55NiCrMoV7 钢表层离子渗氮硬度曲线如图 16-6 所示。

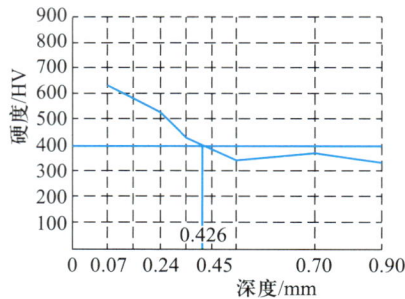

图 16-6　55NiCrMoV7 钢表层离子渗氮硬度曲线

16.2　案例 2　大型热锻模热处理

16.2.1　零件名称及特点

名称:大型热锻模。锻模质量:20.1 t/件;模具尺寸:2 400 mm×2 400 mm×450 mm。模具示意图及实物图如图 16-7 所示。该模具是在高温下加压使金属成形的工具。它在工作时受到较高的压力,以及炽热的金属对锻模型腔的摩擦磨损。热锻模性能要求:① 高温下保持高强度和良好的冲击韧性;② 高的耐磨性;③ 良好的耐热疲劳性;④ 高淬透性,保证整体锻模截面得到均匀的综合力学性能;⑤ 良好的抗氧化性。

技术要求:① 模具粗加工余量为 5 mm,要求精加工后硬度为 40~45 HRC,淬透层大于50 mm;② 正面型腔平面上随机取点测量硬度,要求测硬度区域打磨深度小于 3 mm;③ 变形量小于 3 mm。

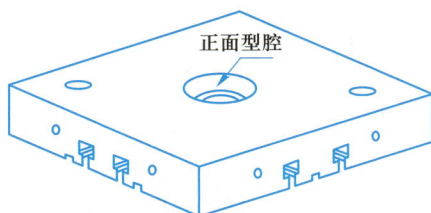

尺寸规格: 2 400 mm×2 400 mm×450 mm
(a) 模具示意图

(b) 实物图

图 16-7　模具示意及实物图

16.2.2　材料

材料:55NiCrMoV7 钢。

55NiCrMoV7 钢的化学成分(质量分数,%)主要包括:C(0.50~0.60)、Si(0.30~0.50)、Mn(0.65~0.95)、Cr(0.95~1.20)、Ni(1.50~2.00)、Mo(0.30~0.50)、V(0.05~0.25)。

16.2.3　热处理前模具材质检测

(1)用便携式 X 射线衍射光谱仪对待处理模具表面进行合金元素及含量检测,结果为:Ni(1.45%~1.46%)、Cr(0.82%~0.86%)、Mn(0.67%~0.68%)、Mo(0.35%~0.36%)、V(0.09%)、Cu(0.07%)。显然 Mn、Mo、V 的含量合格,而 Cr、Ni 的含量偏低,对淬透性及淬硬性有一定的影响。

(2)用锤击式硬度计对模具表面进行硬度检测,结果为 235~253 HBW。

(3)超声波检测:① 未发现超过 2 mm 的内部缺陷;符合 JB/T 5000.15—2007 中 Ⅱ 级锻件标准。证明模具冶金及锻造质量合格。② 超声探伤底波反射次数 20 次,模具晶粒较细,模具毛坯锻压比≥4;锻件毛坯,经过良好的正火和回火去氢防白点预先热处理。

16.2.4　热处理工艺

淬火—回火热处理工艺如下:

650 ℃×6 h+860 ℃×6 h+910 ℃×6 h+油冷至约 180 ℃+270 ℃×8 h+510 ℃×20 h+油冷+450 ℃×20 h+空冷至 230 ℃后炉冷。

大型热锻模具的淬火与回火热处理工艺曲线如图 16-8 所示,模具热处理淬火加工过程如图 16-9 所示。

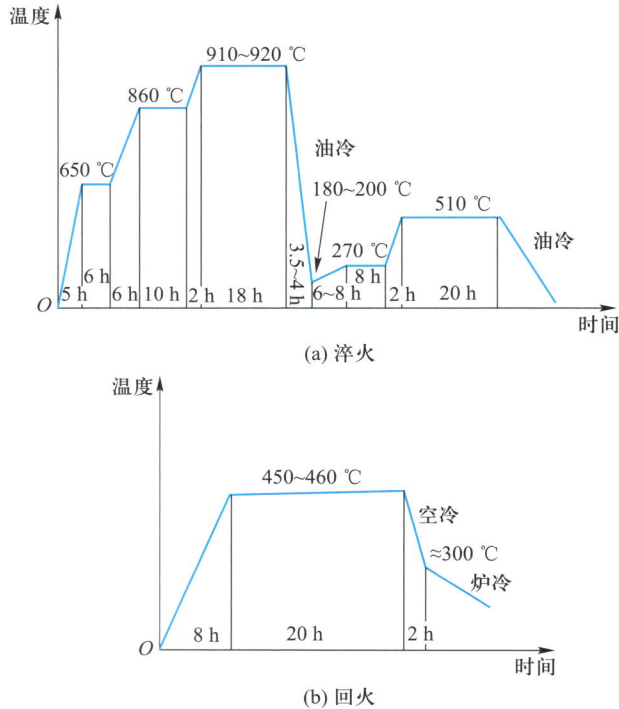

(a) 淬火

(b) 回火

图 16-8　大型热锻模具的淬火与回火热处理工艺曲线

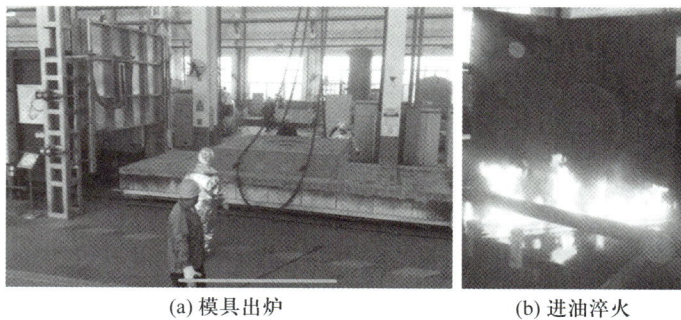

(a) 模具出炉　　　　　　　　　　(b) 进油淬火

图 16-9　模具热处理淬火加工过程

16.2.5　性能检测

使用里氏硬度计进行硬度检测,校验时采用标准硬度块(791 HLD)。按照模具表面硬度检测部位检测,硬度均满足设计要求。

16.3 案例 3 超大型中高合金钢热挤压模具热处理

16.3.1 零件名称及特点

名称:超大型中高合金钢热挤压模具。模具质量:32.5 t/件;模具尺寸:4 210 mm×2 210 mm× 460 mm。模具示意图和模具实物图如图 16-10 和图 16-11 所示。近年来,随着工业的发展,锻件质量越来越大,性能要求也越来越高,与之配套的热压模具也越来越大,压力机压力达四万吨以上,模具的性能要求更高。热挤压模具的性能要求:① 高硬度、高强度和高韧性;② 优良的抗热疲劳性能;③ 高的抗高温软化性能;④ 良好的冷加工性和高淬透性等工艺要求。

技术要求:① 模具粗加工余量为 10 mm,要求精加工后硬度为 40~45 HRC,淬透层大于 50 mm;② 正面型腔平面上随机取点测量硬度,要求测硬度区域打磨深度小于 3 mm;③ 变形量小于 5 mm。

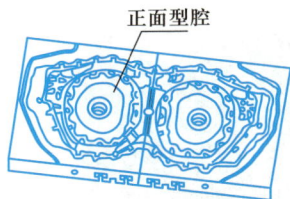

正面型腔

尺寸规格: 4 210 mm×2 210 mm×460 mm

图 16-10 模具示意图

图 16-11 模具实物图

16.3.2 材料

材料:4Cr5MoSiV1 钢。

4Cr5MoSiV1 钢的化学成分(质量分数,%)主要包括:C(0.32~0.45)、Si(0.80~1.20)、Mn(0.20~0.50)、Cr(4.75~5.50)、Mo(1.10~1.75)、V(0.80~1.20)。

Cr5MoSiV1 钢的临界点:$Ac_1 = 860$ ℃,$Ar_1 = 775$ ℃,$Ac_3 = 915$ ℃,$Ar_3 = 875$ ℃,$M_s = 340$ ℃,$M_f = 215$ ℃。

16.3.3 热处理工艺

模具入场验收包括:① 模具热处理前表面硬度:在模具工作面上选 7 处,测得表面硬度为 180~202 HBW;② 超声波探伤:合格,无超标缺陷。底波反射次数:6 次。4Cr5MoSiV1 钢属于中合金钢,具有较高的高温强度且模具锻件尺寸较大,质量较大,据此判断该模块毛坯锻件由多火锻造成形,晶粒比较粗大,锻后退火质量比较理想。

4Cr5MoSiV1 钢中的碳化物大部分是 $M_{23}C_6$ 型铬碳化物,还有少量的 M_7C_3 和 MC 型碳化物。将钢加热到 1 050~1 070 ℃,$M_{23}C_6$ 型铬碳化物急剧溶解,加热到 1 020~1 080 ℃ 范围内为宜。热处理工艺如下:

500 ℃×8 h+800 ℃×8 h+950 ℃×11 h+1 030 ℃×10 h+油冷至 185 ℃+210 ℃+155 ℃+183 ℃+222 ℃+280 ℃×2 h+550 ℃×19 h+空冷+300 ℃×4.5 h+620 ℃×20 h+空冷。

超大型中合金钢热挤压模具的热处理工艺曲线如图 16-12 所示。模具热处理加工过程如图 16-13 所示。

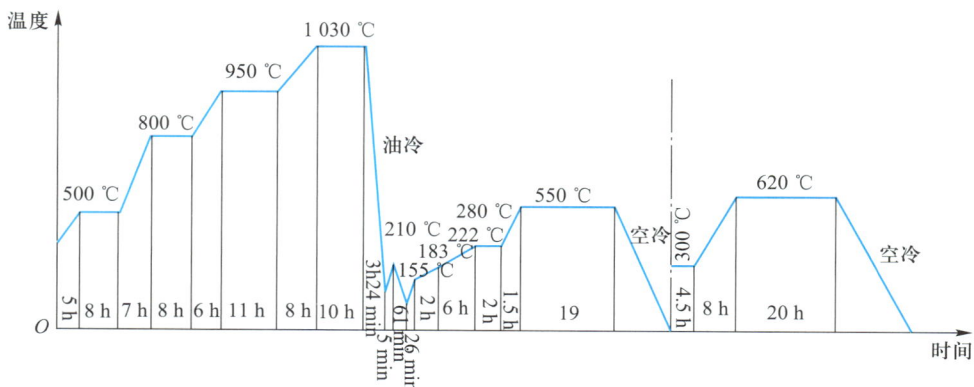

图 16-12 超大型中合金钢热挤压模具的热处理工艺曲线

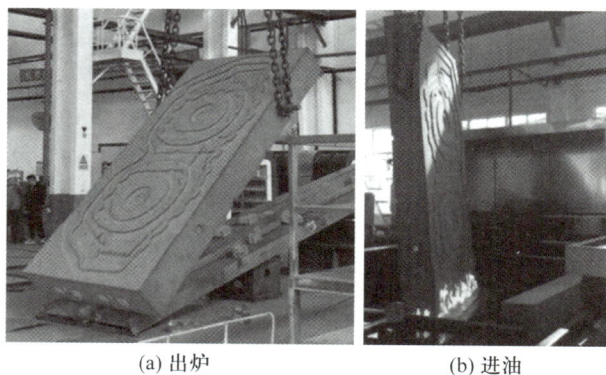

(a) 出炉   (b) 进油

图 16-13 模具热处理加工过程

16.3.4 性能检测

(1)经"一次"淬火及回火后,模具工作面磨去 2.0 mm 氧化脱碳层,用里氏硬度计检测硬度为 55~55.5 HLD,用布氏锤击式硬度计检测硬度为 540 HBW。

(2)经"二次"回火后,模具工作面用里氏硬度计检测,结果为 42~44 HLD。因此,模具满足设计要求。

(3)回火热处理工序全部完成后再一次进行超声波复检。结果表明,基体无缺陷,底波反射次数≥10 次,证明了该模具热处理后晶格重组,晶粒和组织获得了有效的细化。

16.4　案例 4　热锻模真空热处理

16.4.1　零件名称及特点

名称:热锻模。工件质量:423 kg;最大外形尺寸: $\phi400$ mm×190 mm。热锻模在高温下通过冲击强迫金属成形,模具工作中受较大的冲击负荷以及高温金属对模具型腔的摩擦磨损。热锻模具需要在保持高温强度和良好的冲击韧性。热锻模性能要求:① 高的红硬性;② 高的冲击韧性;③ 耐热疲劳性;④ 良好的导热性;⑤ 良好的抗氧化腐蚀。热处理后的硬度要求为 53~58 HRC,图 16-14 为热锻模示意图。

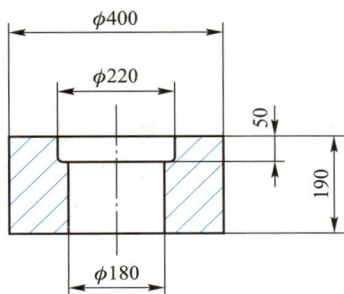

图 16-14　热锻模示意图

16.4.2　材料

材料:5CrNiMo 钢。

5CrNiMo 钢的化学成分(质量分数,%)主要包括:C(0.50~0.60)、Si(≤0.40)、Mn(0.5~0.80)、Cr(0.50~0.80)、Ni(1.40~1.80)、Mo(0.15~0.30)。

16.4.3　热处理工艺

真空热处理工艺如下:

680 ℃×1 h+900 ℃×5 h 油冷+220 ℃×6 h 空冷+330 ℃×8 h 油冷。

5CrNiMo 钢热锻模真空热处理工艺曲线如图 16-15 所示

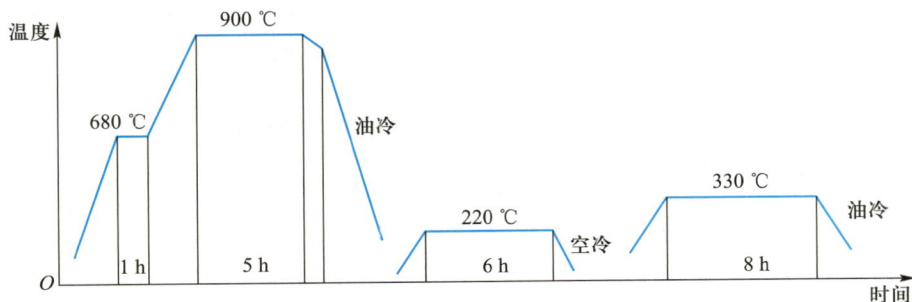

图 16-15　5CrNiMo 钢热锻模真空热处理工艺曲线

16.4.4　性能检测

使用里氏硬度计检测,热锻模真空热处理后表面硬度值为 54 HLD,满足技术要求。

16.5 案例5 水压机活塞气体渗氮处理

16.5.1 零件名称及特点

名称:水压机活塞。工件质量:35.5 t;最大外形尺寸:$\phi1\,400$ mm× $4\,100$ mm。水压机活塞的结构示意图如图 16-16 所示,该零件为 $4\,000$ t 水压机的活塞,尺寸较大,采用两节焊接成形。活塞使用时 承受很大的压力,要有足够的强度,同时表面要有高的硬度和耐磨 性以保持良好的密封性。技术要求:基体调质硬度为 235 HBW,表 面渗氮处理硬度 ≥500 HV(或≥52 HRC),渗氮层深度≥0.50 mm。

16.5.2 材料

材料:ZG35CrMo 钢。

ZG35CrMo 钢的化学成分(质量分数,%)主要包括:C(0.3~0.37)、 Si(0.3~0.5)、Mn(0.5~0.8)、Cr(0.8~1.2)、Mo(0.2~0.3)、S(<0.03)、 P(<0.03)。

16.5.3 热处理工艺

渗氮零件的有效尺寸为 $\phi1\,700$ mm×$4\,200$ mm,采用脉冲式气体 渗氮炉,热处理工艺曲线如图 16-17 所示。

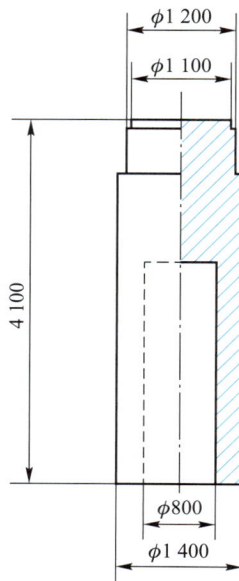

图 16-16 水压机活塞 的结构示意图

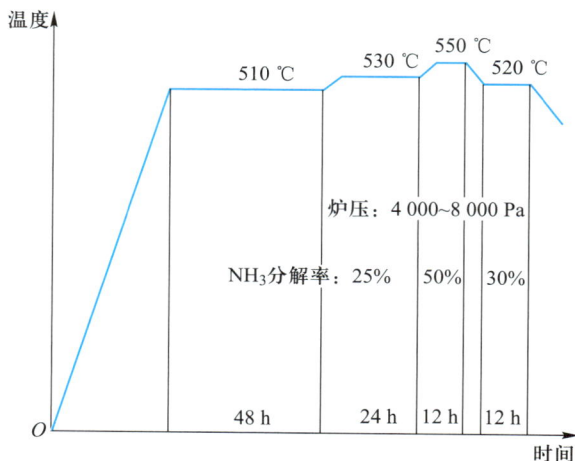

图 16-17 水压机活塞渗氮处理工艺曲线

16.5.4 性能检测

工艺完成后,随炉的 ZG35CrMo 钢试样表面硬度为 650~700 HV,层深为 0.55~0.6 mm。 采用超声波硬度计检测活塞表面的硬度为 61~64 HRC,采用里氏硬度计检测的硬度为

59.5~61.5 HLD,符合技术要求。

16.6　案例 6　破碎辊淬火处理

16.6.1　零件名称及特点

名称:破碎辊。零件质量:1 500 kg;最大外形尺寸:φ600 mm×1 400 mm。破碎辊示意图如图 16-18 所示,破碎辊实物如图 16-19 所示。该零件是矿石破碎机的重要部件,破碎辊在工作时,应具有高的抗压强度和耐磨性,同时还应具备低成本生产优势。

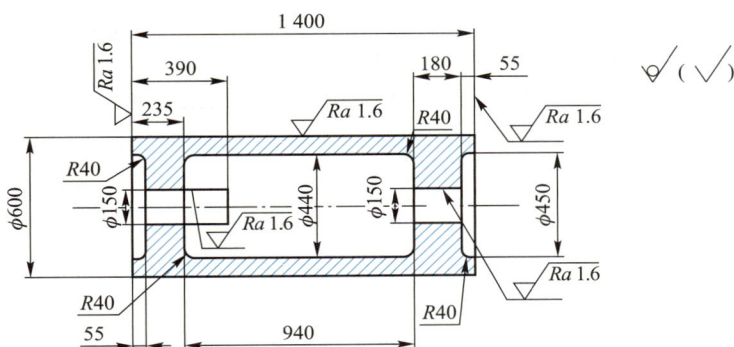

图 16-18　破碎辊示意图

图 16-19　破碎辊实物图

16.6.2　材料

材料:合金铸铁。考虑成本因素,破碎辊选择合金铸铁制造,并进行整体淬火,硬度要求为 55~60 HRC。

合金铸铁的化学成分(质量分数,%)主要包括:C(3.2~3.5)、Si(1.5~2.0)、Mn(0.6~1.0)、S(<0.035)、P(<0.035)、Cu(0.3~0.5)、Cr(0.6~0.8)、Ni(0.8~1.2)、Mo(0.4~0.6)。

16.6.3　热处理工艺

破碎辊尺寸较大,升温加热应缓慢,可在 870 ℃温度下加热 7 h 使奥氏体转变充分并均匀。采用热油低温分级淬火,油介质温度控制在 80 ℃ 以上。分级淬火后空冷,空冷控制在 60~90 min,然后立即回火。合金铸铁破碎辊的热处理工艺曲线如图 16-20 所示。

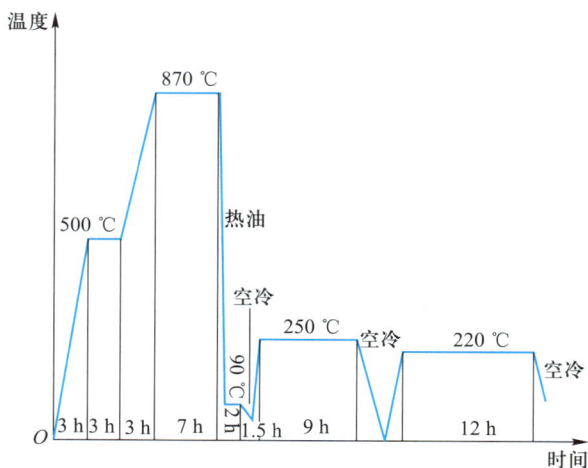

图 16-20　合金铸铁破碎辊的热处理工艺曲线

16.6.4　性能检测

经检测硬度为 56~57 HRC,符合技术要求。

16.7　案例 7　箱体热处理

16.7.1　零件名称和特点

名称:箱体。零件质量:173.6 kg;外形尺寸:420 mm×355 mm×260 mm。QT500-7 球墨铸铁箱体零件实物图如图 16-21 所示。性能要求是有一定的硬度和韧性,组织稳定性好。热处理后硬度为 40~45 HRC。

图 16-21　箱体零件实物图

16.7.2　材料

材料:QT500-7 球墨铸铁。

QT500-7 球墨铸铁的化学成分(质量分数,%):C(3.2~3.6)、Si(2.2~2.8)、Mn(0.5~0.8)、P(≤0.08)、S(≤0.02%)。

16.7.3　热处理工艺

QT500-7 球墨铸铁箱体热处理要考虑零件的尺寸、质量、成分及原始组织,结合铸铁相变原理以及 QT500-7 球墨铸铁冷却 C 曲线,在 890 ℃下加热 5 h,随后淬入 60 ℃热油中冷却 70 min,零件出油温度控制在 110 ℃左右。回火时先进行 160 ℃下 2 h 等温,再进行 350 ℃下 5 h 空冷。QT500-7 球墨铸铁箱体热处理工艺曲线如图 16-22 所示。

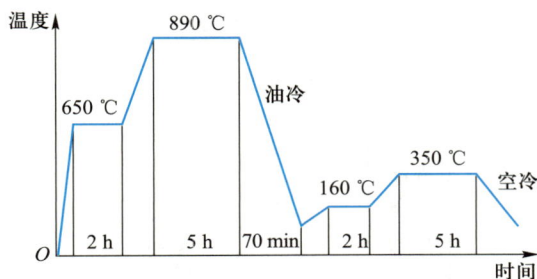

图 16-22　QT500-7 球墨铸铁箱体热处理工艺曲线

16.7.4　性能检测

淬火、回火性能检测结果如下:淬火硬度(热态)为 49~51 HRC,回火硬度为 40~46 HRC。符合技术要求。

16.8　案例 8　齿轮轴渗碳热处理

16.8.1　零件名称及特点

名称:齿轮轴。工件质量:1 070 kg;最大外形尺寸:ϕ490 mm×1 235 mm。图 16-23 为齿轮轴示意图。齿轮是转动传递扭矩的主要零件,齿轮表面需要高硬度、高耐磨性和高的接触疲劳强度。单齿的心部还需要有足够的强度和韧性。热处理后的性能要求是硬度为 55~65 HRC,渗碳层深度为 2.5~3.0 mm。

16.8.2　材料

材料:20CrNi2Mo 钢。

20CrNi2Mo 钢的化学成分(质量分数,%)主要包括:C(0.17~0.23)、Si(0.17~0.37)、Mn(0.40~0.70)、Cr(0.35~0.65)、Ni(1.55~2.00)、Mo(0.20~0.30)。

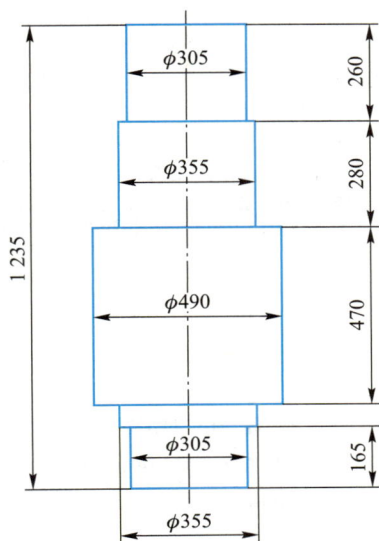

图 16-23　齿轮轴示意图

16.8.3 热处理工艺

渗碳—淬火—回火热处理工艺如下：

采用井式渗碳炉,工艺为 920 ℃×33.5 h+830 ℃×45 min+油冷 55 min+空冷 3.5 h+160 ℃×8 h,炉中碳势控制为 1.20%×9 h+1.10%×19 h+(1.11%～0.78%)×3.75 h,20CrNi2Mo 钢齿轮轴渗碳—淬火—回火热处理工艺曲线和其渗碳—淬火实际热处理工艺曲线分别如图 16-24 和图 16-25 所示。

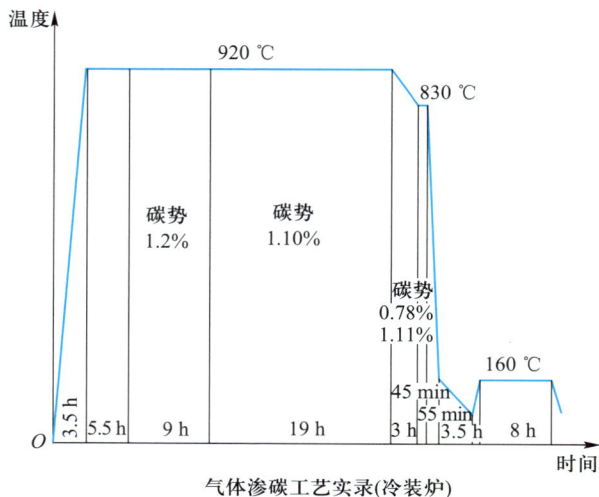

图 16-24　20CrNi2Mo 钢齿轮轴渗碳—淬火—回火热处理工艺曲线

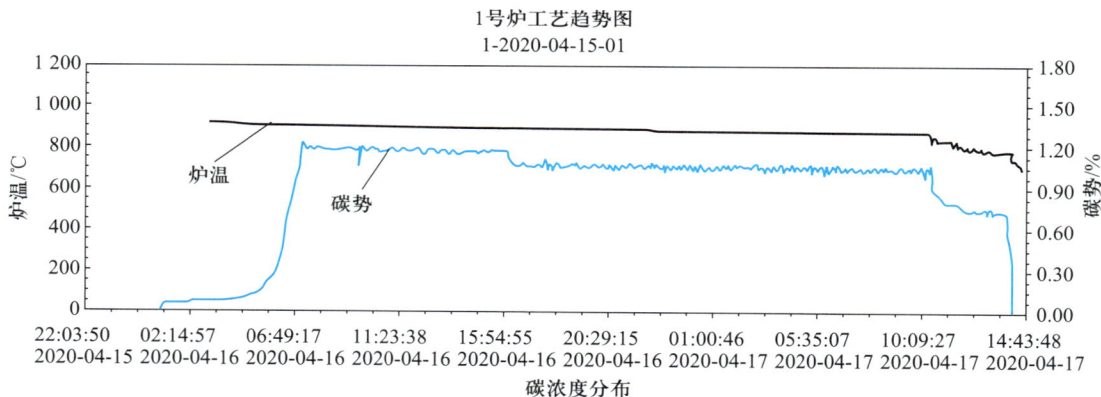

图 16-25　20CrNi2Mo 钢齿轮轴渗碳—淬火实际热处理工艺曲线

16.8.4 性能检测

20CrNi2Mo 钢齿轮轴渗碳后表面硬度值为 63 HRC,渗碳层深度为 2.598 mm,20CrNi2Mo 钢齿轮轴渗碳层硬度曲线如图 16-26 所示,渗碳层深度与硬度的检测结果如表 16-1 所示。满足技术要求。

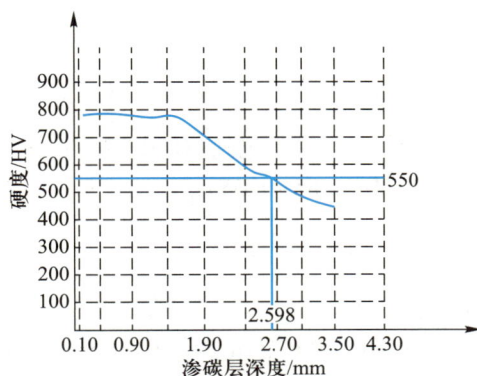

图 16-26　20CrNi2Mo 齿轮轴渗碳层硬度曲线

表 16-1　渗碳层深度与硬度的检测结果

序号	测试间距/mm	硬度实测值/HV
1	0.1	774.17
2	0.3	784.09
3	0.5	774.17
4	0.5	764.43
5	0.5	680.42
6	0.5	579.77
7	0.3	539.04
8	0.3	487.39
9	0.5	437.55

16.9　案例 9　阀套表面离子渗氮热处理

16.9.1　零件名称及特点

名称:阀套。工件质量:10.55 kg;最大外形尺寸:$\phi205$ mm× 150 mm。阀套的实物图如图 16-27 所示。该阀门的工作环境为腐蚀性液体介质,工作承受应力不大,需要抗磨损和抗腐蚀。性能要求:① 有高的硬度和耐磨性;② 组织应稳定不应有尺寸变化;③ 工作中应与阀门部件配合精确,且耐腐蚀、耐磨损。热处理后的性能要求:硬度为 900 HV,渗氮层深度 ≥ 0.4 mm。

图 16-27　阀套实物图

16.9.2 材料

材料:F92 钢。

F92 钢的化学成分(质量分数,%)主要包括:C(0.07~0.13)、Si(≤0.50)、Mn(0.30~0.60)、Cr(8.0~9.5)、Ni(≤0.40)、Mo(0.85~1.05)。

16.9.3 热处理工艺

离子渗氮热处理工艺如下:

505 ℃×12.5 h+510 ℃×20 h+515 ℃×7.5 h。电压:660~675 V;炉压:285~300 Pa;占空比:72%~77%。F92 钢阀套表面离子渗氮热处理工艺曲线如图 16-28 所示。

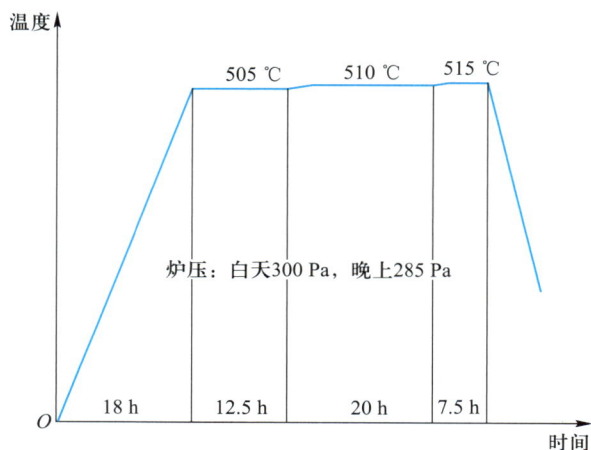

图 16-28 F92 钢阀套表面离子渗氮热处理工艺曲线

16.9.4 性能检测

F92 钢阀套表面离子渗氮热处理后表面硬度值为 1 078 HV,渗氮层深度为 0.453 mm,阀套离子表面渗氮层深度与硬度的曲线如图 16-29 所示,满足技术要求。渗氮层深度与硬度的检测结果见表 16-2。

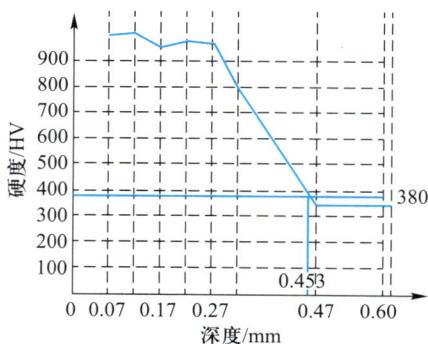

图 16-29 阀套表面离子渗氮层深度与硬度的曲线

表 16-2　渗氮层深度与硬度的检测结果

序号	测试间距/mm	硬度实测值/HV
1	0.07	1 038.02
2	0.05	1 045.02
3	0.06	978.05
4	0.05	1 004.04
5	0.05	978.05
6	0.05	783.52
7	0.15	337
8	0.15	328.16

16.10　案例 10　塔吊销轴的"预氧化—气体硫碳氮三元共渗"处理

16.10.1　零件名称及特点

名称:塔吊销轴。最大外形尺寸:ϕ70 mm×203 mm,塔吊销轴示意图如图 16-30 所示。由于塔吊处于自然环境下作业,且经常移动场所,因此要求销轴材料硬度高,有足够强度和一定塑性,此外还应具备耐腐蚀、自润滑、抗咬合且便于快速装卸等特性。

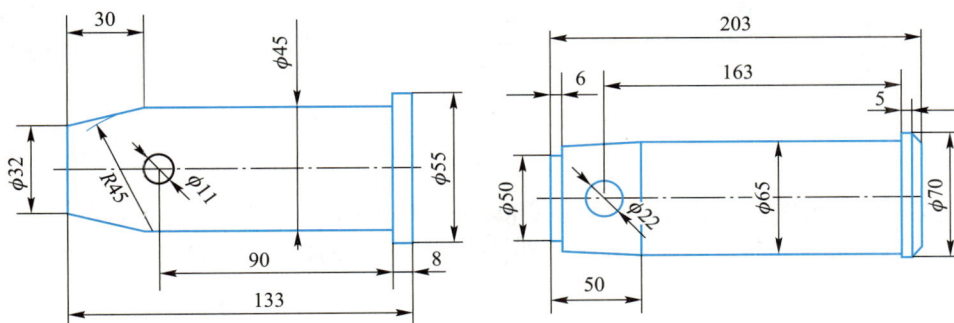

图 16-30　塔吊销轴示意图

16.10.2　材料

材料:35CrMo 钢,采用调质预处理状态,硬度为 300~360 HBW,表面采用硫碳氮共渗处理。

35CrMo 钢的化学成分(质量分数,%)主要包括:C(0.32~0.40)、Si(0.17~0.37)、Mn(0.40~0.70)、Cr(0.80~1.18)、S(≤0.035)、P(≤0.035)。

16.10.3 热处理工艺

对 35CrMo 钢塔吊销轴先进行调质,然后采用 400 ℃预氧化,570 ℃气体硫碳氮三元共渗处理,具体工艺曲线如图 16-31 所示。

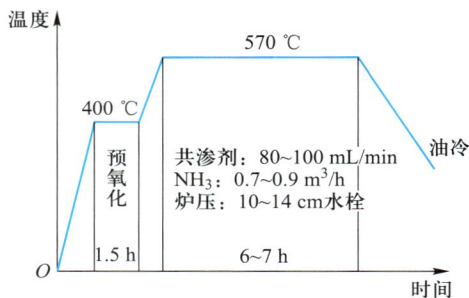

图 16-31 零件热处理工艺曲线

16.10.4 性能检测

随炉试样表面硬度为 768~790 HV;金相组织为表面化合物,且层厚度为 33~53 μm,疏松级别为 1~2 级;次表层组织为析出的脉状氮化物加氮化索氏体,厚度为 451~492 μm;过渡层[α-Fe(N)]固溶体层深为 90~99 μm。共渗扩散层总深为 0.602~0.615 mm。

对 35CrMo 销轴进行 200 h 盐雾试验,试验结果表明零件无锈蚀、无斑点,符合技术要求。

16.11 案例 11 缸盖热锻胎模氮碳共渗与固体复合渗硼及淬火处理

16.11.1 零件名称及特点

名称:缸盖热锻胎模。最大外形尺寸:φ402 mm×150 mm。热锻胎模的示意图如图 16-32 所示,模具性能要求是具有高强度和高韧性,同时模具表面还要有更高的硬度、更好的耐磨性和抗氧化性。

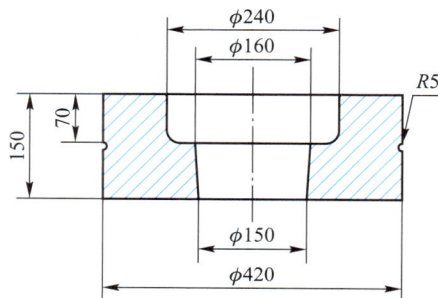

图 16-32 缸盖热锻胎模示意图

16.11.2　材料

材料:5CrMnMo 钢。采用 5CrMnMo 钢制造缸盖热锻胎模,对其模具工作表面进行渗硼处理,渗硼后表层具有极高的硬度、极好的耐磨性及抗氧化性能。但是,渗硼处理也存在渗层浅、脆性大、渗层易剥落等问题。

5CrMnMo 钢的化学成分(质量分数,%)主要包括:C($0.50 \sim 0.60$)、Mn($1.20 \sim 1.60$)、Cr($0.60 \sim 0.90$)、Si($0.25 \sim 0.60$)、S($\leqslant 0.03$)、P($\leqslant 0.03$)。

16.11.3　热处理工艺

为了进一步提高胎模使用寿命,采用固体复合渗硼及淬火处理,氮碳共渗采用通氨滴醇气体法,温度为 590 ℃;固体复合渗硼采用市售 LSB-1 粒状渗硼剂固体法渗硼,温度为 880 ℃。缸盖胎模氮碳共渗和固体复合渗硼淬火工艺如图 16-33 所示。

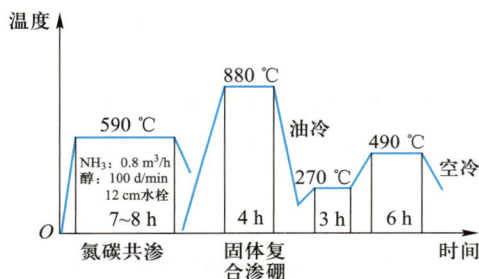

图 16-33　缸盖胎模氮碳共渗和固体复合渗硼淬火工艺

氮碳共渗预处理降低了 5CrMnMo 钢相变临界点 Ac_1、Ac_3,扩大了奥氏体相区,提高了后续渗硼处理温度。预处理的成分和组织可消除渗硼层前沿 α 相"软带",强化渗硼层前沿基体组织,对渗硼层起到了更好的支撑作用,提高 Fe_2B 齿嵌入基体强度。氮碳共渗后再进行渗硼"复合渗",其深层厚度由 50 μm 增加到 80 μm 以上,渗层齿向明显,且呈 Fe_2B 单相 E型组织,齿间及齿向前沿为富氮、碳淬回火马氏体组织。

16.11.4　性能检测

5CrMnMo 缸盖热锻胎模经固体复合渗硼及淬回火处理,在实际使用中测试,与原单一渗硼处理相比使用寿命提高了 1.5 倍。

16.12　案例 12　水轮机转子轴热处理

16.12.1　零件名称及特点

名称:水轮机转子轴。工件质量:9.7 t;最大外形尺寸:φ742 mm×7 515 mm。图 16-34 为水轮机转子轴示意图。水利发电机组转子轴用于传递扭矩,正常运转时的主要负荷包括额定转矩、机组转动部分和水推力产生的轴向力等。因此需要具有较高的淬透性、较好的强度和韧性配合,较低的回火脆性倾向。热处理后的性能要求:硬度为 210~240 HBW。

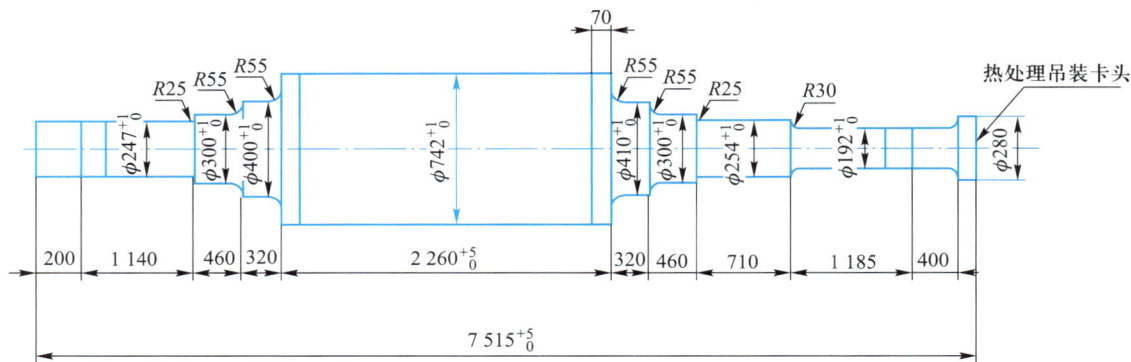

图 16-34 水轮机转子轴示意图

16.12.2 材料

材料:34CrMo1A 钢。

34CrMo1A 钢的化学成分(质量分数,%)主要包括:C(0.30~0.38)、Mo(0.40~0.55)、Cr(0.7~1.20)、Mn(≤0.70)、Si(≤0.30)、Ni(≤0.30)、S(≤0.30)。

16.12.3 热处理工艺

调质工艺如下:400 ℃×3 h+650 ℃×4 h+860 ℃×13 h+水冷 75 s+油冷 1 h+630 ℃×20 h,34CrMo1A 钢水轮机转子轴热处理工艺曲线如图 16-35 所示。34CrMo1A 钢水轮机转子轴热处理加工过程如图 16-36 所示。

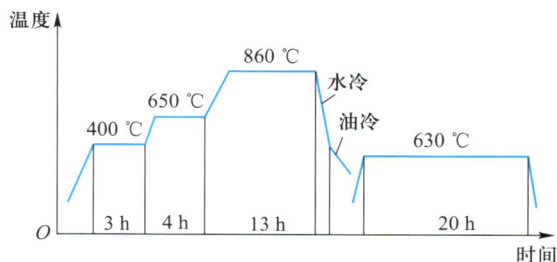

图 16-35 34CrMo1A 钢水轮机转子轴热处理工艺曲线

(a) 进油前   (b) 进油中

图 16-36 34CrMo1A 钢水轮机转子轴热处理加工过程

16.12.4　性能检测

34CrMo1A 钢水轮机转子轴热处理后表面硬度为 224 HBW,满足技术要求。

16.13　案例 13　泵轴热处理

16.13.1　零件名称及性能

名称:泵轴。零件质量:910 kg;外形尺寸:ϕ250 mm×3 690 mm。泵轴结构示意图如图 16-37 所示。泵轴是泵的重要部件,工作条件比较苛刻,尤其是在大型高压锅炉给水轴。该泵轴为某大型电机厂超高压锅炉给水泵的零件,水泵在 350 ℃ 左右过热蒸汽环境下服役,要求具有一定的耐腐蚀性能和良好的强韧性。

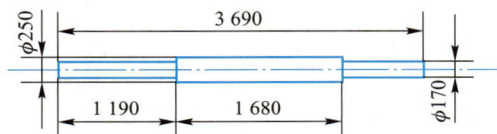

图 16-37　泵轴结构示意图

16.13.2　材料

材料:4Cr14Mo 钢。4Cr14Mo 钢属于马氏体不锈钢,具有一定的耐腐蚀性能和良好的强韧性,同时可在某些腐蚀介质中使用。4Cr14Mo 钢泵轴调质后力学性能要求为:常温下,屈服强度≥540 MPa,抗拉强度 ≥735~882 MPa,断后伸长率≥14%,断面收缩率≥40%,硬度≥240 HBW,冲击吸收功≥32 J;350 ℃ 高温下,屈服强度≥395 MPa。

4Cr14Mo 钢的化学成分(质量分数,%) 主要包括:C (0.42)、Si (0.29)、Mn (0.54)、P (0.01)、Cr(13.63)、Ni(0.58)、Mo(0.51)、Cu(0.15)、V(0.07)。

16.13.3　热处理工艺

4Cr14Mo 钢泵轴制造工艺流程:采用直径为 800 mm,单重为 2.5 t 的电弧炉+电渣重熔双联冶炼工艺钢锭经“三火”、锻造比达 7~8 锻后缓冷→880 ℃×12 h 炉冷完全退火→粗加工→调质热处理→取样、试样加工、中高温性能试验→去应力退火→切取应力环→应力实验→低倍检验→精加工成形→超声波探伤→渗透检验→装机使用。

参照 3Cr13Mo 钢和 4Cr13 钢的标准 TTT、CCT 曲线及相关的热处理工艺,对 4Cr14Mo 钢泵轴进行了预工艺试验,具体方案如下:

工艺 1:1 000 ℃×5 h 油冷 60 min 后空冷 2.5 h,2 件泵轴全部产生纵向开裂,如图 16-38 所示。

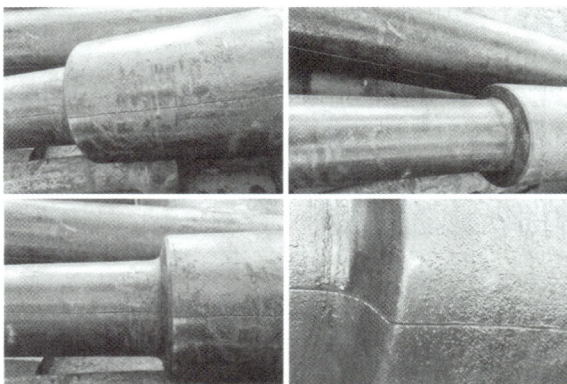

图 16-38 工艺 1 热处理后泵轴开裂实物图

工艺 2:1 010 ℃×5 h 油淬 10 min 后空冷 2 h+720 ℃×10 h 油冷 4 min 后空冷。零件连体试样常温力学性能检测结果表明:力学性能指标未能全部满足设计要求,如表 16-3 所示。

表 16-3   工艺 2 热处理后泵轴力学性能

屈服强度 R_{eH}/MPa	抗拉强度 R_m/MPa	断后伸长率 A/%	断面收缩率 Z/%	硬度/HBW	冲击吸收功 A_{ku2}/J
510	747	11	15.5	245	25.5

工艺 3:热处理工艺曲线如图 16-39 所示。

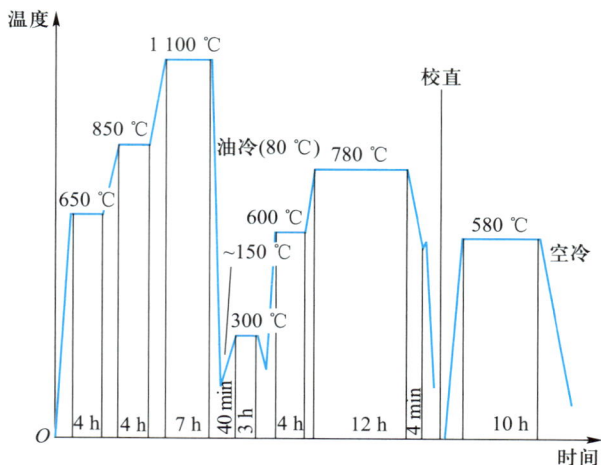

图 16-39   工艺 3:热处理工艺曲线

16.13.4   性能检测

最终选择了工艺 3,调质处理后的 4Cr14Mo 钢泵轴连体试样常温力学性能检测,各项性能指标全部满足设计要求,如表 16-4 所示。4Cr14Mo 钢泵轴热处理后的实物图如图 16-40 所示,泵轴没有开裂和变形,符合尺寸要求。

表 16-4 工艺 3 热处理后泵轴力学性能

屈服强度 R_{eH}/MPa	抗拉强度 R_m/MPa	断后伸长率 A/%	断面收缩率 Z/%	硬度/HBW	冲击吸收功 A_{ku2}/J
685	815	19.5	60	255	56

图 16-40 4Cr14Mo 钢泵轴热处理后泵轴的实物图

16.14 案例 14 高温汽轮机叶片热处理

16.14.1 零件名称及特点

名称:高温汽轮机叶片。它是高温水蒸气驱动发电机转子的传力零件,叶片工作时承受摆动、扭力、弯曲应力和振动应力。叶片材料需要满足以下条件:① 足够的室温和高温力学性能;② 有高的振动衰减能力;③ 高的组织稳定性,保证在高的工作温度下的性能温度;④ 具有良好的耐腐蚀能力。高温汽轮机叶片实物图如图 16-41 所示。

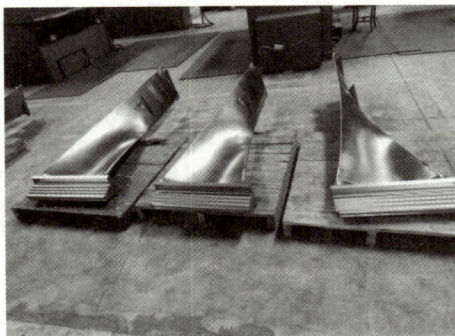

图 16-41 高温汽轮机叶片实物图

16.14.2 材料

材料:22Cr12NiWMoV 钢。

22Cr12NiWMoV 钢的化学成分(质量分数,%)主要包括:C(0.20~0.25)、Cr(11~12.5)、Ni(0.3~0.5)、Mo(0.9~12.5)、W(0.9~1.25)、V(0.20~0.30)。

16.14.3 热处理工艺

采用台车炉加热,退火+调质工艺如下:

退火:随炉加热至 860~930 ℃,保温 6 h,以 60 ℃/h 的速率冷却至 500 ℃,最后出炉空冷。

调质:随炉加热至 650~800 ℃,保温使温度均匀,然后加热至 950~1 040 ℃并保温 3 h,淬入油中冷却至 200 ℃以下。最后回火加热至 600~700 ℃并保温 3 h,空冷。

16.14.4　性能检测

叶片硬度测定时要检测全部的叶片,同时选取 2%叶片加工成力学性能试样,检查其力学性能,其结果如表 16-5 所示。必要时还要检查高温性能和晶粒度,高温力学性能如表 16-6 所示。各项性能符合技术要求。

表 16-5　室温力学性能

抗拉强度 R_m/MPa	屈服强度 R_{eH}/MPa	断后伸长率 A_5/%	断面收缩率 Z/%	V 型缺口冲击值 A_{kv}/J	硬度/HBW
≥930	≥760	≥12	≥32	≥11	277~331

表 16-6　高温力学性能

试验温度/℃	应力/MPa	断裂时间/h
649	179	≥25

16.15　案例 15　芯模热处理

16.15.1　零件名称及特点

名称:芯模。最大外形尺寸:35 mm×33 mm。零件图和零件实物图如图 16-42 所示。该零件对材料的强韧性要求极高。

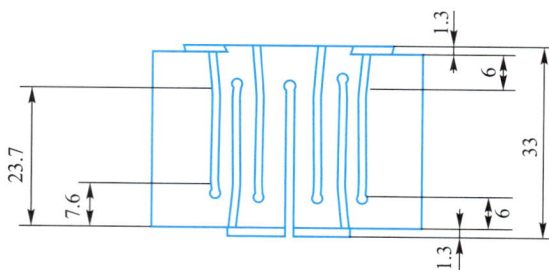

(a) 零件图

(b) 实物图

图 16-42　芯模的零件及实物图

16.15.2 材料

材料:23Co14Ni12Cr3MoE 钢(简称 A100 钢)。A100 钢为二次硬化型高合金超高强度钢,在中碳高镍钢中加入 Co 可以大大降低残余奥氏体量。A100 钢是目前在全世界航空领域中综合性能最高的超高强度钢,是新一代军事装备中关键器件的首选材料,美国已成功地将其应用在最先进的 F-22 战斗机起落架和 F-18 舰载机的起落架上,同时 A100 钢也可应用于航空涡轮发动机轴和承力螺栓等,还可应用于火箭发动机壳体、船身与潜艇壳体、炮筒与装甲板等。性能要求是在保证高强度、高塑性的前提下,还具有高的断裂韧性。由于 A100 钢具有上述突出的优点,可采用该钢制造受力复杂、精度高的"芯模"零件。23Co14Ni12Cr3MoE 芯模热处理力学性能要求:试样纵向取样,抗拉强度≥1 930 MPa,屈服强度≥1 620 MPa,断后伸长率≥10%,断面收缩率≥55%,硬度≥53 HRC,断裂韧度 K_{IC} ≥110 MPa·m$^{1/2}$。

23Co14Ni12Cr3MoE 钢的化学成分(质量分数,%)主要包括:C(0.21~0.25)、Ni(11.0~12.0)、Co(13.0~14.0)、Cr(2.9~3.3)、Mo(1.1~1.3)。

16.15.3 热处理工艺

热处理工艺制订时须依据我国航空行业标准,推荐 A100 最终热处理工艺及硬度要求如表 16-7 所示。

表 16-7 推荐 A100 最终热处理工艺及硬度要求

材料	淬火(固溶)		冷处理		回火(时效)			抗拉强度/MPa	硬度/HRC
	加热温度/℃	冷却方式	处理温度/℃	回温方式	加热温度/℃	保温时间/h	冷却方式		
23Co14Ni12Cr3MoE 钢	885	油冷	~73±8	空气中回温至室温	482	5~8	空冷	≥1 930	≥53

A100 钢的热处理工艺:

固溶:真空炉(885±10)℃×1.5 h 空冷,50 min 内由 885 ℃冷至 200 ℃以下,随后在 1 h 以内冷至 60 ℃以下,然后空冷至室温。深冷:(-73±8)℃×1 h 在空气中升至室温。时效:(482±5)℃×6.5 h 空冷。

参考上述 A100 钢热处理工艺,进行工艺预试验(采用真空炉加热与冷冻机冰冷处理,冷却淬火介质为油、水和空气)。试验工艺方案如下所示。

工艺 1:

885 ℃×1.5 h 淬火,40 ℃热油 45 min 固溶,-73 ℃×1 h 空气中回温,然后 482 ℃×6.5 h 时效后空冷;

工艺 2:

890 ℃×1.5 h 油冷 45 min 固溶,-73 ℃×3 h 空气中回温,然后 470 ℃×2.5 h 时效后空冷,再次 477 ℃×2.5 h 时效后空冷;

工艺3：

885 ℃×3.5 h 油冷 30 min 固溶，−73 ℃×3.5 h 空气中回温，然后 470×4 h 时效后空冷，再次 477 ℃×6 h 时效后空冷；

工艺4：

890 ℃×4 h 油冷 30 min 固溶，−73 ℃×3 h 空气中回温，然后 470 ℃×3.5 h 时效后空冷，再次 477 ℃×6.5 h 时效后空冷；

工艺5：

890 ℃×3.5 h 淬入 100 ℃沸腾水且保温 2 h 后空冷，−73 ℃×3 h 空气中回温，然后 470 ℃×3.5 h 时效后空冷，再次 477 ℃×6.5 h 时效后空冷。

16.15.4　性能检测

不同热处理工艺及其性能如表 16-8 所示，从试验结果看，工艺 4 和工艺 5 完全满足设计技术条件和使用要求。但工艺 5 操作繁琐，不利于推广。综合比较，工艺 4 较为合理，性价比最高。

表 16-8　不同热处理工艺及其性能

工艺序号	抗拉强度/MPa	屈服强度/MPa	断后伸长率/%	断面收缩率/%	硬度/（HRC/HV）	失效形式	寿命比/%
1	1 860	1 588	14	70	52	低周疲劳	60
2	2 114	1 697	1.34	1.34	58.5	早期脆断	≤10
3	1 884	1 648	10.2	67.3	54/576	高周疲劳	≥90
4	2 008	1 703	11	66	55.3/602	正常服役	100
5	2 044	1 696	11.3	65.67	56.3/620	正常服役	≥110

16.16　案例 16　拨弹轮轴热处理

16.16.1　零件名称与特点

名称：拨弹轮轴。工件质量：21.8 kg；最大外形尺寸：φ150 mm×645 mm。拨弹轮轴零件及实物图如图 16-43 所示。拨弹轮轴在腐蚀性气氛环境下服役，故要求零件具有良好的耐腐蚀性和高强度、高弹性、高的屈强比以及高的抗应力腐蚀疲劳强度。TC10 钛合金拨弹轮轴具体性能要求为：抗拉强度≥1 030 MPa，屈服强度≥900 MPa，断面收缩率≥10%，断后伸长率≥30%，硬度为 35~40 HRC。

16.16.2　材料

材料：TC10 钛合金。TC10 钛合金具有高比强度和高耐腐蚀性能。

TC10 钛合金的化学成分（质量分数，%）主要包括：Al（5.5~6.8）、V（3.5~4.5）、Fe（≤0.30）、C（≤0.10）、N（≤0.05）、H（≤0.015）、O（≤0.20），其余为 Ti。

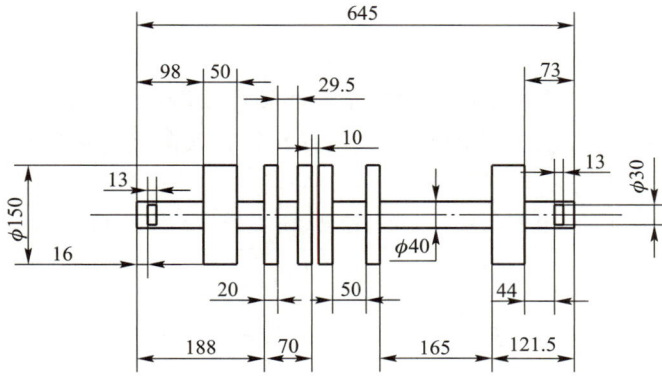

(a) 拨弹轮轴示意图

(b) 拨弹轮图

图 16-43　拨弹轮轴零件及实物图

16.16.3　热处理工艺

TC10 钛合金拨弹轮轴采用台车式电阻炉加热,炉温加热到设定温度后,零件入炉。工艺为:890 ℃×1.5 h 淬火,淬火转移时间 7~8 s,然后 530 ℃×4 h 空冷,再次 570 ℃×6 h 空冷,TC10 钛合金拨弹轮轴热处理工艺曲线如图 16-44 所示。

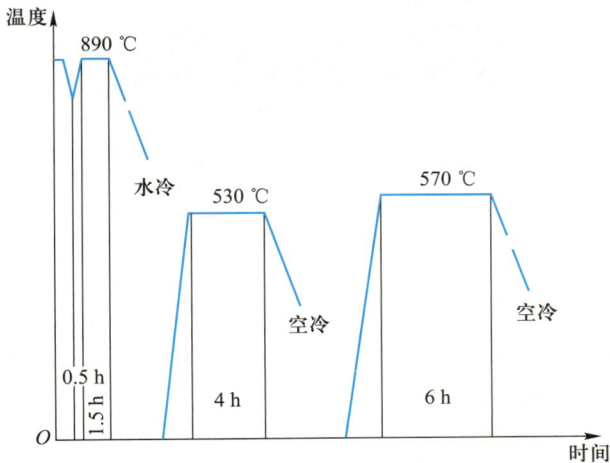

图 16-44　TC10 钛合金拨弹轮轴热处理工艺曲线

16.16.4 性能检测

TC10 钛合金拨弹轮轴热处理过程硬度及最终硬度检测结果见表 16-9,从表中可以看出,其硬度完全满足设计要求。TC10 钛合金拨弹轮轴在实际运行中安全可靠,具有很好的耐腐蚀性。

表 16-9 TC10 钛合金拨弹轮轴热处理过程硬度及最终硬度检测结果

工序过程	淬火	一次时效	二次时效
工序检验硬度/HRC	50~55	44~46	38~41

16.17 案例 17 铝合金壳体 T4/T6 热处理

16.17.1 零件名称及特点

名称:铝合金壳体。半精加工后尺寸为 $\phi400$ mm×$\phi180$ mm×1 650 mm。壳体示意图和实物图如图 16-45 所示。铝合金壳体是航空产品的重要部件,性能要求强度高和重量轻。

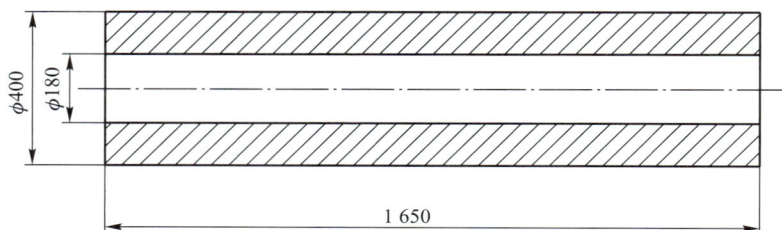

(a) 示意图

(b) 实物图

图 16-45 壳体示意图和实物图

16.17.2 材料

材料:2A12 铝合金。

2A12 铝合金的化学成分(质量分数,%)主要包括:Si(≤0.50)、Cu(3.8~4.9)、Mg(1.2~1.8)、Zn(≤0.30)、Mn(0.30~0.9)、Ti(≤0.15)、Ni(≤0.10)、Fe(0.00~0.50),其余为 Al。

16.17.3 热处理工艺

工艺要求进行 T4 或者 T6 两种热处理状态。

采用井式电阻炉,零件垂直悬挂后入炉加热。T4 工艺为:500 ℃×3.5 h 固溶,淬火转移时间 30 s,淬入 40 ℃温水中冷却 30 min,T4 状态零件在室温放置 96 h 以上,进行自然时效;T6 工艺为:500 ℃×3.5 h 固溶,零件固溶水冷淬火 8 h 内进行 185 ℃×8 h 空冷人工时效处理。2A12 壳体 T4/T6 热处理工艺曲线如图 16-46 所示,2A12 铝合金壳体吊装固溶淬火过程如图 16-47 所示。

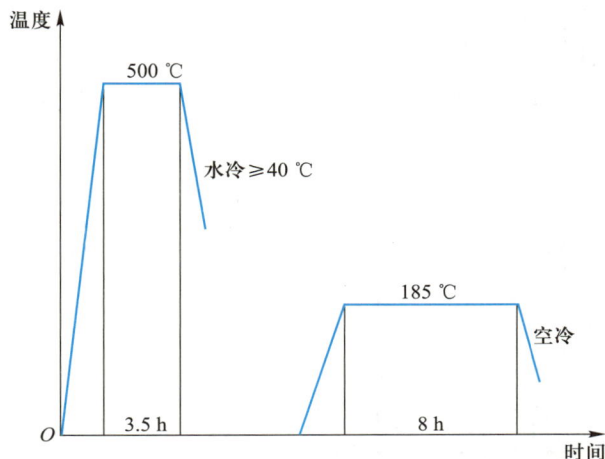

图 16-46　2A12 铝合金壳体 T4/T6 热处理工艺曲线

图 16-47　2A12 铝合金壳体吊装固溶淬火过程

16.17.4　性能检测

热处理质量检测:T4 状态下,硬度为 128~132 HBW;T6 状态下,硬度为 143~147 HBW。符合技术标准及设计要求。

16.18　案例 18　3D 打印铝合金杯型筒热处理

16.18.1　零件名称及特点

名称:3D 打印铝合金杯型筒。工件最大外形尺寸:ϕ550 mm×1 900 mm。3D 打印铝合金杯型筒示意图如图 16-48 所示。具体性能要求为:硬度 ≥ 105 HBW,屈服强度 ≥ 255 MPa,抗拉强度 ≥ 370 MPa,断面收缩率 ≥ 14%。

16.18.2　材料

材料:2 219 铝合金。

2 219 铝合金的化学成分(质量分数,%)主要包括:Si(≤0.20)、Mn(0.20~0.40)、Fe(≤0.30)、Cu(5.8~6.8),其余为 Al。

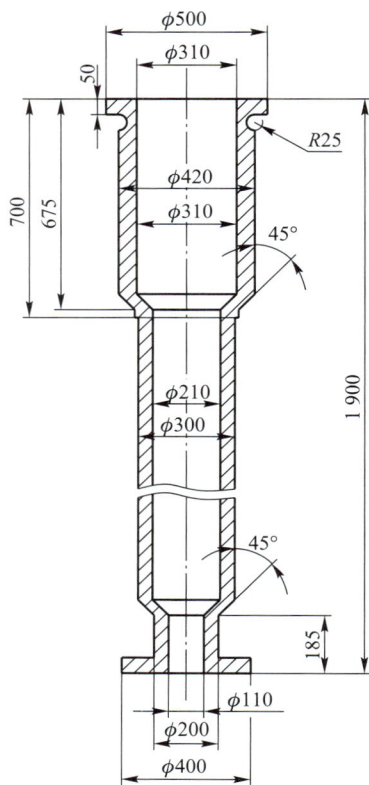

图 16-48 3D 打印铝合金杯型筒示意图

16.18.3 热处理工艺

2 219 铝合金 3D 打印杯型筒选用高控温精度井式炉进行固溶及时效加热,热处理用 T6 工艺,535 ℃×3 h 固溶,固溶淬火转移时间控制在 30 s 以内,水冷淬火,然后 175 ℃×18 h 空冷。3D 打印铝合金杯型筒热处理工艺曲线如图 16-49 所示。

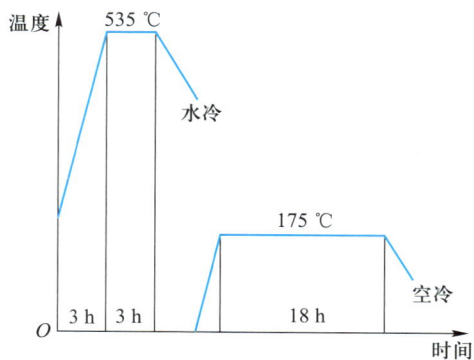

图 16-49 3D 打印铝合金杯型筒热处理工艺曲线

在固溶处理时,由于该工件为薄壁细长空心形状,固溶处理容易产生形状变形,因此设计了防止淬火变形并兼起吊的工装夹具,如图 16-50 所示。工装采用低碳钢板制造,工装高度为 800 mm,固溶前安装于易产生淬火变形的零件的下半直筒部位,冷态时将固定调节螺栓向内调整,使零件和工装之间的间隙均匀,同时对零件外圆圆周施加一定的压力,达到控制零件淬火变形的作用。

16.18.4　性能检测

3D 打印铝合金杯型筒的淬火变形量符合工艺要求,硬度测量数据为 110 HBW、113 HBW、121 HBW。热处理后力学性能及电学性能均符合设计要求。

图 16-50　3D 打印铝合金零件
淬火及工装夹具

16.19　案例 19　螺旋桨锥套热处理

16.19.1　零件名称及特点

名称:螺旋桨锥套。工件质量:98 kg;最大外形尺寸 $\phi420$ mm×465 mm。螺旋桨锥套示意图及实物如图 16-51 和图 16-52 所示。螺旋桨锥套是船舶的主要部件,它是船舶前进的动力构件之一,也是定位导向的关键部件。由于螺旋桨长期工作在高腐蚀性的复杂海洋环境下,材料构件容易受到电化学腐蚀及冲刷腐蚀等多种腐蚀而发生失效。其性能要求为:
① 具有较高的抗拉强度和海水腐蚀疲劳强度。② 优异的耐海水腐蚀性和耐流体空蚀性。
③ 低的转动惯量,采用镍铝青铜合金取代黄铜,其转动惯量为 15%~19%。热处理后硬度达 170~220 HBW。

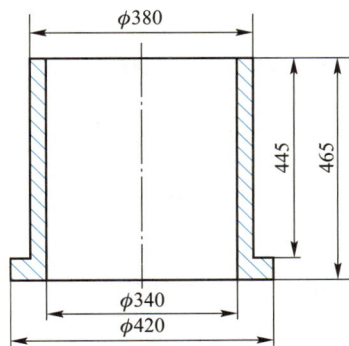

图 16-51　螺旋桨锥套示意图

图 16-52　螺旋桨锥套实物图

16.19.2　材料

材料:ZCuAl9Fe4Ni4Mn2 合金。ZCuAl9Fe4Ni4Mn2 合金是专门为制造螺旋桨及系统组件而研发的一种新材料,它是以铝青铜合金为基础,加入镍、铁、锰等合金元素,具有优异的综合性能。ZCuAl9Fe4Ni4Mn2 合金是一种复杂的多元合金,存在着多种固溶体单相组织及金属间化合物,如 α 相、β 相、β′相、γ 相及 κ_I 相、κ_{II} 相、κ_{III} 相和 κ_{IV} 相组成,因此可以通过热处理来调节材料的组织结构并改善其性能。

ZCuA19Fe4Ni4Mn2 合金的化学成分(质量分数,%):Fe(0.42~0.50)、Ni(3.0~6.0)、Mn(0.50~4.0)、Sn(0.10)、Al(7.0~11.0)、Zn(0.10)、Pb(0.03)、Cu(77~82)。

16.19.3 热处理工艺

根据螺旋桨锥套技术要求,先开展预试验,预实验的热处理工艺方案如下:① 750 ℃加热炉冷退火处理;② 980 ℃加热炉冷至 550 ℃空冷退火处理;③ 850 ℃加热水冷固溶,然后 350~400 ℃时效处理;④ 900 ℃加热出炉空冷正火处理。若检测后各项性能均不理想,则可进一步进行热处理优化,采用 920 ℃加热水冷淬火,然后 550 ℃时效处理。螺旋桨锥套热处理工艺曲线如图 16-53 所示,螺旋桨锥套淬火过程如图 16-54 所示。

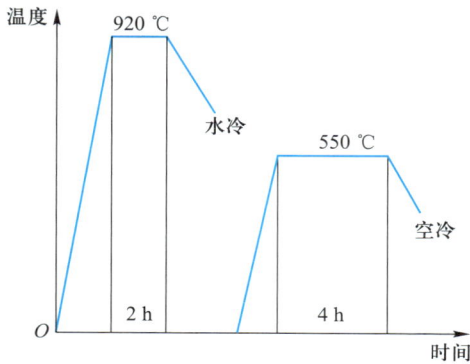

图 16-53 螺旋桨锥套热处理工艺曲线

图 16-54 螺旋桨锥套淬火过程

16.19.4 性能检测

螺旋桨锥套经不同的热处理工艺的相组成及力学性能见表 16-10。

表 16-10 螺旋桨锥套经不同热处理工艺的相组成及力学性能

参数	铸态	750 ℃低温退火	980 ℃高温退火	850 ℃淬火+400 ℃回火	920 ℃淬火+550 ℃回火
α 相的质量分数/%	67.1	81.1	53	5.8	73.3
β′相的质量分数/%	19.7	3.2	31.6	90.8	13.3
κ 相的质量分数/%	13.2	15.7	15.4	3.4	13.4
屈服强度/MPa	302	268	329	435	651
抗拉强度/MPa	638	613	674	496	836
断后伸长率/%	9.2	17.5	4.2	1.1	5.8
硬度/HV	205.1	185.8	262.4	338.8	252.2

采用 920 ℃加热水淬,然后采用 550 ℃时效处理,ZCuAl9Fe4Ni4Mn2 合金螺旋桨锥套表面硬度为 180~200 HBW,符合技术要求。

16.20　案例 20　铍青铜胀套真空热处理

16.20.1　零件名称及特点

名称:铍青铜胀套。外形尺寸为 ϕ134 mm×100 mm。铍青铜胀套示意图如图 16-55 所示。胀套是矿井机械产品零件,服役条件恶劣,处在粉尘、污水、含有 H_2S 的潮湿气体以及中低浓度的瓦斯气体等恶劣环境中。胀套在机构中主要作为导电行程开关触头使用,因此要求胀套材料具有良好的导电性、高强度、高弹性、高耐磨性以及优异的抗腐蚀性。导电开关工作时动作频繁,应具有开启自如,富有弹性,与耦合件结合紧密,撞击时不产生火花等性能。胀套设计选材为 QBe2 铍青铜,硬度要求为 36~43 HRC。

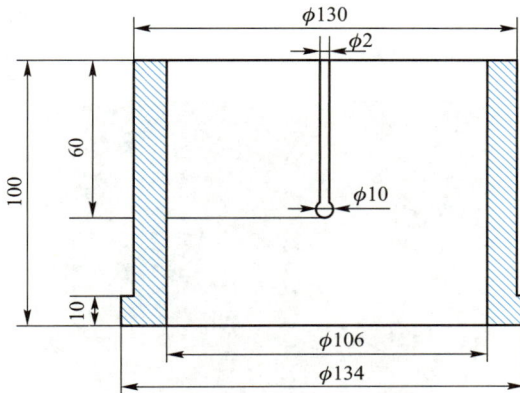

图 16-55　铍青铜胀套示意图

16.20.2　材料

材料:QBe2 铍青铜。铍青铜是最优秀的铜基弹性材料,具有极高的弹性极限和抗疲劳强度。用铍青铜制造的弹性元件,其弹性滞后、弹性后效及弹性不完整性都很小。此外,铍青铜还具有高强度,优异的导电性、抗氧化性及耐腐蚀性,无冲击火花等特点。矿山井下用继电器簧片、撞针、夹卡、高压断路器弹簧、接触电桥以及各种无火花工具等都用铍青铜。QBe2 铍青铜是时效强化铜合金。固溶状态下,QBe2 铍青铜具有良好的冷热加工性,而时效后的强度、硬度,特别是屈服强度会急剧提高,弹性模量为 124~138 GPa。

QBe2 铍青铜的化学成分(质量分数,%)主要包括:Be(1.8~2.1)、Ni(0.2~0.4)、Al(≤0.15)、Si(≤0.15)、Fe(≤0.15)、Pb(≤0.005),其余为 Cu。

16.20.3　热处理工艺

采用热挤压铜管机加工成形,热处理时加工余量微小。选用真空炉进行固溶处理,具体工艺为:采用(790±5)℃固溶加热以减少时效时合金组织中 γ′相不连续析出的体积率,淬火转移时间 15 s,固溶淬火后进行 270 ℃/320 ℃双重时效处理。铍青铜胀套固溶处理与时效热处理工艺曲线如图 16-56 所示。铍青铜胀套经真空炉加热后的油冷淬火过程如图 16-57 所示。真空炉加热淬火的零件,具有表面无氧化、腐蚀,变形小,淬火组织均匀等优点。

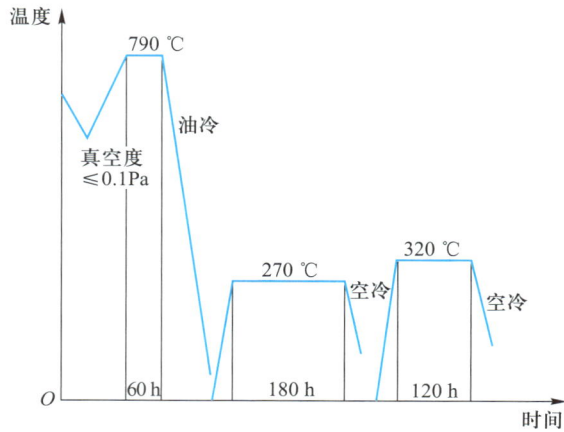

图 16-56 铍青铜胀套固溶与时效热处理工艺曲线

图 16-57 铍青铜胀套经真空炉加热后的油冷淬火过程

16.20.4 性能检测

经真空炉固溶淬火和双重时效强化处理,铍青铜胀套零件的硬度为 38~39 HRC,满足技术要求。

热处理工艺案例信息汇总表

序号	零件名称	材料	热处理工艺
1	大型铝合金挤压模具	55NiCrMoV7 钢	去氢退火、淬火、回火、离子渗氮
2	大型热锻模	55NiCrMoV7 钢	淬火、回火
3	超大型中高合金钢热挤压模具	4Cr5MoSiV1 钢	淬火、回火
4	热锻模	5CrNiMo 钢	真空淬火、回火
5	水压机活塞	ZG35CrMo 钢	气体渗氮
6	破碎辊	合金铸铁	低温分级淬火、回火
7	箱体	QT500-7 球墨铸铁	淬火、回火
8	齿轮轴	20CrNi2Mo 钢	渗碳、淬火、回火
9	阀套	F92 钢	离子渗氮
10	塔吊销轴	35CrMo 钢	预氧化、气体硫碳氮三元共渗
11	缸盖热锻胎模	5CrMnMo 钢	氮碳共渗、固体渗硼
12	水轮机转子轴	34CrMo1A 钢	调质
13	泵轴	4Cr14Mo 钢	调质
14	高温汽轮机叶片	22Cr12NiWMoV 钢	退火、调质
15	芯模	23Co14Ni12Cr3MoE 钢（A100 钢）	固溶、时效
16	拨弹轮轴	TC10 钛合金	固溶、时效
17	铝合金壳体	2A12 铝合金	固溶、时效
18	3D 打印铝合金杯型筒	2 219 铝合金	固溶、时效
19	螺旋桨锥套	ZCuAl9Fe4Ni4Mn2 合金	淬火、回火
20	铍青铜胀套	QBe2 铍青铜	真空固溶、时效

>>>

··· 参考文献

［1］安运铮.热处理工艺学［M］.北京:机械工业出版社,1982.

［2］戚正风.金属热处理原理［M］.北京:机械工业出版社,1987.

［3］胡光立,谢希文.钢的热处理(原理和工艺)［M］.5 版.西安:西北工业大学出版社,2016.

［4］许天已.典型零件热处理工艺要点及实例［M］.北京:化学工业出版社,2015.

［5］金荣植.机床零件热处理技术［M］.北京:机械工业出版社,2017.

［6］崔崑.钢铁材料及有色金属材料［M］.北京:机械工业出版社,1981.

［7］肖纪美.合金相与相变［M］.北京:冶金工业出版社,1987.

［8］KRAUSS G.Principles of Heat Treatment of Steel［M］.Ohio:American Society for Metals.1980.

［9］GEORGE E T.Steel Heat Treatment Handbook,Steal Heat Treatment Equipment and Process Design［M］.Florida:CRC Press,2007.

［10］雷廷权,傅家骐.热处理工艺方法 300 种［M］.北京:中国农业机械出版社,1982.

［11］机械工业技师考评培训教材编审委员会.金属材料及加工工艺［M］.北京:机械工业出版社,2004.

［12］张宝昌.有色金属及其热处理［M］.西安:西北工业大学出版社,1993.

［13］SHIMIZU N,TAMURA I.An examination of the Relation between Quench-hardening Behavior of Steel and Cooling Curve in Oil［J］.Transactions of the Iron and Steel Institute of Japan,1978,18(7):445-450.

［14］陈乃录,张伟民.数字化淬火冷却控制技术的应用［J］.金属热处理,2008,30(1):57-62.

［15］刘哲,史可庆,张青.42CrMo4 风电空心主轴数字化淬火设备的应用［J］.热处理技术与装备,2019,40(4):30-33.

［16］金荣植.实用热处理节能降耗技术 300 种［M］.北京:电子工业出版社,2016.

［17］强文江,吴承建.金属材料学［M］.3 版.北京:冶金工业出版社,2016.

［18］朱黎江.金属材料与热处理［M］.北京:北京理工大学出版社,2011.

［19］胡心平,王晓丽.金属材料科学基础［M］.北京:电子工业出版社,2023.

［20］王贺权,曾威,所艳华.现代功能材料性质与制备研究［M］.北京:中国水利水电出版社,2014.

［21］王群骄.有色金属热处理技术［M］.北京:化学工业出版社,2008.

［22］易丹青,许晓嫦.金属材料热处理［M］.北京:清华大学出版社,2020.

［23］李传维.核电压力容器大型锻件组织与性能研究及热处理数值模拟［D］.上海:上海交通大学,2016.

［24］王军.高性能钨合金制备技术研究现状［J］.有色金属材料与工程,2019,40(4):53-60.

［25］陈文静,胡平,邢海瑞,等.热处理工艺对钼金属板材组织和性能影响的研究进展［J］.材料导报,2021,35(3):3141-3151.

［26］BALAJI V,BUPESH R V K,PALANIKUMAR K,et al.Effect of heat treatment on magnesium alloys used in automotive industry:A review［J］.Materials Today:Proceedings,2021,

46(P9).

[27] 刘港,刘静,杨峰,等.钛合金化学热处理研究进展[J].金属热处理,2022,47(8):249-256.

[28] 吴宗之,宗权英,谭宗汤.太阳能表面合金化工艺的进一步探讨[J].表面技术,1990,(6):29-31.

[29] 朱全意,李双喜,赵少甫,等.离子渗氮技术在工程应用中的研究进展[J].热加工工艺,2019,48(10):35-38.

[30] 牛文明,袁峰,左永平.渗碳钢齿坯锻后余热等温正火工艺探讨[J].热处理技术与装备,2019,40(1):11-15.